数 学 分 析

第一册

周民强　编著

科 学 出 版 社

北　京

内 容 简 介

本书讲述的是高等数学的基础内容——数学分析，其核心内容是微积分学，全书共三册. 本书为第一册，共分六章，包括函数、极限论、连续函数、微分学(一)：导数与微分、微分学(二)：微分中值定理与 Taylor 公式、微分的逆运算——不定积分.

本书是由作者在北京大学数学科学学院多年教学所使用的讲义基础上修改而成，内容丰富、深入浅出. 对较难理解的定理、定义以及可深入探讨的问题，本书以加注的形式予以解说，以利于读者更好地接受新知识. 在章末附有后记，意在为读者更清楚地了解知识背景，更迅速地提高数学能力创造条件. 本书选用适量有代表性、启发性的例题，还选入足够数量的习题和思考题. 习题和思考题中，既有一般难度的题目，也有较难的题目，供读者酌情选做.

本书可作为大学本科阶段的数学、概率统计、应用数学、力学以及计算机等相关专业的教科书，也可作为广大数学工作及爱好者的参考书.

图书在版编目(CIP)数据

数学分析. 第 1 册/周民强编著. —北京：科学出版社，2014. 12

ISBN 978-7-03-042481-5

Ⅰ. 数…　Ⅱ. 周…　Ⅲ. ①数学分析-高等学校-教材　Ⅳ. ①O17

中国版本图书馆 CIP 数据核字(2014)第 268244 号

责任编辑：姚莉丽 / 责任校对：朱光兰

责任印制：张　伟 / 封面设计：陈　敬

科 学 出 版 社 出版

北京东黄城根北街 16 号

邮政编码：100717

http://www.sciencep.com

北京建宏印刷有限公司 印刷

科学出版社发行　各地新华书店经销

*

2014 年 12 月第　一　版　开本：720×1000 1/16

2024 年 1 月第六次印刷　印张：19

字数：383 000

定价：52. 00 元

(如有印装质量问题，我社负责调换)

前　　言

本教材的前身是北京大学数学科学学院教学讲义，2002 年由上海科学技术出版社出版发行. 2014 年在科学出版社的鼓励下，经修订后再版发行. 在撰稿的进程中，以下五个方面是作者着重思考并力图落实的：

(1) 加强导引性论述，适当介绍所研究课题的数学史背景、客观原型以及微积分处理问题的思路与方法. 这或许有益于树立正确的数学观，增加学习的活泼性.

(2) 适当提高起点，扩大知识面. 书中在讲解各种理论的应用时，列举了丰富的典型例题，以利于在提高启发式教学水平的同时，让学生有一个扩展的自学园地.

(3) 为了培养学生数学思维的习惯，使学生养成“会学”数学的能力，本书在每章节后列有适当数量的思考问题. 此外，还以加注、用小字和后记的方式介绍微积分理论的进一步伸展和注意事项，这有助于引发读者的创新思维.

(4) 考虑到目前对数学家的中文译名的不统一，本书一律用原文书写（在脚注中给出中文译名供参考），并尽力介绍他们的国籍和生卒年代. 尊重那些曾为人类科学进步作出过贡献的学者，是我们后代人文明的表现之一.

(5) 对于想用本书作为正式教材的学校和教师，在教学实践中必须依据培养目标和实际情况对其内容作适当取舍，不能照本宣科，特别是对带有 * 标记的内容. 在这里，还希望广大读者和教师对本书提出批评和建议.

作　者

2014 年 2 月

致 读 者

《数学分析》的核心内容是“微积分”——微分学与积分学的统称，它是数学发展史中最伟大的成果，始创于17世纪下半叶，其代表人物是两位著名的学者：英国的 I. Newton(1643～1727)和德国的 G. W. Leibniz(1646～1716).

Newton 和 Leibniz 对微积分的杰出贡献与这一领域有关的前期工作不同，他们两人使微积分学成为一门独立的学科，而不再是古希腊几何的附庸和延续，且为许多课题提供了崭新的研究方法. 自微积分始，数学发展成为以变量数学为中心的时期. 微积分从运动、变化的观点和方法来考察各种事物和现象，这正符合客观世界处于不断运动、变化中的实际. 因此，微积分的建立给予科学、技术领域以巨大的影响，推动了生产力的发展. 特别是在天文学、力学方面的成就，在当时曾一度冲击宗教的某些旧信条. 但另一方面，也由于当时的微积分学自身理论的不完善而受到责难，但这些都不能阻挡它的继续前进.

19 世纪初期，由于科学技术进步的推动，促使许多数学家致力于微积分的改造和奠基工作，终于在 19 世纪中叶建成现代称之为数学分析的较完善的体系，为微积分的普及创造了更加有利的条件，也使它成为今天众多院校的必修课程.

因此，在三百余年后的今天，学习微积分已不能算是件“时髦”的事情了. 如果从培养 21 世纪的人才而言，或许只能说是一张“入门券”而已.

学习微积分课程的目的有三个：一是可应用于实际课题的计算；二是通过它提升数学思维、逻辑判断的能力；三是要为学习其他课程奠定基础.

怎样才能学好数学？首先是要对它有兴趣，爱好数学. 谈到学习方法，人们公认的是勤思考、多练习，善于总结、会提问题，以及有一个锲而不舍的精神. 至于说捷径，正如著名的数学教育家 Polya(波利亚)所说的，我们不可能制定一种最有效的思维方法，思维能力的培养只有通过思维训练才能获得. 说得绝对一些，如果有一种“万能”的手段可以解决一切问题，那么这门科学不也就没有生命力了吗?!

自然，这并不等于说，学习就没有方法可循了. 对正确理解微积分的思维，掌握其逻辑推演的步骤，作者在这里提出下列六种有着对立关系的对象和判定. 建议读者在学习过程中着重加以辨清和熟悉.

(1) 设定的条件是充分的还是必要的!

(2) 量与量之间是相关的还是无关的!

(3) 某个量在运算过程中是常量还是变量!

(4) 运算过程是有限的还是无限的!

(5) 语句陈述是肯定的还是否定的!

(6) 不同语句的陈述谁在先谁在后!

*　　*　　*

学问者,学习,问难也.业精于勤,荒于嬉.

目　　录

绪　　论

0.1　微积分起源简介

欧洲在进入文艺复兴时期(约公元 1200～1600 年)后,人们的思想开始从教会的统治下得到解放.古希腊经典著作的译出推动了众多学者对科学研究的兴趣,出现了前所未有的文化繁荣.另外,生产技术的进步与新的生产关系的建立,促进了商品生产的发展.市场的扩大,需求新的原料基地,且迫切要求通商.因此,航运事业急速发展,伴随而来的是抢占殖民地的战争.

在看不见陆地的海洋中驶船,必须有测定纬度和经度的精确方法.纬度可以通过太阳或其他恒星来确定,但经度则要求测量月球关于某些恒星的相对方向以及计算时间差.这不但要了解月球运行的轨道,而且还要求保证船只的稳定性而不使所测方位角发生偏差.随之而来的是必须设计出准确的计时器,从而开始了对时钟运动的研究.战争推动着武器的进步,火炮的射程与炮弹速度的关系,抛射体的路线与高度成为人们探讨的课题.对观测天体用的镜面光学性质的深入了解此时更有了新的用途.

综上所述,研究运动变化的规律成为那一时期最主要的课题,从而作为描述这一规律的数学方法——量与量之间的关系开始出现,它借助于不久前所创立的坐标几何法,形成了以解析式表达的完整曲线的函数观念.

在这种函数观念的基础上,上述科学实践中提出的各种课题,实际上可归纳为下述四类问题:

(1) 已知物体移动的距离(是时间的)函数,求此物体在任意时刻的速度和加速度;反之,已知物体运动的加速度(时间的函数),求出速度和距离.

(2) 已知曲线的切线(或斜率),或已知一曲线上任一点的切线(或斜率),求该曲线的表达式(这与透镜的设计有关).

(3) 求已知函数的最大、最小值(如求行星离太阳的最远和最近距离、获得最大射程的发射角等).

(4) 求曲线的长度(如行星在某时间间隔内移动的距离)、曲线围成的面积.

上述四个问题虽分属两个不同的领域——力学和几何学,但进一步分析探讨说明,它们又可归纳为两类数学模型,粗略而形象地讲,就是求“无穷小量之比”,以及“求无穷多个无穷小量的和”.因此,在早期也称这门学问为“无穷小分析”.显见,为了解决这些课题,面临的是有限与无限的矛盾.这也是贯穿本课程始终的主要矛盾. 而解决这一矛盾的主要思想就是在有限的运动、变化中去把握无限,也就是运用极限理论. 虽然这一思想在 17、18 世纪并没有在逻辑上阐述清楚,但在 19 世纪几代数学家的辛勤耕耘下,现代微积分学大厦终于建立.

0.2　18 世纪微积分在应用方面的成就举例

J. Bernoulli(伯努利,1667～1765,瑞士数学家):光的反射、折射,曲线族正交规线,最速下降线.

Clairaut(克莱罗,1713～1765,法国数学家):地球形状和月球的理论.

D'Alembert(达朗贝尔,1707～1783,法国数学家):弦振动、流体平衡与运动、风的成因.

Lambert(兰伯特,1728～1777,瑞士数学家):双曲函数、彗星轨道.

Lagrange(拉格朗日,1736～1813,法国数学家):分析力学、解析函数.

Laplace(拉普拉斯,1749～1828,法国数学天文学家):天体力学.

……

应当指出,微积分理论在指导实践上取得巨大成功的还有(如 19 世纪):

Maxwell(麦克斯韦,1831～1879,英国数学家和物理学家):用它阐述电磁学定律,预示了为后人证实的电磁波的存在.

Riemann(黎曼,1826～1866,德国数学家):用它研究几何,为 Einstein(爱因斯坦)的研究工作做了准备,使之很快从 Riemann 几何中发现了建立一般引力理论的钥匙.

又如海王星被确切地观测到,也是由于在纠正天王星轨道的计算偏差时的预先设定.

……

0.3　微积分的名称来源

Newton 称微积分为 fluxions(流数术),而 Leibniz 把它称为 Calculus differentials(差的计算),Calculus summatorius(求和运算). Calculus 是拉丁文,原意为"石子",这是因为古代欧洲人是用石子来作为计算工具的. 因此,后人也就把计算或演算都称为 Calculus. 随着这一学问的深入发展以及人们对它认识的提高,把差的计算改称为 differential calculus(微分学),求和运算改称为求整运算,即现在的 integral calculus(积分学),而微积分也就统称为 Calculus.

微积分学传入我国在 19 世纪,1859 年上海墨海书馆首次发行中文译本《代微积拾级》一书,原书是 Loomis(鲁米斯,1811～1889,英籍)所著的 *Analytical Ge-*

ometry and calculus，是由李善兰和 A. Wylie（伟烈亚力，1815～1887，英籍）合译的. 译名中的“代”是指解析几何（当时称代数几何），“微”是指微分，“积”是指积分，而 Calculus 被译成微积. 该书在序中写道：“我国康熙时，两国本来之（即莱布尼茨）、奈端（即牛顿）二家又创微分、积分二术……其理大要：凡线面体皆设为由小渐大，一刹那中所增之积即微分也，其全积即积分也.”这是我国微积分这一名称的由来.

第1章　函　　数

研究事物的变化、运动，要求在数学中引入变量的概念，事物之间的相互制约与联系，使得变量与变量之间呈现出某种依赖关系——函数关系.

数学分析就是以研究(实)函数为己任.为此，本章把函数的概念以及有关事项先作一介绍，也可以说是预备知识.

1.1　变　　量

变量，顾名思义，就是变化着的量，即允许或可以取不同数值的量.这是中学时代就已经学过的概念.

变量数学属于高等数学范畴，其创始期应追溯到 1637 年 Descartes① 所奠定的解析几何.自 16 世纪以来，物理学(包括天文学)的中心问题是研究位移运动，运动着的物体随时间而改变其位置.因此，用数量关系来描述这一现象时，必须采用允许其取不同值的量——符号 x 及其各种组合来表示.人们为了适应这一思想上的飞跃，就必须摆脱常量数学的束缚.

常量数学的两个特征是:①研究对象是常量，如代数方程 $x^2-4=0$ 的未知常量 x;②运算次数是有限的.

当然，变量是常量的发展，两者有着不可分割的联系.所谓常量，是在某一个特定的研究过程或数学问题中保持其数值不变的量.因此，如果将常量视为此一过程中总取同一值的量，那么常量与变量只是一种相对的说法.

例如，在考察方程

$$y=ax^2+bx+c$$

作为二次曲线的性态时，其中 a,b,c 是作为常数看待的，但在其作为一般二次曲线的表达式，而研究其性质与 a,b,c 的关系时，人们又可视 a,b,c 为变量而取不同的值加以考察.

不仅如此，变量还是通过它所取的一系列特定的量(常值)而被认识的.因此，常量又可看成是变量在变动过程中所取到的一个确定的量，运动状态中的一种暂驻状态.这一观点是变量数学研究数学问题的核心思想，解决了许多常量数学所无法解决的课题.这一思想正是从运动中认识事物这一哲学原理的反映.例如，曲线

---

① 笛卡儿(1596～1650)，法国数学家.

在一点的切线可视为割线转动的极限位置；圆面积可用边数逐次增多的圆内正多边形面积来逼近. 下面，我们还是要给出变量概念的一般说法.

“如果符号 x 能表示对象集合 E 中的任意元素，那么就称 x 为**变量**，称 E 为 x 的变化范围——**变域**.”

在本书中，变域中的元素均为实数. 实数是大家在中学时期就已经比较熟悉的，其中有：

(1) 正整数. 正整数全体记为 $\mathbf{N}^*$，它们是可以从小到大排列起来的. 由一部分正整数组成的集合必有最小数.

(2) 有理数. 全体整数记为 $\mathbf{Z}$，有理数是指分数

$$\frac{p}{q} \quad (p,q\in\mathbf{Z},q\neq 0)$$

(并经常以既约分式出现，即 p 与 q 互素). 其全体记为 $\mathbf{Q}$. 显然，$\mathbf{Z}\subset\mathbf{Q}$，而且有理数的和、差、积与商(分母不为零)仍为有理数(关于四则运算是封闭的).

(3) 无理数(非有理数).

实数的全体称为**实数系**，记为 $\mathbf{R}$①或$(-\infty,\infty)$.

实数还可以从代数方法的角度分为两类：称满足整系数代数方程

$$a_0x^n+a_1x^{n-1}+\cdots+a_{n-1}x+a_n=0 \quad (n\in\mathbf{N}^*,a_0\neq 0)$$

的实数 x 为**代数数**，否则为**超越数**. 显然，一切有理数皆为代数数；$p+q\sqrt{m}$ $(p,q\in\mathbf{Q}$，m 是非完全平方的整数)是代数数，它满足方程 $x^2-2px+(p^2-mq^2)=0$. 圆周率 π 与自然对数底 e 则都是超越数②.

由一部分实数构成的数集常用大写英文字母 $E,F,\cdots,X,Y$ 等表示，其中的元素即实数用小写字母 $a,b,c,\cdots,r,s,t,\cdots,x,y,z$ 等表示. $a\in E$(读作 a 属于 E)表示 a 是 E 的元素，而 $a\bar{\in} E$(读作 a 不属于 E)表示 a 不是 E 的元素.

在实数系里，今后本书常用的是区间的概念，其符号与意义如下.

(a,b)是指数集$\{x\in\mathbf{R}:a<x<b\}$，即指大于 a 且小于 b 的一切实数构成的集合，称为开区间；$[a,b]$是指数集$\{x\in\mathbf{R}:a\leqslant x\leqslant b\}$，称为闭区间. 类似地可以理解半开半闭区间$(a,b]$，$[a,b)$以及无穷区间，如

$$(a,\infty)=\{x\in\mathbf{R}:x>a\},\quad (-\infty,b]=\{x\in\mathbf{R}:x\leqslant b\}$$

等. 上述各种区间也统一记为 I 或 J.

设 $x_0\in(-\infty,\infty)$，δ 是一个正实数，则称开区间$(x_0-\delta,x_0+\delta)$为以 x_0 为中心，δ 为半径的**邻域**，简称为 x_0 的邻域，也记为

---

① 取自拉丁文 reulus.

② 1873 年左右，法国数学家 Hermite(埃尔米特，1882～1901)证明了 e 是超越数；1922 年，德国数学家 Lindemann(林德曼，1852～1939)证明了 π 是超越数.

$$U_\delta(x_0) \quad \text{或} \quad U(x_0,\delta).$$

如果在邻域中舍去中心点 x_0，称为**无中心邻域**，记为

$$U_0(x_0,\delta) \stackrel{\text{def}}{=\!=} U(x_0,\delta)\backslash\{x_0\}=(x_0-\delta,x_0)\cup(x_0,x_0+\delta).$$

如果所研究的问题与邻域半径 δ 的大小无直接关系，即不必特别指定 δ 时，那么有时就不写出 δ，而简记为 $U(x_0)$ 或 $U_0(x_0)$.

1.2　函数概念

1.2.1　函数的定义

在中学时期的学习中，许多具体的函数给我们留下了深刻的印象. 例如，$s=\frac{1}{2}gt^2$（g 是引力常数）. 它可以用来描述自由落体的路程 s 与时间 t 的关系；又如三角函数 $y=\sin x$ 可以用来描述周期现象；对数函数 $\lg x$ 可以用来探讨存款利率，等等. 这种变量与变量之间的相互依存关系是人们早期所认识的函数的类型，其特征是（画在）坐标平面上的一条接连不断的曲线. 然而，随着科学技术的进步，出现了各种复杂或"不良"的数量关系，数学必须把它们纳入视野，也因此对什么是函数在数学界产生了不同的看法和争论. 到了 19 世纪，大家终于承认，不论数量关系的结构及其几何形态如何，有一点是共同的，那就是给定（自）变量一个值，就可唯一确定地对应（用计算也可，用别的对应办法也行）出函数的一个数值来，这正是函数概念所包含的本质内容.

定义 1.1　设有实数集合 X,Y，称 f 是从 X 到 Y 的一个**函数**（或**映射**），是指 f 在 X 与 Y 之间的这样一个对应，对于每一个 $x\in X$，都有唯一的 $y\in Y$ 与之对应，此时称 y 为 x 在（映射）f 下的**象**（x 为 y 的**逆象**），并记为 $y=f(x)$. X 称为 f 的**定义域**，也记为 $D(f)=X$. 所有 $x\in X$ 在映射 f 下的象的全体称为 f 的**值域**，记为 $R(f)$. $R(f)=f(X)=\{f(x):x\in X\}$.

当 f 是以 X 为定义域而值域在 Y 中的函数时，我们也记为

$$f:X\to Y.$$

如果 $f:X\to X$，那么就说 f 是从 X 到自身的一个函数. 对本课程，所讨论的函数之值域 $R(f)$ 总在 $(-\infty,+\infty)$ 中，称为**实值函数**. 而在本书第一、二册中，定义域 $D(f)$ 也在 $(-\infty,\infty)$ 中. 因此，总称为**实变量实值函数**——这是一元函数的情形. 其图形多可在笛卡儿直角坐标系中作出，如图 1-1 所示.

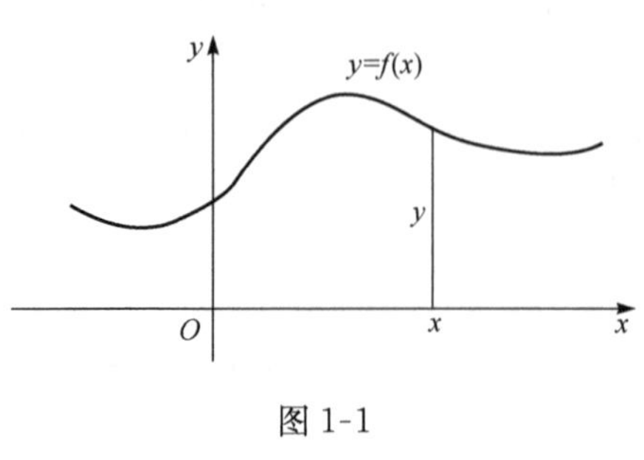

图 1-1

在习惯上,我们总是把 x 视为定义域 $D(f)$ 中元素的代表,也称为自变量,y 视为值域 $R(f)$ 中元素的代表. 因此联系象元 y 与 x 的关系式 $y=f(x)$ 也说成 y 是 x 的函数,甚至简称 $f(x)$ 为函数,这种统一称呼在本课程中并不会造成混乱,而在行文上却带来许多方便.

函数的记号也可用 g,h,φ,ψ 等表示. 在讨论同一数学问题时,为区别不同的函数,还可用记号 $y=f_1(x)$,$y=f_2(x)$ 等. 不论用什么符号记法,只要是定义域以及对应关系相同,就是同一个函数.

例 1 幂函数 $y=x^a$(图 1-2(a)~(d)).

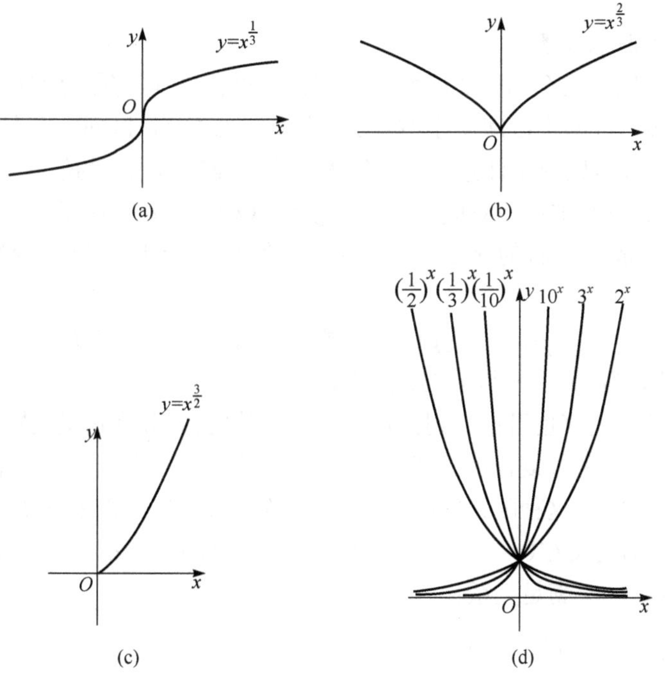

图 1-2

1.2.2 构成函数的各种途径

大家已经知道了许多函数,如幂函数、三角函数和指数函数等. 进一步也还学过用四则运算以及复合运算组成的函数,甚至从一个函数确定其反函数,而且认识到这众多函数对于描述各种事物的运动规律是必不可少的. 事实正是如此,随着人们视野的扩大,以及对数学的理解的深入,建立了各种各样运算方式,创造出构造新函数的许多途径,这是科学发展的必然. 下面就构成函数最初等的手段作一粗略归纳,更深入和复杂的构成法将在后面逐步展开,并贯穿始终.

1. 四则运算、复合函数

若 $f(x)$ 与 $g(x)$ 是在同一定义域上定义的函数,则其和函数与乘积函数

$$(f+g)(x)=f(x)+g(x), \quad (f\cdot g)(x)=f(x)\times g(x)$$

也确定出一个在同一定义域上的函数,且记

$$(-1)\cdot f(x)=-f(x),$$
$$(f-g)(x)=(f+(-g))(x)=f(x)-g(x).$$

如果 $g(x)\neq 0$,则商函数 $\dfrac{f(x)}{g(x)}$ 也是在同一定义域上的函数,对于三个以上的有限个函数也可类似地理解.

对于定义域不完全相同的函数,也可在其公共定义域部分上实行四则运算.

设函数 $y=f(u)$ 在区间 J 上有定义,函数 $u=g(x)$ 在区间 I 上有定义,且值域 $R(g)$ 包含于 J 内,则对于任意的 $x\in I$,就通过 g 确定出唯一的值 $u=g(x)\in J$,接着通过 f,此 u 值又唯一地对应出一个值 $y=f(u)$. 这就是说,由 $y=f(u)$ 与 $u=g(x)$ 可复合而成一个新的函数 $y=\varphi(x)$,我们称其为由 f 与 g 的复合函数,并记为

$$y=\varphi(x)=f[g(x)] \quad 或 \quad (f\circ g)(x), \quad x\in I.$$

此时,称变量 u 为(关于 y 与 x 的)中间变量.

上述的复合运算也可推广到任意有限个函数的情形. 在这里,特别要强调的一点是:相对于多个函数复合而成新函数而言,它的另一方面则是将一个函数分解为多个函数的复合. 用这种眼光看问题,会给函数性质的研究带来方便.

例 1 已知定义在 $(-\infty,\infty)$ 上的函数 $g(x)$,而定义在 $(-\infty,1)$ 以及 $(1,\infty)$ 上的未知函数 $f(x)$ 满足关系:

$$f\left(\frac{x}{x-1}\right)=af(x)+g(x), \qquad a\neq\pm 1.$$

试求 $f(x)$ 的表达式.

解 令 $t=\dfrac{x}{x-1}$,则 $x=\dfrac{t}{t-1}$,且由

$$f(t)=af\left(\frac{t}{t-1}\right)+g\left(\frac{t}{t-1}\right)=a^2f(t)+ag(t)+g\left(\frac{t}{t-1}\right),$$

可知 $f(t)=\dfrac{\left[ag(t)+g\left(\dfrac{t}{t-1}\right)\right]}{1-a^2}$, $t\neq 1$.

例 2 设 $f(x)=\dfrac{x}{\sqrt{1+x^2}}$,则 n 次复合函数为

$$f^{\langle n\rangle}(x)=(f\circ f\circ f\circ\cdots\circ f)(x)=\frac{x}{\sqrt{1+nx^2}}.$$

证明 当 $n=1$ 时，即 $f(x)=\frac{x}{\sqrt{1+x^2}}$，满足该结论.

现在假定 $n=k$ 时，k 次复合函数满足

$$(f\circ f\circ\cdots\circ f)(x)=\frac{x}{\sqrt{1+kx^2}},$$

则对 $n=k+1$ 时，其 $k+1$ 次复合函数为

$$\begin{aligned}(\underbrace{f\circ f\circ\cdots\circ f}_{k}\circ f)(x)&=\frac{x}{\sqrt{1+x^2}}\Bigg/\sqrt{1+k\left(\frac{x^2}{1+x^2}\right)}\\&=\frac{x}{\sqrt{1+x^2}}\Bigg/\sqrt{\frac{1+x^2+kx^2}{1+x^2}}=\frac{x}{\sqrt{1+(k+1)x^2}}.\end{aligned}$$

根据数学归纳法即得所证.

2. 反函数

在三角学里，我们先学了三角函数，如正弦函数 $\sin x(-\pi\leqslant x\leqslant\pi)$，后来又学了反三角函数，如反正弦函数 $\arcsin x(-1\leqslant x\leqslant 1)$. 这就是说，用反演的方法，可以从一种函数得到另一种新的函数——反函数. 下面我们给出一般的说法：

设 $y=f(x)$ 是定义在 X 上的函数，其值域 $R(f)=Y$. 如果对任意的 $y\in Y$，其逆象 x，即 $y=f(x)$ 中的 x 只有一个值(或当 $x_1\neq x_2$ 时，$f(x_1)\neq f(x_2)$)，那么让此 x 与 y 作对应就可以考虑从 Y 到 X 上的对应关系，而得到一个函数，它定义在 Y 上，值域为 X，我们称它为函数 f 的**反函数**，记为 f^{-1}，此时，y 经过对应 f^{-1} 得到 x，记为 $x=f^{-1}(y)$. 从而有

$$f^{-1}[f(x)]=x,\quad x\in D(f);\quad f[f^{-1}(y)]=y,\quad y\in R(f)=Y.$$

如上所述的 $f:X\to Y$，常称为在 X 与 Y 之间存在一一对应 f. 因此，函数 f 在定义域与值域之间是一一对应的，则可确定出定义域为 Y 的反函数 f^{-1}.

从几何上看，函数的图像与反函数的图像(在平面上)是关于直线 $y=x$ 对称的. 此外，为了遵从记法的统一性，$y=f(x)$ 的反函数也记为 $y=f^{-1}(x)$.

什么样的函数必存在反函数呢？最典型的例子是严格单调函数，且若 $y=f(x)$ 是区间 I 上的严格递增(递减)函数，则 $f^{-1}(y)$ 在 $R(f)$ 上也是严格递增(递减)的函数.

例 3 函数 $y=x^2+1,x\in(-\infty,0]$ 的反函数是 $y=-\sqrt{x-1},x\in[1,\infty)$.

当 $f(x)$ 与在定义域 X 上所确定出的反函数 $f^{-1}(x)$ 是同一个函数时，我们称 $f(x)$ 为**自反函数**. 显然，此时有 $f[f(x)]=x$.

例 4 $y=\ln\left(\dfrac{e^x+1}{e^x-1}\right)$在$(0,\infty)$上是自反函数.

3. 隐函数

在解析几何学中，一条曲线的方程常常不是用$y=f(x)$的形式给出，而是用方程$F(x,y)=0$的形式来表示的. 如一条直线是用$ax+by+c=0$表出；椭圆由方程$\dfrac{x^2}{a^2}+\dfrac{y^2}{b^2}=1$来表达. 如果想要从中导出形如$y=f(x)$的函数形式，那么必须从中解出$y$来.

一般而言，在方程$F(x,y)=0$中，若对于给定x的一个值，可确定唯一的值y，使得x与y满足该方程，则方程$F(x,y)=0$就定义着一个函数，我们称为**隐函数**，即指$F(x,y)=0$是y与x的函数关系的一种隐式表示. 相应于此，$y=f(x)$则称为函数的显式表示.

当然不是每一个方程$F(x,y)=0$都是某个函数的隐式表示，如$1+x^2+y^2=0$. 此外，即使是某个函数的隐式表示，有时可以从中解出显式$y=f(x)$来，有时则不能以简单方式来表出. 关于隐函数存在性问题，将在本书第三册中再作讨论.

***例 5** 证明方程(1) $y-\varepsilon\sin y=x, 0<\varepsilon<1$；(2) $y^3+3y=x$均各自定义着隐函数$y=f(x)$.

证明 (1)若对给定的x，有值y_1, y_2与之对应(即满足方程)，则$y_1-y_2-\varepsilon(\sin y_1-\sin y_2)=0$，

$$\begin{aligned}|y_1-y_2|&=\varepsilon\left|2\sin\frac{y_1-y_2}{2}\cos\frac{y_1+y_2}{2}\right|\\&\leqslant\varepsilon\left|2\sin\frac{y_1-y_2}{2}\right|\leqslant 2\varepsilon\left|\frac{y_1-y_2}{2}\right|\\&=\varepsilon|y_1-y_2|.\end{aligned}$$

这说明$y_1=y_2$.

(2) 若对给定的x，有值y_1, y_2与之对应，则$y_1^3-y_2^3+3(y_1-y_2)=0$. 由此可知

$$(y_1-y_2)(y_1^2+y_1y_2+y_2^2+3)=0.$$

因为$y_1^2+y_1y_2+y_2^2+3>0$，所以$y_1-y_2=0$，即$y_1=y_2$.

此外易知，若函数$y=f(x)$在定义域内存在反函数，则求反函数就相当于从方程

$$F(x,y)=y-f(x)=0$$

中解出$x=f^{-1}(y)$.

4. 参数式函数

设有定义在区间J上的两个函数

$$\begin{cases} x=\varphi(t), \\ y=\psi(t), \end{cases} \quad t\in J, \qquad ①$$

则对于每一个 $t\in J$,有唯一确定的值 x 与 y. 如果我们把此 x,y 看作平面直角坐标系中点的坐标,那么对每一个 $t\in J$,就对应平面上一个点,且当 t 在 J 中变动时,它(在一定的条件下)将描述出平面上的一条曲线,我们称式①为此曲线的**参数方程**,t 称为**参数**.

进一步,假定函数 $x=\varphi(t)$ 存在反函数 $t=\varphi^{-1}(x)$,则 y 就可以作为 x 的显式函数而存在:

$$y=\psi[\varphi^{-1}(x)].$$

此时,方程①就定义了一个 x 的函数,并称其为函数的**参数表示**.

函数的参数表示法是曲线最直接和最灵活的描述方式,在数学中有着广泛的用途. 例如,描述物体在 Oxy 平面上的运动,可直接从 x 轴方向、y 轴方向上(作为时间 t)的运动规律着手(在这里,我们不把直角坐标 x 或 y 中的一个看成是另一个的函数,而把它们都看成是自变量 t 的函数).

***例 6** 设从高 y_0 处以速度 v_0 在水平方向(x 轴正向)投掷一物体,若不计空气阻力,记时间为 t,则其运动轨迹为

$$\begin{cases} y=y_0-\dfrac{gt^2}{2}, \\ x=v_0 t, \end{cases} \quad \text{或} \quad y=y_0-\frac{g}{2v_0^2}x^2.$$

***例 7**(Cycloid-旋轮线或摆线) 设有半径为 a 的圆,置于一直线上并沿直线做无滑动之滚动,则其圆周上一点的运动轨迹曲线称为旋轮线.

现在,取直线为 x 轴,并在圆周上取定一点 P. 假定运动开始时,P 点位于原点 O,并取过原点的 x 轴垂线为 y 轴.

假定滚动开始并设该圆到达自转角度为 t 的位置(图 1-3). 此时,易知点 P 的 x,y 坐标各为

$$\begin{cases} x=OA=OB-AB=at-a\sin t, \\ y=PA=DB=CB-CD=a-a\cos t, \end{cases} \quad 0\leqslant t\leqslant 2\pi.$$

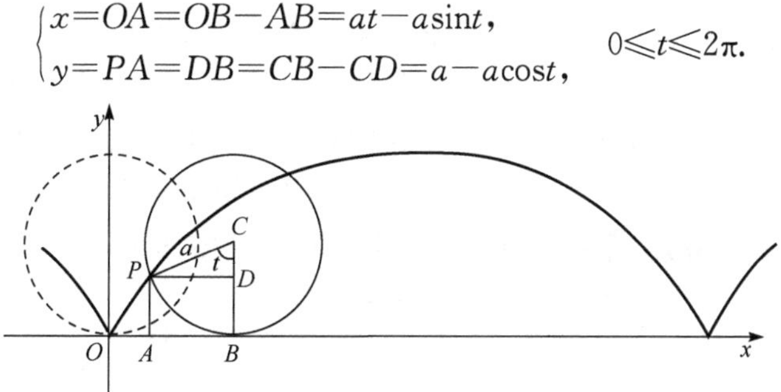

图 1-3

例 8　椭圆方程

$$\frac{x^2}{a^2}+\frac{y^2}{b^2}=1$$

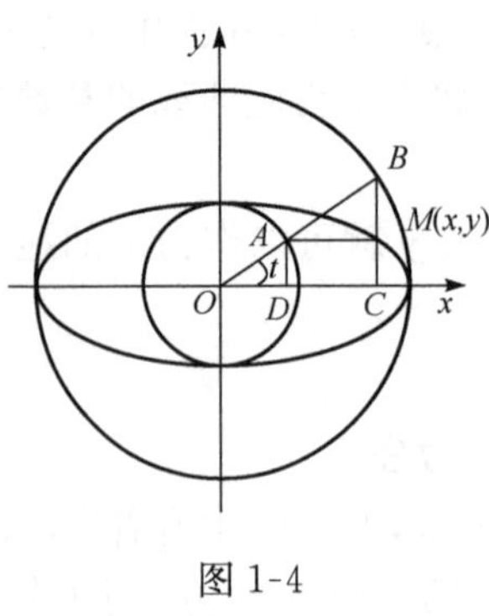

图 1-4

也可用参数方程表示. 实际上,令 $x=a\cos t$,则代入原方程后,立即得到 $y=b\sin t$. 故其参数方程为

$$\begin{cases} x=a\cos t, \\ y=b\sin t, \end{cases} \quad 0\leqslant t\leqslant 2\pi,$$

其中,参数 t 的几何意义如下:作出两个圆心位于原点 O 的同心圆,半径各为 a 与 b(图 1-4). 设 $M(x,y)$ 是椭圆上一点,B 是大圆上的点,其横坐标也为 x,记 OB 与 x 轴的夹角为 t,由图 1-4 可知

$$\begin{cases} x=OC=a\cos t, \\ y=MC=AD=b\sin t. \end{cases}$$

5. 函数的延拓与限定

函数的属性与其定义域有关,而函数的定义域往往是由研究课题的本身和认识手段所决定的. 定义域所受的束缚或不同定义域的差异为探讨函数的性质带来诸多不便. 因此,为了方便能在更大的或统一的背景下来考察对象,有时需要人为地来扩充原来函数的定义域或收缩其定义域,形成新的函数.

定义 1.2　设有 $F:X\to Y, E\subset X, f:E\to Y$,且 $F(x)=f(x)\,(x\in E)$,则称 F 是 f 在 X 上的**延拓**(**函数**),而称 f 是 F 在 E 上的**限定**(或**限制**).

限定的目的往往是为了限制考察函数的范围,延拓则往往是为了借助某种特性来考察函数. 下述两种延拓是本课程中所需要的.

(1) 周期延拓:设 $f(x)$ 是定义在 $(0,2\pi]$ 上的函数,如果我们希望将它纳入周期函数的框架中加以考察,那么可以将它作周期延拓,即令

$$g(x)=f(x), \quad x\in(2k\pi,2(k+1)\pi], \quad k=0,\pm1,\cdots$$

且称 $g(x)$ 为 $f(x)$ 在 $(-\infty,\infty)$ 上的周期延拓(周期为 2π 的延拓). 易知,有关周期函数 $g(x)$ 在 $(-\infty,\infty)$ 上的信息有助于我们对 $(0,2\pi]$ 上函数 $f(x)$ 的认识.

(2) 奇、偶延拓:设 $f(x)$ 是定义在 $(0,a]$ 上的函数,如果我们希望将它纳入奇(偶)函数类中加以考察,那么可以将它作奇(偶)性延拓,即令

$$g(x)=\begin{cases} f(x), & x\in(0,a], \\ -f(-x), & x\in[-a,0), \end{cases} \quad g(0)=0$$

$$\left(g(x)=\begin{cases} f(x), & x\in(0,a], \\ f(-x), & x\in[-a,0) \end{cases}\right),$$

且称 $g(x)$ 为 $f(x)$ 在对称区间 $[-a,a]$ 上的奇(偶)延拓. 易知,有关 $g(x)$ 的信息将有助于对 $[0,a]$ 上 $f(x)$ 的认识.

例 9 设有定义在 $[0,1]$ 上的函数 $f(x)=\sqrt{x}$,为了作出在 $[-1,1]$ 上的偶延拓函数 $F(x)$,根据偶函数的性质可知

$$F(x)=\begin{cases}\sqrt{x}, & 0\leqslant x\leqslant 1,\\ \sqrt{-x}, & -1\leqslant x<0,\end{cases} \quad 或 \quad F(x)=\sqrt{|x|},\quad x\in[-1,1].$$

6. 实际问题中的函数关系举例

例 10 设有传动装置如图 1-5 所示,转轮的半径是 2dm,连杆 AB 长是 6dm,当转轮旋转时,连杆推拉活塞. 为求活塞的前进速度与转轮转速的关系,必须先建立 x(轮心到活塞端点 B 处的距离)与转角 α 的关系.

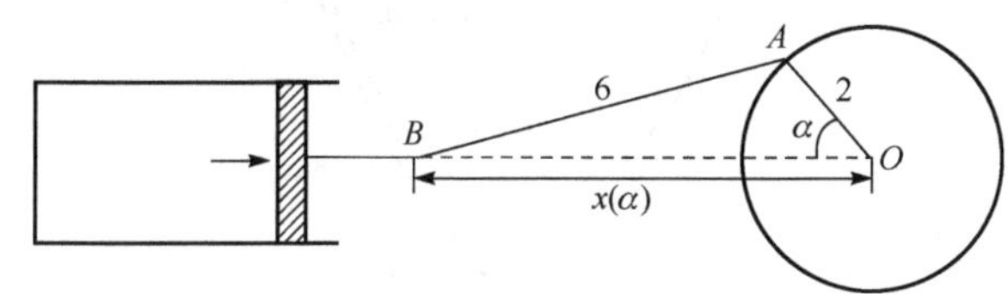

图 1-5

为此,由图 1-5,根据余弦定律知

$$6^2=2^2+x^2-2x\cos\alpha \quad 或 \quad x^2-2x\cos\alpha-32=0.$$

这就是 x 与 α 所满足的函数关系式,只不过在这里,x 没有表示成 α 的明显的公式:$x=f(\alpha)$.

此外,还有许多情况是先从实际问题提炼出(根据其他学科给出的定律)数量变化率或积分、微分所满足的各种关系和等式,再从中解出表达某种规律的函数(见本章末后记(三)).

7. 其他

为了补充数学理论的完整性和概念的确定性,以及表达上的清晰性和运算的简便性,常需要人为地定义一些函数,如下所示.

符号函数(signum function):

$$y=\operatorname{sgn}x=\begin{cases}1, & x>0,\\ 0, & x=0,\\ -1, & x<0.\end{cases}$$

Dirichlet[1] 函数：

$$f(x)=\begin{cases}1, & x\text{ 是有理数},\\ 0, & x\text{ 是无理数}.\end{cases}$$

Riemann[2] 函数：

$$f(x)=\begin{cases}0, & x\text{ 是无理数},\\ \dfrac{1}{q}, & x=\dfrac{p}{q}\,(p,q\in\mathbf{N}^*,\text{且 }p\text{ 与 }q\text{ 互素}).\end{cases}$$

双曲函数：$x\in(-\infty,\infty)$（图 1-6）.

$$\sinh x=\frac{e^x-e^{-x}}{2},\quad \tanh x=\frac{e^x-e^{-x}}{e^x+e^{-x}},\quad \cosh x=\frac{e^x+e^{-x}}{2},\quad \coth x=\frac{e^x+e^{-x}}{e^x-e^{-x}}.$$

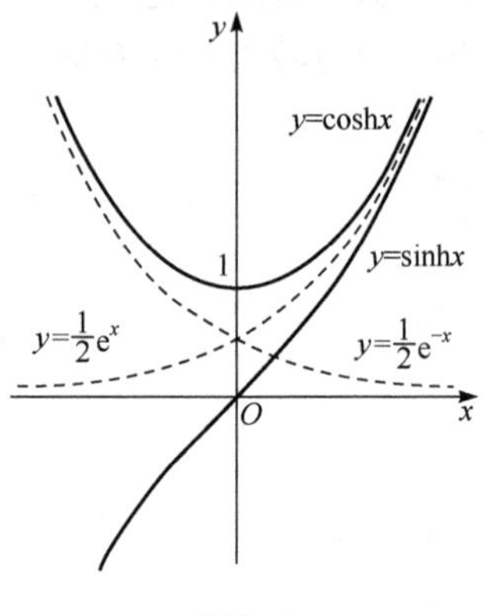

图 1-6

整数部分函数：

$$y=[x]=\max\{z:z\in\mathbf{Z},z\leqslant x\},$$

即不大于 x 值的最大整数. 显然有

$$[x]\leqslant x<[x]+1;\quad [x+1]=[x]+1.$$

上面所列的函数构成法以及函数的起源只是很初步的. 在这里还必须着重指出的是，在某些课题的研究中，通过不同途径（在理论上或对实际问题的认识中），已经可以阐明某种函数关系是存在的，但是无法用原有的方法将其表述出来，不过它的各种属性可以通过不同运算过程给予揭示，这种情形的出现我们绝不能忽视. 可以这样说，未来最重要的应用很可能来自数学的某些尚不能用已知函数描述的现象之中. 从这个意义上讲，在发现有一种新的手段来表述函数现象时，我们应是多么喜悦.

---

① 狄利克雷（1805～1859），德国数学家.

② 黎曼（1826～1866），德国数学家.

对初学微积分的读者，本课程不但为他们揭示出许多表达函数的新方式，而且提供了与常量数学不同的研究函数的崭新方法.

思考练习

1. 设有定义在[0,1]上的两个函数：

$$H(x)=\begin{cases}1, & 0<x\leqslant 1,\\ 0, & x=0,\end{cases}\quad R(x)=\begin{cases}0, & x\text{ 是无理数},\\ \dfrac{1}{q}, & x=\dfrac{p}{q}\text{(既约分数)},\end{cases}$$

试求 $H(R(x))$.

2. 已知 $f(\mathrm{e}^x)=1+x(0<x<\infty)$. 若 $f[\varphi(x)]=1+x+\ln x$，试求 $\varphi(x)$.

3. 试问 a,b 取何值，可使函数 $y=\ln(a+b\mathrm{e}^x)$ 是自反函数.

4. 试求满足函数方程

$$xf(y)+yf(x)=(x+y)f(x)f(y),\quad x,y\in(-\infty,\infty)$$

的定义在$(-\infty,\infty)$上的函数 $f(x)$.（提示：$f(x)=1,x\neq 0;f(x)=a,x=0,a\in(-\infty,\infty)$）

1.3 函数图形的整体特征分类简介

有区别才有对策. 给对象分类或划定一个范围，是在研究课题中带有一般性的启动步骤. 就函数而言，从整体特征看，可分为奇偶、单调、周期与凹凸等，它反映出函数性态的同一性及其图形的某种对称性（今后还将进一步挖掘局部——小范围的特征来界定函数的性态，那将是属于更深层次上的分类描述）. 此外，从对函数的认识进程来看，初等函数（见 1.4 节）是人们在初等数学领域中操作时所涉及的范围. 在微积分创立以后，人们需要而且必须突破这一认识上的框框，才能进一步描述客观事物变化、运动的规律.

1. 奇偶性

设函数 $f(x)$定义在（关于原点）对称区间 $I=(-a,a)(a>0)$上，若满足 $f(-x)=-f(x),x\in I$，则称 $f(x)$为 I 上的**奇函数**；若满足 $f(-x)=f(x),x\in I$，则称 $f(x)$为 I 上的**偶函数**.

从几何上看，奇函数的图形在平面上是关于坐标原点对称的；偶函数的图形在平面上则是关于 y 轴对称的. 充分利用函数的这种奇、偶对称性，会使我们的工作事半功倍. 不仅如此，就是对于一般的在对称区间 I 上定义的函数 $f(x)$，也可以把它分解成奇函数与偶函数两部分之和：

$$f(x)=f_1(x)+f_2(x),\quad x\in I,$$

其中

$$f_1(x)=\frac{f(x)+f(-x)}{2}, \quad f_2(x)=\frac{f(x)-f(-x)}{2}, \quad x\in I$$

各为偶函数与奇函数.

例 1 在$(-\infty,\infty)$上函数 $f(x)=\ln(x+\sqrt{1+x^2})$是奇函数.

证明 因为我们有

$$\begin{aligned} f(-x)+f(x)&=\ln(-x+\sqrt{1+x^2})+\ln(x+\sqrt{1+x^2}) \\ &=\ln(\sqrt{1+x^2}+x)(\sqrt{1+x^2}-x) \\ &=\ln(1+x^2-x^2)=\ln 1=0, \end{aligned}$$

所以得到 $f(-x)=-f(x)$.

2. 增减(单调)性

递增(单调上升)及递减(单调下降)函数的概念也是中学已经学过的.

设 $f(x)$在区间 I 上有定义. 若对 I 中任意两点 x_1,x_2 且 $x_1<x_2$,有 $f(x_1)\leqslant f(x_2)$($f(x_1)\geqslant f(x_2)$),则称 $f(x)$是 I 上的**递增(递减)函数**,也称为**单调上升(下降)**函数. 如果上述不等式改为 $f(x_1)<f(x_2)$($f(x_2)>f(x_2)$),$x_1,x_2\in I$,则称为**严格递增(递减)函数**,也称为**严格单调上升(下降)函数**,这主要是从函数图形的态势而言的. 不论是递增函数还是递减函数,统称为**单调函数**.

例 2 $f(x)=x^3+px+q(p>0)$是$(-\infty,\infty)$上的严格递增函数.

证明 设 $x_1<x_2$,则有

$$f(x_2)-f(x_1)=(x_2^3-x_1^3)+p(x_2-x_1)>0.$$

所以,$f(x)$是$(-\infty,\infty)$上的严格递增函数.

比较前面介绍的用等式来定义函数奇偶性的做法,那么函数的增减性则是用不等式定义的. 从这一意义上讲,许多有关函数不等式的结论可归结为函数增减性的证明.

3. 周期性

设有 $f:D(f)\to(-\infty,\infty)$. 若存在 $T_1>0$,使得 $x\in D(f)$时,必有 $x+T_1\in D(f)$,且

$$f(x+T_1)=f(x),$$

则称 $f(x)$是**周期函数**,T_1 是它的一个**周期**. 此时,也还可能存在 $T_2>0$,使得 $x\in D(f)$时,$x+T_2\in D(f)$,$f(x+T_2)=f(x)$. 常见的周期函数往往是定义在$(-\infty,\infty)$上(可能在部分点除外),此时在众多的正周期中,我们感兴趣的是它的**最小正周期**(如果存在),也称为**基本周期**. 一般所说的函数周期均以它为代表. 当然,周期函数不一定具有最小正周期,前面提到的 Dirichlet 函数就是没有最小正周期的周

期函数.

对于$(-\infty,\infty)$上的周期函数,知道了它在一个周期区间上的性质,就可以把握全局.

例 3 设有定义在$(-\infty,\infty)$上的函数 $f(x)$. 若存在 $T\neq 0$,使得

$$f(x+T)=-f(x),\quad x\in(-\infty,\infty),$$

则 $f(x)$是周期函数.

证明 因为我们有

$$\begin{aligned}f(x+2T)&=f[(x+T)+T]=-f(x+T)\\&=-[-f(x)]=f(x),\end{aligned}$$

所以 $f(x)$是以 $2T$ 为周期的周期函数.

例 4 $f(x)=\sin x^2$ 在$(-\infty,\infty)$上不是周期函数.

证明 只需指出该函数没有正周期即可. 为此,假定 $T>0$ 是它的周期,即

$$\sin(x+T)^2=\sin x^2,\quad x\in(-\infty,\infty).$$

取 $x=0$,可知 $\sin T^2=0$,即 $T^2=n\pi$. 由此知 $T=\sqrt{n\pi}$ (n 是某个正整数).

当 $x\in(0,\sqrt{\pi})$时,$\sin x^2\neq 0$. 但因$\sqrt{n\pi}$是周期,故有 $\sin(x+\sqrt{n\pi})^2\neq 0$. 然而当 $x=\sqrt{\pi}$时,却有 $\sin(\sqrt{\pi}+\sqrt{n\pi})^2=\sin(\sqrt{\pi})^2=0$. 这说明$\sqrt{\pi}+\sqrt{n\pi}$是从右边离$\sqrt{n\pi}$最近的使 $\sin x^2=0$ 的数,注意到 $\sin(\sqrt{(n+1)\pi})^2=0$,就得到

$$\sqrt{\pi}+\sqrt{n\pi}\leqslant\sqrt{\pi(n+1)}\quad 或\quad 1\leqslant\sqrt{n+1}-\sqrt{n}.$$

但这是不可能的,因为我们有

$$\sqrt{n+1}-\sqrt{n}=\frac{1}{\sqrt{n+1}+\sqrt{n}}<1.$$

也就是说 $f(x)=\sin x^2$ 不是周期函数.

4. 凹凸性

我们经常看到,许多函数的图形向上(y 轴正向)凸起或向下凸,这是曲线形状的最重要的特征. 从几何上看下凸函数,如图 1-7 所示,对于定义域中的 x_1,x_2,作两点 $P_1(x_1,f(x_1))$与 $P_2(x_2,f(x_2))$之间连线——割线,则函数 $f(x)$在 x_1 与 x_2 之间的图形位于此割线的下方,下面给出分析定义.

定义 1.3 设 $y=f(x)$在区间 I 上有定义,若对 I 中任意的两点x_1,x_2且 $x_1<x_2$,有

$$f(x)\leqslant f(x_1)+\frac{f(x_2)-f(x_1)}{x_2-x_1}(x-x_1),\quad x\in[x_1,x_2],\tag{①}$$

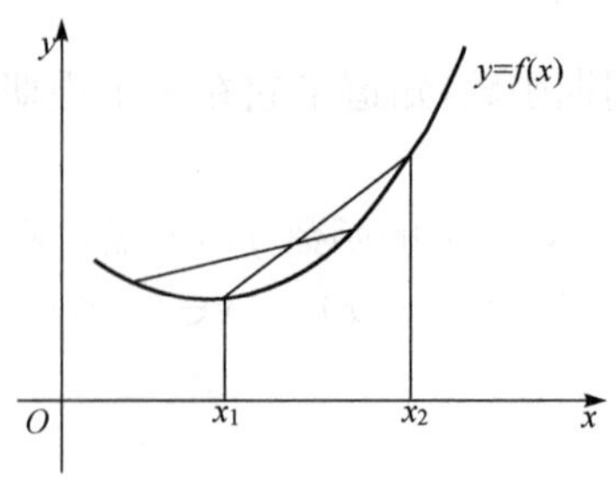

图 1-7

则称 $f(x)$ 为 I 上的(下)**凸**[①]**函数**. 若式①中"$\leqslant$"改为"$<$"($x\in(x_1,x_2)$时),则称 $f(x)$ 为 I 上的**严格(下)凸函数**.

定理 1.1　$f(x)$ 是区间 I 上的凸函数的充分必要条件是:对 $x_1,x_2\in I$ 以及 $0\leqslant t\leqslant 1$,有

$$f((1-t)x_1+tx_2)\leqslant(1-t)f(x_1)+tf(x_2). \tag{②}$$

证明　充分性:设式②成立,易知存在唯一的 t:$0\leqslant t\leqslant 1$,使得对 x:$x_1\leqslant x\leqslant x_2$,有

$$x=(1-t)x_1+tx_2 \quad 或 \quad t=\frac{x-x_1}{x_2-x_1}.$$

从而由式②知

$$\begin{aligned}f(x)&=f((1-t)x_1+tx_2)\leqslant(1-t)f(x_1)+tf(x_2)\\&=f(x_1)+t[f(x_2)-f(x_1)]\\&=f(x_1)+\frac{f(x_2)-f(x_1)}{x_2-x_1}(x-x_1),\end{aligned}$$

即式①成立,$f(x)$ 在 I 上是凸函数.

必要性:对于 $x_1,x_2\in I$,仍记 x:$x_1\leqslant x\leqslant x_2$ 为 $x=(1-t)x_1+tx_2$,$0\leqslant t\leqslant 1$. 由凸性条件知

$$\begin{aligned}f((1-t)x_1+tx_2)=f(x)&\leqslant f(x_1)+\frac{f(x_2)-f(x_1)}{x_2-x_1}(x-x_1)\\&=f(x_1)+t[f(x_2)-f(x_1)]\\&=(1-t)f(x_1)+tf(x_2),\end{aligned}$$

即式②成立.

注　(下)凸函数不等式②也可改写为

$$f(\alpha x_1+\beta x_2)\leqslant\alpha f(x_1)+\beta f(x_2),\quad x_1,x_2\in I,$$

---

① 按我们的习惯应称为凹,这里仍称为凸(convex),向上凸起称为上凸.

其中 $\alpha,\beta\geqslant 0$,且 $\alpha+\beta=1$.而严格(下)凸则为

$$f(\alpha x_1+\beta x_2)<\alpha f(x_1)+\beta f(x_2),\quad x_1,x_2\in I\text{ 且 }x_1\neq x_2,$$

其中 $\alpha,\beta>0$,且 $\alpha+\beta=1$.

此外,若不等式①反向,则称 $f(x)$ 为 I 上的**上凸函数**.显然,$f(x)$ 是区间 I 上的上凸函数当且仅当 $-f(x)$ 是 I 上的(下)凸函数.

例 5 证明 $y=x^2$ 是 $(-\infty,\infty)$ 上的严格凸函数.

证明 设 $x_1,x_2\in(-\infty,\infty)$ 且 $x_1\neq x_2$,$\alpha,\beta>0$ 且 $\alpha+\beta=1$,则

$$\begin{aligned}(\alpha x_1+\beta x_2)^2&=\alpha^2x_1^2+2\alpha\beta x_1x_2+\beta^2x_2^2\\&<\alpha^2x_1^2+\alpha\beta(x_1^2+x_2^2)+\beta^2x_2^2\\&=\alpha(\alpha+\beta)x_1^2+\beta(\alpha+\beta)x_2^2\\&=\alpha x_1^2+\beta x_2^2.\end{aligned}$$

定理 1.2 设 $f(x)$ 是定义在区间 I 上的函数,$x_0\in I$,令

$$g(x)=\frac{f(x)-f(x_0)}{x-x_0},\quad x\in I,\quad x\neq x_0,$$

则 $f(x)$ 在 I 是(下)凸的充分必要条件为:任取 $x_0\in I$,$g(x)$ 在 $I\setminus\{x_0\}$ 上递增($f(x)$ 严格凸与 $g(x)$ 严格递增相应).

证明 必要性:设 $x_1,x_2\in I$.

(1)若有 $x_1<x_2<x_0$,令

$$t=\frac{x_2-x_0}{x_1-x_0},\quad x_2=(1-t)x_0+tx_1,$$

则由 f 的凸性可知

$$f(x_2)=f((1-t)x_0+tx_1)\leqslant(1-t)f(x_0)+tf(x_1).$$

由此知

$$f(x_2)-f(x_0)\leqslant t[f(x_1)-f(x_0)]=\frac{x_2-x_0}{x_1-x_0}[f(x_1)-f(x_0)].$$

除以 $x_2-x_0(<0)$,得

$$g(x_2)=\frac{f(x_2)-f(x_0)}{x_2-x_0}\geqslant\frac{f(x_1)-f(x_0)}{x_1-x_0}=g(x_1).$$

(2)若有 $x_0<x_1<x_2$,令

$$t=\frac{x_1-x_0}{x_2-x_0},\quad x_1=(1-t)x_0+tx_2,$$

则由 f 的凸性知

$$f(x_1)-f(x_0)\leqslant t[f(x_2)-f(x_0)]=\frac{x_1-x_0}{x_2-x_0}[f(x_2)-f(x_0)].$$

除以 $x_1-x_0(>0)$,得

$$g(x_1)=\frac{f(x_1)-f(x_0)}{x_1-x_0}\leqslant\frac{f(x_2)-f(x_0)}{x_2-x_0}=g(x_2).$$

(3)若有 $x_1<x_0<x_2$，则由 f 的凸性知

$$f(x_0)\leqslant f(x_1)+\frac{f(x_2)-f(x_1)}{x_2-x_1}(x_0-x_1).$$

由于 $x_2-x_1>0$，故得

$$[f(x_0)-f(x_1)](x_2-x_1)\leqslant[f(x_2)-f(x_1)](x_0-x_1).$$

注意到 $f(x_2)-f(x_1)=f(x_2)-f(x_0)-[f(x_1)-f(x_0)]$，并在上式两端加上 $[f(x_1)-f(x_0)](x_0-x_1)$，可知

$$[f(x_0)-f(x_1)](x_2-x_0)\leqslant[f(x_2)-f(x_0)](x_0-x_1).$$

除以 $(x_2-x_0)(x_0-x_1)$，有

$$g(x_1)=\frac{f(x_0)-f(x_1)}{x_0-x_1}\leqslant\frac{f(x_2)-f(x_0)}{x_2-x_0}=g(x_2).$$

充分性：对于 I 中任意两点 x_1,x_2 且 $x_1<x_2$，令 $x_0=(1-t)x_1+tx_2\,(0<t<1)$，由 $g(x)$ 的递增性可知

$$\frac{f(x_1)-f(x_0)}{x_1-x_0}\leqslant\frac{f(x_2)-f(x_0)}{x_2-x_0},$$

或 $[f(x_1)-f(x_0)](x_2-x_0)\geqslant[f(x_2)-f(x_0)](x_1-x_0)$. 用关系式

$$x_1-x_0=t(x_1-x_2),\quad x_2-x_0=(1-t)(x_2-x_1)$$

代入，整理可得

$$f(x_0)\leqslant(1-t)f(x_1)+tf(x_2),$$

即得所证（严格凸的情形在证明中可同时给出）.

推论 1.1（割线斜率的递增性） $f(x)$ 在区间 I 上是凸函数的充分必要条件是：对 I 中任意三点 $x_1<x_2<x_3$，有

$$\frac{f(x_2)-f(x_1)}{x_2-x_1}\leqslant\frac{f(x_3)-f(x_2)}{x_3-x_2}.$$

思考练习

1. 试问 $f(x)=\dfrac{x(e^x-1)}{(e^x+1)}$ 是 $(-\infty,\infty)$ 上的偶函数吗？

2. 若 $f(x)$ 与 $f(x)+g(x)$ 都是 $(-\infty,\infty)$ 上的偶函数，则 $g(x)$ 也是 $(-\infty,\infty)$ 上的偶函数，对吗？

3. 设 $f(x)$ 是 $(-\infty,\infty)$ 上的偶函数，试问是否存在 $g(x)$，使得 $f(x)+g(x)$ 是奇函数.（提示：$g(x)+g(-x)=-2f(x)$）

4. 设 $f(x)$ 与 $g(x)$ 各为 $(-\infty,\infty)$ 上的奇函数与偶函数，试论下列函数的奇偶性：

(1) $f[f(x)]$； (2) $f[g(x)]$；

(3) $g[f(x)]$； (4) $f(f[g(x)])$.

5. 试证明 $f(x)=x-x^2$ 在 $\left(0,\frac{1}{2}\right)$ 上是递增函数.

6. 设 $f(x)$ 在 $(-\infty,\infty)$ 上递增，$g(x)$ 在 $(-\infty,\infty)$ 上递减，试讨论复合函数 $f[f(x)]$，$f[g(x)]$，$g[g(x)]$，$g[f(x)]$ 的单调性.

7. 设 $\frac{f(x)}{x}$ 在 $(0,\infty)$ 上递减，试证明 $f(x+y)\leqslant f(x)+f(y)\ (0<x,y<\infty)$.

8. 设 $f(x)$ 定义在 $(-\infty,\infty)$ 上，若存在 $T>0$，使得 $f(x+T)=\frac{1}{f(x)}$. 试证明 $f(x)$ 是周期函数.（提示：周期为 $2T$）

9. 设定义在 $(-\infty,\infty)$ 上的函数的曲线图形 $y=f(x)$ 是关于直线 $x=a$ 以及 $x=b(b\neq a)$ 对称的，试证明 $f(x)$ 是周期函数.（提示：$b>a$ 时 $T=2(b-a)$）

10. 设 $f(x)$ 定义在 $(-\infty,\infty)$ 上，若存在 $T>0$，$A>0$，使得 $f(x+T)=Af(x)\ (-\infty<x<\infty)$，试证明存在 $a>0$，以及周期函数 $g(x)$，使得 $f(x)=a^x g(x)$.（提示：令 $a=A^{\frac{1}{T}}$，$g(x)=a^{-x}f(x)$）

11. 设定义在 $(-\infty,\infty)$ 上的 $f(x)$ 具有性质：

$$f(x+1)+f(x-1)=\sqrt{2}f(x)\quad(-\infty<x<\infty).$$

试证明 $f(x)$ 是周期函数.（提示：注意 $f(x+2)+f(x)=\sqrt{2}f(x+1)=\sqrt{2}[\sqrt{2}f(x)-f(x-1)]$，即 $f(x+2)=f(x)-\sqrt{2}f(x-1)$. 从而可推 $f(x+4)=f(x)-\sqrt{2}[f(x-1)+f(x+1)]=-f(x)$）

12. 设 $\alpha_i>0$，$x_i>0\ (i=1,2,\cdots,n)$. 若有 $\sum_{i=1}^{n}\alpha_i=1$，试证明 $\sum_{i=1}^{n}\alpha_i x_i\geqslant x_1^{\alpha_1}\cdot x_2^{\alpha_2}\cdot\cdots\cdot x_n^{\alpha_n}$.

13. 设 $f(x)$ 是 $(-\infty,\infty)$ 上的(下)凸函数，若 $f(x)$ 是有界函数，试证明 $f(x)=c$（常数）.

14. 设 $f(x)$ 是 $(-\infty,\infty)$ 上的(下)凸函数，试证明

$$\frac{f(c)-f(a)}{c-a}\leqslant\frac{f(d)-f(b)}{d-b},\quad a<b<c<d.$$

15. 试证明满足方程 $af(x)+bf(1/x)=c/x\ (x\neq 0)$，与 $f(0)=0$ 的 $f(x)$ 是奇函数 $(a^2\neq b^2)$.

注 凸函数的复合函数不一定是凸函数，如 e^{-x} 与 x^2 的复合函数.

1.4 初等函数

大家所熟识的幂函数、三角函数、反三角函数、对数函数与指数函数等，是人们在初期所认识和工作的对象，它们都由一个单一的式子表达，称为**基本初等函数**. 后来，又有了一般的四则运算和复合运算等手段，函数的范围进一步扩大了，我们也给它一个说法.

凡是由基本初等函数经过有限次四则运算、复合运算构成的函数称为**初等函**

数,即通常所说的用一个“解析式”表达的函数,如 $\ln(1+\sqrt{1+\sin^2 x})$,$e^{x+\cot x}$,以及多项式(函数)

$$P(x)=a_0x^n+a_1x^{n-1}+\cdots+a_{n-1}x+a_n,$$

其中 $a_0,a_1,\cdots,a_n$ 称为 $P(x)$ 的系数,a_0 称为首项系数,且总假定 $a_0\neq 0$,此时称 $P(x)$ 为 n 次多项式.零次多项式是指非零常数 a_0.若 x_0 满足方程 $P(x)=0$,即

$$a_0x_0^n+a_1x_0^{n-1}+\cdots+a_{n-1}x_0+a_n=0,$$

则称 x_0 为多项式 $P(x)$ 的根或零点.而式 $P(x)=0$ 称为代数方程.

注 不要随便说分段函数不是初等函数,请看下例.

例 1 设分段函数定义为

$$f(x)=\begin{cases}\sqrt{-x}, & x<0,\\ 0, & 0\leqslant x\leqslant 1,\\ \ln x, & x>1.\end{cases}$$

我们有

$$f(x)=\left(\frac{\sqrt{x^2}-x}{2}\right)^{\frac{1}{2}}+\ln\frac{x+\sqrt{(x-1)^2}+1}{2}.$$

此外,Dirichlet 函数不是初等函数,但可用“无限”次运算构成:

$$f(x)=\lim_{m\to\infty}\left[\lim_{n\to\infty}\cos^n(2\pi\cdot m!\ x)\right].$$

最后我们指出,从运算的代数性质划分范围,类似于实数分类,函数还有**代数函数**与**超越函数**之分:

若 $y=f(x)$ 是代数方程

$$a_0(x)y^n+a_1(x)y^{n-1}+\cdots+a_{n-1}(x)y+a_n(x)=0$$

的解,则称 $y=f(x)$ 为**代数函数**,其中 $a_i(x)(i=1,2,\cdots,n)$ 是 x 的多项式.

例如,多项式本身是代数函数,并称为有理整函数,又如

$$y=\frac{a_0x^n+a_1x^{n-1}+\cdots+a_{n-1}x+a_n}{b_0x^m+b_1x^{m-1}+\cdots+b_{m-1}x+b_m}\quad (a_0\neq 0,b_0\neq 0)$$

是代数函数,并称为有理分式(函数).上述两种函数统称为**有理函数**.不是有理函数的代数函数称为**无理函数**,如用无理根式表出的函数.

不是代数函数的函数称为**超越函数**①,例如,指数函数、对数函数、三角函数与反三角函数等.

***例 2** $y=\sqrt{x}$ 不是有理函数.

证明 反证法.若有表达式

① 这是 Euler(欧拉,1707~1783,瑞士数学家)提出的分类思想,是指超越了可用代数方法表示的手段.19 世纪 30 年代,法国数学家 Liouville(刘维尔,1809~1882)首先证明了 $\ln x$ 是超越函数.

$$\sqrt{x}=\frac{a_0+a_1x+\cdots+a_nx^n}{b_0+b_1x+\cdots+b_mx^m},$$

则取 $x=k^2$(k 是任一正整数),可得

$$P(k)=a_0-b_0k+a_1k^2-b_1k^3+\cdots+a_nk^{2n}(\text{或}-b_mk^{2m+1})=0.$$

这说明多项式 $P(x)=0$ 有无穷多个不同实根,从而知 $P(k)\equiv 0$,因此,我们有 $a_0=b_0=a_1=b_1=\cdots=0$. 也就是说,$\sqrt{x}$不能表示成有理函数.

初等函数的重要性,不仅在于它可以描述许多客观事物运动和变化的规律,还因为可运用“无限”的表现手法(如积分、级数)用初等函数来表示非初等函数,这属于本书第二册所介绍的内容.

思考练习

1. 试问定义在$[0,2]$上的函数

$$f(x)=\begin{cases}x, & 0\leqslant x\leqslant 1,\\ 2x-1, & 1<x\leqslant 2\end{cases}$$

是初等函数吗? $\left(\text{提示}:f(x)=\dfrac{3}{2}\left(x-\dfrac{1}{3}\right)+\dfrac{\sqrt{(x-1)^2}}{2}\right)$

注　一条直线与有理函数 $f(x)$的图形只有有限个交点,除非 $y=f(x)$本身是直线.

后　记

(一) 关于函数概念的确立及命名

1. 在数学发展史上,函数概念正式确立以前曾有过一个长期探索过程. 17 世纪,变量的概念在思维活动中出现. 坐标几何的诞生,产生了曲线是动点的轨迹的认识. Newton 用“流数”一词来表示变量之间的关系,并以“速度—时间”图来描述物体运动,这说明了表达量与量之间的关系公式与曲线的统一性认识. 因此,曲线是微积分学初期考察的主要几何模型,也是那个时代形成的函数观念.

在随后的许多年里,人们对函数的认识并未有实质上的改变. 即使在 18 世纪中期,像 Euler 及其同时代的数学家,也还认为函数是指由一个公式确立的数量关系,表示为一条连续曲线. (在这里,什么是公式并未给出定义)从而,分段表达的公式被认为不是函数.

随着物理学研究领域的扩大和深入,特别是法国数学家和物理学家 Fourier 关于热传导理论的创立(1810 年左右),致使 18 世纪形成的各种关于函数的看法都发生了动摇. 他指出(证明缺乏严谨性),定义在某个区间上的任意函数可以表示成该区间上的正弦函数和余弦函数组成的无穷级数. 这一工作对函数的旧概念提出了以下质疑:

(1) 考虑只定义在某个区间上的函数应认为是合理的,且是重要的;

(2) 允许两个不同函数在某个公共区间上相同,而在其他地方不同;

(3) 函数可以由多个表达式给出.

由此可知,学术界对函数的各种说法和争论已达到非解决不可的地步. 19 世纪 30 年代,这一问题终于有了一个较满意的解决,这就是由德国数学家 Dirichlet 用对应关系给出的至今仍沿

用的函数定义,它摆脱了隐含于这一概念之中的有关时间、运动等联系因数,Dirichlet 还给出了一个现在以他的名字命名的函数——Dirichlet 函数. 从此,数学分析的理论向着纵深地带展开了.

顺便指出,有了函数的一般定义以后,原先用解析式(包括使用极限运算)表达的当然也是函数. 不过,用集合论中的"计数推理"法可以证明,这样的函数全体之基数(cardinal number)是(连续基数)c,而用一一对应定义的实函数全体之基数为 2^c,可见其数量级别差距的悬殊已不能同日而语,只是较难阐明这方面的实证. 此外,这一函数概念的出现使原有曲线的观念也受到了冲击. 在古希腊时代,曲线的意思是指没有宽度的长线(当时的学者只认识几种形状的曲线). 17 世纪的数学家对曲线的认识已如上所说,凡是两个变量的关系式都是一条平面曲线,但并没有给出统一定义. 19 世纪由于用一一对应定义函数,就出现许多"病态"函数,例如,一个处处连续处处不可微的函数在什么意义下表示一条曲线? 如果用曲线是动点的轨迹的说法,那么 1887 年 Jordan 给出了一个令人惊叹的著名例子,即找到了一个从单位区间到正方形上的连续映射,其图形填满整个正方形,这与曲线的直觉大相径庭. 一个满意的解答是在 20 世纪 20 年代后完成的,曲线被定义为一维连续统.

2. Function(函数)一词由 Leibniz 首先命名. 中译名"变量""函数"是清代数学家李善兰在《代微积拾级》一书中给出的. 函数符号 $f(x)$是 Euler 在 1734 年引入的.

3. 在函数的定义中,有"对应"一词没有给予界定,现在我们用集合论的语言把它说清楚.

大家知道,两个元素组成的集合$\{x,y\}$与$\{c,d\}$相同是指

$$\begin{cases}x=c,\\y=d\end{cases}\quad 或 \quad \begin{cases}x=d,\\y=c.\end{cases}$$

也就是说,集合中元素是没有次序可言的. 但当我们说元素 x 与 y 组成"序对"(x,y)时,是指集合$\{x,y\}$中还规定了元素的次序. 第一位是 x,第二位是 y. 并称 x 为(x,y)的第一分量(坐标),称 y 为第二分量(坐标). 因此,对序对(x,y)与(c,d),它们相等的意思是指 $x=c,y=d$.

对于两个集合 A,B,记

$$A\times B=\{(x,y):x\in A,y\in B\},$$

即一切序对(x,y)的全体,称 $A\times B$ 为 A 与 B 的**直积**. 例如,$A=\{0,1\}$,$B=\{2,5,1\}$,则

$$A\times B=\{(0,2),(0,5),(0,1),(1,2),(1,5),(1,1)\}.$$

从直积的观点看问题,二维平面就是直积:

$$\mathbf{R}\times\mathbf{R}=\{(x,y):x\in\mathbf{R},y\in\mathbf{R}\}.$$

现在我们可以给出函数的定义了.

定义 1.4　设有集合 X,Y,我们说 γ 是在 X 与 Y 之间的一个**对应**,是说 γ 是 $X\times Y$ 的一个子集. 如果$(x,y)\in\gamma$,就说 y 与给定的 x 对应. 对应也称为**关系**.

由此可知,如果 $f:X\to Y$,那么 f 是 X 与 Y 之间的某类对应,当然是 $X\times Y$ 中的一个子集. 此子集称为 f 的图形. 不过,要使一种对应成为一个函数,必须具有如下特征:若$(x,y)\in f$,且$(x,y')\in f$,则 $y=y'$. 也就是说,对每个 $x\in D(f)$,f 使其正好对应着一个 y.

在这里,函数总是指单值对应,因此,$y\in R(f)$当且仅当存在 $x\in X$,使得 $y=f(x)$.

(二) 关于函数参数式表达方式

如果我们想从旋轮线的参数表达式中直接得到 x 与 y 之间的函数关系,那么可以得到 $x=$

$\varphi(y)$如下：在区间$[0,\pi]$上，函数 $y=a(1-\cos t)$有反函数 $t=\arccos\dfrac{a-y}{a}$，代入 $x=a(t-\sin t)$，可得

$$x=a\arccos\frac{a-y}{a}-a\sin\left(\arccos\frac{a-y}{a}\right),$$

或在 $0\leqslant x\leqslant\pi a$ 时，有

$$x=a\arccos\frac{a-y}{a}-\sqrt{2ay-y^2}.$$

而在 $\pi a\leqslant x\leqslant 2\pi a$ 时，由图形易知

$$x=2\pi a-\left(a\arccos\frac{a-y}{a}-\sqrt{2ay-y^2}\right).$$

注意，函数 $x=a(t-\sin t)$存在反函数，但它不能用初等函数来表示. 也就是说，函数 $y=f(x)$是不能用初等函数表出的. 由此可知，在许多情况下，在函数的研究中，用参数方程表示比直接用直角坐标表示要恰当和简便得多.

(三) 从实际问题和规律中探求函数举例

例 1 一卫生球由于在空气中挥发而逐渐减小体积，易知它在 t 时刻其体积 $V(t)$减小的速度 $v(t)$与 t 时刻的球体表面积 $S(t)=4\pi r^2(t)$成正比，其中 $r(t)$表示 t 时刻的球半径，从而有

$$v(t)=-ks(t),$$

负号表示体积在减小.

在这一问题中，目的是要求出函数 $V(t)$——在任一时刻 t 体积的大小. 然而，在这里我们只求出了函数 $V(t)$减小的速度所满足的某种关系(方程). 在后面，我们将知道 $v(t)=\dfrac{\mathrm{d}V(t)}{\mathrm{d}t}$，而且由此可求出 $V(t)$. 应当指出，在大量的实际课题中，所寻求的某种目标——函数不能立即得出，而是首先根据各种客观规律、科学的定律或实践经验得出该函数所满足的一些条件(关系、方程)，也称为数学模型. 然后，再用数学的理论和方法从中把函数解出来.

(四)有关凸函数的补充内容

命题 1.1 $f(x)$是区间 I 上的凸函数的充分必要条件是：对 $x_i\in I(i=1,2,\cdots,n;n\geqslant 2)$，以及 $p_i\geqslant 0(1\leqslant i\leqslant n)$，$p_1+p_2+\cdots+p_n=1$，有

$$f(p_1x_1+\cdots+p_nx_n)\leqslant p_1f(x_1)+\cdots+p_nf(x_n).\qquad ①$$

式①称为 Jensen(詹森)不等式.

证明 充分性：由定理 1.1 立即可得.

必要性：设 $f(x)$是 I 上的凸函数，往证式①成立，并采用归纳法：

当 $n=2$ 时，由定理 1.1 即得.

假定 $n=k$，式①成立，则对于 $x_i\in I(i=1,2,\cdots,k,k+1)$，以及满足 $p_1+\cdots+p_k+p_{k+1}=1$ 的非负数 $p_i\geqslant 0(i=1,\cdots,k,k+1)$，令 $\alpha=p_1+\cdots+p_k$，$\beta=1-\alpha=p_{k+1}$.

若 $\alpha=0$，即 $p_1=\cdots=p_k=0$，$\beta=p_{k+1}=1$，则

$$f(p_1x_1+\cdots+p_{k+1}x_{k+1})=f(x_{k+1}),$$
$$f(x_{k+1})=p_1f_1(x_1)+\cdots+p_{k+1}f(x_{k+1}).$$

若 $\alpha>0$，记

$$m=\min\{x_1,\cdots,x_k\},\qquad M=\max\{x_1,\cdots,x_k\},$$

$$\bar{x}=\frac{(p_1x_1+\cdots+p_kx_k)}{\alpha}.$$

易知 $m,M\in I$，且有

$$m=\frac{m\alpha}{\alpha}=\frac{m(p_1+\cdots+p_k)}{\alpha}\leqslant\frac{p_1x_1+\cdots+p_kx_k}{\alpha}$$

$$\leqslant\frac{(p_1+\cdots+p_k)M}{\alpha}=M.$$

由此知，$m\leqslant\bar{x}\leqslant M$，且 $\bar{x}\in I$. 因为 f 是凸的且 $\alpha+\beta=1$，所以有

$$f(\alpha\bar{x}+\beta x_{k+1})\leqslant\alpha f(\bar{x})+\beta f(x_{k+1}),$$

即

$$f(p_1x_1+\cdots+p_kx_k+p_{k+1}x_{k+1})\leqslant\alpha f\left(\frac{p_1x_1+\cdots+p_kx_k}{\alpha}\right)+p_{k+1}f(x_{k+1}).$$

由于 $1=\dfrac{(p_1+\cdots+p_k)}{\alpha}=\left(\dfrac{p_1}{\alpha}\right)+\cdots+\left(\dfrac{p_k}{\alpha}\right)$，故由归纳法假定可知

$$f\left(\frac{p_1x_1+\cdots+p_kx_k}{\alpha}\right)\leqslant\frac{p_1}{\alpha}f(x_1)+\cdots+\frac{p_k}{\alpha}f(x_k).$$

从而得

$$\alpha f\left(\frac{p_1x_1+\cdots+p_kx_k}{\alpha}\right)\leqslant p_1f(x_1)+\cdots+p_kf(x_k).$$

最后，我们有

$$f(p_1x_1+\cdots+p_kx_k+p_{k+1}x_{k+1})\leqslant p_1f(x_1)+\cdots+p_kf(x_k)+p_{k+1}f(x_{k+1}).$$

注　在 Jensen 不等式中，令

$$q_i=\frac{p_i}{(p_1+\cdots+p_n)}\quad(i=1,2,\cdots,n),$$

则得不等式

$$f\left(\frac{p_1x_1+\cdots+p_nx_n}{p_1+\cdots+p_n}\right)\leqslant\frac{p_1f(x_1)+\cdots+p_nf(x_n)}{p_1+\cdots+p_n}.$$

例如，$f(x)=x^k\,(x>0,k>1)$，可得

$$\left(\frac{p_1x_1+\cdots+p_nx_n}{p_1+\cdots+p_n}\right)^k\leqslant\frac{p_1x_1^k+\cdots+p_nx_n^k}{p_1+\cdots+p_n},\quad p_i>0,\ x_i>0\ (i=1,2,\cdots,n)$$

或

$$\left(\sum_{i=1}^n p_ix_i\right)^k\leqslant\left(\sum_{i=1}^n p_i\right)^{k-1}\left(\sum_{i=1}^n p_ix_i^k\right),\quad p_i>0,\ x_i>0\ (i=1,2,\cdots,n).$$

若以 $b_i^{\frac{k}{k-1}}$ 代 p_i，$a_ib_i^{-\frac{1}{k-1}}$ 代 x_i，则有

$$\sum_{i=1}^n a_ib_i\leqslant\left(\sum_{i=1}^n a_i^k\right)^{\frac{1}{k}}\left(\sum_{i=1}^n b_i^{\frac{k}{k-1}}\right)^{\frac{k-1}{k}}.$$

以上不等式称为 Hölder(霍尔德)不等式.

(五) 关于集合

我们常常用集合一词,这是数学中最原始的观念,一般而言无法给出精确定义. 从实际的应用范围讲,下面的描述往往已足够了.

“把具有某种特性的所有对象或事物视为一个整体时,这一整体就称为集合. 而这些对象或事物就称为属于该集合的元素.”

因此,所谓给定一个集合,是指给定了一种规定性,由此可判定某个事物是否是该集合的元素,别无其他.

第2章 极 限 论

2.1 实数连续性公理简介

由于人类实践活动的需要,自然数应运而生.进一步,因分之不尽而得分数;减之不足又生负数,达到了有理数系统的境界.数系的不断扩张,是为了补充认识和表达之不足,也是为了满足运算封闭性的需要.

由于在任两个有理数之间存在着无穷多个有理数,促使古希腊几何学家们把有理数认定成一个可以表达任何量的完备系统,也即能用表示有理数的点填满一条连续直线——数轴.然而就是在那个时期(公元前500年左右),有人就发现了单位正方形的对角线长并非是有理数.这一事实打破了有理数全体是连续系统的设想,后来就有了无理数的出现①.然而,希腊人并没有建立起无理数的一般概念.

17世纪下半叶,微积分学诞生.而在18世纪,虽然凭借对力学与几何的理解和直觉,这门学问有了巨大的成就,但随着数学本身的发展以及对物理领域中微观现象的深入探讨,微积分学初创期的粗糙的逻辑陈述,已无法令人满意,也不能再得到新的、更深刻的结果.于是,重整微积分的逻辑基础的巨大任务就要由19世纪的数学家来承担了,即所谓微积分理论的严密化.

微积分需要使变量在一个无限的过程中变动,并研究它的趋势,即所谓极限过程.那么如何用数学语言来逻辑地描述它呢?19世纪20年代,法国大分析学家Cauchy将这一思想较明确地界定下来(虽然有时在陈述中仍没有摆脱时间——运动等非数学因素),使微积分学达到了一个新的高度.然而,为使这些极限运算能"自由地"操作,仅在人们所认识的有理数系范围内是不行的,即使是在已有的无理数(但没有明确的无理数定义)观念上也不行.

例如,Bolzano所作的关于一个$[a,b]$上的连续函数$f(x)$(其中$f(a)<0$,$f(b)>0$)应在(a,b)中有零点的证明中,搞错一个关键地方的原因,就在于对实数系的结构缺乏足够的了解;又如Cauchy本人之所以不能正确阐明由他提出的"数列收敛准则"的充分性,也是因为他对于实数系的结构缺乏理解.

实数系的逻辑结构问题为19世纪下半叶的学者所正视,在确认有理数系的建立工作已完成的基础上,无理数被认为是主要难点.

---

① 最早使用无理数一词的是Cassiodorus(卡西奥多拉斯,6世纪),罗马学者.

如何从有理数出发引进或扩充出无理数来,使得我们在数学中可用符号(也称为数)表示那些无法用有理数表示的直线段的长度,这一任务要比从整数扩充到有理数困难得多.因为在确定这些对象的同时,必须建立起大家所熟悉和公认的基本关系(顺序、加法和乘法规律等),其中最主要的是"连续性"要求.

这一要求也就成为建立实数公理的出发点——连续性公理.

1883年,Cantor① 从有理数列开始,定义称之为基本列(也称 Cauchy 列)的有理数列为一个实数(这一方法在更抽象的背景如函数空间中得到了有效的推广).

早期关于无理数理论的工作,还有 Wallis(1696年),他曾把有理数与循环小数等同起来,并由 Stolz(1886年)证明,每个无理数可以表示成不循环小数.

Dedekind② 借助于几何直观,在直线的启发下来定义无理数.他注意到把直线上的点划分成两类,使每一类中的点都位于另一类中的点的左边时,就必有且只有一点可确定此分划,正是这一特征使直线成为连续不断的.于是为了建立实数的连续性,Dedekind 设想把有理数全体分成两类(用大小代替左右次序),并由此来唯一地界定实数.

从上面的简单介绍可以看出,定义无理数的方法都有些不自然,它与人们对整数、分数的感受完全不同,摆在我们面前的这一逻辑产物已不仅是一个简单的符号,它所代表的背后是一个无穷集合.

本教材注意到论述这一实数公理化体系的冗长性,以及推演出来的许多关系又是读者已经熟悉的,因此在这里不再严格地陈述,只是对 Dedekind 分划的意思作一介绍.

定义 2.1 若将全体有理数划分成非空的两类:A 与 B,A 中的每一个数都小于 B 中的任一个数,则称此为有理数系的一个**分划**,记为$(A|B)$.如果 A 中有一个最大数,或 B 中有一个最小数,那么称此分划为**有理分划**(此时存在一个有理数,即 A 中最大者或 B 中最小者,它确定了此分划);如果 A 中既无最大数,B 中也无最小数,那么称此分划为**无理分划**,并称$(A|B)$为**无理数**.

例 1 设 $A=\{x\in\mathbf{Q}:x<1\}$,$B=\{x\in\mathbf{Q}:x\geqslant 1\}$,则 B 中有最小数,分划$(A|B)$是由有理数 $x=1$ 确定的有理分划;又记

$$A=\{x\in\mathbf{Q}:x\leqslant 0 \text{ 或 } x>0 \text{ 且 } x^2<2\},$$
$$B=\{x\in\mathbf{Q}:x>0 \text{ 且 } x^2>2\},$$

则$(A|B)$是一个无理分划,它定义出一个无理数,按习惯记法为$(A|B)=\sqrt{2}$.

全体有理数再加上如上引进的全体无理数称为**实数系**(记为 $\mathbf{R}$).对于这一实数系再作分划,就与上述对有理数系所作的不同了.

① 康托尔(1845~1918),德国数学家.

② 戴德金(1831~1916),德国数学家.

定义 2.2 若将全体实数划分成非空的两类:A 与 B,且 A 中的每一个数都小于 B 中任一个数,则称此为实数系的一个**分划**,记为$(A|B)$.

命题 2.1(Dedekind) 对实数的任一分划$(A|B)$,或 A 中有最大数,或 B 中有最小数.

这样,类似于直线上点的分割,实数也成为一个连续的系统了,简称为**实数连续统**.

思 考 练 习

1. 若正整数 n 不是完全平方数,试证明$\sqrt{n}$是无理数.
2. 若 n 是正整数,试证明 $\sqrt{n-1}+\sqrt{n+1}$是无理数.
3. 若 $a>0,b>0$,试证明$\sqrt{2}$位于$\dfrac{(a+2b)}{(a+b)}$与$\dfrac{a}{b}$之间.
4. 若有理数 a,b,c 满足$\sqrt{a}+\sqrt{b}=c$,试证明$\sqrt{a}$,$\sqrt{b}$是有理数.(提示:考察$\sqrt{a}-\sqrt{b}$)

2.2 有界数集与确界

从现在开始,我们将在实数连续统命题的基础上展述极限理论. 在此过程中,读者将看到若干有关实数结构和性质在应用上非常有效的命题,它们在本质上也是实数连续性的反映,并与实数连续统命题等价. 本节主要介绍确界定理.

2.2.1 有界数集

定义 2.3 设 E 是一个非空实数集(即 $E\subset\mathbf{R}$ 且 $E\neq\varnothing$).

(1) 若存在一个实数 b(即找到一个实数 b),使得 E 中的一切数都不大于 b:$x\leqslant b,x\in E$,则称 E 是**有上界的(集合)**,b 称为 E 的**上界**.

(2) 若存在实数 a(即$\in\mathbf{R}$),使得 E 中的一切数都不小于 a:$x\geqslant a,x\in E$,则称 E 是**有下界的(集合)**,a 称为 E 的**下界**.

(3)若数集 E 既有上界,又有下界,则称 E 为**有界集**,此时,必存在正数 M(即 $M=\max\{|a|,|b|\}$即可),使得$|x|\leqslant M,x\in E$.

从几何(实轴)上看,集合 E 有上界 b,下界 a,是指 E 中的点皆位于点 b 的左侧(可能包括 b),a 的右侧(可能包括 a),而有界集 E 的意思,是指存在正数 M,使得 E 含于区间$[-M,M]$内,即 $E\subset[-M,M]$.

例 1 $E=\left\{1,\dfrac{1}{2},\dfrac{1}{3},\cdots,\dfrac{1}{n},\cdots\right\}$是有界数集,1 是 E 的一个上界,0 是 E 的一个下界.

定义 2.4 如果在数集 E 中有一个数 b,它不小于 E 中其他的数,即 $b\in E$,且

有 $x\leqslant b(x\in E)$，则称数 b 是 E 中的最大数，记为 $b=\max E$.

显然，若数集 E 中有最大数，则此最大数只有一个，且是 E 的上界.

若数集 E 没有上界，称 E 为无上界集. 此时，根据数集有上界的定义之否定陈述，就是对任意的数 $b\in\mathbf{R}$，至少存在一个 $x\in E$，使得 $x>b$. 其实，这样的数可以有无穷多个. 因为如果 E 中只有有限个数：$x_1,x_2,\cdots,x_m$，使得 $b<x_i(i=1,2,\cdots,m)$，那么令 $b_0=\max\{x_1,x_2,\cdots,x_m\}$，就有 $x\leqslant b_0,x\in E$. 这说明 E 是有上界集，与原设矛盾.

类似地，称没有下界的数集为无下界集. 同理可证，此时对任意的 $a\in\mathbf{R}$，在 E 中必存在无穷多个小于 a 的数.

定义 2.5 如果数集 E 中有一个数 a，它不大于 E 中其他的数，即 $a\in E$，且有 $a\leqslant x(x\in E)$，则称 a 为 E 中最小数，记为 $a=\min E$.

显然，若数集 E 中有最小数，则此最小数只有一个，且是 E 的下界.

当数集 E 不是有界集时，我们称 E 为无界集. 此时，E 可以是既无上界也无下界的，也可能只是无上界集，或只是无下界集.

例 2 自然数集 $\mathbf{N}$ 是无界集(无上界)，有理数集 $\mathbf{Q}$ 是无界集(既无上界，又无下界).

例 3 数集 $E=\{(1+h)^n:h>0,n=1,2,\cdots\}$ 是无上界集.

2.2.2 有界数集的确界

对于一个有上界 b(或下界 a)的数集 E 而言，$b+1$(或 $a-1$)也是它的上界(下界)，实际上有无穷多个上界(下界). 自然，我们最感兴趣的是所有上界中的最小者(下界中的最大者)，即最小上界(最大下界). 这是我们在本课程的学习中遇到的第一个重要的新概念. 顾名思义，所谓数集 E 的最小上界是这样一个数：首先它是 E 的一个上界；其次任意一个比它还要小的数就再也不是 E 的上界了. 请看下面的定量描述.

定义 2.6 设 $E\subset\mathbf{R}$，若有 $M\in\mathbf{R}$ 满足

(1) M 是 E 的上界；

(2) 对任意给定的正数 ε(相当于任给一个比 M 小的数 $M-\varepsilon$)，存在 $x'\in E$，使得 $x'>M-\varepsilon$(即 $M-\varepsilon$ 不是 E 的上界)，

则说 M 是 E 的最小上界，或称 M 为 E 的**上确界**，记为 $M=\sup E=\sup\limits_{x\in E}\{x\}$(sup 是拉丁文 Supremum 的缩写).

若有 $m\in\mathbf{R}$ 满足

(1) m 是 E 的下界；

(2) 对任给的 $\varepsilon>0$(相当于任给一个比 m 大的数 $m+\varepsilon$)，存在 $x'\in E$，使得 $x'<m+\varepsilon$，

则称 m 为 E 的最大下界，或**下确界**，记为 $\inf\limits_{x\in E}\{x\}=\inf E=m$（inf 是拉丁文Infimum的缩写）.

根据定义 2.6 立即可知，如果数集有上（下）确界，那么上（下）确界必定只有一个. 然而一个有上（下）界的数集是否一定有上（下）确界呢？

定理 2.1 (1) 非空有上界的（实）数集必有上确界；

(2) 非空有下界（实）数集必有下确界.

证明 (1) 记此非空有上界的数集为 E. 若 E 中有最大数，则此数即为 E 的上确界.

现在假定 E 中无最大数. 此时作实数系的分划 $(A|B)$ 如下：B 由 E 的一切上界组成，$A=\mathbf{R}\backslash B$. 显然，$B\neq\varnothing$. 又因为 E 中任一数皆非最大数，所以 E 中的数都不是 E 的上界，这说明 $E\subset A$. 此外，易知 A 中每一个数都小于 B 中任一个数且 A 中无最大数. 因此，根据 Dedekind 的命题，可知 B 中必有最小数，记作 b，易知 b 是 E 的上界，b 当然就是 E 的最小上界——上确界.

(2) 证明类似（略）.

注 有下界的非空集合存在下确界这一结论，也可直接从有上界的非空集合存在上确界这一断言导出，反之亦然. 事实上，记 $-E\overset{\text{def}}{=\!=}\{-x:x\in E\}$，那么，若 a 是 E 的下界，则 $-a$ 必是 $-E$ 的上界；若 b 是 E 的上界，则 $-b$ 必是 $-E$ 的下界. 由此易知

$$\sup\{-E\}=-\inf E;\qquad \inf\{-E\}=-\sup\{E\}.$$

上、下确界这一实数的存在性的引入，为探求或借助具有某种特性的点的存在提供了极大的方便，从而使我们对研究对象的认识更加深刻，描述更加完善.

例 1 数集 $E=\left\{1-\dfrac{1}{n}:n=1,2,\cdots\right\}$ 的上确界是 1，即 $\sup E=1$. 下确界是 0，即 $\inf E=0$.

例 2 若 $f(x)$ 是 (a,b) 上的（下）凸函数，则或者 $f(x)$ 在 (a,b) 上单调，或者存在闭子区间 $[p,q]$（或点 $x_0:a<x_0<b$），使得 $f(x)$ 在 (a,p)（或 (a,x_0)）上递减，在 (q,b)（或 (x_0,b)）上递增且在 $[p,q]$ 上是常数.

证明 假设 $f(x)$ 在 (a,b) 上不单调，则由（下）凸性可知，存在 $a<c<e<d<b$，使得 $f(c)>f(e)<f(d)$. 类似地可知，对于 $a<c''<c'<c$，有 $f(c'')\geqslant f(c')\geqslant f(c)$；对于 $d<d'<d''<b$，有 $f(d)\leqslant f(d')\leqslant f(d'')$. 这说明 $f(x)$ 在 (a,c) 上递减，在 (d,b) 上递增. 因为上述的点 c 与 d 可能有很多，所以我们取如此之 c 的上确界并记为 p，如此之 d 的下确界并记为 q. 易知 $f(x)$ 在 (a,p) 上递减，在 (q,b) 上递增，在 $[p,q]$ 上 $f(x)$ 必为常数.

例 3 设 $f(x)$是$(-\infty,\infty)$上的周期函数,记 T_0 是 $f(x)$的一切正周期的下确界.证明:

(1) 若 $T_0\neq 0$,则 T_0 是 $f(x)$的周期.

(2) 若 $T_0\neq 0$,则 $f(x)$的任一周期都是 T_0 的整数倍.

证明 (1) 反证法.假定 T_0 不是 $f(x)$的周期,则对任意的 $\varepsilon>0$,存在 $f(x)$的正周期 τ_1,使得 $T_0<\tau_1<T_0+\varepsilon$.同理可知,还存在 $f(x)$的另一周期 τ_2,使得 $T_0<\tau_2<\tau_1$.由此知 $\tau_1-\tau_2$ 也是 $f(x)$的一个周期.显然,$\tau_1-\tau_2<\varepsilon$.从而若取 $\varepsilon<T_0$,则 $f(x)$还有小于 T_0 的周期,这与题设矛盾,故 T_0 必是 $f(x)$的周期.

(2)由题设知,$f(x)$的任一周期 T 可表为

$$T=mT_0+\tau \quad (m\text{ 是整数},0\leqslant\tau<T_0).$$

若 $\tau\neq 0$,则易知 τ 也是 $f(x)$的一个周期,且有 $\tau<T_0$.这不可能,即得所证.

思 考 练 习

1. 试证明不等式:

(1) $\dfrac{1}{2}\cdot\dfrac{3}{4}\cdot\dfrac{5}{6}\cdot\cdots\cdot\dfrac{2n-1}{2n}<\dfrac{1}{\sqrt{2n+1}}(n>1)$.

(2) $\sqrt{n}\leqslant\sqrt[n]{n!}<\dfrac{n+1}{2}(n>1)$.(提示:应用数学归纳法)

2. 试求数集 $E=\left\{1+\dfrac{1}{n}+\dfrac{1}{m}:m,n=1,2,\cdots\right\}$的上、下确界.

3. 设定义在$(-\infty,\infty)$上的函数 $f(x)$有周期 T_1 和 T_2.若 T_1 与 T_2 是不可通约(互素)的,试证明 $f(x)$的一切正周期的下确界 $T_0=0$.$\left(\text{例如,函数 } f(x)=\begin{cases}0, & x=m+n\sqrt{2},\\ 1, & x\neq m+n\sqrt{2}\end{cases}(m,n\text{ 为整数})\text{有不可通约的周期 1 和}\sqrt{2}\right)$

4. 设 $a_1>0,a_{n+1}=\sqrt{a_n+6}(n=1,2,\cdots)$,试证明$\{a_n\}$是有界数列.(提示:取 $M:M>6,0<a_1<M$,易知 $a_n<M,n\in\mathbf{N}$)

5. 对数列$\{a_n\}$作它的和数列:$S_n=\sum\limits_{k=1}^{n}a_k(n=1,2,\cdots)$.

(1) 若$\{S_n\}$是有界数列,试问$\{a_n\}$是有界数列吗?

(2) 若$\{a_n\}$是有界数列,试问$\{S_n\}$是有界数列吗?

6. 设 $0\leqslant q\leqslant p$.试给出 p 与 q 的关系式,使得数列

$$a_n=\sqrt{n^p+n^q+1}-\sqrt{n^p-n^q+1}\quad(n=1,2,\cdots)$$

是有界数列.

2.3 数列极限

2.3.1 数列及其极限命题的提出

1. 数列

大家对数列(有的书中也称为序列)是早就熟识的,如等差数列与等比数列. 一般地讲,数列就是按一定顺序编排起来的一列数:

$$a_1, a_2, \cdots, a_n, \cdots,$$

这里的足标是正整数记号,即以它的大小表示先后顺序,简记为$\{a_n\}$,a_1 称为首项,a_n 称为通项. 如果我们从"对应"的角度看问题,那么对每一个正整数,就唯一的确定一个数值(即数列中的一项). 从而,数列又可以看成是定义在正整数集上的函数. 而定义在正整数集上的函数 f,如果再约定其函数值是按某种对应顺序编排起来,也就是一个数列了.

这种按正整数次序产生的数列,在考察实际问题的过程中是经常遇到的. 例如,我国古代数学家刘徽在计算单位圆面积时所用的"割圆术",就是用内接正多边形面积逐步逼近圆面积的方法,其中 n 边正多边形的面积使用现在的写法就是一个数列:

$$S_n = \frac{n}{2}\sin\frac{2\pi}{n} \quad (n=1,2,\cdots).$$

还要指出的是数列与函数的一般关系. 对于定义在区间 I 上的函数 $f(x)$,设$\{x_n\}$是 I 中的一个数(点)列,则

$$\{f(x_n)\} = \{f(x_1), f(x_2), \cdots, f(x_n), \cdots\}$$

就是由函数 f 在 I 上派生出的一个数列. 因为 x_n 随 n 而确定,所以 $f(x_n)$也就随 n 而定. 后面将指出,它在研究函数的性态中扮演着特定的角色.

对于一个无穷数列,如果没有给出数列各项的取值规律,那么是不能认为该数列是已经给定了的. 因此,通项的地位在这里就显得很重要了. 下面所列的是常见类型.

通项公式	递推公式	和 式
$a_n=\left(1+\frac{1}{n}\right)^n$	$a_{n+2}=\sqrt{a_n a_{n+1}}$	$a_n=\sum_{k=1}^{n}(e^{k/n^2}-1)$

此外,数列$\{a_n\}$只不过是已排成有序的数集,因此,当$|a_n|\leqslant M(n=1,2,\cdots)$时,也称$\{a_n\}$为**有界数列**.

2. 数列极限命题的提出

数列极限的意思,在高中数学课程的学习中,大家也已有了一个初步的了解,

且还能求出某些在数量结构上比较简单的数列的极限值.

极限的本质思想是研究变量的变化趋势，其中变量变化要经历一个无限的过程，而这种无限过程在许多课题的研究中都要出现. 例如，上面提到的单位圆面积问题，刘徽就遇到(在实质上)当 n 无限制增大时，数列$\frac{n}{2}\sin\frac{2\pi}{n}$的变化趋势. 现在再举一例.

* **例**(计算细菌的繁殖数量) 假设在培养液中细菌的初始数量为 s_0，且记此时刻为 $t=0$，在时刻 t 时细菌数量为 $s(t)$，还认定其繁殖速度 $v(t)$与 $s(t)$成正比：$v(t)=ks(t)(k>0)$. 注意到在时间间隔极短时，细菌数量变化不大，我们可近似地认为此时间间隔内繁殖速度不变，因此把间隔$[0,t]$分成 n 段小间隔：

$$\left[0,\frac{t}{n}\right],\left[\frac{t}{n},\frac{2t}{n}\right],\cdots,\left[\frac{n-1}{n}t,t\right].$$

在$\left[0,\frac{t}{n}\right]$时，经繁殖后细菌数量达到 $s_0\left(1+\frac{kt}{n}\right)$；

在$\left[\frac{t}{n},\frac{2t}{n}\right]$时，经繁殖后细菌数量达到 $s_0\left(1+\frac{kt}{n}\right)^2$；

……

在 t 时间，经繁殖后细菌数量达到 $s_0\left(1+\frac{kt}{n}\right)^n$.

稍加分析就知道，数量 $s_0\left(1+\frac{kt}{n}\right)^n$ 并非细菌在 t 时刻的精确数量 $A(t)$，这是因为即使时间间隔长度$\frac{t}{n}$很小，细菌繁殖速度总有变化. 所以，理想的情形应让 n 无限增大，形成一个极限过程，而 $A(t)$应为 $s_0\left(1+\frac{kt}{n}\right)^n$ 的变化趋势所趋向的某个数值.

将来我们还会看到，求变量变化的极限值并不是我们唯一的目的，变量在变化过程中具有稳定的趋势(极限的存在性)本身也有着重要的意义(即使在近似计算理论中也如此).

极限理论是进行无限思维和运算的理论，是建立微积分理论的逻辑基础. 微积分中的核心概念不是别的，正是某种特定数量结构的极限模式. 毫无疑问，学好极限理论，为我们学好数学分析内容打开了大门. 本章将介绍两种极限的模式：整序变量的极限与连续变量的极限.

2.3.2 数列的极限概念

现在我们要问，对于一个数列$\{a_n\}$，如何探求它随 n 增大的变化趋势值呢？为此,必须说清楚趋势值是什么意思?顾名思义,a_n 的趋势值 a 是指 a_n 可以无限制地接近 a 值,就像 $\frac{1}{n}$ 趋于 0. 那么,无限制地接近 a 值又是什么意思呢?也许大家会说,这是指 a_n 与 a 的误差可以(随 n 增大)达到任意小的程度.

上述这些说法有一定的合理性,也是 19 世纪以前人们对这一命题的认识高度. 然而,不难看到,在这些说法中都包含有直觉的成分,也夹杂着如运动这样的非数学的概念. 显然,这不宜于进行严格的数学操作,也就处理不了具有复杂数量结构的数列.

无限过程虽然在现实世界中有着自己的原型,如时间的无限延伸,空间的无限扩张等,但反映到数学上,其无限过程则是在人们头脑的思维中进行和完成的. 因此,它必须"外化"为量词且给予明确的客观表述,建立起严谨的逻辑系统,只有这样,才能广泛地应用于各种复杂的无限过程.

定义 2.7 设 $\{a_n\}$ 是一个数列. 若存在常数 a,对于任意给定的正数 ε,都存在一个正整数 N,使得当(a_n 的下标)$n>N$ 时,有不等式 $|a_n-a|<\varepsilon$ 成立,则称 a 是 $\{a_n\}$ 的**极限**. 记为

$$\lim_{n\to\infty} a_n = a \quad 或 \quad a_n \to a \ (n\to\infty).$$

(lim 是 limit 的简写)或称当 n 趋于无穷大时,数列 a_n 趋于(或收敛于)a. $\{a_n\}$ 是以 a 为极限的**收敛列**;不是收敛列称的**发散列**.

注 1 定义中的正数 ε 是可任意给出的,这是为了在不等式 $|a_n-a|<\varepsilon$ 中获得 a_n 无限接近于 a 的保证. 但是 ε 一旦任意给出,就必须固定,暂时不再变动,使其后的推论能够明确地进行.

注 2 ε 给定在先,N 存在于后,因此一般地讲,N 与 ε 有关,有时也记为 $N(\varepsilon)$. 由于随后的判断:$|a_n-a|<\varepsilon$ 是针对足标大于 N 的 n 而言的,故前面有限项 $a_1,a_2,\cdots,a_n$ 对于 $\{a_n\}$ 是否收敛于 a 毫无影响. 由此易知,一旦找到了这样的 N,就不止一个,而定义中并不要求此 N 是满足条件的最小者. 此外,在定义中以 $n\geqslant N$ 代替 $n>N$ 也与结论无碍.

注 3 数列 $\{a_n\}$ 的极限是 a 的几何意义如下:首先,不妨假定 $\{a_n\}$ 中有无穷多个相互不同的数值,此时可视 $\{a_n\}$ 为实轴上的无穷多个点. 其次,将 $|a_n-a|<\varepsilon$ 写成 $a-\varepsilon<a_n<a+\varepsilon$,则定义指出:任给以 a 为中心、半径为 ε 的邻域 $(a-\varepsilon,a+\varepsilon)$,必存在 N,使得当 $n>N$ 时的点 a_n 全部落在 $(a-\varepsilon,a+\varepsilon)$ 内(图 2-1),在 $(a-\varepsilon,a+\varepsilon)$ 外至多有 $\{a_n\}$ 中的有限个点. 形象地说,$\{a_n\}$ 的整个尾段都聚集在点 a 附近,因此也称 a 为点列 $\{a_n\}$ 的**聚点**或**极限点**.

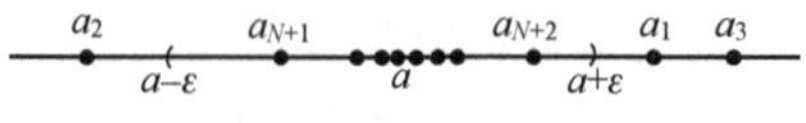

图 2-1

注 4 按数列极限的定义,必须对任意的 $\varepsilon>0$,都可找到 N,使得

$$|a_n-a|<\varepsilon, \quad n>N.$$

而实际上,只需对充分小的 ε 去验证上述不等式即可,甚至可用递减趋于零的正数列 $\{\varepsilon_k\}$ 验证,

例如，$\varepsilon_k=\dfrac{1}{k}(k=1,2,\cdots)$.

为行文简便，在极限定义的陈述中的某些术语也常用符号代替(量词)："任给 $\varepsilon>0$"用"$\forall\varepsilon>0$"代替，其中符号"$\forall$"是英语 Any 第一个字母的倒写；"存在 N"用"$\exists N$"代替，其中符号"$\exists$"是英语 Exist 第一个字母的反写. 从而，数列$\{a_n\}$以 a 为极限的定义可简写为

$$\forall\varepsilon>0,\exists N,\text{使得}|a_n-a|<\varepsilon,n>N.$$

现在让我们来举例说明用定义求数列极限的一些具体做法，其中有两个问题需要注意：

首先，对于给定一个数列$\{a_n\}$，极限定义只是说明如何证明它的极限是 a，并没有指出数 a 是从哪里来的. 目前，我们只能凭智慧和经验去猜定.

其次，定义要求存在 N，使 $n>N$ 时有$|a_n-a|<\varepsilon$. 那么从什么地方去找这个 N 呢？我们的办法是从估计$|a_n-a|$出发. 由于不需要寻求最小的 N，故可用适当放大$|a_n-a|$的方法，如使$|a_n-a|\leqslant c_n$. 特别是要考虑到 c_n 中能够分离出正整数 n 来.

此外，所谓$\lim\limits_{n\to\infty}a_n=a$，就是指$\lim\limits_{n\to\infty}(a_n-a)=0$. 因此，若令 $h_n=a_n-a$，则得 $a_n=a+h_n$，而问题转化为$\lim\limits_{n\to\infty}h_n=0$.

我们特别称收敛到零的数列$\{a_n\}$为**无穷小(变)量**(或**无穷小数列**). 从而可以说：收敛到 a 的数列$\{a_n\}$等价于数列$\{a_n-a\}$是无穷小量.

例 1 设 $0<|a|<1$，则$\lim\limits_{n\to\infty}a^n=0$.

证明 因为$\dfrac{1}{|a|}>\dfrac{1}{|a|}-1>0$，令 $h=\dfrac{1}{|a|}-1$，即$\dfrac{1}{|a|}=1+h$.

根据$\left(\dfrac{1}{|a|}\right)^n=(1+h)^n\geqslant1+nh>nh$，得到$|a|^n<\dfrac{1}{nh}$. 因此，对充分小的 ε，为使$|a|^n<\varepsilon$，只需$\dfrac{1}{nh}<\varepsilon$，即 $n>\dfrac{1}{h\varepsilon}$. 从而取 $N=\left[\dfrac{1}{h\varepsilon}\right]$，就有$|a^n-0|=|a|^n<\varepsilon,n>N$.

例 2 $\lim\limits_{n\to\infty}\sqrt[n]{n}=1$.

证明 注意到 $n>1$ 时，有$\sqrt[n]{n}>1$. 因此，令 $h_n=\sqrt[n]{n}-1>0,n>1$. 从而当 $n>1$ 时，有

$$n=(1+h_n)^n\geqslant nh_n+\frac{n(n-1)}{2}h_n^2>\frac{n(n-1)}{2}h_n^2,$$

$$0<\sqrt[n]{n}-1=h_n<\sqrt{\frac{2}{n-1}},\quad n>1.$$

由此可知，对任给 $\varepsilon>0$，取 $N=\left[1+\dfrac{2}{\varepsilon^2}\right]$，就得到当 $n>N$ 时，有

$$|\sqrt[n]{n}-1|=\sqrt[n]{n}-1<\sqrt{\frac{2}{n-1}}<\varepsilon.$$

例 3　设 $a_n>0(n=1,2,\cdots)$ 且 $a_n\to 0(n\to\infty)$. 若存在极限 $\lim\limits_{n\to\infty}\frac{a_{n+1}}{a_n}=l$,则 $l\leqslant 1$.

证明　若结论不真,即假定 $l>1$,则由题设知,对 $\varepsilon_0:0<\varepsilon_0<l-1$,存在 N,使得 $l-\varepsilon_0<\frac{a_{n+1}}{a_n}<l+\varepsilon_0,n>N$. 因为 $l-\varepsilon_0>1$,所以有

$$\frac{a_{n+1}}{a_n}>1\quad 或\quad a_{n+1}>a_n,\quad n>N.$$

这与题设 $a_n\to 0(n\to\infty)$ 矛盾,即得所证.

例 4　设 $\lim\limits_{n\to\infty}a_n=a$,则 $\lim\limits_{n\to\infty}\frac{a_1+a_2+\cdots+a_n}{n}=a$.

证明　首先知道,对任给 $\varepsilon>0$,存在 N_1,当 $n>N_1$ 时,有 $|a_n-a|<\varepsilon$. 于是用 N_1 作分项指标,得

$$\begin{aligned}\left|\frac{a_1+a_2+\cdots+a_n}{n}-a\right|&=\left|\frac{(a_1-a)+\cdots+(a_n-a)}{n}\right|\\&\leqslant\frac{|a_1-a|+\cdots+|a_{N_1}-a|}{n}+\frac{|a_{N_1+1}-a|+\cdots+|a_n-a|}{n}\\&\leqslant\frac{|a_1-a|+\cdots+|a_{N_1}-a|}{n}+\frac{n-N_1}{n}\varepsilon,\end{aligned}$$

并记

$$M=|a_1-a|+\cdots+|a_{N_1}-a|.$$

其次取 N_2,使得当 $n>N_2$ 时,有 $\frac{M}{n}<\varepsilon$. 从而记 $N=\max\{N_1,N_2\}$,有

$$\left|\frac{a_1+\cdots+a_n}{n}-a\right|<\varepsilon+\frac{n-N_1}{n}\varepsilon<2\varepsilon\quad(n>N).$$

即得所证.

注　上述不等式与极限定义的陈述的不同之处在于右端是 2ε 而不是 ε. 然而由于 ε 是任意给定的正数,因此 2ε 也是任意给定的正数,也符合极限定义(实际上,只要 k 与 ε 无关,那么 $k\varepsilon$ 也可以). 若一定要回到 ε 去,则只要将前面的 ε 改成 $\frac{\varepsilon}{2}$ 即可.

例 5　若 $\{a_n\}$ 满足 $\lim\limits_{n\to\infty}(a_n-a_{n+2})=0$,则有 $\lim\limits_{n\to\infty}(a_n-a_{n-1})/n=0$.

证明　依题设知,对任给 $\varepsilon>0$,存在 N,当 $n\geqslant N$ 时有 $|a_n-a_{n+2}|<\varepsilon$. 对 $n>N$,易知

$$
\begin{aligned}
a_n-a_{n-1}&=(a_n-a_{n-2})-(a_{n-1}-a_{n-2})\\
&=(a_n-a_{n-2})-(a_{n-1}-a_{n-3})+(a_{n-2}-a_{n-3}).
\end{aligned}
$$

由此可知,当 $n>N$ 时有

$$|a_n-a_{n-1}|\leqslant(n-N)\varepsilon+|a_N-a_{N-1}|,$$

$$0\leqslant\left|\frac{a_n-a_{n-1}}{n}\right|\leqslant\frac{n-N}{n}\varepsilon+\left|\frac{a_N-a_{N-1}}{n}\right|.$$

令 $n\to\infty$ 即可推出 $\lim\limits_{n\to\infty}(a_n-a_{n-1})/n=0$.

思考练习

1. 设数列 $\{a_n\}$ 与数 a 满足:$\exists N$,对 $\forall\varepsilon>0$,以及 $n>N$,均有 $|a_n-a|<\varepsilon$,试问 $\lim\limits_{n\to\infty}a_n=a$ 是否成立?

2. 若数列 $\{a_n\}$ 与数 a 满足:$\forall\varepsilon>0$,$\forall N$,$\exists n>N$,使得 $|a_n-a|<\varepsilon$,试问 $\{a_n\}$ 是收敛列吗?

3. 设 $\lim\limits_{n\to\infty}a_n=a$,$\lim\limits_{n\to\infty}b_n=b$,试证明

$$\lim_{n\to\infty}\max\{a_n,b_n\}=\max\{a,b\}.$$

4. 设 $p\neq0$,且定义

$$a_{n+1}=pa_n+q\quad(n=1,2,\cdots).$$

试问若 $\{a_n\}$ 是收敛列,p,q 应如何取值?

5. 设有数列 $\{a_n\}$ 与 $\{a_n^*\}$,若 $\{a_n\}$ 中的任一项都是 $\{a_n^*\}$ 中的某一项(唯一),反之亦然,则称 $\{a_n^*\}$ 为数列 $\{a_n\}$ 的重排数列.

(1) 若 $\{a_n\}$ 是收敛列,试问 $\{a_n^*\}$ 是收敛列吗?

(2) 若 $\{a_n\}$ 是发散列,试问 $\{a_n^*\}$ 是发散列吗?

6. 设数列 $\{a_n\}$ 满足 $(a_n-a_{n-1})\to l(n\to\infty)$,试证明 $\frac{a_n}{n}\to0(n\to\infty)$. $\left(\text{提示:注意 } a_n=\sum\limits_{k=2}^{n}(a_k-a_{k-1})+a_1\right)$

7. 设 $a_n\to a$,$b_n\to b(n\to\infty,b\neq0)$,试证明

$$\lim_{n\to\infty}\frac{a_1+a_2+\cdots+a_n}{b_1+b_2+\cdots+b_n}=\frac{a}{b}.$$

8. 设 $\{a_n\}$ 满足 $\frac{a_n}{n}\to0(n\to\infty)$,试证明

$$\lim_{n\to\infty}\frac{\max\{a_1,a_2,\cdots,a_n\}}{n}=0.$$

9. 已知正数列 $\{a_n\}$ 是无穷小量,试问 $b_n=\sqrt[n]{a_n}(n=1,2,\cdots)$ 是无穷小量吗?

10. 设 $0<a_1<1$,$a_{n+1}=a_n(2-a_n)(n=1,2,\cdots)$,试证明 $a_n\to1(n\to\infty)$.

11. 设有界数列 $\{a_n\}$ 满足 $(a_n-a_{n+1})\to l(n\to\infty)$,试证明 $l=0$.

12. 设 $b_n=a_{n-1}+2a_n(n\geqslant2)$. 若 $\{b_n\}$ 收敛,试证明 $\{a_n\}$ 也收敛.

(提示:不妨假定 $b_n\to0(n\to\infty)$,则对任给 $\varepsilon>0$,存在 N,当 $n>N$ 时有 $|a_{n-1}+2a_n|<\frac{\varepsilon}{2}$. 由此推知 $|a_n|<\varepsilon/4+|a_{n-1}|/2<\cdots$. 若 $b_n\to A(n\to\infty)$,则令 $\overline{b_n}=b_n-A$, $\overline{a_n}=a_n-A/3$ 即可)

2.3.3 收敛数列的性质

通过 2.3.2 小节内容的学习,已经体会到,仅从极限定义来探讨具体的数列极限是走不了多远的. 下面,我们要进一步揭示收敛数列的性质及其与极限值的关系. 这些结论不仅有助于简化演算手续,而且将扩大寻求极限的视野.

定理 2.2(唯一性) 收敛数列的极限值是唯一的.

证明 采用反证法. 假定数列 $\{a_n\}$ 存在着两个极限值: a' 与 a'', 且 $a'\neq a''$, 不妨设 $a'<a''$. 那么由极限的定义,对 $\varepsilon=\frac{(a''-a')}{2}>0$, 存在 N_1, 有 $|a_n-a'|<\varepsilon, n>N_1$; 存在 N_2, 有 $|a_n-a''|<\varepsilon, n>N_2$.

由此可知,当 $n>N=\max\{N_1,N_2\}$ 时,同时有 $(a''-\varepsilon<a_n<a'+\varepsilon)$

$$a_n>\frac{(a''+a')}{2},\qquad a_n<\frac{(a''+a')}{2}.$$

这是不可能的,即说明收敛列不能有两个不同的极限值.

极限的唯一性可以保证用不同的方法求出的极限都是同一个.

定理 2.3(保号性) 设 $\{a_n\}$ 是以 a 为极限的数列,则

(1) 若 $a>0$, 则对任意的 a': $a>a'>0$, 存在 N, 使得当 $n>N$ 时,有 $a_n>a'$.

(2) 若 $a<0$, 则对任意的 a': $a<a'<0$, 存在 N, 使得当 $n>N$ 时,有 $a_n<a'$.

证明 (1) 取 $\varepsilon=a-a'>0$, 根据极限的定义,知存在 N, 使得当 $n>N$ 时,有

$$a-\varepsilon<a_n<a+\varepsilon,\quad a_n>a-(a-a')=a',\quad n>N.$$

(2) 证明类似,略.

定理 2.4(有界性) 收敛数列必为有界数列.

证明 设 $\{a_n\}$ 是以 a 为极限的数列,取 $\varepsilon=1$. 则由定义知存在 N, 当 $n>N$ 时,有 $|a_n-a|<1$. 由此立即推得

$$|a_n|<|a|+1,\quad a>N.$$

再令

$$M=\max\{|a|+1,|a_1|,|a_2|,\cdots,|a_N|\},$$

可知 $|a_n|\leqslant M(n=1,2,\cdots)$. 这说明 $\{a_n\}$ 有界.

注 1 这里的目的只是阐明 $\{a_n\}$ 是有界的,着眼点不在其界的大小,故为方便计,取 $\varepsilon=1$(当然取 $\varepsilon=2$ 也行).

注 2 有界数列不一定是收敛列. 例如, $a_n=(-1)^n(n=1,2,\cdots)$.

例 1 设 $a_1>0, A>1, a_{n+1}=A\left(a_n+\frac{1}{a_n}\right)(n=1,2,\cdots)$, 则因为 $a_2=$

$A\left(a_1+\dfrac{1}{a_1}\right)\geqslant 2A$，且 $a_{n+1}>Aa_n(n=1,2,\cdots)$，所以 $a_{n+1}>A^{n-1}a_2\geqslant 2A^n(n=1,2,\cdots)$。这说明$\{a_n\}$是无界列，是发散列.

定理 2.5(可加性与可乘性)　设数列$\{a_n\}$，$\{b_n\}$是收敛列，且有$\lim\limits_{n\to\infty}a_n=a$，$\lim\limits_{n\to\infty}b_n=b$，则

(1) $\{a_n\pm b_n\}$也是收敛列，且有$\lim\limits_{n\to\infty}(a_n\pm b_n)=a\pm b$.

(2) $\{a_n\cdot b_n\}$也是收敛列，且有$\lim\limits_{n\to\infty}a_n\cdot b_n=a\cdot b$.

证明　(1)由题设知，对任意给定的 $\varepsilon>0$，

存在 N_1，当 $n>N_1$ 时，有$|a_n-a|<\varepsilon$；

存在 N_2，当 $n>N_2$ 时，有$|b_n-b|<\varepsilon$，

取 $N=\max\{N_1,N_2\}$，则当 $n>N$ 时，有

$$|(a_n\pm b_n)-(a\pm b)|\leqslant|a_n-a|+|b_n-b|<2\varepsilon,$$

即得所证.

(2) 首先，为了能在估计$|a_nb_n-ab|$时利用题设，应采用插入法. 例如，插入项 ab_n，即

$$|a_nb_n-ab|=|a_nb_n-ab_n+ab_n-ab|\leqslant|b_n||a_n-a|+|a||b_n-b|. \qquad ①$$

其次，为了估计式①右端，关键是控制项$|b_n|$. 由于$\{b_n\}$是有界列，故不妨设为

$$|b_n|\leqslant M\quad(n=1,2,\cdots).$$

现在，根据题设，任给 $\varepsilon>0$，

$$\begin{cases}\text{对}\{a_n\}\text{，进一步针对}\dfrac{\varepsilon}{2M}\text{，存在 }N_1\text{，当 }n>N_1\text{ 时，有 }|a_n-a|<\dfrac{\varepsilon}{2M}\text{；}\\ \text{对}\{b_n\}\text{，进一步针对}\dfrac{\varepsilon}{2(|a|+1)}\text{，存在 }N_2\text{，当 }n>N_2\text{ 时，有 }|b_n-b|<\dfrac{\varepsilon}{2(|a|+1)}.\end{cases}$$

此时，取 $N=\max\{N_1,N_2\}$，则当 $n>N$ 时，由式①可推得

$$|a_nb_n-ab|\leqslant M\cdot\frac{\varepsilon}{2M}+|a|\frac{\varepsilon}{2(|a|+1)}<\frac{\varepsilon}{2}+\frac{\varepsilon}{2}=\varepsilon.$$

即得所证.

注 1　在(2)的证明中，我们又一次遇到改造预先给定的 ε 的问题，即用 $k\varepsilon$ 替换 ε，其中 k 是与 n 无关的常数. 这样做的目的是能使最终结论的叙述格式与极限定义一致. 如果不这样做，最后可能会出现

$$|a_nb_n-ab|<c\cdot\varepsilon,\quad c\text{ 与 }n\text{ 无关}.$$

其实，这两种陈述法本质上没有什么不同，今后，为简便计，这两种说法都被认为是可接受的.

注 2　数列极限的可加性与可乘性结论也可写成

$$\lim_{n\to\infty}(a_n\pm b_n)=\lim_{n\to\infty}a_n\pm\lim_{n\to\infty}b_n；\quad \lim_{n\to\infty}a_n\cdot b_n=\lim_{n\to\infty}a_n\cdot\lim_{n\to\infty}b_n.$$

条件是：$\{a_n\}$及$\{b_n\}$皆为收敛列.

推论 2.1 若$\{a_n\}$是收敛列，c 是常数，则

$$\lim_{n\to\infty} c\cdot a_n = c\cdot \lim_{n\to\infty} a_n.$$

在这里还要指出的是，在具体应用收敛列的可加性与可乘性结论时，其程序往往与陈述方式相反，即要将目标数列主动分解为两个收敛列的和(差)或乘积.

运用数学归纳法，不难证明，收敛列的可加性与可乘性对两个以上的有限个收敛列也是成立的.

例 2 若$\lim\limits_{n\to\infty} a_n = a$，则$\lim\limits_{n\to\infty} a_n^2 = a^2$.

证明 我们有$\lim\limits_{n\to\infty} a_n^2 = \lim\limits_{n\to\infty} a_n \cdot \lim\limits_{n\to\infty} a_n = a^2$.

例 3 设$\lim\limits_{n\to\infty} a_n = a$，若$\lim\limits_{n\to\infty}(b_n - a_n) = 0$，则$\lim\limits_{n\to\infty} b_n = a$.

证明 因为我们有 $b_n - a = (b_n - a_n) + (a_n - a)$，所以根据收敛列的可加性知$\lim\limits_{n\to\infty}(b_n - a) = 0$.

例 4 若 $a_n \to 0(n\to\infty)$，$|b_n| \leqslant M(n\in \mathbf{N})$，则 $a_nb_n \to 0(n\to\infty)$.

例 5 若数列$\{a_n\}$满足$\dfrac{a_1 + a_2 + \cdots + a_n}{n} \to a(n\to\infty)$，则 $a_n/n \to 0(n\to\infty)$.

证明 注意等式

$$\frac{a_n}{n} = \frac{a_1 + \cdots + a_n}{n} - \frac{a_1 + \cdots + a_{n-1}}{n-1} \cdot \frac{n-1}{n},$$

以及可乘性.

定理 2.6(可除性) 设数列$\{a_n\}$以 $a\neq 0$ 为极限，则$\lim\limits_{n\to\infty}\dfrac{1}{a_n} = \dfrac{1}{a}$.

证明 不妨以 $a > 0$ 为例. 根据保号性原则，可知存在 N_1，使得 $a_n > \dfrac{a}{2} > 0$，$n > N_1$ $\left(\text{这里还说明，讨论}\left\{\dfrac{1}{a_n}\right\}\text{的极限是有意义的}\right)$.

现在，对任给 $\varepsilon > 0$，再取 N_2，使得 $|a_n - a| < \varepsilon$，$n > N_2$. 从而取 $N = \max\{N_1, N_2\}$，有

$$\left|\frac{1}{a_n} - \frac{1}{a}\right| = \frac{|a_n - a|}{a_n a} < \frac{2}{a^2}\varepsilon \quad (n > N).$$

推论 2.2 设$\{a_n\}$，$\{b_n\}$是收敛列，且有$\lim\limits_{n\to\infty} a_n = a$，$\lim\limits_{n\to\infty} b_n = b$，$b\neq 0$，则$\left\{\dfrac{a_n}{b_n}\right\}$为收敛列，且有

$$\lim_{n\to\infty}\frac{a_n}{b_n} = \frac{\lim\limits_{n\to\infty} a_n}{\lim\limits_{n\to\infty} b_n} = \frac{a}{b}.$$

证明 视$\frac{a_n}{b_n}$为$a_n\cdot\frac{1}{b_n}$，则由定理 2.6 可知$\lim\limits_{n\to\infty}\frac{a_n}{b_n}=\lim\limits_{n\to\infty}a_n\cdot\lim\limits_{n\to\infty}\frac{1}{b_n}=\frac{a}{b}$.

例 6 设$a_n=\frac{n^2+2n}{3n^2+1}$，求$\lim\limits_{n\to\infty}a_n$.

解 将a_n转换形式为$a_n=\left(1+\frac{2}{n}\right)\Big/\left(3+\frac{1}{n^2}\right)$，有

$$\lim_{n\to\infty}a_n=\left(1+\lim_{n\to\infty}\frac{2}{n}\right)\Big/\left(3+\lim_{n\to\infty}\frac{1}{n^2}\right)=\frac{1}{3}.$$

例 7 设$a_{n+2}=a_{n+1}+2a_n(n=1,2,\cdots)$，试论$a_1,a_2$的取值与$\{a_n\}$的敛散性的关系.

解 由题设我们得到

$$a_{n+2}+a_{n+1}=2(a_{n+1}+a_n)=2^2(a_n+a_{n-1})=\cdots=2^{n-1}(a_2+a_1).$$

由此可知：当$a_1+a_2\neq0$时，有$a_{n+2}+a_{n+1}\to\infty(n\to\infty)$，因此，$\{a_n\}$是发散列；当$a_1+a_2=0$时请读者讨论.

定理 2.7(保序性) 设数列$\{a_n\}$，$\{b_n\}$满足

(1) $a_n\leqslant b_n(n=1,2,\cdots)$； (2) $\lim\limits_{n\to\infty}a_n=a,\lim\limits_{n\to\infty}b_n=b$，

则有$a\leqslant b$.

证明 采用反证法. 假定$a>b$，取$\varepsilon=(a-b)/2$，则根据极限的定义，必存在(公用的)N，使得当$n>N$时，有

$$|a_n-a|<\frac{a-b}{2},\qquad |b_n-b|<\frac{a-b}{2}.$$

由此知$a_n>\frac{a+b}{2}>b_n(n>N)$. 这与题设(1)矛盾.

注 若条件(1)换作$a_n<b_n(n=1,2,\cdots)$. 结论仍应为$a\leqslant b$；若换作存在N，当$n>N$时，有$a_n\leqslant b_n$，结论也仍成立.

定理 2.8(迫敛性) 设三个数列$\{a_n\}$，$\{b_n\}$与$\{c_n\}$满足

(1) $a_n\leqslant c_n\leqslant b_n(n=1,2,\cdots)$； (2) $\lim\limits_{n\to\infty}a_n=\lim\limits_{n\to\infty}b_n=a$，

则$\{c_n\}$必为收敛列，且其极限也为a.

证明 任给$\varepsilon>0$，由题设(2)可知，存在(共同的)N，使得当$n>N$时，有$|a_n-a|<\varepsilon$，$|b_n-a|<\varepsilon$. 由此知，当$n>N$时，

$$a-\varepsilon<a_n,\quad b_n<a+\varepsilon.$$

由(1)得$a-\varepsilon<c_n<a+\varepsilon,n>N$. 这说明$\{c_n\}$是收敛列，且极限为$a$.

注 1 若条件(1)换作$a_n<c_n<b_n(n=1,2,\cdots)$，则结论仍成立，而且不等式只要数列的尾段满足即可.

注2　条件(1)也常形象地称为两边夹(心)方法(国外有的书上戏称它为Sandwich Theorem).它给求极限指出了一条广阔的途径:为了获得数列$\{c_n\}$的极限,我们从适当放大与缩小c_n值的方法作出b_n与a_n.如果数列$\{a_n\}$与$\{b_n\}$的极限容易求出(或已知)而且相同,那$\{c_n\}$也有同一的极限.从这一角度看问题,我们必须记住一些常见的极限范例.

例8　设$a_n\geqslant -1(n=1,2,\cdots)$,且有$\lim\limits_{n\to\infty}a_n=0$,则对任意的正整数$p$,有

$$\lim_{n\to\infty}\sqrt[p]{1+a_n}=1.$$

证明　(1)若$a_n\geqslant 0$,则有

$$1\leqslant\sqrt[p]{1+a_n}\leqslant(\sqrt[p]{1+a_n})^p=1+a_n=1+|a_n|;$$

(2)若$-1\leqslant a_n<0$,则有

$$1\geqslant\sqrt[p]{1+a_n}\geqslant(\sqrt[p]{1+a_n})^p=1+a_n=1-|a_n|.$$

总之,$a_n\geqslant -1$,可得

$$1-|a_n|\leqslant\sqrt[p]{1+a_n}\leqslant 1+|a_n|.$$

由$|a_n|\to 0(n\to\infty)$即知结论成立.

例9　设$a>1$,则$\lim\limits_{n\to\infty}\dfrac{a^n}{n!}=0$.

证明　我们作缩小,放大不等式如下:

$$0\leqslant\frac{a^n}{n!}=\frac{a}{1}\frac{a}{2}\cdots\frac{a}{[a]}\frac{a}{[a]+1}\cdots\frac{a}{n}$$
$$=\frac{a^{[a]}}{[a]!}\frac{a}{[a]+1}\cdots\frac{a}{n}<\frac{a^{[a]}}{[a]!}\frac{a}{n},$$

并注意到$\dfrac{a^{[a]}}{[a]!}$是一个常数,而$\dfrac{a}{n}\to 0(n\to\infty)$,故结论成立.

例10　设$a>1$,则$\lim\limits_{n\to\infty}\dfrac{n}{a^n}=0$.

证明　令$h=a-1>0$,则a^n可转换形式为$(1+h)^n$.从而有

$$a^n=(1+h)^n\geqslant\frac{n(n-1)}{2}h^2\geqslant\frac{n^2}{4}h^2,\quad n\geqslant 2.$$

由此知$0\leqslant\dfrac{n}{a^n}\leqslant\dfrac{4}{nh^2}$,且从$\dfrac{4}{nh^2}\to 0(n\to\infty)$即得所证.

例11　试求$\lim\limits_{n\to\infty}a_n$,其中$a_n=\sum\limits_{k=1}^{n}\dfrac{1}{\sqrt{n^2+k}}(n=1,2,\cdots)$.

解　运用缩小放大的方法,可得

$$\frac{n}{n+1}=\sum_{k=1}^{n}\frac{1}{\sqrt{n^2+2n+1}}$$

$$\leqslant \sum_{k=1}^{n} \frac{1}{\sqrt{n^2+k}} \leqslant \sum_{k=1}^{n} \frac{1}{\sqrt{n^2}} = 1.$$

由此可知 $a_n \to 1(n\to\infty)$. $\left(这是因为\lim\limits_{n\to\infty}\frac{n}{n+1}=1\right)$

例 12 求 $\lim\limits_{n\to\infty} a_n$,其中 $a_n = \sum\limits_{k=1}^{n} \frac{2k-1}{r^k}(r>1)$.

解 注意到前后项分子之差为常数 2,而分母则有公比数 r,故可乘公因子再相减,即作

$$ra_n - a_n = \sum_{k=1}^{n} \frac{2k-1}{r^{k-1}} - \sum_{k=1}^{n} \frac{2k-1}{r^k}$$

$$= 1+2\sum_{k=1}^{n-1} \frac{1}{r^k} - \frac{2n-1}{r^n} = 1+2\,\frac{1-r^{-n+1}}{r-1} - \frac{2n-1}{r^n}.$$

$$(r-1)a_n = \frac{r+1-2r^{-n+1}}{r-1} - \frac{2n-1}{r^n},$$

$$a_n = \frac{r+1-2r^{-n+1}}{(r-1)^2} - \frac{1}{r-1}\,\frac{2n-1}{r^n} \to \frac{r+1}{(r-1)^2} \quad (n\to\infty).$$

思考练习

1. 试证明(1) $\lim\limits_{n\to\infty}\sqrt[n]{a}=1(a>0)$; (2) $\lim\limits_{n\to\infty}\sqrt[n]{1+\frac{1}{2}+\cdots+\frac{1}{n}}=1$.

2. 求极限(1) $\lim\limits_{n\to\infty}\sum\limits_{k=n^2}^{n^2+2n}\frac{1}{\sqrt{k}}$; (2) $\lim\limits_{n\to\infty}\frac{(2n-1)!!}{(2n)!!}$.

3. 设 $a_n>0(n=1,2,\cdots)$,且有 $\lim\limits_{n\to\infty}a_n=a$,试证明 $\sqrt{a_n}\to\sqrt{a}(n\to\infty)$.

4. 设 $a>0$,试证明 $\lim\limits_{n\to\infty}\frac{a^n}{(1+a)(1+a^2)\cdots(1+a^n)}=0$.

5. 设 $a>0$,求极限(1) $\lim\limits_{n\to\infty}\sqrt[n]{1+a^n}$;(2) $\lim\limits_{n\to\infty}\sqrt[n]{1+a^n+\left(\frac{a^2}{2}\right)^n}$.

6. 设 $a_n-b_n\to 0(n\to\infty)$,试问必有 $a_n^2-b_n^2\to 0(n\to\infty)$吗?

7. 设正数列满足 $\frac{a_{n+1}}{a_n}\to l<1(n\to\infty)$,试证明 $a_n\to 0(n\to\infty)$.

8. 试给出 a,b,c 的值,使得

$$\lim_{n\to\infty}n\left(an+\sqrt{2+bn+cn^2}\right)=2.$$

9. 试证明任一实数 x_0 皆是有理数列的极限.(提示:$nx_0-1<[nx_0]\leqslant nx_0$)

10. 设 $a_1=a, a_{n+1}=1+b/a_n$. 若 $b<-1/4$,试证明$\{a_n\}$是发散列.

11. 设 $a_1>0$, $a_{n+1}=a_n+(2-a_n^2)/2a_n(n\in\mathbf{N})$. 若 $a_n\to a(n\to\infty)$,试证明 $a=\sqrt{2}$.

12. 设 $a_0+a_1+\cdots+a_k=0$,试证明

$$\lim_{n\to\infty}(a_0\sqrt{n}+a_1\sqrt{n+1}+\cdots+a_k\sqrt{n+k})=0.$$

13. 设$\{a_n\}$满足$a_n\sin\theta+a_{n+1}\cos\theta=1(n\in\mathbf{N})$，且$a_1=a,a_2=b(a\neq b)$，$0<|\theta|<\pi/4$. 试求$\lim\limits_{n\to\infty}a_n$.（提示：由题设还可知$a_{n-1}\sin\theta+a_n\cos\theta=1(n=2,3,\cdots)$，将两式相减可得

$$(a_n-a_{n-1})\sin\theta+(a_{n+1}-a_n)\cos\theta=0,$$

$$a_{n+1}-a_n=-(a_n-a_{n-1})\tan\theta=\cdots=(b-a)(-\tan\theta)^{n-1},$$

$$a_n-a_1=(b-a)[1+(-\tan\theta)+(-\tan\theta)^2+\cdots+(-\tan\theta)^{n-2}]）$$

2.3.4 数列及其子列

偶数列$\{2n\}$，奇数列$\{2n+1\}$等与正整数列$\{1,2,\cdots,n,\cdots\}$的关系，是部分与整体的关系，前者均称为后者的子列. 一般地，正整数列$\{n\}$的子列用$\{n_k\}$或$\{n_i\}$来表示，这里的整序变量是k或i，即$\{n_1,n_2,\cdots,n_k,\cdots\}$.

对于数列$\{a_n\}$，以$\{n_k\}$为足标的数列$\{a_{n_k}\}$：

$$\{a_{n_k}\}=\{a_{n_1},a_{n_2},\cdots,a_{n_k},\cdots\}$$

称为$\{a_n\}$的子(数)列. 类似地，$\{a_{n_{k_i}}\}$是$\{a_{n_k}\}$的子列. 可以得出，数列与其子列在敛散性上有着密切的关系.

定理 2.9 (1) 若$\{a_n\}$是以a为极限的收敛列，则其任一子列也是以a为极限的收敛列；

(2) 若数列$\{a_n\}$满足$\lim\limits_{n\to\infty}a_{2n}=a$，$\lim\limits_{n\to\infty}a_{2n-1}=a$，则$\{a_n\}$是以$a$为极限的收敛列.

证明略.

注 1 为了阐明一个数列不收敛，根据上述(1)中所指出的方法，找出有两个子列具有不同的极限，或一个不收敛的子列即可.

注 2 上述(2)对于讨论下述情形有益：在一个数列中，不易统一处理项a_n，但对a_{2n}与a_{2n-1}分别考察时却呈现一定规律性.

例 1 设数列$\{a_n\}$满足：$a_1\in[0,1]$，以及

$$a_n=\begin{cases}\dfrac{1}{2}a_{n-1}, & n\text{ 是偶数},\\[2mm] \dfrac{1+a_{n-1}}{2}, & n\text{ 是奇数}\end{cases}\quad(n\geqslant 2),$$

则$\lim\limits_{n\to\infty}a_{2n}=\dfrac{1}{3}$，$\lim\limits_{n\to\infty}a_{2n-1}=\dfrac{2}{3}$.

证明 由定义可得递推式

$$\left|a_{2n}-\frac{1}{3}\right|=\frac{1}{2}\left|a_{2n-1}-\frac{2}{3}\right|=\frac{1}{2}\left|\frac{1+a_{2n-2}}{2}-\frac{2}{3}\right|$$

$$=\frac{1}{2^2}\left|a_{2n-2}-\frac{1}{3}\right|=\cdots=\frac{1}{2^{2n-2}}\left|a_2-\frac{1}{3}\right|,$$

故得$\lim\limits_{n\to\infty}a_{2n}=\frac{1}{3}$. 由此再根据题设可知$\lim\limits_{n\to\infty}a_{2n-1}=\frac{2}{3}$.

这同时说明$\{a_n\}$不是收敛列.

例 2 数列$\{\sin n\}$是发散列.

证明 反证法. 假定有$\lim\limits_{n\to\infty}\sin n=a$，则由$\sin(n+2)-\sin n=2\sin 1\cdot\cos(n+1)$，知$\lim\limits_{n\to\infty}\cos n=\frac{(a-a)}{2\sin 1}=0$.

又由$\sin 2n=2\sin n\cdot\cos n$，知$\lim\limits_{n\to\infty}\sin 2n=0$. 从而得$a=0$. 于是又有$\lim\limits_{n\to\infty}(\sin^2 n+\cos^2 n)=0$.

但这与等式$\cos^2 n+\sin^2 n=1$矛盾. 因此当$n\to\infty$时，$\sin n$没有极限.

例 3 试论$a_n=\frac{1}{n}\sum\limits_{k=1}^{n}(-1)^{k-1}k$的敛散性.

解 注意$\{a_n\}$的奇偶指标列：

$$
\begin{aligned}
a_{2m}&=\frac{1}{2m}-\frac{2}{2m}+\frac{3}{2m}-\frac{4}{2m}+\cdots-\frac{2m}{2m}\\
&=-\left(\frac{2}{2m}-\frac{1}{2m}\right)-\left(\frac{4}{2m}-\frac{3}{2m}\right)-\cdots-\left(\frac{2m}{2m}-\frac{2m-1}{2m}\right)\\
&=-\left(\frac{1}{2m}+\frac{1}{2m}+\cdots+\frac{1}{2m}\right)=-\frac{m}{2m}=-\frac{1}{2},
\end{aligned}
$$

$$
a_{2m+1}=\frac{1}{2m+1}-\frac{2}{2m+1}+\frac{3}{2m+1}+\cdots+\frac{2m+1}{2m+1}=\frac{m+1}{2m+1}.
$$

由此知$\{a_n\}$是发散列.

思考练习

1. 在数列$\{a_n\}$中，若子列$\{a_{3n-1}\}$，$\{a_{3n}\}$，$\{a_{3n+1}\}$均收敛，试问$\{a_n\}$收敛吗？

2. 在数列$\{a_n\}$中，若$\{a_{2n-1}\}$，$\{a_{2n}\}$和$\{a_{3n}\}$均是收敛列，试问$\{a_n\}$收敛吗？

3. 若数列$\{a_n\}$的任一子列$\{a_{n_k}\}$，均存在收敛子列$\{a_{n_{k_i}}\}$，试问$\{a_n\}$是收敛列吗？

4. 设$a_n>0(n=1,2,\cdots)$，且存在常数$c>0$，使得当$m<n$时，有$a_n\leqslant ca_m$，又存在收敛于零的子列$\{a_{n_k}\}$，试证明$a_n\to 0(n\to\infty)$.

5. 若存在$\lim\limits_{n\to\infty}(a\sin n+b\cos n)=0$，试证明$a=b=0$. 又证明当$n\to\infty$时，$\tan n$不存在极限.

6. 若$b_n=a_n^3-a_n(n=1,2,\cdots)$是有界列，试问$\{a_n\}$是有界列吗？（提示：有界数列的任一子列都是有界列. $b_n=a_n(a_n^2-1)$）

7. 若$\{a_n\}$的任一子列$\{a_{n_k}\}$均含有以a为极限的收敛子列，试问$\{a_n\}$是收敛列吗？

8. 若有$\lim\limits_{n\to\infty}\frac{a_n-a}{a_n+a}=0$，试证明$a_n\to a(n\to\infty)$.

2.3.5 单调有界数列的极限

综观前面的论述，用定义和性质来判定一个数列是否收敛，需先知一个数 a（极限值），或与已知收敛的数列来比较. 那么，数 a 从何而知呢? 已知收敛列又有多少呢? 因此，问题就转化为两个层次来讨论了：

1° 对给定数列 $\{a_n\}$ 后，是否有一种方法（内在判别法）能判定 $\{a_n\}$ 的敛散性? 虽然不知道具体的极限值，即极限是否存在的问题.

2° 在 $\{a_n\}$ 收敛时，再来考察或求出其极限值是什么.

自然，问题 1° 在先，2° 在后，如果极限都不存在，还求什么极限?! 此外，极限的存在性对求出极限不仅有很大助益，而且在大量的数学课题中存在性结论本身有着极重要的价值.

问题 1° 的意思是：根据数列本身的特征来判定它是否存在极限，而无需借助于它的外部. 本节将从一类特定的数列来回答这一问题，而 2.4 节则给出其全部解答——充分必要条件.

大家知道，收敛列必为有界列，这就限定我们必须在有界数列范围内讨论问题 1°. 当然，这还不够，因为有界列不一定是收敛列. 但有界数列的特征是它有上、下确界. 就说上确界吧，它是什么意思? 如果一个有上界的数列 $\{a_n\}$（不妨假定其中有无穷多个不相同的数）的上确界是 M，那么 $\{a_n\}$ 中就可能有无穷多个数聚集在 M 附近. 假定再没有其他的聚集中心，M 就一定是 $\{a_n\}$ 的极限了. 满足上述要求的典范类型就是单调有界数列：

$$m\leqslant\cdots\leqslant a_{n+1}\leqslant a_n\leqslant\cdots\leqslant a_2\leqslant a_1;$$
$$a_1\leqslant a_2\leqslant\cdots\leqslant a_n\leqslant a_{n+1}\leqslant\cdots\leqslant M.$$

1. *确界是单调有界数列的极限*

定理 2.10 单调有界数列必是收敛列.

(1) 若 $\{a_n\}$ 是递增数列，则 $\lim\limits_{n\to\infty}a_n=\sup\limits_{n\geqslant 1}\{a_n\}$；

(2) 若 $\{a_n\}$ 是递减数列，则 $\lim\limits_{n\to\infty}a_n=\inf\limits_{n\geqslant 1}\{a_n\}$.

证明 (1) 记 $M=\sup\limits_{n\geqslant 1}\{a_n\}$，则对任给的 $\varepsilon>0$，依上确界的定义，存在 a_N，满足

$$M-\varepsilon<a_N\leqslant M<M+\varepsilon.$$

因为 $\{a_n\}$ 是递增数列，所以当 $n>N$ 时，有 $M-\varepsilon<a_N\leqslant a_n\leqslant M<M+\varepsilon$. 由此知 $|a_n-M|<\varepsilon(n>N)$，即

$$\lim_{n\to\infty}a_n=M=\sup_{n\geqslant 1}\{a_n\}.$$

(2) 令 $b_n=-a_n$，则 $\{b_n\}$ 为递增数列，且有 $\sup\limits_{n\geqslant 1}\{b_n\}=-\inf\limits_{n\geqslant 1}\{a_n\}$. 因此，

$$\lim_{n\to\infty}b_n=\sup_{n\geqslant 1}\{b_n\}\quad 或\quad \lim_{n\to\infty}\{-a_n\}=-\inf_{n\geqslant 1}\{a_n\}.$$

即得所证.

注 1 对一个给定数列，在具体阐明它是单调、有界时，注意到下述两点是有益的：

(1) 判断数列$\{a_n\}$的单调性的基本方法是：一减（计算 $a_{n+1}-a_n$）二比（计算 a_{n+1}/a_n）.

(2) 当已知一个递推数列是单调列时，为探求它的有界性，不妨先假定其极限存在而求其极限值. 此时，若由此导出的结果不妥，则表明该数列极限不存在；否则其极限值就可当作它的界（递增列为上界，递减列为下界）的一种暗示.

注 2 对满足 $a_{n+1}-a_n\to 0(n\to\infty)$的递增数列$\{a_n\}$，它不一定收敛，如 $a_n=\ln n+1/n(n=1,2,\cdots)$.

例 1 设 $a_1=1,a_{n+1}=\dfrac{1}{1+a_n}(n=1,2,\cdots)$，试论$\{a_n\}$的敛散性.

解 易知 $a_2<a_1,a_2<a_3<a_1$，根据归纳法可推得

$$a_1>a_3>\cdots>a_{2n+1}>\cdots>a_{2n}>\cdots>a_4>a_2.$$

由此知$\{a_{2n}\},\{a_{2n+1}\}$都为单调有界列，它们是收敛列. 若记 $a_{2n}\to a',a_{2n+1}\to a''$ $(n\to\infty)$，则得

$$a'=\frac{1}{1+a''},\qquad a''=\frac{1}{1+a'}.$$

从而我们有 $a'=a''=\dfrac{\sqrt{5}-1}{2}$.

例 2 设 $b>0,a_0>0,a_n=\dfrac{1}{2}\left(a_{n-1}+\dfrac{b}{a_{n-1}}\right)(n=1,2,\cdots)$，则 $a_n\to\sqrt{b}(n\to\infty)$.

证明 易知 $a_n>0(n=1,2,\cdots)$，而且

$$a_{n+1}=\frac{\sqrt{b}}{2}\left(\frac{a_n}{\sqrt{b}}+\frac{\sqrt{b}}{a_n}\right)\geqslant\sqrt{b}\quad(n=1,2,\cdots).$$

根据不等式

$$a_{n+1}-a_n=\frac{1}{2}\left(\frac{b}{a_n}-a_n\right)=\frac{1}{2}\frac{b-a_n^2}{a_n}\leqslant 0,$$

可知$\{a_n\}$是递减正数列，是收敛列. 记其极限为 a，则在 $a_n=\dfrac{1}{2}\left(a_{n-1}+\dfrac{b}{a_{n-1}}\right)$的两端，令 $n\to\infty$，有

$$a=\frac{1}{2}\left(a+\frac{b}{a}\right),\quad a=\sqrt{b}.$$

例 3 设$\{a_n\}$是收敛列，$\{b_n\}$满足

$$b_{n+1}\geqslant b_n+a_{n+1}-a_n\quad(n=1,2,\cdots).$$

若$\{b_n\}$是有界列，则$\{b_n\}$是收敛列.

证明 将原式化为 $b_{n+1}-a_{n+1}\geqslant b_n-a_n$，且令 $c_n=b_n-a_n$，则$\{c_n\}$是递增有界列，也是收敛列. 因为 $b_n=c_n+a_n$，所以$\{b_n\}$是收敛列.

例 4　设 $p>1, a_1=\sqrt[p]{1}, a_2=\sqrt[p]{1+a_1}$，令

$$a_{n+1}=\sqrt[p]{1+a_n}\quad(n=1,2,\cdots),$$

则$\{a_n\}$是收敛列，且其极限为 $x^p-x-1=0$ 的正根.

证明　易知$\{a_n\}$是递增数列，又由 $a_n\geqslant 1(n=1,2,\cdots)$，可知

$$a_n=\sqrt[p]{1+a_{n-1}}\leqslant\sqrt[p]{2a_n},\quad a_n\leqslant 2^{1/(p-1)}.$$

这说明$\{a_n\}$收敛，若令其极限值为 a，则可得 $a^p-a-1=0$.

例 5　设 $0<a_1<1, 0<q<\frac{1}{4}, a_{n+1}=1+qa_n^2(n=1,2,\cdots)$，试论$\{a_n\}$的敛散性.

解　(1) 由题设知 $a_2>1>a_1$. 又根据

$$a_{n+1}-a_n=q(a_n^2-a_{n-1}^2)\quad(n=2,3,\cdots),$$

易得 $a_{n+1}>a_n(n=1,2,\cdots)$.

(2) 大家知道，如果递增列有上界，那么它的上确界就是它的极限. 因此，为了判定$\{a_n\}$有上界，就先从其极限值来暗示出一个上界来，即假定 $a_n\to a(n\to\infty)$，易知 $a=1+qa^2$，解之得 $a=\frac{1\pm\sqrt{1-4q}}{2q}$.

若 $a_n\leqslant\frac{1\pm\sqrt{1-4q}}{2q}$，则

$$\begin{aligned}a_{n+1}&=1+qa_n^2\leqslant 1+q\left(\frac{1\pm\sqrt{1-4q}}{2q}\right)^2\\&=1+q\,\frac{1\pm 2\sqrt{1-4q}+1-4q}{4q^2}=\frac{1\pm\sqrt{1-4q}}{2q}.\end{aligned}$$

又因为 $a_1<1<\frac{1-\sqrt{1-4q}}{2q}$，所以 $a_n\to\frac{1-\sqrt{1-4q}}{2q}(n\to\infty)$.

注 1　由递推形式出现的数列$\{a_n\}$种类很多. 因此探讨其最简典式有着重要意义. 这里，以前后项递推式的四则运算为例作一简单介绍，或许对研究更复杂的递推式有启示作用.

(i) $a_{n+1}=Aa_n+B(n\in\mathbf{N})$.

(ii) $a_{n+1}=Aa_n^2+B(n\in\mathbf{N})$. 一般形式 $a_{n+1}=\alpha a_n^2+\beta a_n+\gamma$ 均可化归为此典式.

(iii) $a_{n+1}=A/a_n+B(n\in\mathbf{N})$. 一般形式 $a_{n+1}=(aa_n+b)/(ca_n+d)$均可化成此典式.

(iv) $a_{n+1}=Aa_n+B/a_n+C(n\in\mathbf{N})$. 一般形式 $a_{n+1}=(aa_n^2+ba_n+c)/(da_n+e)$均可化成此典式.

……

注 2　求数列极限还可用连续变量的方法来探讨，请参阅下面微分中值定理的应用中的介绍.

2. 数 e

现在，我们来介绍最重要的一种单调有界数列的极限类型，同时也可作为自然对数底 e 的一个定义.

定理 2.11 设 $a_n=\left(1+\frac{1}{n}\right)^n$，$b_n=\left(1+\frac{1}{n}\right)^{n+1}$ $(n=1,2,\cdots)$，则 $a_n\leqslant b_n(n=1,2,\cdots)$，且$\{a_n\}$是严格递增列，$\{b_n\}$是严格递减列. 记 $b_n\to e(n\to\infty)$，则 $a_n\to e(n\to\infty)$.

证明 (1) 因为 $b_n=a_n\left(1+\frac{1}{n}\right)=a_n+\frac{a_n}{n}$，所以 $b_n>a_n(n=1,2,\cdots)$.

(2) 对于任意给定的正整数 n，考察 $n+1$ 个数：

$$1,1+\frac{1}{n},1+\frac{1}{n},\cdots,1+\frac{1}{n},$$

根据几何-算术平均值不等式，有

$$\sqrt[n+1]{1\cdot\left(1+\frac{1}{n}\right)^n}<\frac{1+n\left(1+\frac{1}{n}\right)}{n+1}=1+\frac{1}{n+1}.$$

由此即得$\left(1+\frac{1}{n}\right)^n<\left(1+\frac{1}{(n+1)}\right)^{n+1}$. 这说明$\{a_n\}$是严格递增列.

(3)类似地，若考察 $n+1$ 个数

$$1,1-\frac{1}{n},1-\frac{1}{n},\cdots,1-\frac{1}{n},$$

则又有

$$\sqrt[n+1]{1\cdot\left(1-\frac{1}{n}\right)^n}<\frac{1+n\left(1-\frac{1}{n}\right)}{n+1}=\frac{n}{n+1}.$$

由此即得$\left(1+\frac{1}{n-1}\right)^n>\left(1+\frac{1}{n}\right)^{n+1}$. 这说明$\{b_n\}$是严格递减列.

(4)注意 $a_n=\left(1+\frac{1}{n}\right)^{n+1}\left(1+\frac{1}{n}\right)^{-1}\to e(n\to\infty)(e=2.7182818285\cdots)$.

注 几何-算术平均值不等式可用第 1 章后记(四)命题 1.1(Jensen 不等式)及 $\lg x$ 的上凸性来证明. 因在 $a_i>0(i=1,2,\cdots,n)$时，不等式 $\sqrt[n]{a_1\cdot a_2\cdot\cdots\cdot a_n}\leqslant\frac{a_1+a_2+\cdots+a_n}{n}$ 等价于 $\frac{\lg a_1+\lg a_2+\cdots+\lg a_n}{n}\leqslant\lg\left(\frac{a_1+a_2+\cdots+a_n}{n}\right)$.

定理 2.12 设 $a_n=1+\frac{1}{2}+\frac{1}{3}+\cdots+\frac{1}{n}-\ln n(n=1,2,\cdots)$，则$\{a_n\}$是收敛列，

且有 $\varepsilon_n \to 0(n\to\infty)$，使得

$$1+\frac{1}{2}+\cdots+\frac{1}{n}=\ln n+\gamma+\varepsilon_n \quad (n=1,2,\cdots)^{①},$$

其中 γ 称为 **Euler 常数**（$\gamma=0.5772156649\cdots$）.

证明　(1) 首先，有不等式

$$\frac{1}{n+1}<\ln\left(1+\frac{1}{n}\right)<\frac{1}{n} \quad (n=1,2,\cdots). \qquad ①$$

实际上，由定理 2.11 可知

$$1<\left(1+\frac{1}{n}\right)^n<\mathrm{e}, \quad 0<n\ln\left(1+\frac{1}{n}\right)<1.$$

由此即得式①的右端不等式. 又由 $\mathrm{e}<\left(1+\frac{1}{n}\right)^{n+1}$ 可知 $1<(n+1)\ln\left(1+\frac{1}{n}\right)$. 由此又得①左端的不等式.

(2) 其次，由 $\ln(1+n)=\sum\limits_{k=1}^{n}\ln\left(1+\frac{1}{k}\right)<\sum\limits_{k=1}^{n}\left(\frac{1}{k}\right)$ 可知 $a_{n+1}=1+\frac{1}{2}+\cdots+\frac{1}{n}+\frac{1}{n+1}-\ln(1+n)>\frac{1}{n+1}>0$，即 $\{a_n\}$ 是有下界的数列. 此外，因为有

$$\begin{aligned} a_n-a_{n+1}&=-\frac{1}{n+1}+\ln(1+n)-\ln n \\ &=\ln\left(1+\frac{1}{n}\right)-\frac{1}{n+1}>0, \end{aligned}$$

所以 $\{a_n\}$ 是递减列. 从而可令

$$\lim_{n\to\infty}\left(1+\frac{1}{2}+\cdots+\frac{1}{n}-\ln n\right)=\gamma,$$

$$\varepsilon_n=1+\frac{1}{2}+\cdots+\frac{1}{n}-\ln n-\gamma,$$

即得 $1+\frac{1}{2}+\cdots+\frac{1}{n}=\ln n+\gamma+\varepsilon_n$，$\varepsilon_n\to 0(n\to\infty)$.

例 6　设整数 p,q 满足 $p>q\geqslant 1$，$a_n=\sum\limits_{k=qn+1}^{pn}\frac{1}{k}$，则 $\lim\limits_{n\to\infty}a_n=\ln(p/q)$.

证明　改写 a_n 如下

$$\begin{aligned} a_n&=\frac{1}{qn+1}+\frac{1}{qn+2}+\cdots+\frac{1}{pn} \\ &=1+\frac{1}{2}+\frac{1}{3}+\cdots+\frac{1}{qn}+\frac{1}{qn+1}+\cdots+\frac{1}{pn}-\left(1+\frac{1}{2}+\cdots+\frac{1}{qn}\right) \end{aligned}$$

---

① 这是 Euler 在 1740 年发表的工作. 它在 Γ 函数与 ζ 函数研究中扮演着重要角色.

$$=\ln(pn)+\gamma+\varepsilon_{pn}-\ln(qn)-\gamma-\varepsilon_{qn}.$$

由此可知$\lim\limits_{n\to\infty}a_n=\lim\limits_{n\to\infty}[\ln(pn)-\ln(qn)]=\ln(p/q)$.

例 7 $\left(\frac{n+1}{\mathrm{e}}\right)^n<n!<\left(\frac{n+1}{\mathrm{e}}\right)^n(n+1)\,(n\in\mathbf{N}^*)$.

证明 在不等式$\left(\frac{k+1}{k}\right)^k<\mathrm{e}<\left(\frac{k+1}{k}\right)^{k+1}$中,列出 $k=1,2,\cdots,n$ 各式,并加以连乘,易得

$$\left(\frac{n+1}{n!}\right)^n<\mathrm{e}^n<\frac{(n+1)^{n+1}}{n!},$$

$$\left(\frac{n+1}{\mathrm{e}}\right)^n<n!<\left(\frac{n+1}{\mathrm{e}}\right)^n(n+1).$$

注 1 记 $S_n=1+\frac{1}{1!}+\frac{1}{2!}+\cdots+\frac{1}{n!}$,易知

$$\begin{aligned}S_n&\leqslant1+1+\frac{1}{2}+\frac{1}{2^2}+\frac{1}{2^3}+\cdots+\frac{1}{2^{n-1}}\\&=1+(1-1/2^n)/(1-1/2)<3.\end{aligned}$$

因此$\{S_n\}$是递增有界列,存在极限$\lim\limits_{n\to\infty}S_n$.

注 2 根据二项式定理,可得

$$\begin{aligned}a_n&=\left(1+\frac{1}{n}\right)^n\\&=1+n\frac{1}{n}+\frac{n(n-1)}{2!}\frac{1}{n^2}+\cdots+\frac{n(n-1)(n-2)\cdots1}{n!}\frac{1}{n^n}\\&=1+1+\frac{1}{2!}\left(1-\frac{1}{n}\right)+\cdots+\frac{1}{n!}\left(1-\frac{1}{n}\right)\left(1-\frac{2}{n}\right)\cdots\left(1-\frac{n-1}{n}\right).\end{aligned}$$

由此,立即推出 $a_n\leqslant S_n<3$. 从而知 $\mathrm{e}\leqslant\lim\limits_{n\to\infty}S_n$.

另一方面,注意到当 $m>n$ 时,又有

$$a_m>1+1+\frac{1}{2!}\left(1-\frac{1}{m}\right)+\cdots+\frac{1}{n!}\left(1-\frac{1}{m}\right)\cdots\left(1-\frac{n-1}{m}\right),$$

那么,固定 n 而令 $m\to\infty$,就推出

$$\mathrm{e}=\lim_{m\to\infty}a_m\geqslant S_n,\quad \mathrm{e}\geqslant S_n\geqslant a_n.$$

再令 $n\to\infty$,可得$\lim\limits_{n\to\infty}S_n=\mathrm{e}$.

注 3 e 是无理数. 首先,对 $n>m$,有

$$\begin{aligned}S_n&=S_m+\frac{1}{(m+1)!}+\frac{1}{(m+2)!}+\cdots+\frac{1}{n!}\\&\leqslant S_m+\frac{1}{(m+1)!}\left[1+\frac{1}{m+2}+\frac{1}{(m+2)(m+3)}+\cdots\right]\\&\leqslant S_m+\frac{1}{(m+1)!}\left[1+\frac{1}{(m+1)}+\frac{1}{(m+1)^2}+\cdots\right]\end{aligned}$$

$$=S_m+\frac{1}{(m+1)!}\frac{1}{1-1/(m+1)}=S_m+\frac{1}{m}\frac{1}{m!},$$

即当 $n>m$ 时，$S_m<S_n<S_m+\frac{1}{m}\frac{1}{m!}$. 因此，令 $n\to\infty$，得知 $S_m<\mathrm{e}<S_m+\frac{1}{m}\frac{1}{m!}$. 由此式可计算 e 的近似值，如 S_{10} 与 e 的差小于 10^{-7}，可求出

$$\mathrm{e}=2.718281\cdots.$$

其次，假定 e 是有理数 $\frac{p}{m}$（m,p 是正整数，$m\geqslant 2$，e 位于 2 与 3 之间）. 如前所述，有

$$S_m<\frac{p}{m}\leqslant S_m+\frac{1}{m}\frac{1}{m!},$$

$$m!S_m<p(m-1)!\leqslant m!\ S_m+\frac{1}{m}<m!S_m+1.$$

注意 $m!S_m$ 是整数，上式指出 $p(m-1)!$ 位于两个相继的整数之间，这不可能. 证毕.

思 考 练 习

1. 设 $\{a_n\}$ 是有界数列，$b_n=\max\{a_1,a_2,\cdots,a_n\}(n=1,2,\cdots)$，试证明 $\{b_n\}$ 是收敛列.

2. (1) 若单调数列 $\{a_n\}$ 存在一个收敛子列，试证明 $\{a_n\}$ 是收敛列.

(2) 若 $a_n\to a(n\to\infty)$，试证明 $\{a_n\}$ 必有以 a 为极限的单调收敛子列.

3. 设 $a_1>-\frac{3}{2}$，$a_{n+1}=\sqrt{2a_n+3}(n=1,2,\cdots)$，试证明 $a_n\to 3(n\to\infty)$.（提示：$|a_n|\leqslant M$，$M\geqslant 3$. 再分别在 $a_1\geqslant a_2$ 或 $a_1<a_2$ 时讨论单调性）

4. 设 $a_{n+1}(2-a_n)=1(n\in\mathbf{N})$，$0<a_1\leqslant 1$，试论 $\{a_n\}$ 的敛散性.

5. 设 $\{a_n\}$ 是收敛列，$\{b_n\}$ 满足

$$b_{n+2}-\frac{3b_{n+1}}{2}+\frac{b_n}{2}\geqslant a_{n+2}-\frac{3a_{n+1}}{2}+\frac{a_n}{2}\quad(n\in\mathbf{N}^*).$$

若 $\{b_n\}$ 是有界列，试证明 $\{b_n\}$ 是收敛列.

6. 设 $a_{n+1}=\frac{(n+1)^{n+1}}{(n+1)!}(n=1,2,\cdots)$，试证明 $a_{n+1}<\mathrm{e}^n(n=1,2,\cdots)$.

7. 设 $a_1>3$，$a_{n+1}=\sqrt{a_n+6}(n=1,2,\cdots)$，试证明 $\{a_n\}$ 是收敛列.（提示：$a_{n+1}^2>3a_{n+1}>a_{n+1}+6$）

8. 设 $0<a_1<3$，$a_{n+1}=\frac{a_n}{4-a_n}(n=1,2,\cdots)$ 试论 $\{a_n\}$ 的敛散性.

9. 试证明 $\left(\frac{1}{n+1}+\frac{1}{n+2}+\cdots+\frac{1}{2n}\right)\to\ln 2(n\to\infty)$.

10. 试证明 $\lim\limits_{n\to\infty}\sum\limits_{k=n}^{2n}\sin\frac{\pi}{k}=\pi\ln 2$.（提示：$|\sin x-x|\leqslant x^2$）

11. 设正数列 $\{a_n\}$ 满足（$0<p<1$）

$$a_{n+2}=pa_{n+1}+(1-p)a_n\quad(n=1,2,\cdots).$$

试证明 $\{a_n\}$ 是收敛列.（提示：设 $a_1,a_2\leqslant M$，则 $a_n\leqslant M$，且 $a_1<a_2$ 时，则 $a_1<a_3<\cdots<a_{2n+1}<\cdots<a_{2n}<\cdots<a_4<a_2$）

12. 设 $a_1>-\frac{1}{2}$，$a_{n+1}=\frac{1}{3}\left(2a_n+\frac{1}{a_n^2}\right)(n=1,2,\cdots)$，试证明 $a_n\to1(n\to\infty)$.（提示：$2a_n^3+1=(2a_n+1)(a_n^2-2a_n+1)+3a_n^2$）

13. 试求证 $\lim\limits_{n\to\infty}\left[\frac{1}{\sqrt{n(n+1)}}+\frac{1}{\sqrt{(n+1)(n+2)}}+\cdots+\frac{1}{\sqrt{2n(2n+1)}}\right]=\ln2$.

2.4 实数连续统的基本定理

2.4.1 闭区间套序列、有限子覆盖

单调有界数列有极限这一事实，实际上就是有界数集存在确界的特例，因此它也是实数连续性命题的反映. 实数连续性命题还可看成是上、下两个数集 A 与 B 之间“套”住一个实数的模型，这一点从上述定义 e 的例中已略显端倪，即数 e 是数列 $\{a_n\}$ 与 $\{b_n\}$“套”出来的. 下面介绍的两个定理都是实数连续性的等价形式.

定理 2.13(Cantor)　设 $\{[a_n,b_n]\}$ 是一个闭区间套序列，即

$$[a_1,b_1]\supset[a_2,b_2]\supset\cdots\supset[a_n,b_n]\supset\cdots,$$

且有 $b_n-a_n\to0(n\to\infty)$，则存在唯一的 ξ：$\xi\in[a_n,b_n](n=1,2,\cdots)$.

证明　易知 $\{a_n\}$ 是有上界的递增数列，$\{b_n\}$ 是有下界的递减数列，故都是收敛列，不妨设 $a_n\to a,b_n\to b(n\to\infty)$，由题设知 $a_n\leqslant a\leqslant b\leqslant b_n(n=1,2,\cdots)$. 但因 $b_n-a_n\to0(n\to\infty)$，所以 $a=b$. 从而取 $\xi=a=b$，有 $\xi\in[a_n,b_n](n=1,2,\cdots)$. 唯一性显然.

注 1　上述结论对开区间套不真，例如，

$$(0,1]\supset\left(0,\frac{1}{2}\right)\supset\cdots\supset\left(0,\frac{1}{n}\right)\supset\cdots.$$

注 2　区间套定理指出，确实存在一个点(实数)属于所有的套区间，这一事实对于我们寻求具有某种特性的点(实数)是很有用的. 还需要说明的是，为在具体的课题中达到此目标，必须主动地作出区间套来. 常用的方法有二分法：对闭区间 $[a,b]$，第一次取中点 $\frac{a+b}{2}$，把 $[a,b]$ 分为两个子区间 $\left[a,\frac{a+b}{2}\right]$ 与 $\left[\frac{a+b}{2},b\right]$. 将其中的一个选定(选哪一个要根据问题的条件和要求来定)，记为 $[a_1,b_1]$，并再将其一分为二，又选出 $[a_2,b_2]$. 继续这一过程，可得闭区间套 $\{[a_n,b_n]\}$，且有

$$[a_n,b_n]\supset[a_{n+1},b_{n+1}],\quad b_n-a_n=\frac{(b-a)}{2^n}\quad(n=1,2,\cdots).$$

由此易知区间套的长度是趋于零的. 我们称这样做出的区间套为二分区间套.

例 1　设 $f(x)$ 在 $[a,b]$ 上递增，且有

$$f(a)>a,\qquad f(b)<b,$$

则存在 $x_0\in(a,b)$，使得 $f(x_0)=x_0$.

证明 将$[a,b]$二等分. 若有 $f\left(\frac{a+b}{2}\right)=\frac{a+b}{2}$,则取 $x_0=\frac{a+b}{2}$. 否则作$[a_1,b_1]$如下:

$$\begin{cases} f\left(\frac{a+b}{2}\right)>\frac{a+b}{2}\text{时}, & [a_1,b_1]=\left[\frac{a+b}{2},b\right], \\ f\left(\frac{a+b}{2}\right)<\frac{a+b}{2}\text{时}, & [a_1,b_1]=\left[a,\frac{a+b}{2}\right]. \end{cases}$$

显然,$f(a_1)>a_1$,$f(b_1)<b_1$. 再对$[a_1,b_1]$二等分,用类似的方法取定$[a_2,b_2]$,…,从而可得二分区间套序列$[a_n,b_n]$$(n=1,2,\cdots)$,其中 $f(a_n)>a_n$,$f(b_n)<b_n$$(n=1,2,\cdots)$. 根据闭区间套定理我们有 $x_0\in[a_n,b_n]$$(n=1,2,\cdots)$,以及 $a_n<f(a_n)\leqslant f(x_0)\leqslant f(b_n)<b_n$. 令 $n\to\infty$,立即导出 $x_0=f(x_0)$.

现在介绍所谓有限覆盖定理. 先说覆盖是什么意思. 设有非空集 E($(-\infty,\infty)$中的实数集),$x\in E$ 是指 x 是 E 的元素. 现在换一种表达方式,即说成是集 E 覆盖点 x. 例如,区间$[0,1]$覆盖点 $x=\frac{1}{2}$,1;$(1,3)$覆盖点 $x=2$ 等. 类似地可以理解许多区间组成的区间族覆盖一个由许多点形成的点集. 例如,正整数集

$$\mathbf{N}^*=\{1,2,\cdots,n,\cdots\}$$

可以被区间族

$$\Gamma_1=\left\{\left[\frac{1}{2},\frac{3}{2}\right],\left[\frac{3}{2},\frac{5}{2}\right],\cdots,\left[n-\frac{1}{2},n+\frac{1}{2}\right],\cdots\right\},$$

$$\Gamma_2=\{(0,2),(0,3),\cdots(0,n+1),\cdots\}$$

中任一族所覆盖,意指对 $\mathbf{N}^*$ 中任一正整数 k,均有 Γ_1 中的区间$\left[k-\frac{1}{2},k+\frac{1}{2}\right]$将其覆盖;也有 Γ_2 中的区间$(0,k+1)$将其覆盖.

定义 2.8 设 E 是$(-\infty,\infty)$中一个点集,Γ 是$(-\infty,\infty)$中的一些区间组成的区间族. 若对任意的 $x\in E$,存在 Γ 中的一个元即区间 I,使得 $x\in I$,则称 Γ 是 E 的一个(**区间**)**覆盖**. 特别地,当 Γ 中的区间都是开区间时,称 Γ 是 E 的**开覆盖**;当 Γ 中的区间只有有限个时,称 Γ 为 E 的**有限覆盖**.

定理 2.14(有限子覆盖) 设 $E=[a,b]$是一个闭区间,Γ 是$[a,b]$的一个开覆盖,则 Γ 中必存在有限个开区间(组),它覆盖$[a,b]$. 简言之,Γ 中存在$[a,b]$的一个有限子覆盖.

证明 采用反证法. 设计闭区间套套出矛盾. 假定$[a,b]$不能被 Γ 中的一组有限个区间所覆盖,则把$[a,b]$二等分为

$$\left[a,\frac{a+b}{2}\right],\qquad\left[\frac{a+b}{2},b\right].$$

显然,Γ 仍是这两个闭区间的开覆盖,而且其中至少有一个闭区间不存在 Γ 的有限

子覆盖(否则合并成$[a,b]$也就有Γ的有限子覆盖了),不妨记为$[a_1,b_1]$ $\left(b_1-a_1=\dfrac{b-a}{2}\right)$,再把$[a_1,b_1]$二等分为

$$\left[a_1,\frac{a_1+b_1}{2}\right],\qquad \left[\frac{a_1+b_1}{2},b_1\right],$$

当然又有至少其中一个闭区间不存在Γ的有限子覆盖,不妨记为$[a_2,b_2]$,且有

$$(b_2-a_2)=\frac{b_1-a_1}{2}=\frac{b-a}{2^2},\quad [a_1,b_1]\supset[a_2,b_2].$$

依次类似地继续分下去,可得二分闭区间套序列$\{[a_n,b_n]\}$:

$$b_n-a_n=\frac{b-a}{2^n}\quad (n=1,2,\cdots).$$

现在,根据闭区间套定理,可知存在$\xi\in[a_n,b_n]\subset[a,b](n=1,2,\cdots)$. 因为$\xi\in[a,b]$,所以$\Gamma$中存在一个开区间$(\alpha,\beta)$:使得

$$\xi\in(\alpha,\beta)\quad 或\quad \alpha<\xi<\beta.$$

注意到$n\to\infty$,有$b_n-a_n\to 0$,所以存在正整数指标n_0,使得

$$\xi\in[a_{n_0},b_{n_0}]\subset(\alpha,\beta).$$

也就是说Γ中存在开区间(α,β),它覆盖住整个区间$[a_{n_0},b_{n_0}]$,这一结论与原来选取$[a_{n_0},b_{n_0}]$的约定矛盾. 证毕.

注 有限覆盖定理经常被初学者错误地理解为"一个闭区间能被有限个开区间所覆盖". 如果这样看问题,那么对任何一个闭区间,显然只要用一个(稍大些的)开区间就可覆盖它了.

有限覆盖定理的意思是说,凡是$[a,b]$的开覆盖,都存在有限子覆盖. 也就是说,这个有限子覆盖存在于任意给定的$[a,b]$的开覆盖之中,不是从它的外部自由地去作一个$[a,b]$覆盖. 因此,这一定理的结论就不是显然的了. 在实际应用中,覆盖族的形成往往是根据问题的具体需要去主动作出来,或是从对课题本身数学性质的分析中洞察出来的.

例 2 设$f(x)$定义在(a,b)上,$a<c<d<b$. 若对任意的$x\in[c,d]$,存在正数M_x,以及$\delta_x(\delta_x<\min\{c-a,b-d\})$,使得$x',x''\in(x-\delta_x,x+\delta_x)$有

$$|f(x')-f(x'')|\leqslant M_x|x'-x''|\quad (点点 \mathrm{Lip1}),$$

则存在正数M,对一切$x',x''\in[c,d]$,有

$$|f(x')-f(x'')|\leqslant M|x'-x''|.$$

证明 易知开区间族$\{(x-\delta_x,x+\delta_x):x\in[c,d]\}$是$[c,d]$的一个开覆盖,从而存在$[c,d]$的有限子覆盖,记为

$$(x_1-\delta_1,x_1+\delta_1),(x_2-\delta_2,x_2+\delta_2),\cdots,(x_m-\delta_m,x_m+\delta_m).$$

$$|f(x')-f(x'')|\leqslant M_{x_i}|x'-x''|,\quad x',x''\in(x_i-\delta_i,x_i+\delta_i)\ (i=1,2,\cdots,m).$$

现在令$M=M_{x_1}+M_{x_2}+\cdots+M_{x_m}$,则用插项法易知

$$|f(x')-f(x'')|\leqslant M|x'-x''|,\quad x',x''\in\{c,d\}.$$

思考练习

1. 设 $a_1>0,b_1>0$,且令

$$a_{n+1}=\sqrt{a_nb_n},\quad b_{n+1}=\frac{a_n+b_n}{2}\quad (n=1,2,\cdots).$$

则当 $n\to\infty$ 时,$\{a_n\}$ 与 $\{b_n\}$ 皆为收敛列且极限相同.

2. 设开区间列 $\{(a_n,b_n)\}$ 满足

$$\lim_{n\to\infty}\sum_{k=1}^{n}(b_k-a_k)<1,$$

则 $\{(a_n,b_n)\}$ 不能覆盖 $[0,1]$.

2.4.2　聚点原理与 Cauchy 收敛准则

以有界单调数列这种具体类型为例来说明极限的存在性,这让人觉得有点过分特殊了.本小节将从更一般的观点来探讨极限问题.我们曾描述过数列 $\{a_n\}$ 以 a 为极限的形象,即在实轴上它的尾段势必要聚集在点 a 附近.实际上,即使不知道 a 是谁,$\{a_n\}$ 的尾段势必要聚集总是免不了的.为此我们用集合论的观点引入聚点的概念.

定义 2.9　设 $E\subset\mathbf{R}$ 是一个无穷点集,x_0 是 $\mathbf{R}$ 中一个固定的点(x_0 不一定属于 E).若对任意的 $\varepsilon>0$,区间 $(x_0-\varepsilon,x_0+\varepsilon)$ 均含有 E 中不同于 x_0 的点,或 $U_0(x_0,\varepsilon)\cap E\neq\varnothing$,则称 x_0 为 E 的**聚点**.E 的聚点全体记为 E'.

例 1　设 $E=\left\{1,\frac{1}{2},2,\frac{1}{3},3,\cdots,\frac{1}{n},n,\cdots\right\}$,则 $x_0=0$ 是 E 的聚点,且 $x_0\bar{\in}E$.

例 2　记 Q_1 是区间 $[0,1]$ 中的有理数全体,则 $[0,1]$ 中任一点皆为 Q_1 的聚点,即 $Q'_1=[0,1]$.

引理 2.1　设 $E\subset\mathbf{R}$,则点 x_0 是点集 E 的聚点之充分必要条件是:E 中存在互异点列 $\{x_n\}$,使得 $\lim\limits_{n\to\infty}x_n=x_0$.

证明　必要性:设 x_0 是 E 的聚点,则对

$\varepsilon_1=1$,可取到 $x_1\in U_0(x_0,1)\cap E$,

$\varepsilon_2=\min\left(\frac{1}{2},|x_1-x_0|\right)$,取 $x_2\in U_0(x_0,\varepsilon_2)\cap E$,

……

$\varepsilon_n=\min\left(\frac{1}{n},|x_{n-1}-x_0|\right)$,取 $x_n\in U_0(x_0,\varepsilon_n)\cap E$,

……

显然,$\{x_n\}$ 是 E 中互异点列,且根据 $|x_n-x_0|<\varepsilon_n\leqslant\frac{1}{n}$,可知 $x_n\to x_0(n\to\infty)$.

充分性:对任给 $\varepsilon>0$,根据 $\lim\limits_{n\to\infty}x_n=x_0$ 可知,存在 N,有 $|x_n-x_0|<\varepsilon,n>N$. 因此,必有 $x_{n_0}\in E$ 且 $x_{n_0}\neq x_0(n_0>N)$,使得 $x_{n_0}\in(x_0-\varepsilon,x_0+\varepsilon)$.

注 聚点的定义只要求在无中心邻域 $U_0(x_0,\varepsilon)$ 中有一个 E 中的点,但上述结论指出,在 $U_0(x_0,\varepsilon)$ 中实际上包含 E 中无穷多个点.

引理 2.1 告诉我们,点集的聚点与点列的极限有着某种联系,只不过没有回答:无穷点集是否一定有聚点? 这是因为 E 中虽然有无穷多个点,但若它们分散于整个实轴上,当然也可以不聚在一起. 而如果被限制在一个有界的范围内,那么其中总有一部分要聚在一起的.

定理 2.15(聚点原理) **R** 中的有界无穷点集至少有一个聚点.

证明 记 E 为无穷点集,且不妨假定 $E\subset[a,b]$(如 $a=\inf E,b=\sup E$).

为了寻找聚点,我们逐步缩小搜索范围,让其中无穷多个点挤到一个越来越窄的地段中去.

将 $[a,b]$ 分为两个小区间:

$$\left[a,\frac{a+b}{2}\right],\qquad \left[\frac{a+b}{2},b\right],$$

则其中必有一个包含 E 中无穷多个点,记此区间为 $[a_1,b_1]$. 显然 $b_1-a_1=\dfrac{b-a}{2}$. 再将 $[a_1,b_1]$ 二等分,并记其中含有 E 中无穷多个点的那个小区间为 $[a_2,b_2]$,且有 $b_2-a_2=\dfrac{b-a}{2^2},\cdots$. 按此原则依次地将区间继续二等分下去,可得二分闭区间套序列 $\{[a_n,b_n]\}$,其中每个 $[a_n,b_n]$ 均包含 E 中无穷多个点.

现在,应用闭区间套定理,可知存在 x_0 使得 $a_n\leqslant x_0\leqslant b_n(n=1,2,\cdots)$. 易知 x_0 是 E 的聚点. 实际上,对任给 $\varepsilon>0$,存在 N,使得 $b_N-a_N<\dfrac{\varepsilon}{2}$. 从而得 $[a_N,b_N]\subset(x_0-\varepsilon,x_0+\varepsilon)$. 注意到区间 $[a_N,b_N]$ 中含有 E 中无穷个点,这说明在 $U_0(x_0,\varepsilon)$ 中必有 E 中异于 x_0 的点,即得所证.

注 聚点原理告诉我们,在没有说出聚点是什么的情况可判断出聚点的存在性.

推论 2.3(Bolzano-Weierstrass①) $(-\infty,\infty)$ 中的有界数列必存在收敛子列.

证明 设 $\{a_n\}$ 为有界数列,我们有

(1) 若 $\{a_n\}$ 只含有有限多个互不相同的项,则其中必有无穷多项由同一个数组成,它们所构成的子列就是收敛列,其极限就是自身.

(2) 若 $\{a_n\}$ 中含有无穷多个互不相同的数项,则 $\{a_n\}$ 就是 **R** 中的有界无穷点集. 根据聚点原理,可知至少存在一个聚点,记为 a,则由引理 2.1,可知 $\{a_n\}$ 中有子列以 a 为极限.

---

① 波尔查诺(1781～1848),捷克数学家. 魏尔斯特拉斯(1815～1897),德国数学家.

例 3 若$E=\left\{\frac{1}{2},\frac{1}{3},\frac{2}{3},\frac{1}{4},\frac{3}{4},\cdots,\frac{1}{n},\frac{n-1}{n},\cdots\right\}$,则$a=0,b=1$是$E$的两个聚点,且子列$\left\{\frac{1}{n}\right\}$是以$a=0$为极限的收敛列,子列$\left\{\frac{n-1}{n}\right\}$是以$b=1$为极限的收敛列.

如果$(-\infty,\infty)$中一个有界无穷点列有两个或两个以上的聚点,那么它是显然不能收敛的.也就是说,收敛点列只能向一个聚点靠拢,而在聚点未明确定位时,就表现为它的尾段中的各项都相互收拢,从而引出下述 Cauchy(基本)列的概念.

定义 2.10 若数列$\{a_n\}$满足条件:对任给$\varepsilon>0$,存在N,使得当$n,m>N$时,有

$$|a_n-a_m|<\varepsilon,$$

则称$\{a_n\}$为 **Cauchy 列**(或**基本列**).

定理 2.16 Cauchy 列必为有界列.

证明 设$\{a_n\}$为 Cauchy 列,则对$\varepsilon=1$,存在N,当$n,m>N$时,有$|a_n-a_m|<1$.特别有

$$|a_n-a_{N+1}|<1,\quad n>N.$$

由此知$|a_n|<|a_{N+1}|+1,n>N$.

现在令$M=\max\{|a_1|,|a_2|,\cdots,|a_N|,|a_{N+1}|+1\}$,则有$|a_n|\leqslant M(n=1,2,\cdots)$.

在 Cauchy 列的定义中,还常采用下面的叙述方式:不妨假定其中的$m>n$,从而记$p=m-n$或$m=n+p$.于是$\{a_n\}$是 Cauchy 列的定义可改述为:任给$\varepsilon>0$,存在N,当$n>N$时,对一切正整数p,有$|a_{n+p}-a_n|<\varepsilon$.

例 4 设数列$\{a_n\}$满足$(c>0)$

$$|a_{n+1}-a_n|\leqslant c\alpha^n\quad(n=1,2,\cdots),\quad 0<\alpha<1,$$

则$\{a_n\}$为 Cauchy 列.

证明 我们有不等式

$$\begin{aligned}|a_{n+p}-a_n|&\leqslant|a_{n+p}-a_{n+p-1}|+|a_{n+p-1}-a_{n+p-2}|+\cdots+|a_{n+1}-a_n|\\&\leqslant c\alpha^{n+p-1}+c\alpha^{n+p-2}+\cdots+c\alpha^n\\&=c\alpha^n(1+\alpha+\alpha^2+\cdots+\alpha^{p-1})\\&<c\frac{\alpha^n}{1-\alpha}\quad(n=1,2,\cdots;p=1,2,\cdots).\end{aligned}$$

因为$0<\alpha<1$,所以有$\frac{\alpha^n}{1-\alpha}\to0(n\to\infty)$.因此,对任给$\varepsilon>0$,存在$N$,$\frac{c\alpha^n}{1-\alpha}<\varepsilon(n>N)$,即当$n>N$时,对任意$p\in\mathbf{N}$,有$|a_{n+p}-a_n|<\varepsilon$.这说明$\{a_n\}$是 Cauchy 列.

现在给出极限理论中(判别极限存在性)最重要的结果.

定理 2.17(Cauchy 收敛准则) 数列$\{a_n\}$为收敛列的充分必要条件是:$\{a_n\}$为

Cauchy 列.

证明 必要性：设$\lim\limits_{n\to\infty}a_n=a$，则对任给 $\varepsilon>0$，存在 N，当 $n>N$ 时，有$|a_n-a|<\frac{\varepsilon}{2}$. 由此知，对任意的正整数 p，当 $n>N$ 时，有

$$|a_{n+p}-a_n|\leqslant|a_{n+p}-a|+|a_n-a|<\varepsilon.$$

充分性：设$\{a_n\}$为 Cauchy 列，则必为有界列. 根据推论 2.3，有收敛子列$\{a_{n_k}\}$，不妨假定 $a_{n_k}\to a(k\to\infty)$. 易知 a 是$\{a_n\}$的极限. 实际上，对任给 $\varepsilon>0$，我们有

存在 N_1，当 $n,m>N_1$ 时，$|a_n-a_m|<\frac{\varepsilon}{2}$；

存在 N_2，当 $k>N_2$ 时，$|a_{n_k}-a|<\frac{\varepsilon}{2}$.

因此，可取 $k'>N_2$，同时使 $n,n_{k'}>N_1$，则得

$$|a_n-a|\leqslant|a_n-a_{n_{k'}}|+|a_{n_{k'}}-a|<\varepsilon,\quad n>N_1.$$

即得所证.

注 Cauchy 收敛准则也称为实数的完备性定理，它也是实数连续地布满实轴的反映. 如果只在有理数系 **Q** 中考察，Cauchy 列就不一定是收敛列了. 例如，有理数数列 $a_{n+1}=\frac{a_n+2/a_n}{2}\to\sqrt{2}(n\to\infty)$，其中 $a_1=1$.

例 5 若$\{a_n\}$满足(A 是正常数)

$$\sum_{k=2}^{n}|a_k-a_{k-1}|<A\quad(n=2,3,\cdots),$$

则$\{a_n\}$是收敛列.

证明 记 $b_n=\sum\limits_{k=2}^{n}|a_k-a_{k-1}|\ (n=2,3,\cdots)$. 显然，$\{b_n\}$是递增有界列，故是收敛列，也是 Cauchy 列. 从而根据不等式

$$|a_{n+p}-a_n|\leqslant\sum_{k=n+1}^{n+p}|a_k-a_{k-1}|=|b_{n+p}-b_n|\quad(p=1,2,\cdots),$$

可知$\{a_n\}$是 Cauchy 列. 根据 Cauchy 收敛准则，知$\{a_n\}$是收敛列.

例 6 设数列$\{a_n\}$满足：对任给 $\varepsilon>0$，存在数 a 以及 N，使得当 $n\geqslant N$ 时有$|a_n-a|<\varepsilon$，则$\{a_n\}$是收敛列.

证明 依题设知，对任给 $\varepsilon>0$，存在数 a 及 N，使得 $n>N,m>N$ 时，有

$$|a_n-a_m|\leqslant|a_n-a|+|a-a_m|<2\varepsilon.$$

这说明$\{a_n\}$是 Cauchy 列，即得所证.

思考练习

1. 试问下述命题是否正确?

(1) $\{a_n\}$是收敛列的充分必要条件是:对任意的正整数 p,有$\lim\limits_{n\to\infty}|a_{n+p}-a_n|=0$.

(2) $\{a_n\}$是收敛列的充分必要条件是

$$\lim_{n\to\infty}\sup_{\substack{k\geqslant n\\ j\geqslant n}}\{|a_k-a_j|\}=0.$$

(3) $\{a_n\}$是 Cauchy 列的充分必要条件是:对任给 $\varepsilon>0$,存在 N,当 $n>N$ 时有 $|a_n-a_N|<\varepsilon$.

2. 设$\{a_n\}$是单调数列,若存在子列$\{a_{n_k}\}$是 Cauchy 列,试证明$\{a_n\}$为 Cauchy 列.

3. 试问是否存在数列$\{a_n\}$,它的全部聚点是$\left\{1,\dfrac{1}{2},\cdots,\dfrac{1}{n},\cdots\right\}$?

4. 设数列$\{a_n\}$满足$|a_n-a_m|>\dfrac{1}{n}$,$n<m$,试证明$\{a_n\}$是无界列.

5. 设$\{a_n\}$是有界数列,试证明存在正整数子列$\{n_k\}$,使得下列极限存在:

$$\lim_{k\to\infty}a_{n_k}=l_1,\qquad \lim_{k\to\infty}a_{n_{k-1}}=l_2.$$

6. 设数列$\{a_n\}$满足 $a_{2n}-2a_n\to0$ 或 $a_{n+1}-a_n\to0(n\to\infty)$,试问$\{a_n\}$是有界列吗?(提示:考察如$\sqrt{n^2+1}$,$\ln n$ 等)

7. 设$|a_n|\leqslant2$,$|a_{n+2}-a_{n+1}|\leqslant\dfrac{|a_{n+1}^2-a_n^2|}{8}(n=1,2,\cdots)$,试证明$\{a_n\}$是收敛列.

8. 设 $0<\lambda<1$,若$\{a_n\}$满足

$$|a_{n+2}-a_{n+1}|\leqslant\lambda|a_{n+1}-a_n|\quad(n=1,2,\cdots),$$

试证明$\{a_n\}$是 Cauchy 列.

9. 试证明$\{a_n\}$是有界列的充分必要条件是:$\{a_n\}$的任一子列$\{a_{n_k}\}$都含收敛子列$\{a_{n_{k_i}}\}$.

2.5　数列的上极限、下极限

2.5.1　数列的上、下极限概念

从极限理论的学习中我们知道,在不确定极限存在的情况下,是不能进行极限运算的. 而为了证明极限的存在性,虽然可以应用 Cauchy 收敛原理. 但在处理具体问题时,也并非易事.

现在,我们再从单调有界的角度再来探求极限存在性问题,并以数列$\{a_n\}$为例. 在这里有以下两点值得注意.

(1) $\{a_n\}$是否有极限,主要决定于尾段数列$\{a_n,a_{n+1},\cdots\}$的性态,若令

$$\overline{a}_n\overset{\text{def}}{=\!=}\sup_{k\geqslant n}\{a_k\},\qquad \underline{a}_n\overset{\text{def}}{=\!=}\inf_{k\geqslant n}\{a_k\},$$

则其尾段的变动范围受 $\overline{a}_n$ 与 $\underline{a}_n$ 所控制.

(2) 虽然$\{a_n\}$不一定单调,但当 n 增大时,$\overline{a}_n$ 随 n 递减,$\underline{a}_n$ 递增,由此可知,

极限

$$\lim_{n\to\infty}\bar{a}_n,\qquad \lim_{n\to\infty}\underline{a}_n$$

在数学意义上是明确的,即前者或为有限值或为$+\infty$(无上界的情形);后者或为有限值或为$-\infty$(无下界的情形).因此,我们称前者为$\{a_n\}$的**上极限**,称后者为$\{a_n\}$的**下极限**,且记为

$$\overline{\lim_{n\to\infty}}a_n\xlongequal{\text{def}}\lim_{n\to\infty}\bar{a}_n=\lim_{n\to\infty}\sup_{k\geqslant n}\{a_k\};$$

$$\underline{\lim_{n\to\infty}}a_n\xlongequal{\text{def}}\lim_{n\to\infty}\underline{a}_n=\lim_{n\to\infty}\inf_{k\geqslant n}\{a_k\}.$$

考虑到递增(减)数列的极限就是它的上(下)确界,因此又可写为

$$\overline{\lim_{n\to\infty}}a_n=\inf_{n\geqslant 1}\sup_{k\geqslant n}\{a_k\},\qquad \underline{\lim_{n\to\infty}}a_n=\sup_{n\geqslant 1}\inf_{k\geqslant n}\{a_k\}.$$

注意,在这里我们认定“$+\infty$”与“$-\infty$”也当作上、下确界,这是为了能统一处理起见.

显然,由不等式

$$\underline{a}_1\leqslant\cdots\leqslant\underline{a}_n\leqslant\underline{a}_{n+1}\leqslant\bar{a}_{n+1}\leqslant\bar{a}_n\leqslant\cdots\leqslant\bar{a}_1$$

立即可知

$$\underline{\lim_{n\to\infty}}a_n\leqslant\overline{\lim_{n\to\infty}}a_n.$$

当然,如果$\{a_n\}$的上极限是$+\infty$,或下极限是$-\infty$,它的极限也就不存在了.

注 若$a_n\leqslant M(n\in\mathbf{N})$,且存在子列$\{a_{n_k}\}$:$a_{n_k}\to a(k\to\infty)$,则$\overline{\lim\limits_{n\to\infty}}a_n=a$.

例1 对数列$a_n=1+(-1)^n(n=1,2,\cdots)$,有

$$\bar{a}_n=\sup\{1+(-1)^n,1+(-1)^{n+1},\cdots\}=2\quad(n=1,2,\cdots).$$

$$\underline{a}_n=\inf\{1+(-1)^n,1+(-1)^{n+1},\cdots\}=0\quad(n=1,2,\cdots).$$

由此可知$\overline{\lim\limits_{n\to\infty}}a_n=2$, $\underline{\lim\limits_{n\to\infty}}a_n=0$.

现在,让我们结合数列在实轴上的位置,来考察上、下极限的几何意义,提高感性认识.在这里,总假定$\{a_n\}$中有无穷多项是互异的.因此,一般来说,一个有界点列$\{a_n\}$在直线上可能有许多聚点,而下述结论说明,上(下)极限是其最大(小)的聚点.

定理2.18 设$\{a_n\}$是有界数列,则$\underline{a}$是其下极限的充分必要条件是:对任给$\varepsilon>0$,我们有

(1) 存在无穷多个指标n,使得$a_n<\underline{a}+\varepsilon$;

(2) 存在N,使得$a_n>\underline{a}-\varepsilon,n>N$.

证明 我们有

$$\underline{a}=\sup_{n\geqslant 1}\underline{a}_n \Leftrightarrow \begin{cases} \underline{a}_n\leqslant \underline{a} \quad (n=1,2,\cdots) \\ \text{存在 } N, \underline{a}_N>\underline{a}-\varepsilon \end{cases}$$

$$\Leftrightarrow \begin{cases} \inf\{a_n,a_{n+1},\cdots\}\leqslant \underline{a} \quad (n=1,2,\cdots) \\ \text{存在 } N, \inf\{a_N,a_{N+1},\cdots\}>\underline{a}-\varepsilon \end{cases}$$

$$\Leftrightarrow \begin{cases} \text{存在}\{n_k\}, a_{n_k}<\underline{a}+\varepsilon \\ \text{存在 } N, \text{当 } n\geqslant N \text{ 时}, a_n>\underline{a}-\varepsilon \end{cases}.$$

注 定理2.18说明,对于有界互异数列$\{a_n\}$的下极限$\underline{a}$,首先,必有无穷多项a_n满足$\underline{a}-\varepsilon<a_n<\underline{a}+\varepsilon$. 由$\varepsilon$的任意性可知,$\underline{a}$是$\{a_n\}$的一个聚点. 其次,对于任一实数$b$:$b<\underline{a}$,$b$不能是$\{a_n\}$的聚点. 是因为由上述定理之(2)可知,取$\varepsilon=\dfrac{\underline{a}-b}{2}$,则存在$N$,当$n>N$时,有

$$a_n>\underline{a}-\frac{\underline{a}-b}{2}=\frac{\underline{a}+b}{2}>b+\varepsilon.$$

这就是说,在点$x=b$的附近至多有$\{a_n\}$中的有限个点,即$x=b$不是$\{a_n\}$的聚点,所以$\underline{a}$是$\{a_n\}$的最小聚点. 此外,必存在子列$\{a_{n_k}\}$:$a_{n_k}\to\underline{a}(k\to\infty)$.

推论 2.4 设$\{a_n\}$是有界列.

(1)对于$\alpha\in(-\infty,\infty)$,若存在$N$,当$n>N$时有$a_n>\alpha$,则$\varliminf\limits_{n\to\infty}a_n\geqslant\alpha$.

(2)对于$\alpha\in(-\infty,\infty)$,若存在无穷多个指标$n$,使得$a_n<\alpha$,则$\varliminf\limits_{n\to\infty}a_n\leqslant\alpha$.

关于上极限,类似地有下列结论.

定理 2.19 设$\{a_n\}$是有界数列,$\bar{a}=\varlimsup\limits_{n\to\infty}a_n$的充分必要条件是:对任给的$\varepsilon>0$,

(1) 存在无穷多个指标n,使得$a_n>\bar{a}-\varepsilon$;

(2) 存在N,使得$a_n<\bar{a}+\varepsilon,n>N$.

推论 2.5 设$\{a_n\}$是有界数列.

(1) 对于$\alpha\in(-\infty,\infty)$,若存在$N$,当$n>N$时有$a_n<\alpha$,则$\varlimsup\limits_{n\to\infty}a_n\leqslant\alpha$;

(2) 对于$\alpha\in(-\infty,\infty)$,若存在无穷多个指标$n$,使得$a_n>\alpha$,则$\varlimsup\limits_{n\to\infty}a_n\geqslant\alpha$.

可以阐明上极限是有界互异数列的最大聚点,且存在$a_{n_k}\to\bar{a}(k\to\infty)$.

例 2 设$a_1=\dfrac{1}{3}$,$a_{2n}=\dfrac{a_{2n-1}}{3}$,$a_{2n+1}=a_{2n}+\dfrac{1}{3}(n=1,2,\cdots)$,则$\varliminf\limits_{n\to\infty}a_n=\dfrac{1}{6}$,$\varlimsup\limits_{n\to\infty}a_n=\dfrac{1}{2}$.

证明 (1) 易知 $a_2=\dfrac{\frac{1}{3}}{3}, a_3=\sum\limits_{k=0}^{1}\dfrac{\frac{1}{3^k}}{3}$.

现在假设 $a_{2n+1}=\sum\limits_{k=0}^{n}\dfrac{\frac{1}{3^k}}{3}$，则有

$$a_{2(n+1)+1}=\frac{a_{2n+1}}{3}+\frac{1}{3}=\frac{1}{3}\sum_{k=1}^{n+1}\frac{1}{3^k}+\frac{1}{3}=\sum_{k=0}^{n+1}\frac{\frac{1}{3^k}}{3}.$$

根据归纳法可知，对一切 n，有 $a_{2n+1}=\sum\limits_{k=0}^{n}\dfrac{\frac{1}{3^k}}{3}$.

同理可推 $a_{2n}=\sum\limits_{k=0}^{n-1}\dfrac{\frac{1}{3^k}}{3^2}$. 由此即得

$$a_{2n}\to\frac{1}{6},\quad a_{2n+1}\to\frac{1}{2}\ (n\to\infty).$$

(2)对任一不等于 $\frac{1}{2}$ 和 $\frac{1}{6}$ 的数 a 都不可能是 $\{a_n\}$ 的聚点. 事实上，取 $\varepsilon>0$，使得

$$(a-\varepsilon,a+\varepsilon)\cap\left(\frac{1}{6}-\varepsilon,\frac{1}{6}+\varepsilon\right)=\varnothing=(a-\varepsilon,a+\varepsilon)\cap\left(\frac{1}{2}-\varepsilon,\frac{1}{2}+\varepsilon\right).$$

注意到存在 N，使得当 $n\geqslant N$ 时有

$$a_{2n}\in\left(\frac{1}{6}-\varepsilon,\frac{1}{6}+\varepsilon\right),\quad a_{2n+1}\in\left(\frac{1}{2}-\varepsilon,\frac{1}{2}+\varepsilon\right).$$

因此，当 $n\geqslant N$ 时，有 $|a_n-a|\geqslant\varepsilon$. 这说明数列 $\{a_n\}$ 只有两个聚点，即得所证.

例 3 设递增数列 $\{a_n\}$ 满足 $(\alpha>0)$

$$a_n=o(n^\alpha)\quad(n\to\infty),$$

则 $\overline{\lim\limits_{n\to\infty}}a_n/a_{n+1}=1$.

证明 记 $\lambda>1$，如果 $\overline{\lim\limits_{n\to\infty}}\dfrac{a_n}{a_{n+1}}<\dfrac{1}{\lambda}$，则存在 n_0，使得 $a_{n+1}\geqslant\lambda a_n\,(n\geqslant n_0)$，从而有

$$a_n\geqslant a_{n_0}\lambda^{n-n_0}\quad(n\geqslant n_0).$$

这与 $a_n=o(n^\alpha)\,(n\to\infty)$ 矛盾，注意到该极限不能大于 1，即可得证.

定理 2.20 有界数列 $\{a_n\}$ 收敛到 a 的充分必要条件是

$$\overline{\lim_{n\to\infty}}a_n=\underline{\lim_{n\to\infty}}a_n=a. \qquad ①$$

证明 必要性：若 $\{a_n\}$ 收敛到 a，不妨假定为 $\{a_n\}$ 为互异点列，则点 $x=a$ 是它的唯一聚点. 从而其最大聚点就是最小聚点，也就是 $x=a$. 即式①成立.

充分性：若式①成立，这说明$\{a_n\}$有唯一的聚点，则$\{a_n\}$为收敛列.

综上所述，判断有界数列是否存在极限，只需看其上、下极限是否相等. 而上、下极限总是有意义的，这为应用运算性质求极限提供了方便. 如果掌握了它的运算规律，那么我们又有了一种探求极限的新方法.

思 考 练 习

1. 设 $a_n=(-1)^n\left(1+\frac{1}{n}\right)^n+\sin\left(\frac{n\pi}{4}\right)(n=1,2,\cdots)$，试求$\overline{\lim_{n\to\infty}}a_n$，$\underline{\lim_{n\to\infty}}a_n$.
2. 设 $a_{2n-1}=1, a_{2n}=-2(n=1,2,\cdots)$，试求$\overline{\lim_{n\to\infty}}(a_n\cdot a_{n+1})$，$\overline{\lim_{n\to\infty}}a_n\cdot\overline{\lim_{n\to\infty}}a_{n+1}$.
3. 设$\{a_n\}$，$\{b_n\}$是有界列，试证明
$$\overline{\lim_{n\to\infty}}\max\{a_n,b_n\}=\max\{\overline{\lim_{n\to\infty}}a_n,\overline{\lim_{n\to\infty}}b_n\}.$$
4. 设$\{a_n\}$是有界正数列，且不收敛于 0，试证明$\overline{\lim_{n\to\infty}}\sqrt[n]{a_n}=1$.
5. 设 $a_n>0(n=1,2,\cdots)$，且$\overline{\lim_{n\to\infty}}\sqrt[n]{a_n}=1$，记 $S_n=\sum_{i=1}^{n}a_i$，试证明$\overline{\lim_{n\to\infty}}\sqrt[n]{S_n}=1$.
6. 设$\{a_n\}$是递增列. 若有
$$\lim_{n\to\infty}\sum_{k=1}^{n}\frac{a_k}{n}=a,$$
试证明 $a_n\to a(n\to\infty)$. $\left(提示：\sum_{k=1}^{n}\frac{a_k}{n}\leqslant a_n；又由\sum_{k=1}^{m}\frac{a_k}{m}\geqslant\sum_{k=1}^{n}\frac{a_k}{m}+(m-n)\frac{a_n}{m}(m>n)可知，a\geqslant a_n\right)$
7. 设$\{a_n\}$是正数列，且有$\overline{\lim_{n\to\infty}}a_{n+1}/a_n<1$，试证明 $a_n\to 0(n\to\infty)$.
8. 设 $a_n\to 0(n\to\infty)$，作 $S_n=a_1+a_2+\cdots+a_n$. 试问$\{S_n\}$是否能有两个不同的极限点.（否!）

2.5.2　数列上、下极限的运算公式

2.5.1 小节指出，为了证明有界数列是收敛列，只需说明其上、下极限相等. 注意到其上、下极限总是存在的，我们也就可以在数列$\{a_n\}$所满足的关系式中进行上、下极限运算. 不难预见，掌握上、下极限运算的性质，将对上、下极限值大小的估算有着重要意义. 以下总假定数列是有界的.

定理 2.21（保序性）　若数列$\{a_n\}$，$\{b_n\}$满足 $a_n\leqslant b_n(n=1,2,\cdots)$，则
$$\underline{\lim_{n\to\infty}}a_n\leqslant\underline{\lim_{n\to\infty}}b_n；\quad\overline{\lim_{n\to\infty}}a_n\leqslant\overline{\lim_{n\to\infty}}b_n.$$

证明略.

定理 2.22　对于数列$\{a_n\}$，我们有
$$\overline{\lim_{n\to\infty}}(-a_n)=-\underline{\lim_{n\to\infty}}a_n；\quad\underline{\lim_{n\to\infty}}(-a_n)=-\overline{\lim_{n\to\infty}}a_n.$$

定理 2.23 对数列$\{a_n\}$,$\{b_n\}$,我们有

(1)$\underline{\lim\limits_{n\to\infty}}a_n+\underline{\lim\limits_{n\to\infty}}b_n\leqslant\underline{\lim\limits_{n\to\infty}}(a_n+b_n)$;

(2)$\underline{\lim\limits_{n\to\infty}}(a_n+b_n)\leqslant\underline{\lim\limits_{n\to\infty}}a_n+\overline{\lim\limits_{n\to\infty}}b_n$;

(3)$\underline{\lim\limits_{n\to\infty}}a_n+\overline{\lim\limits_{n\to\infty}}b_n\leqslant\overline{\lim\limits_{n\to\infty}}(a_n+b_n)$;

(4)$\overline{\lim\limits_{n\to\infty}}(a_n+b_n)\leqslant\overline{\lim\limits_{n\to\infty}}a_n+\overline{\lim\limits_{n\to\infty}}b_n$.

证明 仅以(1)以及(3)为例,并记$\underline{\lim\limits_{n\to\infty}}a_n=\underline{a}$,$\underline{\lim\limits_{n\to\infty}}b_n=\underline{b}$,$\overline{\lim\limits_{n\to\infty}}b_n=\bar{b}$.

(1)对任给的$\varepsilon>0$,存在N_1,N_2,使得$a_n>\underline{a}-\frac{\varepsilon}{2}$,$n>N_1$;$b_n>\underline{b}-\frac{\varepsilon}{2}$,$n>N_2$.

记$N=\max\{N_1,N_2\}$,则$a_n+b_n>\underline{a}+\underline{b}-\varepsilon(n>N)$.由此可知$\underline{a}+\underline{b}-\varepsilon\leqslant\inf\limits_{n>N}\{a_n+b_n\}\leqslant\sup\limits_{N}\inf\limits_{n>N}\{a_n+b_n\}=\underline{\lim\limits_{n\to\infty}}(a_n+b_n)$.由$\varepsilon$的任意性即得所证.

(3)对任给$\varepsilon>0$,存在N,使得$a_n>\underline{a}-\frac{\varepsilon}{2}(n>N)$.又存在$\{n_k\}$,使得$b_{n_k}>\bar{b}-\frac{\varepsilon}{2}(k=1,2,\cdots)$.从而有$a_{n_k}+b_{n_k}>\underline{a}+\bar{b}-\varepsilon(n_k>N)$.由此得任取$N_1$,$\sup\limits_{n\geqslant N_1}\{a_n+b_n\}>\underline{a}+\bar{b}-\varepsilon$.因此$\underline{a}+\bar{b}-\varepsilon\leqslant\overline{\lim\limits_{n\to\infty}}(a_n+b_n)$.由$\varepsilon$的任意性即得所证.

推论 2.6 对数列$\{a_n\}$,$\{b_n\}$,我们有

$$\begin{aligned}\underline{\lim_{n\to\infty}}a_n-\overline{\lim_{n\to\infty}}b_n&\leqslant\underline{\lim_{n\to\infty}}(a_n-b_n)\\&\leqslant\begin{Bmatrix}\underline{\lim\limits_{n\to\infty}}a_n-\underline{\lim\limits_{n\to\infty}}b_n\\\overline{\lim\limits_{n\to\infty}}a_n-\overline{\lim\limits_{n\to\infty}}b_n\end{Bmatrix}\leqslant\overline{\lim_{n\to\infty}}(a_n-b_n)\leqslant\overline{\lim_{n\to\infty}}a_n-\underline{\lim_{n\to\infty}}b_n.\end{aligned}$$

定理 2.24 设$\{a_n\}$,$\{b_n\}$是非负数列,则

(1)$\underline{\lim\limits_{n\to\infty}}a_n\cdot\underline{\lim\limits_{n\to\infty}}b_n\leqslant\underline{\lim\limits_{n\to\infty}}(a_n\cdot b_n)$;

(2)$\underline{\lim\limits_{n\to\infty}}(a_nb_n)\leqslant\underline{\lim\limits_{n\to\infty}}a_n\cdot\overline{\lim\limits_{n\to\infty}}b_n$;

(3)$\underline{\lim\limits_{n\to\infty}}a_n\cdot\overline{\lim\limits_{n\to\infty}}b_n\leqslant\overline{\lim\limits_{n\to\infty}}(a_nb_n)$;

(4)$\overline{\lim\limits_{n\to\infty}}(a_nb_n)\leqslant\overline{\lim\limits_{n\to\infty}}a_n\cdot\overline{\lim\limits_{n\to\infty}}b_n$.

证明 $\underline{\lim\limits_{n\to\infty}}a_n=\underline{a}$,$\underline{\lim\limits_{n\to\infty}}b_n=\underline{b}$,$\overline{\lim\limits_{n\to\infty}}b_n=\bar{b}$,以(1),(3)为例.

(1) 若$\underline{a}=0$或$\underline{b}=0$,则结论显然.现在假定$\underline{a}>0$,$\underline{b}>0$,则对任给的$\varepsilon>0$($\varepsilon<2\underline{a}\underline{b}$),存在$N_1,N_2$,使得

$$a_n>\underline{a}-\frac{\varepsilon}{2\underline{b}},\quad n>N_1;\quad b_n>\underline{b}-\frac{\varepsilon}{2\underline{a}},\quad n>N_2.$$

令 $N=\max\{N_1,N_2\}$，则当 $n>N$ 时，我们有

$$a_nb_n>\left(\underline{a}-\frac{\varepsilon}{2\underline{b}}\right)\left(\underline{b}-\frac{\varepsilon}{2\underline{a}}\right)=\underline{a}\underline{b}-\varepsilon+\frac{\varepsilon^2}{4\underline{a}\underline{b}}>\underline{a}\underline{b}-\varepsilon.$$

这说明 $\varliminf\limits_{n\to\infty}(a_n\cdot b_n)\geqslant\underline{a}\cdot\underline{b}-\varepsilon$. 由 ε 的任意性即得所证.

(3) 仍然假定 $\underline{a}>0,\bar{b}>0$，则对任给 $\varepsilon>0(\varepsilon<2\underline{a}\underline{b})$，存在 N，使得 $a_n>\underline{a}-\dfrac{\varepsilon}{2\underline{b}}(n>N)$. 又存在 $\{n_k\}$，$b_{n_k}>\bar{b}-\dfrac{\varepsilon}{2\underline{a}}$. 故又有 $a_{n_k}\cdot b_{n_k}>\underline{a}\cdot\bar{b}-\varepsilon(n_k>N)$. 由此可知 $\varlimsup\limits_{n\to\infty}(a_n\cdot b_n)\geqslant\underline{a}\cdot\bar{b}$.

推论 2.7 设 $a_n\to a(n\to\infty)$，则对数列 $\{b_n\}$ 有

(1) $\varlimsup\limits_{n\to\infty}(a_n+b_n)=a+\varlimsup\limits_{n\to\infty}b_n$；$\varliminf\limits_{n\to\infty}(a_n+b_n)=a+\varliminf\limits_{n\to\infty}b_n$；

(2) $\varlimsup\limits_{n\to\infty}a_nb_n=a\varlimsup\limits_{n\to\infty}b_n$；$\varliminf\limits_{n\to\infty}a_nb_n=a\varliminf\limits_{n\to\infty}b_n(a_n>0,b_n>0)$；

定理 2.25 设 $\{a_n\}$ 是正数列.

(1) 若 $\varlimsup\limits_{n\to\infty}a_n>0$，则 $\varliminf\limits_{n\to\infty}\dfrac{1}{a_n}=\dfrac{1}{\varlimsup\limits_{n\to\infty}a_n}$.

(2) 若 $\varliminf\limits_{n\to\infty}a_n>0$，则 $\varlimsup\limits_{n\to\infty}\dfrac{1}{a_n}=\dfrac{1}{\varliminf\limits_{n\to\infty}a_n}$.

证明 (1) 注意 $1=\varlimsup\limits_{n\to\infty}\left(\dfrac{1}{a_n}a_n\right)\geqslant\left(\varliminf\limits_{n\to\infty}\dfrac{1}{a_n}\right)\left(\varlimsup\limits_{n\to\infty}a_n\right)$，就有 $\varliminf\limits_{n\to\infty}\dfrac{1}{a_n}\leqslant\dfrac{1}{\varlimsup\limits_{n\to\infty}a_n}$；注意 $\varliminf\limits_{n\to\infty}\left(\dfrac{1}{a_n}\cdot a_n\right)\leqslant\left(\varliminf\limits_{n\to\infty}\dfrac{1}{a_n}\right)\left(\varlimsup\limits_{n\to\infty}a_n\right)$，又有 $\varliminf\limits_{n\to\infty}\dfrac{1}{a_n}\geqslant\dfrac{1}{\varlimsup\limits_{n\to\infty}a_n}$，即得所证.

(2) 证明略.

推论 2.8 设数列 $\{a_n\}$，$\{b_n\}$ 满足 $a_n\geqslant0,b_n>0(n\in\mathbf{N}^*)$

(1) 若 $\varlimsup\limits_{n\to\infty}b_n>0$，则 $\varliminf\limits_{n\to\infty}\dfrac{a_n}{b_n}\geqslant\dfrac{\varliminf\limits_{n\to\infty}a_n}{\varlimsup\limits_{n\to\infty}b_n}$；

(2) 若 $\varliminf\limits_{n\to\infty}b_n>0$，则 $\varlimsup\limits_{n\to\infty}\dfrac{a_n}{b_n}\leqslant\dfrac{\varlimsup\limits_{n\to\infty}a_n}{\varliminf\limits_{n\to\infty}b_n}$.

现在，我们来举例说明如何用上、下极限的方法判别数列的敛散性. 这里给出的数列所满足的关系式都呈现出非线性或不等式型. 不难看出，若用其他方法来求解，不是复杂化就是不可能. 为陈述简便起见，采用记号 $\bar{a}=\varlimsup\limits_{n\to\infty}a_n$，$\underline{a}=\varliminf\limits_{n\to\infty}a_n$，其他类似.

例 1 设 $A,B>0,a_1>0$,定义数列

$$a_{n+1}=\frac{A}{a_n}+B \quad (n=1,2,\cdots), \tag{①}$$

试论 $\{a_n\}$ 的敛散性.

解 (1)易知 $B<a_n<\frac{A}{B}+B(n=3,4,\cdots)$,$\{a_n\}$ 是有界列.

(2) 在式①两端取上极限和下极限,则

$$\bar{a}=\frac{A}{\underline{a}}+B; \quad \underline{a}=\frac{A}{\bar{a}}+B.$$

由此可知 $B\underline{a}+A=B\bar{a}+A$,即 $\bar{a}=\underline{a}$. 这说明 $\{a_n\}$ 是收敛列. 若令 $a_n\to a(n\to\infty)$,则易知 $a=\frac{B+\sqrt{B^2+4A}}{2}$.

例 2 设 $\{a_n\}$ 是收敛正数列,$b_1>0$,且

$$b_{n+1}=\sqrt{a_n+b_n} \quad (n=1,2,\cdots), \tag{②}$$

则 $\{b_n\}$ 是收敛列.

证明 (1) 不妨设 $M>2$,使得 $b_1<M$,且 $0<a_n<M(n=1,2,\cdots)$,易知 $b_2<\sqrt{2M}<M$. 根据归纳法可得 $0<b_n<M(n=1,2,\cdots)$,故 $\{b_n\}$ 是有界列.

(2) 化式②为 $a_n=b_{n+1}^2-b_n$,且在两端取上极限和下极限,我们有(考虑到 $a_n>0$)

$$0\leqslant\overline{b^2}-\bar{b}\leqslant\varlimsup_{n\to\infty}(b_{n+1}^2-b_n)=\lim_{n\to\infty}a_n=\varliminf_{n\to\infty}(b_{n+1}^2-b_n)\leqslant\underline{b}^2-\underline{b}.$$

由此可知 $\bar{b}\leqslant\underline{b}$(利用本节思考练习第 4 题的结论),这说明 $\bar{b}=\underline{b}$.

例 3 设 $\lambda>0,a_n=\sum_{k=0}^{n-1}\left(1-\frac{k-\lambda}{n}\right)^n(n=1,2,\cdots)$,则

$$a_n\to e^{\lambda+1}/(e-1) \quad (n\to\infty).$$

证明 (1)易知 $b_n=\left(1-\frac{k-\lambda}{n}\right)^n$ 随 n 增大而递增,且 $b_n\to e^{\lambda-k}(n\to\infty)$(参阅前面关于 e 的论述). 从而有

$$a_n\leqslant\sum_{k=0}^{n-1}e^{\lambda-k}=e^{\lambda}\sum_{k=0}^{n-1}e^{-k}\leqslant\frac{e^{\lambda+1}}{e-1}.$$

由此可知 $\varlimsup_{n\to\infty}a_n\leqslant\frac{e^{\lambda+1}}{e-1}$.

(2) 任取 N,由 $a_n\geqslant\sum_{k=0}^{N}\left(1-\frac{k-\lambda}{n}\right)^n(n>N)$,可知

$$\varliminf_{n\to\infty}a_n\geqslant\sum_{k=0}^{N}\varliminf_{n\to\infty}\left(1-\frac{k-\lambda}{n}\right)^n=\sum_{k=0}^{N}e^{\lambda-k}=e^{\lambda+1}\frac{1-e^{-(N+1)}}{e-1}.$$

令 $N\to+\infty$,又得 $\underline{\lim}_{n\to\infty}a_n\geqslant\frac{e^{\lambda+1}}{e-1}$.

由(1)和(2)即得所证.

例 4 设 $a_1>0,a_2>0,a_{n+2}=\frac{2}{a_n+a_{n+1}}(n=1,2,\cdots)$,则 $a_n\to1(n\to\infty)$.

(1) $\{a_n\}$是有界列,这是因为存在 $\varepsilon>0$,使得 a_1 与 a_2 位于$\frac{1}{\varepsilon}$与 ε 之间,所以$\frac{a_1+a_2}{2}$也位于$\frac{1}{\varepsilon}$与 ε 之间,即 a_3 位于$\frac{1}{\varepsilon}$与 ε 之间. 由此不难证得,当 a_{n-1} 与 a_n 在$\frac{1}{\varepsilon}$与 ε 之间,则 a_{n+1} 就在$\frac{1}{\varepsilon}$与 ε 之间. 所以,$\{a_n\}$在$\frac{1}{\varepsilon}$与 ε 之间.

(2) 在递推公式的两端取上极限、下极限,则

$$\bar{a}\leqslant\frac{2}{2\underline{a}},\quad \underline{a}\geqslant\frac{2}{2\bar{a}};\quad \bar{a}\,\underline{a}=1.$$

(3)根据上极限的理论可知,存在正整数子列$\{n_k\}$,使得$\{a_{n_k+2}\}$收敛于 $\bar{a}$,同时(用抽收敛子列法)可使得

$$\lim_{k\to\infty}a_{n_k+1}=l_1;\quad \lim_{k\to\infty}a_{n_k}=l_2;\quad \lim_{k\to\infty}a_{n_k-1}=l_3.$$

于是由等式

$$a_{n_k+1}+a_{n_k}=\frac{2}{a_{n_k+2}},\quad a_{n_k}+a_{n_k-1}=\frac{2}{a_{n_k+1}},$$

可推得

$$l_1+l_2=\frac{2}{\bar{a}},\quad l_2+l_3=\frac{2}{l_1}.$$

注意到 $\underline{a}\leqslant l_1,l_2,l_3\leqslant\bar{a}$,我们有 $l_1=l_2=\underline{a},l_2=l_3=\bar{a}$.

这说明$\{a_n\}$是收敛列,若令其极限为 a,则从等式 $a_{n+2}=\frac{2}{a_n+a_{n+1}}$中立即得出 $a=1$.

思 考 练 习

1. 设有有界数列$\{a_n\}$,若对任意的数列$\{b_n\}$,都有$\overline{\lim}_{n\to\infty}(a_n+b_n)=\overline{\lim}_{n\to\infty}a_n+\overline{\lim}_{n\to\infty}b_n$,试证明$\{a_n\}$是收敛列.

2. 设$\{a_n\}$是有界正数列,若对任意的数列$\{b_n\}$,都有$\overline{\lim}_{n\to\infty}(a_nb_n)=\overline{\lim}_{n\to\infty}a_n\cdot\overline{\lim}_{n\to\infty}b_n$,试证明$\{a_n\}$是收敛列.

3. 设$|a_1|\leqslant2,a_{n+1}=\sqrt{2-a_n}(n=1,2,\cdots)$,试证明 $a_n\to1(n\to\infty)$.

4. 设$\{a_n\}$是正数列,$\overline{\lim}_{n\to\infty}a_n=\bar{a}$,$\underline{\lim}_{n\to\infty}a_n=\underline{a}$,试证明$\overline{\lim}_{n\to\infty}a_n^2=\bar{a}^2$,$\underline{\lim}_{n\to\infty}a_n^2=\underline{a}^2$;$\overline{\lim}_{n\to\infty}\sqrt{a_n}=\sqrt{\bar{a}}$,

$\lim\limits_{n\to\infty}\sqrt{a_n}=\sqrt{a}$.

5. 设 $a_1>0,a_2>0,a_{n+2}=\sqrt{a_{n+1}}+\sqrt{a_n}(n=1,2,\cdots)$，试证明$\{a_n\}$是收敛列.（提示：设 a_1，$a_2\leqslant M,M\geqslant 4$）

6. 设 $a_n>0(n=1,2,\cdots)$. 若$\left(a_n+\dfrac{1}{a_n}\right)\to 2(n\to\infty)$，试证明 $a_n\to 1(n\to\infty)$.

7. 设 $a_1>0,a_2>0,p>0,q>0,p+q=2,a_{n+2}=\dfrac{2}{pa_n+qa_{n+1}}(n=1,2,\cdots)$，试证明$\{a_n\}$收敛.

8. 设 $0<\alpha\leqslant 1,a_1=\dfrac{\alpha}{2},a_{n+1}=\dfrac{\alpha}{2}-\dfrac{a_n^2}{2}(n=1,2,\cdots)$，试论$\{a_n\}$的敛散性.

9. 设 $a_1,a_2,a_3>0,a_{n+3}=\dfrac{3}{a_n+a_{n+1}+a_{n+2}}(n=1,2,\cdots)$，试论$\{a_n\}$的敛散性.

10. 设 $a_{n+2}\leqslant pa_n+(1-p)a_{n+1}(n=1,2,\cdots),0<p<1$，试论$\{a_n\}$的敛散性.

2.6 函数极限

2.6.1 函数的有界性概念

第1章曾经从定义域整体的角度的几何图形特征对函数加以分类描述，现在我们要从函数值局部变动和无限伸展的性态来考察函数的特征.

定义 2.11 对于定义在 $X\subset(-\infty,\infty)$上的函数 $y=f(x)$：

(1) 若存在实数 M，使得 $f(x)\leqslant M,x\in X$，则称 $f(x)$在 X 上是**上方有界的（函数）**，M 称为 $f(x)$在 X 上的**上界**.

(2) 若存在实数 m，使得 $f(x)\geqslant m,x\in X$，则称 $f(x)$在 X 上是**下方有界的（函数）**，m 称为 $f(x)$在 X 上的**下界**.

(3) 若存在正实数 M，有$|f(x)|\leqslant M,x\in X$（即 $R(f)$是有界集），则称 $f(x)$在 X 上是**有界的**，M 称为 $f(x)$在 X 上的**界**.

例 1 $y=\sin\dfrac{1}{x}$在$(0,1)$上是有界的，1 就是它的一个界；$y=\dfrac{1}{x}$在$(0,1)$上是有下界的，$\dfrac{1}{2}$是其下界之一；$y=-\dfrac{1}{x}$在$(0,1)$上是有上界的，-1 是它的一个上界.

例 2 函数 $f(x)=ax^2=bx+c$ 当 $a>0(a<0)$时在$(-\infty,\infty)$上是有下（上）界的.

证明 把函数写成 $ax^2+bx+c=a\left(x+\dfrac{b}{2a}\right)^2+\dfrac{4ac-b^2}{4a}$，立即可知，当 $a>0$ 时，有

$$ax^2+bx+c\geqslant\frac{4ac-b^2}{4a},$$

即$\frac{4ac-b^2}{4a}$是$f(x)$的一个下界. 当$a<0$时,有

$$ax^2+bx+c\leqslant\frac{4ac-b^2}{4a},$$

即$\frac{4ac-b^2}{4a}$是$f(x)$的一个上界.

显然,函数有界与同时有上、下界是一个意思. 从几何上看,界为M的有界函数$y=f(x)$的图形位于直线$y=M$与$y=-M$之间.

注　函数的有界性是对它的所有函数值的整体而言的. 说“$f(x)$在点x_0处是有界的”这话是没有什么意义的. 因为它只有一个值$f(x_0)$,且是一个有限值. 我们要分清有限与有界两者的差异. 例如,$y=\frac{1}{x}$在$(0,1)$中每个点上的函数值都是有限值,而在$(0,1)$上此函数不是有界的.

不是有界的函数称为无界函数,无界是有界的否定. 因此,为了得到函数无界的正面明确陈述,只要将定义有界的语句在数学含义上给予否定即可得出.

设$f(x)$是定义在X上的函数. 若对任意的正数M(否定存在M),存在$x'\in X$(否定任意的$x\in X$),有

$$|f(x')|>M\quad(\text{否定}\ |f(x)|\leqslant M, x\in X),$$

则说$f(x)$在X上是**无界**的.

例 3　函数$y=\frac{1}{x}$在$(0,1)$上是**无界**的.

证明　对任给的M,不妨设$M\geqslant1$(为什么?),取$x'=\frac{1}{2M}\in(0,1)$,则有

$$|f(x')|=2M>M.$$

由于正整数可以取到“任意大”的正数值,故有时为方便起见,函数$f(x)$在X上无界还有如下的等价的判别原则:任给正整数n,存在$x_n\in X$,使得$|f(x_n)|>n$.

通俗地说,函数无界是指它的绝对值可以选出超过任意大的值. 在许多情形下,这种任意大的值都往往在某个点的附近取到,此时我们也称函数在该点附近无界. 例如,例 3 中的$f(x)=\frac{1}{x}$,它是在点$x=0$附近无界的.

***例 4**　设$f(x)=a_0x^m+a_1x^{m-1}+\cdots+a_m\ (a_0>0)$,试求$M>0$,使得$f(x)>a_0x^m/2\ (x\geqslant M)$.

解　设$M=1+2a_0^{-1}(|a_1|+|a_2|+\cdots+|a_m|)$,则当$x\geqslant M$时,我们有

$$\begin{aligned}f(x)&=a_0x^m\{1+a_0^{-1}x^{-1}(a_1+a_2x^{-1}+\cdots+a_mx^{1-m})\}\\&\geqslant a_0x^m\{1-a_0^{-1}x^{-1}(|a_1|+|a_2|+\cdots+|a_m|)\}\\&\geqslant\frac{1}{2}a_0x^m.\end{aligned}$$

例 5 设 $f(x)$定义在$(-\infty,\infty)$上,且有

$$f(x_1+x_2)=f(x_1)+f(x_2),\quad x_1,x_1\in(-\infty,\infty).$$

若 $f(x)$在某点 x_0 的邻域 $U_\delta(x_0)$上有界,则 $f(x)$在任一点 $x\in(-\infty,\infty)$的邻域 $U_\delta(x)$上有界.

证明 依题设不妨假定

$$|f(x')|\leqslant M,\quad x'\in(x_0-\delta,x_0+\delta)=U_\delta(x_0).$$

现在考察$(-\infty,\infty)$中任意取定点 x,对于任意的 $x''\in(x-\delta,x+\delta)$,令 $x'''=x''-(x-x_0)$,则由 $x'''-x_0=x''-x$ 可知$|x'''-x_0|<\delta$. 从而得到$|f(x''')|\leqslant M$. 由于我们有

$$\begin{aligned}|f(x'')|&=|f(x'''+(x-x_0))|=|f(x''')+f(x-x_0)|\\&\leqslant|f(x''')|+|f(x-x_0)|\\&\leqslant|f(x''')|+|f(x)-f(x_0)|\\&\leqslant|f(x''')|+|f(x)|+|f(x_0)|\\&\leqslant 2M+|f(x)|,\end{aligned}$$

这里的 x''是点 x 的邻域$(x-\delta,x+\delta)$中任意一点,故由不等式

$$|f(x'')|\leqslant 2M+|f(x)|,$$

说明此函数在点 x 的邻域 $U_\delta(x)$中有界.

例 6 设 $f(x)$是$[a,b]$上的上凸或(下)凸函数,则 $f(x)$是$[a,b]$上的有界函数.

证明 不妨设 $f(x)$是(下)凸函数. 若 $f(x)$在$[a,b]$上单调,则显然有界. 否则,根据 2.2.2 小节中的例可知,$[a,b]$可分为两个或三个区间的并,$f(x)$在每个区间上均单调. 即得所证.

例 7 设定义在$(-\infty,\infty)$上的 $f(x)$有上界,且满足

$$f(x+y)=f(x)f(y),\qquad f(x_0)\neq 0\quad(-\infty<x_0<\infty),$$

则 $f(x)\equiv 1$.

证明 由 $f(x_0+0)=f(x_0)f(0)$,可知 $f(0)=1$. 又由 $f(x)=f^2(x/2)$可知 $f(x)\geqslant 0$. 因为 $f(x_0)=f(x_0-x)f(x)$,所以 $f(x)>0(-\infty<x<\infty)$.

若有 $f(x_1)=a>1$,则 $f(x_1^n)=a^n$. 这与 f 有上界矛盾. 此外,若有 $f(x_1)<1$,又可推知 $f(1/x_1)>1$,也导致矛盾.

思考练习

1. 若 $f(x)$在(a,b)内的任一闭区间上均有界,试问 $f(x)$在(a,b)上有界吗?

2. 在$(0,1)$上定义函数

$$f(x)=\begin{cases}0, & x\text{ 是无理数},\\ m, & x=\dfrac{n}{m}\ (n,m\text{ 为互素正整数}),\end{cases}$$

试证明 $f(x)$在(0,1)内任一子区间上都无界.

3. 试证明本小节例 5 中的函数 $f(x)$在任一区间(a,b)上皆有界.

4. 设正数列$\{a_n\}$满足 $a_n^2\leqslant a_n-a_{n+1}$ $(n=1,2,\cdots)$，试证明 $a_n<\frac{1}{n}$ $(n=2,3,\cdots)$. $\left(\text{提示：}f(x)=x-x^2\text{在}\left(0,\frac{1}{2}\right)\text{上递增}\right)$

5. 设 $f(x)$在$[a,b]$上无界，试证明存在 $x_0\in[a,b]$，使得对于任意的 $\delta>0$，$f(x)$在$(x_0-\delta,x_0+\delta)\cap[a,b]$上无界.

2.6.2　函数的极限概念

函数 $y=f(x)$的定义只是涉及数与数之间的一般的对应关系，这是一种静止的情形，并没有给予函数值之间的动态关系以任何约定，远不能反映许多客观事物和现象的运动、变化状态中所具有的丰富内涵. 为此，我们必须进一步运用各种手段来揭示函数的动态属性，而其中最根本的方法就是让其值变动，并考察其变动趋势. 与数列极限是整序变量的趋势不同，函数极限涉及连续变量，从而要讨论两种不同情形：局部与无限伸展的变动.

1. 函数在点 x_0 处的极限

定义 2.12　设函数 $f(x)$在 $U_0(x_0)$上有定义，A 是一个常数. 若对任给 $\varepsilon>0$，存在 $\delta>0$，使得

$$|f(x)-A|<\varepsilon,\quad 0<|x-x_0|<\delta,$$

则称 $f(x)$当 x 趋于 x_0(记为 $x\to x_0$)时趋于 A，也称当 x 趋于 x_0 时 $f(x)$以 A 为**极限**，记为

$$\lim_{x\to x_0}f(x)=A\quad\text{或}\quad f(x)\to A(x\to x_0).$$

又称为 $f(x)$**在点** x_0 **处存在极限. 其极限值**为 A.

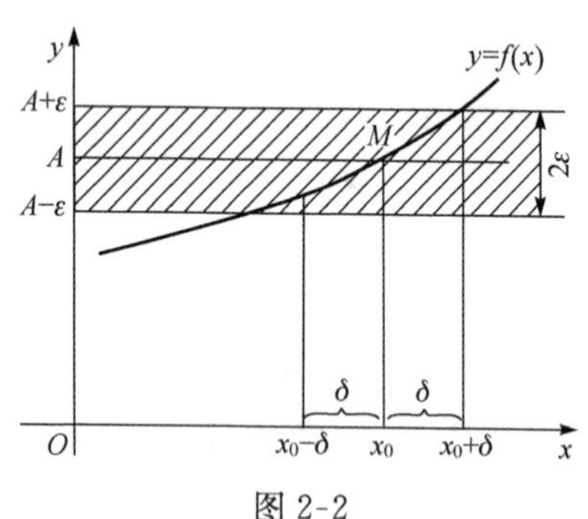

图 2-2

几何说明：作 $y=f(x)$的平面图形如图 2-2所示. 任给 $\varepsilon>0$ 意指在 y 轴向上给出一个宽度为 2ε 的带区，其中心线为 $y=A$，存在 $\delta>0$，使得

$$|f(x)-A|<\varepsilon,\quad 0<|x-x_0|<\delta,$$

即在无心邻域 $U_0(x_0,\delta)$上，函数值 $y=f(x)$全部落入上述带区内.

注 1　在定义 2.12 中，函数 $f(x)$在点 x_0处是否有定义是不重要的，这是因为我们所关心的是在 x 接近 x_0 时函数值变动的趋势，所以与函数在点 x_0 处的情形如何无关(第 3 章将讨论有关的情形)，这反映在不等式 $0<|x-x_0|$中.

注 2 我们用语言“趋于”是一种笼统的说法，不像数列在 $n\to\infty$ 时说趋势那样比较明确. 在这里指的是当 $\varepsilon>0$ 越来越小时，一般来说 $\delta>0$ 也随之减小，此时不等式 $|f(x)-A|<\varepsilon$ 中的 x 将越接近 x_0. 在这个意义上讲，它含有某种趋势的意思，而并非指在极限过程中，变量 x 的变动值规定了某种次序.

注 3 类似于数列的极限定义后的注，函数极限定义中的任给 $\varepsilon>0$ 也可用单调趋于零的数列 $\{\varepsilon_n\}$ 代替.

例 1 $\lim\limits_{x\to x_0}\sin x=\sin x_0$.

证明 根据不等式

$$|\sin x-\sin x_0|=\left|2\cos\frac{x+x_0}{2}\sin\frac{x-x_0}{2}\right|\leqslant 2\left|\sin\frac{x-x_0}{2}\right|\leqslant|x-x_0|$$

可知，对任给的 $\varepsilon>0$，只需取 $\delta=\varepsilon$，则当 $0<|x-x_0|<\delta$ 时，就有

$$|\sin x-\sin x_0|\leqslant|x-x_0|<\delta=\varepsilon.$$

这说明 $\sin x\to\sin x_0\,(x\to x_0)$.

注 因为在考察 $x\to x_0$ 时函数 $f(x)$ 的极限时，$x\neq x_0$，所以如果有函数 $g(x)$，它在 $U_0(x_0)=U(x_0)\backslash\{x_0\}$ 上满足 $g(x)=f(x)$，那么，当极限存在时，就有 $\lim\limits_{x\to x_0}f(x)=\lim\limits_{x\to x_0}g(x)$. 例如，在 $x\neq 1$ 时，有 $\dfrac{x^2-1}{x-1}=x+1$. 因此，我们有(相当于约去非零因子)

$$\lim_{x\to 1}\frac{x^2-1}{x-1}=\lim_{x\to 1}(x+1)=2.$$

例 2 $\lim\limits_{x\to 0}x\sin\dfrac{1}{x}=0$(图 2-3).

证明 根据不等式

$$\left|x\sin\frac{1}{x}-0\right|=\left|x\sin\frac{1}{x}\right|\leqslant|x|$$

可知，对任给 $\varepsilon>0$，只需取 $\delta=\varepsilon$，则当 $0<|x|<\delta$ 时就有

$$\left|x\sin\frac{1}{x}-0\right|<\varepsilon.$$

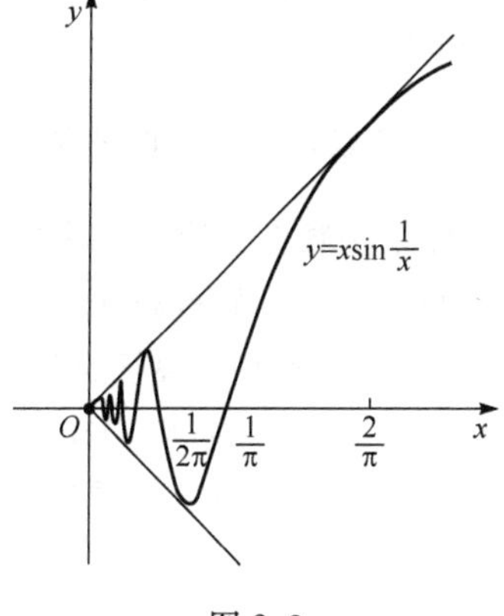

图 2-3

2. 函数在点 x_0 处的单侧极限

前面所述的函数极限，是探讨围绕点 x_0 的函数值的趋势的. 为了更加细微地研究函数在一点的局部性质，还可以从两个侧面(点 x_0 的左侧和右侧)来考察其变动趋势. 当然，对于在开区间 (a,b) 上定义的函数，在点 a 与点 b 处，也只能考察单侧的情形.

定义 2.13 (1) 设 $f(x)$ 在 $(x_0-\eta,x_0)$ 上有定义，$\eta>0$，A 是一个常数. 若对任给的 $\varepsilon>0$，存在 $\delta>0\,(\delta<\eta)$，使得

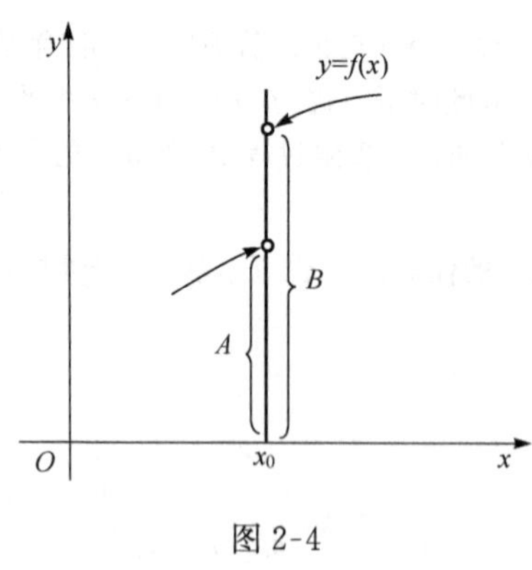

图 2-4

$$|f(x)-A|<\varepsilon,\quad 0<x_0-x<\delta,$$

则称 $f(x)$ 在点 x_0 的**左极限存在**，A 称为 $f(x)$ 在点 x_0 的**左极限值**，记为(图 2-4)

$$f(x_0-)\overset{\text{def}}{=\!=}\lim_{x\to x_0-}f(x)=A.$$

(2) 设 $f(x)$ 在 $(x_0,x_0+\eta)$ 上有定义，$\eta>0$，B 是一个常数. 若对任给的 $\varepsilon>0$，存在 $\delta>0(\delta<\eta)$，使得

$$|f(x)-B|<\varepsilon,\quad 0<x-x_0<\delta,$$

则称 $f(x)$ 在点 x_0 的**右极限存在**，其**右极限值**为 B，并记为

$$f(x_0+)\overset{\text{def}}{=\!=}\lim_{x\to x_0+}f(x)=B.$$

例 3　证明 $\lim\limits_{x\to 0+}x^{\frac{1}{n}}=0(n=1,2,\cdots)$.

证明　对任给 $\varepsilon>0$，取 $\delta=\varepsilon^n$，则当 $0<x<\delta$ 时，有 $0<x^{\frac{1}{n}}<\delta^{\frac{1}{n}}=\varepsilon$. 即得所证.

定理 2.26　设 $f(x)$ 在 $U_0(x_0)$ 上有定义，则存在 $\lim\limits_{x\to x_0}f(x)=A$ 的充分必要条件是 $f(x_0+)=f(x_0-)=A$.

证明略.

注　根据定理 2.26 可知，如果 $f(x)$ 在点 x_0 处的左、右极限中有一个不存在，或两者均存在但不相等，那么 $f(x)$ 在点 x_0 处就不存在极限了.

3. 函数在 $x\to\infty$ 时的极限

如果函数在无穷区间上定义，那么当自变量 $|x|$ 无限变大时，函数值的态势也是我们十分关心的重要现象. 例如，对于描述某种随时间运动的规律的函数 $y=f(t)$，常需要考察在很长时间后，这一运动将会发生的状况.

定义 2.14　设 $f(x)$ 在区域 $|x|>a>0$ 上有定义，又 A 是一个常数. 若对任给 $\varepsilon>0$，存在 $M>a>0$，使得当 $|x|>M$ 时

$$|f(x)-A|<\varepsilon, \tag{①}$$

则称 $f(x)$ 当 x 趋于无穷(记为 $x\to\infty$)时趋于 A，记为

$$\lim_{x\to\infty}f(x)=A\quad 或\quad f(x)\to A\quad (x\to\infty).$$

也称为 $x\to\infty$ 时 $f(x)$ 极限存在，其极限值为 A.

对于在 $(a,+\infty)$ 上有定义的函数，若上述结论①是在 $x>M$ 上成立，则称 $f(x)$ 在 $x\to+\infty$ 时极限存在，其极限值为 A，并记为

$$\lim_{x\to+\infty}f(x)=A\quad 或\quad f(x)\to A\quad (x\to+\infty).$$

对于$(-\infty,a)$上有定义的函数，若上述结论①是在$x<-M$上成立，则称$f(x)$在$x\to-\infty$时极限存在，其极限值为A，并记为

$$\lim_{x\to-\infty}f(x)=A \quad 或 \quad f(x)\to A \quad (x\to-\infty).$$

例 4 $\lim\limits_{x\to\infty}\dfrac{1}{x}=0.$

证明 对任给$\varepsilon>0$，取$M=\dfrac{1}{\varepsilon}$，则当$|x|>M$时，就有$\dfrac{1}{|x|}<\dfrac{1}{M}=\varepsilon$. 即得所证.

例 5 $\lim\limits_{x\to+\infty}\arctan x=\dfrac{\pi}{2}.$

证明 对任给$\varepsilon>0\left(不妨设\ \varepsilon<\dfrac{\pi}{2}\right)$，取$M=\cot\varepsilon$，则当$x>M$，即$x>\cot\varepsilon$时有$x>\tan\left(\dfrac{\pi}{2}-\varepsilon\right)$，$\arctan x>\dfrac{\pi}{2}-\varepsilon$. 这说明$\dfrac{\pi}{2}-\arctan x<\varepsilon(x>M)$.

思 考 练 习

1. 求极限：(1) $\lim\limits_{x\to2}\dfrac{x^2-4}{x-2}$； (2) $\lim\limits_{x\to0}x\cos5x$.
2. 已知$\lim\limits_{x\to0}f(x)=1$，试求$\lim\limits_{x\to0}f(x^3)$.
3. 已知$\lim\limits_{x\to x_0}f(x)=A$，试证明$\lim\limits_{x\to x_0}|f(x)|=|A|$.
4. 设$f(x)$定义在$U(0)$上. 若对任意的$a\in(-\infty,\infty)$，均存在极限$\lim\limits_{x\to\infty}f\left(\dfrac{a}{n}\right)$，试问极限$\lim\limits_{x\to0}f(x)$存在吗？

2.6.3 函数极限的基本性质

与数列极限的情形类似，下面列出的若干定理不仅揭示出函数的局部性态，而且扩充了求证函数极限的方法. 我们约定：凡是讲到函数$f(x)$(包括多个函数)在点x_0处的极限时，总认为已在某个邻域$U_0(x_0)$上有定义，而讲到在无穷远处的极限时，也一样认为在相应的区域上已有定义，所论之自变量x的取值皆属于定义域.

1. 函数值与极限值之间的关系

定理 2.27(唯一性) 若存在极限(1) $\lim\limits_{x\to x_0}f(x)$，(2) $\lim\limits_{x\to\infty}f(x)$，则其极限值是唯一的.

证明 (1) 假定$\lim\limits_{x\to x_0}f(x)=A_1$；$\lim\limits_{x\to x_0}f(x)=A_2$，则对任给的$\varepsilon>0$，存在$\delta_1>0$，$\delta_2>0$，使得

$$|f(x)-A_1|<\frac{\varepsilon}{2},\quad 0<|x-x_0|<\delta_1;$$

$$|f(x)-A_2|<\frac{\varepsilon}{2},\quad 0<|x-x_0|<\delta_2.$$

记 $\delta=\min\{\delta_1,\delta_2\}$，则当 $0<|x-x_0|<\delta$ 时，有

$$|A_1-A_2|\leqslant|A_1-f(x)|+|f(x)-A_2|<\varepsilon,$$

由 ε 的任意性可知 $A_1=A_2$.

(2) 假定 $\lim\limits_{x\to\infty}f(x)=A_1$，$\lim\limits_{x\to\infty}f(x)=A_2$，则对任给 $\varepsilon>0$，存在正数 M_1,M_2，使得

$$|f(x)-A_1|<\frac{\varepsilon}{2}\quad(|x|>M_1);$$

$$|f(x)-A_2|<\frac{\varepsilon}{2}\quad(|x|>M_2).$$

令 $M=\max\{M_1,M_2\}$，则当 $|x|>M$ 时有

$$|A_1-A_2|\leqslant|A_1-f(x)|+|f(x)-A_2|<\varepsilon.$$

由 ε 的任意性可知 $A_1=A_2$.

定理 2.28(有界性) (1) $\lim\limits_{x\to x_0}f(x)=A$，则存在 $\delta>0$，使得 $f(x)$ 在 $U_0(x_0,\delta)$ 上有界. (2)若 $\lim\limits_{x\to\infty}f(x)=A$，则存在 $M>0$，使得 $f(x)$ 在 $|x|>M$ 上有界.

证明 (1) 取 $\varepsilon=1$. 由题设知存在 $\delta>0$，使得 $|f(x)-A|<1(x\in U_0(x_0,\delta))$，即

$$A-1<f(x)<A+1\quad(x\in U_0(x_0,\delta)).$$

(2) 对 $\varepsilon=1$，将(1)中的 δ 改为 M，$x\in U_0(x_0,\delta)$ 改为 $|x|>M$，即可得证.

定理 2.29(保号性) 设(1) $\lim\limits_{x\to x_0}f(x)=A$，(2) $\lim\limits_{x\to\infty}f(x)=A$. 若 $A>0(<0)$，则

(1) 存在 $\delta>0$，使得 $f(x)>0(<0)$ $(x\in U_0(x_0,\delta))$.

(2) 存在 $M>0$，使得 $f(x)>0(<0)$ $(|x|>M)$.

证明 (1)取 $\varepsilon=\dfrac{A}{2}>0$，由题设知，存在 $\delta>0$，使得 $|f(x)-A|<\dfrac{A}{2}(x\in U_0(x_0,\delta))$. 从而有 $f(x)>A-\dfrac{A}{2}=\dfrac{A}{2}>0(x\in U_0(x_0,\delta))$.

对 $A<0$ 的证明类似. (2)证略.

2. 函数极限与数列极限的关系

为使 $x\to x_0$ 时有 $f(x)\to A$，必须让连续变量 x 取遍在点 x_0 附近的一切点而考察 $f(x)$ 的动态. 但我们也可以一部分一部分地加以研究，即研究在以 x_0 为极限的

收敛列$\{x_n\}$上$\{f(x_n)\}$的动态. 这样,问题就转化为数列极限的情形了.

定理 2.30 (1)存在极限$\lim\limits_{x\to x_0}f(x)=A$的充分必要条件是:对满足$x_n\to x_0(n\to\infty)$的任一点列$\{x_n\}$,均有$\lim\limits_{n\to\infty}f(x_n)=A$.

(2) 存在极限$\lim\limits_{x\to\infty}f(x)=A$的充分必要条件是:对满足$|x_n|\to+\infty(n\to\infty)$的任一点列$\{x_n\}$,均有$\lim\limits_{n\to\infty}f(x_n)=A$.

证明 (1)必要性:设$f(x)\to A(x\to x_0)$,则对任给的$\varepsilon>0$,存在$\delta>0$,使得

$$|f(x)-A|<\varepsilon,\quad 0<|x-x_0|<\delta.$$

如果$x_n\to x_0(n\to\infty)$,那么对$\delta>0$,存在N,使得$|x_n-x_0|<\delta,n>N$. 从而可知$|f(x_n)-A|<\varepsilon,n>N$,即得所证.

充分性:设条件(1)成立,并采用反证法. 假定$\lim\limits_{x\to x_0}f(x)=A$不成立,则一定存在$\varepsilon_0>0$,对每个$\delta_n=\dfrac{1}{n}(n=1,2,\cdots)$,都存在$x_n:0<|x_n-x_0|<\delta_n$,使得$|f(x_n)-A|\geqslant\varepsilon_0(n=1,2,\cdots)$. 易知$x_n\to x_0(n\to\infty)$,故上述结论与条件相悖.

(2) 必要性:设$f(x)\to A(x\to\infty)$,则对任给的$\varepsilon>0$,存在$M>0$,使得

$$|f(x)-A|<\varepsilon,\quad |x|>M.$$

如果$|x_n|\to+\infty(n\to\infty)$,那么对$M>0$,存在$N$,使得$|x_n|>M(n>N)$. 从而$|f(x_n)-A|<\varepsilon,n>N$.

充分性:证略.

例 1 当$x\to0$时,$\sin\dfrac{1}{x}$不存在极限.

证明 令$x_n'=\dfrac{1}{4n+1}\dfrac{2}{\pi},x_n''=\dfrac{1}{n\pi}(n=1,2,\cdots)$,则$x_n'\to0,x_n''\to0(n\to\infty)$. 但我们有

$$\lim_{n\to\infty}\sin\frac{1}{x_n'}=1;\quad \lim_{n\to\infty}\sin\frac{1}{x_n''}=0.$$

根据定理 2.30,即得所证.

例 2 设$f(x)$是$(-\infty,\infty)$上的以$T>0$为周期的函数. 若$f(x)\to0(x\to+\infty)$,则$f(x)\equiv0$.

证明 反证法. 假定存在$x_0\in(-\infty,\infty)$,$f(x_0)\neq0$,则取点列$x_0+nT=x_n(n=1,2,\cdots)$,易知$x_n\to+\infty(n\to\infty)$. 但我们有

$$\lim_{n\to\infty}f(x_n)=\lim_{n\to\infty}f(x_0+nT)=\lim_{n\to\infty}f(x_0)=f(x_0)\neq0.$$

根据定理 2.30,即得所证.

注 数列的极限也可通过函数当变量趋于无穷时的极限来求出:对于$\{a_n\}$,如果存在定义在$[1,\infty)$上的函数$f(x)$,使得$f(n)=a_n(n=1,2,\cdots)$,且有$f(x)\to A(x\to\infty)$,那么$a_n\to A(n\to\infty)$.

3. 函数极限运算之间的关系

定理 2.31(四则运算)　若存在极限 $\lim\limits_{x\to x_0}f(x)=A$, $\lim\limits_{x\to x_0}g(x)=B$,则有

(1) $\lim\limits_{x\to x_0}[f(x)\pm g(x)]=A\pm B=\lim\limits_{x\to x_0}f(x)\pm\lim\limits_{x\to x_0}g(x)$;

(2) $\lim\limits_{x\to x_0}f(x)g(x)=A\cdot B=\lim\limits_{x\to x_0}f(x)\cdot\lim\limits_{x\to x_0}g(x)$;

(3) 若 $g(x)\neq 0$,且 $B\neq 0$,则 $\lim\limits_{x\to x_0}\dfrac{f(x)}{g(x)}=\dfrac{A}{B}=\dfrac{\lim\limits_{x\to x_0}f(x)}{\lim\limits_{x\to x_0}g(x)}$.

证明　以(1)为例. 设$\{x_n\}$是满足 $x_n\to x_0\,(n\to\infty)$的任一数列,则由题设以及定理 2.30 可知

$$\lim_{x\to\infty}f(x_n)=A,\qquad \lim_{x\to\infty}g(x_n)=B.$$

从而根据数列极限运算的可加性,易得

$$\lim_{n\to\infty}[f(x_n)\pm g(x_n)]=\lim_{n\to\infty}f(x_n)\pm\lim_{n\to\infty}g(x_n)=A\pm B.$$

再应用定理 2.30 的结论,有

$$\lim_{x\to x_0}[f(x)\pm g(x)]=A\pm B.$$

注　定理 2.31 对于存在极限 $\lim\limits_{x\to\infty}f(x)=A$, $\lim\limits_{x\to\infty}g(x)=B$,也有相应的结论.

例 3　求 $\lim\limits_{x\to\infty}\dfrac{x^2-4}{x^2-x-2}$.

解　我们有

$$\lim_{x\to\infty}\frac{x^2-4}{x^2-x-2}=\lim_{x\to\infty}\frac{1-\dfrac{4}{x^2}}{1-\dfrac{1}{x}-\dfrac{2}{x^2}}=\frac{1-\lim\limits_{x\to\infty}\dfrac{4}{x^2}}{1-\lim\limits_{x\to\infty}\dfrac{1}{x}-\lim\limits_{x\to\infty}\dfrac{2}{x^2}}=1.$$

例 4　$\lim\limits_{x\to x_0}x^n=x_0^n\,(n\in\mathbf{N}^*)$.

证明　已知 $x\to x_0\,(x\to x_0)$,根据不等式 $x^n=x\cdot x\cdot\cdots\cdot x$(自乘 n 次)立即得证.

注　若 $P(x)$是 n 次多项式:$P(x)=a_0x^n+a_1x^{n-1}+\cdots+a_{n-1}x+a_n$,则

$$\lim_{x\to x_0}P(x)=P(x_0)=a_0x_0^n+a_1x_0^{n-1}+\cdots+a_n.$$

对有理分式 $\dfrac{P(x)}{Q(x)}$,若 $Q(x_0)\neq 0$,则有

$$\lim_{x\to x_0}\frac{P(x)}{Q(x)}=\frac{P(x_0)}{Q(x_0)}.$$

定理 2.32(复合运算)　设 $y=f(u)$在 $U_0(u_0)$上有定义,$u=g(x)$在 $U_0(x_0)$上

有定义，且值域 $R(g)\subset U_0(u_0)$. 若有 $\lim\limits_{x\to x_0}g(x)=u_0$，$\lim\limits_{u\to u_0}f(u)=A$，则

$$\lim_{x\to x_0}f[g(x)]=A.$$

证明 对任给的 $\varepsilon>0$，因为 $f(u)\to A(u\to u_0)$，所以存在 $\eta>0$，使得

$$|f(u)-A|<\varepsilon,\quad 0<|u-u_0|<\eta.$$

又由于 $g(x)\to u_0(x\to x_0)$，故对 $\eta>0$，存在 $\delta>0$，使得

$$|u-u_0|=|g(x)-u_0|<\eta,\quad 0<|x-x_0|<\delta.$$

由此知 $|f[g(x)]-A|=|f(u)-A|<\varepsilon,0<|x-x_0|<\delta$.

注 定理 2.32 对 $u\to\infty$，$x\to\infty$ 也有相应的结论. 此外，它还为极限过程的转移提供了基础.

定理 2.33(保序性) 设函数 $f(x)$，$g(x)$ 满足

(1) $f(x)\leqslant g(x)$，$x\in U_0(x_0)$；

(2) $\lim\limits_{x\to x_0}f(x)=A$，$\lim\limits_{x\to\infty}g(x)=B$，

则 $A\leqslant B$，

证明 采用反证法. 假定 $A>B$，则对 $\varepsilon=\dfrac{A-B}{2}$，根据(2)可知，存在(公共的)$\delta>0$，当 $0<|x-x_0|<\delta$ 时，有

$$\frac{A+B}{2}=A-\varepsilon<f(x)<A+\varepsilon,$$

$$B-\varepsilon<g(x)<B+\varepsilon=\frac{A+B}{2}.$$

由此立即得到 $f(x)>g(x)$，这与(1)矛盾.

注 定理 2.33 对于 $x\to\infty$ 的极限过程也有相应的结论.

定理 2.34(迫敛性) 设函数 $f(x)$，$g(x)$ 与 $h(x)$ 满足

(1) $h(x)\leqslant f(x)\leqslant g(x)$，$x\in U_0(x_0)$；

(2) $\lim\limits_{x\to x_0}h(x)=A=\lim\limits_{x\to x_0}(x)$，

则有 $\lim\limits_{x\to x_0}f(x)=A$.

证明 由(2)知，对满足 $x_n\to x_0(n\to\infty)$ 的任一数列 $\{x_n\}$，均有

$$\lim_{n\to\infty}h(x_n)=A=\lim_{n\to\infty}g(x_n).$$

而由(1)又知 $h(x_n)\leqslant f(x_n)\leqslant g(x_n)$，$n=1,2,\cdots$，根据数列极限的迫敛性可得 $\lim\limits_{x\to\infty}f(x_n)=A$. 再由定理 2.30 即得所证.

注 定理 2.34 对 $x\to\infty$ 的极限过程也有相应的结论.

例 5 $\lim\limits_{x\to x_0}\cos x=\cos x_0$.

证明 因为有 $\cos x=1-2\sin^2\dfrac{x}{2}$，所以

$$\lim_{x\to x_0}\cos x=1-2\lim_{x\to x_0}\sin^2\frac{x}{2}=1-2\sin^2\frac{x_0}{2}=\cos x_0.$$

例 6 $\lim\limits_{x\to x_0}\tan x=\tan x_0\left(x_0\neq n\pi+\dfrac{\pi}{2},n\in\mathbf{Z}\right).$

证明 由题设知 $\cos x_0\neq 0$,故有

$$\lim_{x\to x_0}\tan x=\lim_{x\to x_0}\frac{\sin x}{\cos x}=\frac{\sin x_0}{\cos x_0}=\tan x_0.$$

同理有$\lim\limits_{x\to x_0}\cot x=\cot x_0\,(x_0\neq n\pi,n\in\mathbf{Z}).$

例 7 设定义在 $U_0(x_0)$上的函数 $f(x),g(x)$满足$\lim\limits_{x\to x_0}\dfrac{f(x)}{g(x)}=A$. 若$\lim\limits_{x\to x_0}g(x)=0$,则$\lim\limits_{x\to x_0}f(x)=0$.

证明 我们有

$$\lim_{x\to x_0}f(x)=\lim_{x\to x_0}\frac{f(x)}{g(x)}\cdot g(x)=\lim_{x\to x_0}\frac{f(x)}{g(x)}\cdot\lim_{x\to x_0}g(x)=A\cdot 0=0.$$

例 8 $\lim\limits_{n\to\infty}\sin(\pi\sqrt{n^2+1})=0.$

证明 注意到$\lim\limits_{x\to 0}\sin x=0$,以及

$$\begin{aligned}\sin(\pi\sqrt{n^2+1})&=\sin[\pi(\sqrt{n^2+1}-n)+n\pi]\\&=(-1)^n\sin(\sqrt{n^2+1}-n)\pi=(-1)^n\sin\frac{\pi}{\sqrt{n^2+1}+n},\end{aligned}$$

即得所证.

例 9 求 $\lim\limits_{x\to+\infty}f(x)$,其中 $f(x)=\left[\sum\limits_{k=1}^{n}a_k^x/n\right]^{1/x}$,$a_k>0(k=1,2,\cdots,n)$.

解 设 $\max\{a_1,a_2,\cdots,a_n\}=M$,易知

$$\frac{M^x}{n}\leqslant\sum_{k=1}^{n}a_k^x/n\leqslant\frac{nM^x}{n}\leqslant M^x.$$

由此可得 $M(1/n)^{1/x}\leqslant f(x)\leqslant M$. 注意到$\left(\dfrac{1}{n}\right)^{1/x}\to 1\,(x\to+\infty)$,即可推出$\lim\limits_{x\to+\infty}f(x)=M$.

思考练习

1. 设 $f(x)$在$[a,b]$上定义. 若对任意的 $x_0\in[a,b]$,都存在极限$\lim\limits_{x\to x_0}f(x)$,试证明 $f(x)$在$[a,b]$上有界.(提示:用有限覆盖,或在反证法中用聚点原理)

2. 已知$\lim\limits_{x\to 0}f(x^2)=1$,试求$\lim\limits_{x\to 0+}f(x)$.(提示:可用数列作 $x_n(>0)\to 0$,令 $t_n=\sqrt{x_n}$回到 $f(t_n^2)$)

3. 设 $f(x)$ 定义在 $U_0(x_0)$ 上，若存在 A，对满足 $x_n \to x_0 (n\to\infty, x_n \neq x_0)$ 的任一数列 $\{x_n\}$，均存在子列 $\{x_{n_k}\}$，使得 $\lim\limits_{k\to\infty} f(x_{n_k}) = A$，试证明 $\lim\limits_{x\to x_0} f(x) = A$.

4. 设定义在 $(0,\infty)$ 上的函数 $f(x)$，满足 $\lim\limits_{x\to+\infty} f(x)=0$，$f(2x)=f(x) (0<x<\infty)$，试证明 $f(x)\equiv 0$.

5. 设 $\lim\limits_{x\to x_0} f(x)=0$，$g(x)$ 在 $U_0(x_0)$ 上有界，试证明 $\lim\limits_{x\to x_0} f(x)g(x)=0$.

6. 设 $f(u)$ 定义在 $U(u_0)$，又 $g(x)$ 在 $U_0(x_0)$ 上定义，且 $R(g)\subset U(u_0)$. 若 $\lim\limits_{x\to x_0} g(x)=u_0$，$\lim\limits_{u\to u_0} f(u)=A$，试证明 $\lim\limits_{x\to x_0} f[g(x)]=A$ 或 $f(u_0)$.

7. 试问在极限 $\lim\limits_{x\to x_0} g(x)=u_0$，$\lim\limits_{u\to u_0} f(u)=A$ 存在的情况下，是否必 $\lim\limits_{x\to x_0} f[g(x)]=A$?

$$\left(\text{提示：} f(x)=\begin{cases}\dfrac{1}{n}, & x=\dfrac{m}{n}\text{（既约分数）},\\ 1, & x=1,\\ 0, & x\text{ 是无理数},\end{cases}\qquad g(x)=\begin{cases}1, & x\neq 0,\\ 0, & x=0\end{cases}\right)$$

8. 设 $f(x)$ 是定义在 $U(0)$ 上的正值函数，且

$$\lim_{x\to 0}\left[f(x)+\frac{1}{f(x)}\right]=2,$$

试证明 $f(x)\to 1 (x\to 0)$. $\left(\text{提示：考察} |f(x)-1|\left|1-\dfrac{1}{f(x)}\right|\text{，以及}[f(x)-1][1/f(x)-1]\right)$

2.6.4 两个典型极限

1. $\lim\limits_{x\to 0}\dfrac{\sin x}{x}=1$

函数 $\dfrac{\sin x}{x}$ 在 $x=0$ 处是没有定义的. 在 x 接近于零时，我们先来考察 $0<x<\dfrac{\pi}{2}$ 的情形. 如图 2-5 所示，其中圆半径为 1，圆心角 $\angle AOP=x$. 易知

$$\sin x<x<\tan x.$$

除以 $\sin x$，又得

$$1<\frac{x}{\sin x}<\frac{1}{\cos x},\quad x>0,$$

或

$$1>\frac{\sin x}{x}>\cos x,\quad x>0. \qquad ①$$

由于 $\dfrac{\sin(-x)}{-x}=\dfrac{\sin x}{x}$，$\cos(-x)=\cos x$，故式①对 $x<0$ 也成立. 注意到 $\cos x\to 1 (x\to 0)$，即得所证.

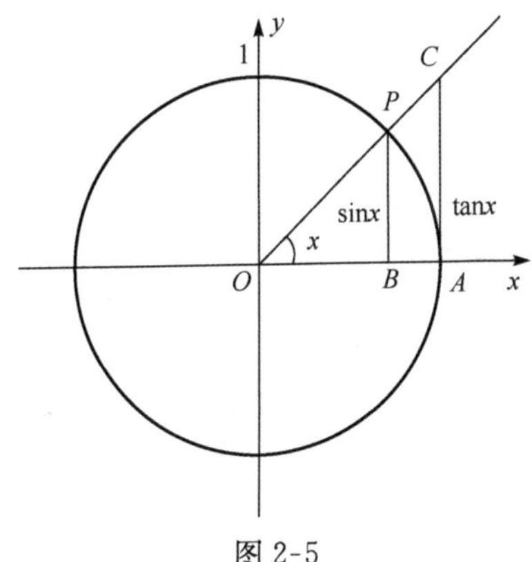

图 2-5

例 1　设 $\beta\neq 0$，则有

$$\lim_{x\to 0}\frac{\sin\alpha x}{\sin\beta x}=\lim_{x\to 0}\frac{\alpha}{\beta}\frac{\sin\alpha x}{\alpha x}\Big/\frac{\sin\beta x}{\beta x}=\frac{\alpha}{\beta}.$$

例 2　$\lim\limits_{x\to 0}\dfrac{\tan x}{x}=\lim\limits_{x\to 0}\left(\dfrac{\sin x}{x}\dfrac{1}{\cos x}\right)=1.$

例 3　设 $a_0\in(-1,1)$，定义 $a_n=\left(\dfrac{1+a_{n-1}}{2}\right)^{\frac{1}{2}}(n=1,2,\cdots)$，求 $\lim\limits_{n\to\infty}4^n(1-a_n)$.

解　取 θ：$0<\theta<\pi$，使 $a_0=\cos\theta$，我们有

$$a_1=\left(\frac{1+\cos\theta}{2}\right)^{\frac{1}{2}}=\cos\frac{\theta}{2},a_2=\cos\frac{\theta}{2^2},\cdots,a_n=\cos\frac{\theta}{2^n},\cdots.$$

由此可知

$$\lim_{n\to\infty}4^n(1-a_n)=\lim_{n\to\infty}4^n\left(1-\cos\frac{\theta}{2^n}\right)=\lim_{n\to\infty}\frac{4^n\sin^2\dfrac{\theta}{2^n}}{1+\cos\dfrac{\theta}{2^n}}$$

$$=\lim_{n\to\infty}\left[\frac{\theta^2}{1+\cos\dfrac{\theta}{2^n}}\right]\left[\frac{\sin\dfrac{\theta}{2^n}}{\dfrac{\theta}{2^n}}\right]^2=\frac{\theta^2}{2}\quad(\text{其中 }\theta=\arccos a_0).$$

2. $\lim\limits_{x\to\infty}\left(1+\dfrac{1}{x}\right)^x=\mathrm{e}$(图 2-6)

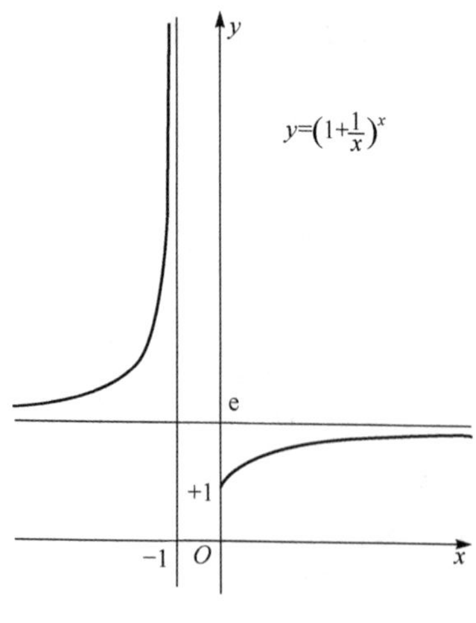

图 2-6

首先看 $x\to+\infty$. 此时，任取 $\{x_n\}$：$x_n\to+\infty(n\to\infty)$，有

$$[x_n]\leqslant x_n<[x_n]+1,$$

由此可知(不妨设 $x_n\geqslant 1$)

$$\frac{1}{[x_n]}\geqslant\frac{1}{x_n}>\frac{1}{[x_n]+1},$$

$$1+\frac{1}{[x_n]}\geqslant 1+\frac{1}{x_n}>1+\frac{1}{[x_n]+1},$$

$$\left(1+\frac{1}{[x_n]}\right)^{[x_n]+1}>\left(1+\frac{1}{x_n}\right)^{x_n}$$

$$>\left(1+\frac{1}{[x_n]+1}\right)^{[x_n]}.$$

显然，$n\to+\infty$ 时有 $[x_n]\to\infty$，故有

$\lim\limits_{n\to+\infty}\left(1+\dfrac{1}{x_n}\right)^{x_n}=\mathrm{e}.$

根据定理 2.30,得 $\lim\limits_{x\to+\infty}\left(1+\dfrac{1}{x}\right)^x=\mathrm{e}.$

其次看 $x\to-\infty$. 为此,将原式改写为

$$\begin{aligned}\left(1+\frac{1}{x}\right)^x&=\left(\frac{x+1}{x}\right)^x=\left(\frac{x}{x+1}\right)^{-x}\\&=\left(\frac{x}{x+1}\right)^{-x-1}\left(\frac{x}{x+1}\right)\\&=\left(1-\frac{1}{x+1}\right)^{-(x+1)}\left(\frac{x}{x+1}\right)\\&=\left(1+\frac{1}{-(x+1)}\right)^{-(x+1)}\left(1-\frac{1}{x+1}\right).\end{aligned}$$

考虑到 $x\to-\infty$ 时 $-(x+1)\to+\infty$,立即可得

$$\lim_{x\to-\infty}\left(1+\frac{1}{x}\right)^x=\mathrm{e}.$$

注 1 在上述证明过程中,也可令 $t=-(x+1)$,而 $x\to-\infty$ 相当于 $t\to+\infty$. 这种变量替换使极限过程转移. 此时有

$$\lim_{x\to-\infty}\left(1+\frac{1}{x}\right)^x=\lim_{t\to+\infty}\left(1+\frac{1}{t}\right)^t\left(1+\frac{1}{t}\right).$$

注 2 上述极限在对三角函数、指数函数、对数函数的求导中扮演着重要角色.

例 4 $\lim\limits_{n\to\infty}a_n=\mathrm{e}^{-a}$,其中 $a_n=\left(1+\dfrac{a}{n}+\dfrac{a^2}{2n^2}\right)^{-n}$ $(a\neq0)$.

证明 记 $A_n=\dfrac{a}{n}+\dfrac{a^2}{2n^2}=\dfrac{a^2+2an}{2n^2}$,易知 $A_n\to0(n\to\infty)$. 改写 a_n 为

$$a_n=(1+A_n)^{\frac{-1}{A_n}\cdot\frac{a^2+2an}{2n}}.$$

注意到$\dfrac{a^2+2an}{2n}\to a$,即知 $a_n\to\mathrm{e}^{-1\cdot a}=\mathrm{e}^{-a}$.

例 5 $\lim\limits_{n\to\infty}\cos^n\left(\dfrac{x}{\sqrt{n}}\right)=\mathrm{e}^{-x^2/2}.$

证明 应用公式 $\cos x=(1+\tan^2x)^{-1/2}$,

$$\begin{aligned}\cos^n\left(\frac{x}{\sqrt{n}}\right)&=\left(1+\tan^2\frac{x}{\sqrt{n}}\right)^{-\frac{n}{2}}\\&=\left[\left(1+\tan^2\frac{x}{\sqrt{n}}\right)^{\cot^2\frac{x}{\sqrt{n}}}\right]^{\left(\tan\frac{x}{\sqrt{n}}\Big/\frac{x}{\sqrt{n}}\right)^2\left(\frac{-x^2}{2}\right)}\end{aligned}$$

注意到$\tan^2(x/\sqrt{n})\to 0$,$\cot^2(x/\sqrt{n})\to+\infty$,以及$\tan(x/\sqrt{n})/(x/\sqrt{n})\to 1(n\to\infty)$,即可得证.

思考练习

1. 试求下列极限值:

(1) $\lim\limits_{x\to\infty}\left(\dfrac{2x+3}{2x}\right)^x$.

(2) $\lim\limits_{x\to 1}\dfrac{\sin 7\pi x}{\sin 2\pi x}$.

(3) $\lim\limits_{x\to 0}(1+x)^{\frac{1}{x}}$.

(4) $\lim\limits_{x\to\infty}x^2\left(\cos\dfrac{1}{x}-\cos\dfrac{3}{x}\right)$.

(5) $\lim\limits_{n\to\infty}2^n\sin\dfrac{\alpha}{2^n}$.

(6) $\lim\limits_{x\to\frac{\pi}{2}}\left(\dfrac{\pi}{\cos x}-2x\tan x\right)$.

(7) $\lim\limits_{x\to\pi}\dfrac{\sin x}{\pi-x}$.

(8) $\lim\limits_{x\to\pi/4}\cot(2x)\cdot\cot\left(\dfrac{\pi}{4}-x\right)$.

2. 设$f(x)=\sum\limits_{k=1}^{n}a_k\sin kx$,且$|f(x)|\leqslant|\sin x|$,试证明$\left|\sum\limits_{k=1}^{n}ka_k\right|\leqslant 1$. $\left(\text{提示:注意}\lim\limits_{x\to\infty}\dfrac{f(x)}{x}=\sum\limits_{k=1}^{n}ka_k\right)$

2.6.5 判别函数极限存在的 Cauchy 准则

类似于数列极限的情形,函数极限也可分别讨论极限存在性与极限值是什么的问题.

定理 2.35 (1)若$f(x)$在$(x_0-\eta,x_0)(\eta>0)$上是递增(递减)且有上(下)界的函数,则极限$\lim\limits_{x\to x_0-}f(x)$存在.

(2) 若$f(x)$在$(a,+\infty)$上是递增(递减)且有上(下)界的函数,则极限$\lim\limits_{x\to+\infty}f(x)$存在.

类似地,对定义在$(x_0,x_0+\eta)(\eta>0)$或$(-\infty,a)$上的单调函数,其极限也有相应的结论.

证明 以(1)为例,且设$f(x)$在$(x_0-\delta,x_0)$上为递增且有上界的函数.此时,不妨记其上确界为$A=\sup\limits_{(x_0-\delta,x_0)}\{f(x)\}$.对任给的$\varepsilon>0$,由上确界的定义可知,必存在$x_1:x_0-\eta<x_1<x_0$,使得

$$A-\varepsilon<f(x_1)\leqslant A<A+\varepsilon,$$

取$\delta=x_0-x_1>0$,易知当$0<x_0-x<\delta$,有$A-\varepsilon<f(x_1)\leqslant f(x)<A+\varepsilon$,即

$$|f(x)-A|<\varepsilon.$$

这就说明了当$x\to x_0-$时,$f(x)$的极限存在且等于A.

定理 2.36 (Cauchy 收敛准则) (1)存在极限$\lim\limits_{x\to x_0}f(x)$的充分必要条件是:对

任给的 $\varepsilon>0$，存在 $\delta>0$，使得

$$|f(x')-f(x'')|<\varepsilon,\quad 0<|x'-x_0|<\delta,\quad 0<|x''-x_0|<\delta. \qquad ①$$

(2)存在极限 $\lim\limits_{x\to\infty}f(x)=A$ 的充分必要条件是：对任给的 $\varepsilon>0$，存在 $M>0$，使得

$$|f(x')-f(x'')|<\varepsilon,\quad |x'|>M,\ |x''|>M. \qquad ②$$

证明 (1)必要性：略.

充分性：假定条件①成立，且设 $\{x_n\}(x_n\neq x_0,n\in\mathbf{N}^*)$ 是以 x_0 为极限的收敛列，易知 $\{f(x_n)\}$ 是 Cauchy 列. 实际上，对任给的 $\varepsilon>0$，由条件①知存在 $\delta>0$，只要 $0<|x'-x_0|<\delta,0<|x''-x_0|<\delta$，就有 $|f(x')-f(x'')|<\varepsilon$. 而对 $\{x_n\}$ 而言，必存在 N，当 $m,n>N$ 时，有 $0<|x_n-x_0|<\delta,0<|x_m-x_0|<\delta$，由此得

$$|f(x_n)-f(x_m)|<\varepsilon,\quad n,m>N.$$

这说明 $\{f(x_n)\}$ 是 Cauchy 列，不妨设 $\lim\limits_{n\to\infty}f(x_n)=A$.

再证 $f(x)\to A(x\to x_0)$. 首先，考虑到对于满足 $0<|x-x_0|<\delta$ 的 x 以及 $n>N$ 的 x_n，有 $|f(x)-f(x_n)|<\varepsilon$.

其次，根据 $f(x_n)\to A(n\to\infty)$，可知 $\lim\limits_{n\to\infty}|f(x)-f(x_n)|=|f(x)-A|$. 从而立即得出

$$|f(x)-A|\leqslant\varepsilon,\quad 0<|x-x_0|<\delta.$$

即得所证.

(2)只需将(1)的证明中的 δ 改为 M，以及所有的邻域 $U_0(x_0,\delta)$ 改为 $|x|>M$ 即可.

推论 2.9 存在极限 $\lim\limits_{x\to x_0}f(x)$ 的充分必要条件是：对满足 $x_n\to x_0(n\to\infty)$ 的任一数列 $\{x_n\}$，$\{f(x_n)\}$ 是 Cauchy 列.

此外，对 $\lim\limits_{x\to\infty}f(x)$ 也有类似的结论.

例 1 指数函数 $a^x(a>0)$.

我们知道，若 $r=p/q$ 是正有理数(p 与 q 是正整数)，则 $a^r=a^{p/q}$ 是这样一个正数，这个正数 q 次方幂是 a^p. 从而易知 a^r 在 $r\in\mathbf{Q}$ 上有定义. 下面，将在有理数集 $\mathbf{Q}$ 上定义的指数函数的定义域延拓到 $(-\infty,\infty)$ 上，且只需看 $a>1$ 的情形$\left(0<a<1\text{，定义 } a^x=1/\left(\frac{1}{a}\right)^x\right)$.

设 x_0 是无理数，令 $\{r_n\}$ 是满足 $r_n\to x_0(n\to\infty)$ 的有理数列，则 $\{a^{r_n}\}$ 是 Cauchy 列. 实际上，因为我们有

$$a^{r_n}-a^{r_m}=a^{r_m}(a^{r_n-r_m}-1),$$

而由 $r_m\to x_0(m\to\infty)$ 可知，a^{r_m} 是有界数列，所以只需指出，对任给的 $\varepsilon>0$，当 n,m

充分大时，有$|a^{r_n-r_m}-1|<\varepsilon$.

注意到$r_n-r_m\to 0(n,m\to\infty)$，且不妨考察$r_n-r_m>0$的情形，此时必存在充分大的$n,m$以及正整数$k$，使得

$$1<a^{r_n-r_m}<a^{\frac{1}{k}},\quad a^{\frac{1}{k}}-1<\varepsilon.$$

既然$\{a^{r_m}\}$是 Cauchy 列，则记其极限值为a^{x_0}，我们有

$$\lim_{n\to\infty}a^{r_n}=a^{x_0}.$$

这样，指数函数$a^x(a>0)$在$(-\infty,\infty)$上均有定义，且易知是严格递增函数，即当$x_1<x_2$时，有$a^{x_1}<a^{x_2}$. 实际上，如在$a>1$，且x_1,x_2为无理数时，只需插入有理数r_1,r_2，使得$x_1<r_1<r_2<x_2$，即可证得.

讨论a^x在$x\to x_0$时的极限问题，不妨假定$a>1$.

(1) $\lim\limits_{x\to 0}a^x=1$.

在$x\to 0+$时，对任给$\varepsilon>0$，取N使得$0<a^{\frac{1}{N}}-1<\varepsilon$. 从而根据$a^x$的递增性，可知当$0<x<\dfrac{1}{N}$时，就有

$$0<a^x-1<\varepsilon.$$

对于$x\to 0-$时，也可同样讨论.

(2) $\lim\limits_{x\to x_0}a^x=a^{x_0}\ (x_0\neq 0)$.

由(1)知存在$\delta>0$，使得$|x-x_0|<2\delta$时，有

$$|a^{x-x_0}-1|<\frac{\varepsilon}{a^{x_0}}.$$

从而在$(x_0-\delta,x_0+\delta)$中取有理数r_1,r_2，使得$r_1<x_0<r_2$，显然$r_2-r_1<2\delta$，且有

$$0<a^{r_2}-a^{r_1}=a^{r_1}(a^{r_2-r_1}-1)<a^{x_0}(a^{r_2-r_1}-1)<\varepsilon.$$

由a^x的递增性，当$r_1<x<r_2$时，可得

$$|a^x-a^{x_0}|<a^{r_2}-a^{r_1}<\varepsilon.$$

根据上述结果，不难推出关于指数函数的运算性质：

$$a^{x_1}\cdot a^{x_2}=a^{x_1+x_2};\quad (a^{x_1})^{x_2}=a^{x_1\cdot x_2}.$$

例 2 $\lim\limits_{x\to x_0}\ln x=\ln x_0\ (x_0>0)$.

证明 对数函数$y=\ln x(x>0)$是指数函数$e^x(-\infty<x<\infty)$的反函数，两者都是严格递增的.

(1) 设$x_0=1$，此时有$\lim\limits_{x\to 1}\ln x=0$. 若不然，则一定存在$\varepsilon_0>0$，以及满足$x_n\to 1$ $(n\to\infty)$的正数列$\{x_n\}$，使得$|\ln x_n|\geqslant\varepsilon_0$. 由此知对一切$n\in\mathbf{N}^*$，有$x_n\geqslant e^{\varepsilon_0}>1$或$x_n\leqslant e^{-\varepsilon_0}<1$. 这与$x_n\to 1(n\to\infty)$矛盾，即得所证.

(2) 对$x_0\neq 1$，我们有$|\ln x-\ln x_0|=\left|\ln\dfrac{x}{x_0}\right|$. 因为当$x\to x_0$时，$\dfrac{x}{x_0}\to 1$，所以由

(1)知,当 $x\to x_0$ 时,$\left|\ln\dfrac{x}{x_0}\right|\to 0$. 证毕.

注 易知,对 $a>0$ 且 $a\neq 1$,有 $\lim\limits_{x\to x_0}\log_a x=\log_a x_0\,(x_0>0)$.

下述极限公式也有一定的典范性.

例 3 $\lim\limits_{x\to 0}\dfrac{\log_a(1+x)}{x}=\dfrac{1}{\ln a}(a>0,a\neq 1)$.

证明 只需注意 $\dfrac{\log_a(1+x)}{x}=\log_a(1+x)^{\frac{1}{x}}$.

例 4 $\lim\limits_{x\to 0}\dfrac{a^x-1}{x}=\ln a(a>0,a\neq 1)$.

证明 令 $t=a^x-1$,则 $x=\log_a(t+1)$. 从而有

$$\lim_{x\to 0}\frac{a^x-1}{x}=\lim_{t\to 0}\frac{t}{\log_a(1+t)}=\ln a.$$

下述结论也有助于加速函数极限运算:若 $\lim\limits_{x\to x_0}f(x)=0$,$\lim\limits_{x\to x_0}f(x)g(x)=l$,则 $\lim\limits_{x\to x_0}[1+f(x)]^{g(x)}=\mathrm{e}^l$.

例 5 试证明(i) $\lim\limits_{x\to\infty}(\mathrm{e}^x-1)^{1/x}=\mathrm{e}$; (ii) $I=\lim\limits_{x\to\infty}\left(\tan\dfrac{\pi x}{2x+1}\right)^{2/x}=1$.

证明 (i) 注意不等式 $\dfrac{\mathrm{e}}{2^{1/x}}\leqslant(\mathrm{e}^x-1)^{1/x}\leqslant\mathrm{e}$.

(ii) 取对数可知

$$\ln\left(\tan\frac{\pi x}{2x+1}\right)^{2/x}=\ln\left(\frac{1}{\cos^2\dfrac{\pi x}{2x+1}}-1\right)\Bigg/x=J.$$

注意到 $\lim\limits_{x\to+\infty}\ln(x-1)/\ln x=1$,故有

$$\lim_{x\to\infty}J=\lim_{x\to\infty}\ln\left(\frac{1}{\cos^2\dfrac{\pi x}{2x+1}}\right)\Bigg/x=-2\lim_{x\to\infty}\ln\cos\frac{\pi x}{2x-1}\Bigg/x$$

$$=\lim_{x\to\infty}\left(-2\,\frac{\ln\sin\dfrac{\pi}{2(2x+1)}}{x}\right)=\lim_{x\to\infty}\frac{2\ln\dfrac{2(2x+1)}{\pi}}{x}=0.$$

由此即知 $I=1$.

思考练习

1. 设 $f(x)$,$g(x)$ 定义在 $(-1,1)$ 上,且有 $(-1<x',x''<1)$

$$g(x)\to A\quad(x\to 0);\quad |f(x')-f(x'')|\leqslant|g(x')-g(x'')|,$$

试证明存在极限$\lim\limits_{x\to 0}f(x)$.

2. 设正值函数 $f(x)$定义在$U(0)$上. 若$\lim\limits_{x\to 0}\ln[1+f(x)]=0$,试证明 $f(x)\to 0(x\to 0)$.

3. 试证明$\lim\limits_{x\to 0}(\cos x)^{\frac{1}{x^2}}=-\dfrac{1}{2}$.(提示:左式$=\mathrm{e}^{\ln(\cos x)/x^2}$,$\ln(\cos x)=\ln[1+(\cos x-1)]$)

4. 若 $I=\lim\limits_{x\to\infty}\left(\dfrac{x^2+1}{x+1}-ax-b\right)=0$,试证明 $a=1$,$b=-1$. $\left(\text{提示:} I=\lim\limits_{x\to\infty}\dfrac{(1-a)x^2-(a+b)x+(1-b)}{x+1}=0\right)$

5. 试证明 $I=\lim\limits_{x\to\pi/4}\tan(2x)\cdot\tan\left(\dfrac{\pi}{4}-x\right)=\dfrac{1}{2}$.(提示:令 $y=\pi/4-x$,则 $I=\lim\limits_{y\to 0}\cot(2y)\cdot\tan y$))

2.7 无穷大量、渐近线

2.7.1 无穷大连续变量

前面讨论的函数极限,均是指其极限值为有限的实数值的情形,基于与数列情形相同的考虑,在这里介绍在极限过程中呈现为无穷大趋势的函数.

下面总假定 $f(x)$在变量 x 的活动范围内有定义.

定义 2.15 (1)若函数 $f(x)$满足:对任意的 $M>0$,存在 $\delta>0$,当 $0<|x-x_0|<\delta$时,有$|f(x)|>M$,则称 $f(x)$在 $x\to x_0$时趋于无穷大,记为$\lim\limits_{x\to x_0}f(x)=\infty$,也称 $f(x)$为**($x\to x_0$ 时的)无穷大量(无穷大变量)**.

若将$|f(x)|>M$改为$f(x)>M$($f(x)<-M$),则相应地称 $f(x)$为**($x\to x_0$ 时的)正无穷大量(负无穷大量)**,并记为

$$\lim_{x\to x_0}f(x)=+\infty \quad \left(\lim_{x\to x_0}f(x)=-\infty\right).$$

单侧情形也可类似地定义.

(2) 若 $f(x)$满足:对任意的 $M>0$,存在 $X>0$,使得当$|x|>X$时,有$|f(x)|>M$,则称 $f(x)$在 $x\to\infty$时趋于无穷,记为$\lim\limits_{x\to\infty}f(x)=\infty$. 也称 $f(x)$为**($x\to\infty$时的)无穷大量**.

若将$|f(x)|>M$,改为$f(x)>M$($f(x)<-M$),则称 $f(x)$为**($x\to\infty$时的)正(负)无穷大量**,记为

$$\lim_{x\to\infty}f(x)=+\infty \quad \left(\lim_{x\to\infty}f(x)=-\infty\right).$$

例 1 $\lim\limits_{x\to 1}\dfrac{1}{(1-x)^2}=+\infty$.

证明 对任意给定的 $M>0$,取 $\delta=\dfrac{1}{\sqrt{M}}$,则当 $0<|x-1|<\delta$ 时,有$\dfrac{1}{(1-x)^2}>$

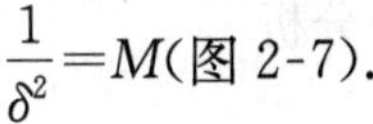

$\frac{1}{\delta^2}=M$(图 2-7).

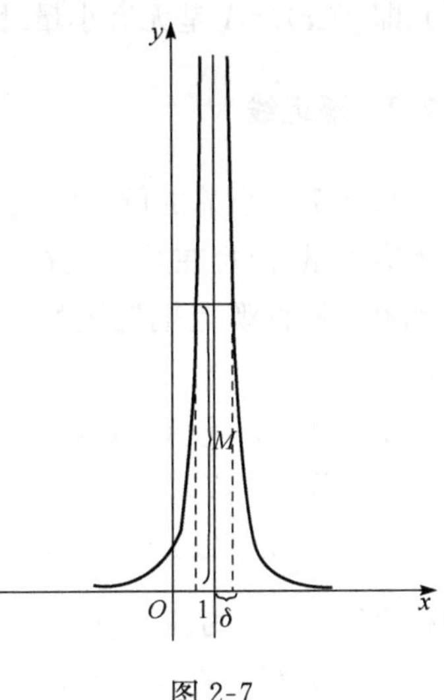

图 2-7

类似于数列的情形. 我们也有下述关于函数呈现无穷大量时的基本性质(证明略):

(1) 若 $\lim\limits_{x\to x_0}f(x)=\infty$,则 $\lim\limits_{x\to x_0}\frac{1}{f(x)}=0$;

若 $\lim\limits_{x\to x_0}f(x)=0$,且在 $U_0(x_0)$ 上 $f(x)\neq 0$,则 $\lim\limits_{x\to x_0}\frac{1}{f(x)}=\infty$.

(2) 若 $\lim\limits_{x\to x_0}f(x)=\infty$,$g(x)$ 满足 $|g(x)|\geqslant m>0$,$x\in U_0(x_0)$,则

$$\lim_{x\to x_0}f(x)g(x)=\infty.$$

上述性质对 $x\to\infty$ 的极限过程也有相应的结论.

例 2 $\lim\limits_{x\to+\infty}\sqrt{\frac{a^x}{x}}=+\infty(a>1)$.

证明 令 $\sqrt{a}=b=1+h(b>1,h>0)$. 考察在 $n\leqslant x<n+1$ 时,有

$$\sqrt{\frac{a^x}{x}}=\frac{b^x}{\sqrt{x}}=\frac{(1+h)^x}{\sqrt{x}}>\frac{(1+h)^n}{\sqrt{n+1}}>\frac{1+nh}{\sqrt{n+1}}>\frac{nh}{\sqrt{2n}}=\frac{h}{\sqrt{2}}\sqrt{n},$$

$$\frac{a^x}{x}>\frac{h^2}{2}\cdot n.$$

由此即可得证.

例 3 $\lim\limits_{x\to+\infty}\frac{x^\alpha}{\ln x}=+\infty(\alpha>0)$.

证明 令 $\ln x=y$,则分式变为 $\frac{e^{\alpha y}}{y}$,则 $x\to+\infty$ 相当于 $y\to+\infty$. 再令 $e^\alpha=a$,则 $a>1$,且分式又变为 $\frac{a^y}{y}$,从而由例 2 即得证.

相对于无穷大量,我们称函数极限为零的变量为**无穷小量**,如

$$\lim_{x\to x_0}f(x)=0,\qquad \lim_{x\to\infty}f(x)=0$$

中的 $f(x)$. 从而性质(1)指出(分母不为零时),无穷大量与无穷小量互为倒数.

实际上,$f(x)\to A(x\to x_0$ 或 $x\to\infty)$ 的情形,也可写成 $f(x)-A\to 0(x\to x_0$ 或 $x\to$

∞)，即 $f(x)-A$ 是无穷小量. 因此，早期的极限理论也称为无穷小分析.

2.7.2　渐近线

从 2.7.1 小节的例 1 中大家看到，这个函数 $f(x)$ 在 $x\to 1$ 的极限过程中表现为无穷大量，而且在几何上看，平面曲线 $y=f(x)$ 无限地、逐渐地靠近一条直线. 这一现象可从直观上把握函数的动态，从而使我们能较准确地作出它的图形很有帮助.

定义 2.16　设有曲线 $y=f(x)$.

(1) 若 $y=f(x)$ 在 $(x_0,x_0+\delta)$，$(x_0-\delta,x_0)$ $(\delta>0)$ 上有定义，且

$$\lim_{x\to x_0+}f(x)=\pm\infty,\quad \lim_{x\to x_0-}f(x)=\pm\infty\quad \left(\text{或}\lim_{x\to x_0}f(x)=\pm\infty\right),$$

则称直线 $x=x_0$ 为曲线 $y=f(x)$ 的**垂直渐近线**.

(2) 设 $f(x)$ 在 $[a,\infty)$ $((-\infty,a])$ 上有定义，若有直线 $y=l(x)=kx+b$，使得当变量 $x\to\infty$ 时，曲线 $y=f(x)$ 与直线 $y=l(x)$ 的距离趋于零，则称此直线为 $y=f(x)$ 的**斜**(以此区别垂直)**渐近线**.

求垂直渐近线的方法比较简单，这里来谈谈斜渐近线的情形.

如图 2-8 所示，设 $y=kx+b$ 是 $y=f(x)$ 的渐近线. 为了求出 k 与 b，设曲线上一点为 $M(x,y)$，MP 表示曲线与渐近线的距离，点 P 位于渐近线上，我们有 $MP\to 0(x\to\infty)$. 记渐近线的倾斜角为 φ，则 $NM=\dfrac{MP}{\cos\varphi}$. 因为 φ 是定角$\left(\text{不等于}\dfrac{\pi}{2}\right)$，所以有

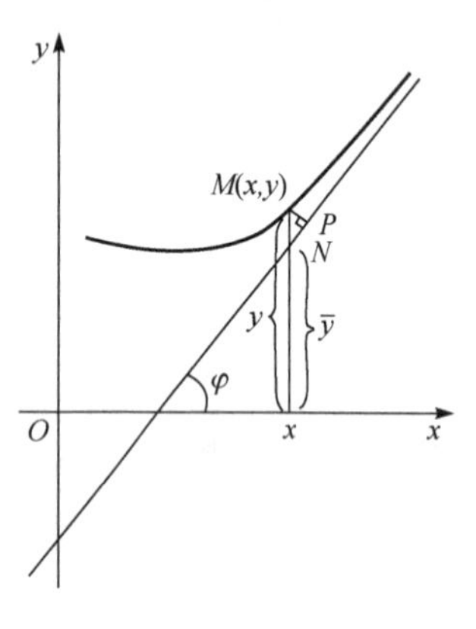

图 2-8

$$\lim_{x\to\infty}NM=0.$$

注意到 $NM=y-\bar{y}=|f(x)-(kx+b)|$，故有

$$\lim_{x\to\infty}[f(x)-(kx+b)]=0. \qquad ①$$

易知 $y=kx+b$ 为 $y=f(x)$ 的渐近线的充分必要条件是：式①成立. 显然，由式①可知

$$\lim_{x\to\infty}\frac{f(x)}{x}=k,\qquad \lim_{x\to\infty}[f(x)-kx]=b.$$

如果上述极限存在，那么就求出了渐近线的方程 $y=kx+b$. 否则表示 $f(x)$ 不存在斜渐近线.

例 1　求 $f(x)=\dfrac{x^2+2x-1}{x}$ 的渐近线.

解　(1) 因为有

$f(x)\to+\infty(x\to 0-)$，　$f(x)\to-\infty(x\to 0+)$，
所以 $f(x)$ 有垂直渐近线：$x=0$.

(2) 因为有

$$k=\lim_{x\to\pm\infty}\frac{f(x)}{x}=\lim_{x\to\pm\infty}\left(1+\frac{2}{x}-\frac{1}{x^2}\right)=1,$$

$$b=\lim_{x\to\pm\infty}(f(x)-x)=\lim_{x\to\pm\infty}\left(\frac{x^2+2x-1}{x}-x\right)$$

$$=\lim_{x\to\pm\infty}\left(2-\frac{1}{x}\right)=2,$$

所以 $y=f(x)$ 有斜渐近线：$y=x+2$(图 2-9).

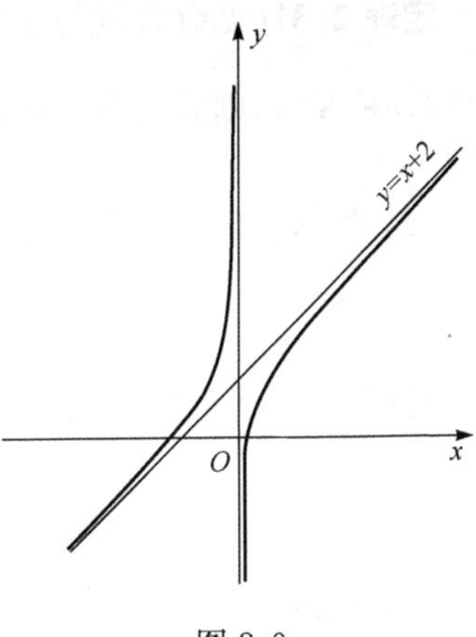

图 2-9

思考练习

1. 设 $P_n(x)=a_0x^n+a_1x^{n-1}+\cdots+a_{n-1}x+a_n(a_0\neq 0)$，试证明 $|P_n(x)|\to+\infty(x\to\infty)$.

2. 设 $f(x)$ 定义在 (a,∞) 上，且在任一区间 (a,b) 上有界. 若存在极限

$$\lim_{x\to+\infty}\frac{f(x+1)-f(x)}{x^n}=l,$$

试证明 $(n+1)\dfrac{f(x)}{x^{n+1}}\to l(x\to+\infty)$.

3. 试求下列曲线 $y=f(x)$ 的渐近线：

(1) $f(x)=\dfrac{x^2+1}{x+1}$；　　(2) $f(x)=\sqrt{\dfrac{1-x}{x}}$.

2.7.3　无穷大整序变量

定义 2.17　设 $\{a_n\}$ 是一个数列. 若对任意大的正数 M，存在 N，当 $n>N$ 时，有 $|a_n|>M$，则称 $\{a_n\}$ 为**无穷大量**. 若有 $a_n>M(n>N)$，则称 $\{a_n\}$ 为**正无穷大量**.

例 1　$a_n=\dfrac{2n^3-n}{7n^2+3n+5}(n=1,2,\cdots)$ 是正无穷大量.

证明　因为 $a_n>\dfrac{n^3}{10n^2}=\dfrac{n}{10}(n\geqslant 2)$，所以对任给的 $M>0$，只需取 $N=[10M]+1$，当 $n>N$ 时，就有 $n>10M$ 或 $\dfrac{n}{10}>M$，此即 $a_n>M(n>N)$.

注　若 $\{a_n\}$ 是正无穷大量，则 $\{a_n\}$ 是无上界数集，且有 $\sup\{a_n\}=+\infty$. 但反之不然. 此外，$a_n\to+\infty(n\to\infty)$ 并不表示 $\{a_n\}$ 是递增数列.

关于无穷大量，我们有下述结论.

定理 2.37(无穷大量与无穷小量的关系) (1) 若$\{a_n\}$是无穷大量(不妨设 $a_n\neq 0, n\in \mathbf{N}^*$),则其倒数形成的数列$\left\{\frac{1}{a_n}\right\}$是无穷小量.

(2) 若$\{a_n\}$是无穷小量(且 $a_n\neq 0, n\in \mathbf{N}^*$),则其倒数形成的数列$\left\{\frac{1}{a_n}\right\}$是无穷大量.

证明 (1)对任给的$\varepsilon>0$,取$M=\frac{1}{\varepsilon}$,则根据无穷大量的定义,必有N,使得

$$|a_n|>M=\frac{1}{\varepsilon}, \qquad \left|\frac{1}{a_n}\right|<\varepsilon \quad (n>N).$$

(2)证明略.

思 考 练 习

1. 设$\{a_n\}$,$\{b_n\}$皆为无穷大量,试问$\{a_n+b_n\}$,$\{a_nb_n\}$是无穷大量吗?

2. 设$\{a_n\}$是无穷小量,$\{b_n\}$是无穷大量,令$c_n=a_nb_n$,$d_n=a_n+b_n(n\in \mathbf{N}^*)$. 试问$\{c_n\}$,$\{d_n\}$是无穷大量? 还是无穷小量?

3. 设$\{a_n\}$是无穷大量,$\{b_n\}$是收敛列,若存在$a_n\cdot b_n\to c(n\to\infty)$,则$\{b_n\}$是无穷小量,对吗?

4. 设$\{a_n\}$是无上界的数列,试证明必存在子列$\{a_{n_k}\}$,使得$a_{n_k}\to+\infty(k\to\infty)$.

5. 设$\{a_n\}$是无界数列,试证明$\{a_n\}$或为无穷大量,或存在收敛子列.

6. 设$\{a_n\}$是无穷大量,且$|b_n|\geqslant\delta>0(n=1,2,\cdots)$,试证明$\{a_n\cdot b_n\}$是无穷大量.

2.8 无穷大(小)量的量阶表示

在关于函数极限的运算中,常需要考察不同函数值大小的趋势,尤其是在两个无穷小(大)量之比的极限运算中,这就自然地在它们之间形成了关于变化趋势快慢的档次的观念. 特别是在各类函数对幂函数的较量中,引发出"量阶"或"主部"的概念. 把握住趋势的量阶或主部不仅有利于简化极限运算,且可使我们认识到事物量变的主旋律所在.

为论述方便起见,本节中记号$\tilde{x}_0$既可表示实数,也可代表∞,$-\infty$或$+\infty$. 此时,当$\tilde{x}_0$代表∞,$-\infty$或$+\infty$时,其邻域是指$|x|>X$,$(-\infty,-X)$或$(X,+\infty)$,其中X是一个充分大的正数. 此外,在本节中论述的关于函数$f(x)$与$g(x)$的相互关系,都是指在它们有公共定义域的地方,而在讲到极限状态$(x\to\tilde{x}_0)$的关系时,公共定义域就是点$x=\tilde{x}_0$的某个邻域,下面不再赘述.

2.8.1 符号"O"与"o"①的意义

1. 符号"O"

定义 2.18 若存在 $M>0$,使得定义在 I 上的 $f(x)$ 与 $g(x)$ 满足 $|f(x)|\leqslant M\cdot|g(x)|(x\in I)$,则称 $f(x)$ 与 $g(x)$ 相比较是有界的,且记为 $f(x)=O(g(x))$,或 $f=O(g)$,读作"f 是大欧(英文字母 O)g".

例 1 $x\sin\dfrac{1}{x}=O(x)(|x|>0)$.

定义 2.19 若 $f(x)$ 与 $g(x)$ 满足

$$\lim_{x\to\tilde{x}_0}\frac{f(x)}{g(x)}=A\quad(g(x)\neq 0),\qquad ①$$

则称 $f(x)$ 与 $g(x)$ 相比较关于点 $\tilde{x}_0$ 是**渐近有界**的,且记为

$$f(x)=O(g(x))\ (x\to\tilde{x}_0)\quad 或\quad f=O(g)\ (x\to\tilde{x}_0).$$

此时,易知在 $x=\tilde{x}_0$ 的某邻域中有 $|f(x)|\leqslant M|g(x)|$.

例 2 $\tan 2x=O(x)(x\to 0)$.

这是因为 $\lim\limits_{x\to 0}\dfrac{\tan 2x}{x}=\lim\limits_{x\to 0}\dfrac{2}{\cos 2x}\cdot\dfrac{\sin 2x}{2x}=2$.

注 1 当 $x\to\tilde{x}_0$,同时有 $f_1(x)=O(g(x))$,$f_2(x)=O(g(x))$ 时,不能推出在点 $x=\tilde{x}_0$ 的某个邻域中 $f_1(x)=f_2(x)$. 例如,

$$\tan 2x=O(x),\quad \sin 2x=O(x)\ (x\to 0).$$

因此,带有符号"O"的等式不是指函数值相等,而是指一种函数值的比较关系,即 $O(g)$ 是这样的函数,它在与 $g(x)$ 相比较中是有界或渐近有界的;而 $f(x)=O(g(x))$ 则表示 $f(x)$ 是这样的函数中的一个,而且这一等式只能从左往右来理解和读出.

注 2 符号"O"的直觉内涵在无穷小(大)量的比较中更显启发性. 设 $f(x)$ 与 $g(x)$ 在 $x\to\tilde{x}_0$ 时为无穷小量,此时,若有

$$\lim_{x\to\tilde{x}_0}\frac{f(x)}{g(x)}=A\neq 0,$$

则必有

$$\lim_{x\to\tilde{x}_0}\frac{g(x)}{f(x)}=\frac{1}{A},$$

即 $f=O(g)$ 与 $g=O(f)$ 是相当的. 也就是说,$f(x)$ 与 $g(x)$ 在趋于零($x\to\tilde{x}_0$)时其快慢相差不大,是可比较的. 此时,我们称 $f(x)$ 与 $g(x)$ 在 $x\to\tilde{x}_0$ 时是**同阶无穷小**.

---

① Landau(兰道,1877~1938,德国数学家)创立的符号,是"order(阶)"一词的字头.

同理,对无穷大量也有类似说法.

特别是当 $g(x)$ 是幂函数时,如 $x^k(k>0)$ 时,无论它作为无穷小量($x\to 0$)还是无穷大量($|x|\to\infty$),我们是熟悉它的简洁性态的. 因此,用它来当作较量的基准是很自然的.

例如,我们有

$$\lim_{x\to 0}\frac{\cos x-1}{x^2}=-\frac{1}{2}\neq 0.$$

就称 $\cos x-1$ 为当 $x\to 0$ 时的 2 阶无穷小量.

又如 $\lim\limits_{x\to 0}\dfrac{\ln(1+x)}{x}=1$,就称 $\ln(1+x)$ 是当 $x\to 0$ 时的 1 阶无穷小量.

例 3 设 $n>m$(正整数),则

$$O(x^n)+O(x^m)=O(x^m)\quad (x\to 0);$$
$$O(x^n)O(x^m)=O(x^{n+m})\quad (x\to 0);$$
$$O(x^n)+O(x^m)=O(x^n)\quad (x\to\infty);$$
$$O(x^n)\cdot O(x^m)=O(x^{n+m})\quad (x\to\infty).$$

对于三个函数 $f(x)$,$g(x)$ 与 $h(x)$,若有

$$f(x)-h(x)=O(g(x))\quad (x\to\tilde{x}_0),$$

则也可记为

$$f(x)=h(x)+O(g(x))\quad (x\to\tilde{x}_0).$$

例 4 $\cos x=1+O(x^2)\ (x\to 0)$.

2. 符号“o”

关于式①中 $A\neq 0$ 的意义已有了一番议论,现在要对 $A=0$ 的情形详加阐述.

定义 2.20 若 $f(x)$ 与 $g(x)$ 满足

$$\lim_{x\to\tilde{x}_0}\frac{f(x)}{g(x)}=0, \tag{②}$$

则称在 $x\to\tilde{x}_0$ 时 $f(x)$ 与 $g(x)$ 相比较是个无穷小量,且记为

$$f(x)=o(g(x))\ (x\to\tilde{x}_0)\quad 或\quad f=o(g)\ (x\to\tilde{x}_0),$$

读作“f 是小欧 g”.

例 5 若 $f(x)=o(1)(x\to\tilde{x}_0)$,则表示 $f(x)$ 在 $x\to\tilde{x}_0$ 时是无穷小量.

注 容易理解,当 $x\to\tilde{x}_0$ 且 $f(x)$ 与 $g(x)$ 都是无穷小量时,那么式②表示当 $x\to\tilde{x}_0$ 时 $f(x)$ 趋于零的速度比 $g(x)$ 还要快,$f(x)$ 是比 $g(x)$ 更高阶的无穷小量. 当 $f(x)$ 与 $g(x)$ 在 $x\to\tilde{x}_0$ 时都是无穷大量时,那么式②表示当 $x\to\tilde{x}_0$ 时 $g(x)$ 趋于无穷大的速度比 $f(x)$ 还要快,$g(x)$ 是比 $f(x)$ 更高阶的无穷大量.

例 6 $x^2+x^3=o(x)\ (x\to 0)$; $\ln x=o(x^\varepsilon)\ (x\to+\infty)$, $\varepsilon>0$;

$x^n=o(e^x)\ (x\to+\infty)$; $a_nx^n+a_{n-1}x^{n-1}+\cdots+a_0=o(x^{n+1})\ (x\to\infty)$.

从以上例子可以看出,我们能够构造比 $e^x\ (x\to+\infty)$ 更高阶的无穷大量,如 e^{e^x};又如在 $x\to+\infty$ 时,$\ln x$ 是比 $\ln(\ln x)$ 更高阶的无穷大量.

注 1 $\sin x^2=o(x)(x\to0)$ 不能写成 $o(x)=\sin x^2(x\to0)$.

注 2 从 $1-\cos x=o(x)(x\to0)$,以及 $1-\cos x=O(x^2)(x\to0)$,不能写出 $o(x)=O(x^2)$.

2.8.2 渐近相等

在 2.8.1 小节式①中,$A=1$ 的情形也占有着特定的地位.

1. 函数间符号"$\sim$"的意义

定义 2.21 若 $f(x)$ 与 $g(x)$ 满足 $\lim\limits_{x\to\tilde{x}_0}\dfrac{f(x)}{g(x)}=1$,则称在 $x\to\tilde{x}_0$ 时,$f(x)$ 与 $g(x)$ 是**渐近相等**的,记为

$$f(x)\sim g(x)\quad(x\to\tilde{x}_0)\quad 或\quad f\sim g\quad(x\to\tilde{x}_0).$$

特别地,当 $x\to\tilde{x}_0$ 时,$f(x)$ 与 $g(x)$ 是无穷小(大)量时,则称 $f(x)$ 与 $g(x)$ 是**等价无穷小(大)量**.

例 1 $\sqrt{x+\sqrt{x}}\sim\sqrt[4]{x}(x\to0+)$;$\sqrt{x+\sqrt{x}}\sim\sqrt{x}(x\to+\infty)$.

关于符号"$\sim$",在相同极限过程中,下述性质成立:

(1) 若 $f\sim g$,则 $g\sim f$.

(2) 若 $f\sim g$,且 $g\sim h$,则 $f\sim h$.

(3) 若 $f_1\sim g_1$,且 $f_2\sim g_2$,则 $f_1\cdot f_2\sim g_1\cdot g_2$.

例 2 $x\sim\sin x\sim\tan x\sim\ln(1+x)\sim e^x-1(x\to0)$.

实际上还有:若有 $\lim\limits_{x\to\tilde{x}_0}\varphi(x)=0$,则当 $x\to\tilde{x}_0$ 时有

$$\begin{aligned}\varphi(x)&\sim\sin\varphi(x)\sim\tan\varphi(x)\sim\arcsin\varphi(x)\\&\sim\arctan\varphi(x)\sim\ln(1+\varphi(x))\sim e^{\varphi(x)}-1.\end{aligned}$$

注 1 从 $f_1\sim g_1,f_2\sim g_2(x\to\tilde{x}_0)$ 不能推出 $f_1\pm f_2\sim g_1\pm g_2(x\to\tilde{x}_0)$.

注 2 从 $f\sim g(x\to\tilde{x}_0)$ 不能推出 $2^f\sim2^g(x\to\tilde{x}_0)$.

注 3 若 $\lim\limits_{x\to x_0}\ln[1+f(x)]=0$,则 $\lim\limits_{x\to x_0}f(x)=0$.

2. 符号"$\sim$"与"o"

在许多数学问题中,常需要用某个函数 $g(x)$ 去替换研究对象 $f(x)$,此时我们称误差 $f(x)-g(x)$ 的绝对值为**绝对误差**,而称$(f(x)\neq0)$

$$\frac{f(x)-g(x)}{f(x)}$$

的绝对值为**相对误差**. 在这里，当然期望该替代函数 $g(x)$ 在一定意义下比 $f(x)$ 的性态更简明和良好. 特别是在考察 $x\to\tilde{x}_0$，$f(x)$ 的渐近性态时，自然还要求

$$\lim_{x\to\tilde{x}_0}[f(x)-g(x)]=0.$$

此时，我们就说在点 $x=\tilde{x}_0$ 附近，$g(x)$ 逼近或近似于 $f(x)$. 然而，这样的性质在 $f(x)$，$g(x)$ 是无穷小量 $(x\to\tilde{x}_0)$ 时都是具有的. 因此，特别有意义的是 f 与 g 渐近相等的情形：

$$f(x)\sim g(x)\quad(x\to\tilde{x}_0).$$

这是因为在这种情形下，不仅绝对误差趋于零，而且相对误差也满足

$$\lim_{x\to\tilde{x}_0}\frac{f(x)-g(x)}{f(x)}=0.$$

即用渐近相等的函数来作近似代替（在极限状态下）要比用其他函数好得多.

例如，当 $x\to 0$ 时，函数 x，$x/2$，$2x$，$10x$ 等与 $\sin x$ 都是无穷小量，故其绝对误差在 $x\to 0$ 时都趋于零：

$$\begin{aligned}\lim_{x\to 0}(\sin x-x)&=\lim_{x\to 0}\left(\sin x-\frac{1}{2}x\right)=\lim_{x\to 0}(\sin x-2x)\\&=\lim_{x\to 0}(\sin x-10x)=0.\end{aligned}$$

然而只有一个函数 $g(x)=x$，使其相对误差在 $x\to 0$ 时趋于零：

$$\lim_{x\to 0}\frac{\sin x-x}{\sin x}=\lim_{x\to 0}\left(1-\frac{x}{\sin x}\right)=0.$$

易知，利用符号“o”，相对误差趋于零可以写成 $f(x)-g(x)=o(f(x))$ $(x\to\tilde{x}_0)$.

现在，我们把上述议论归结为一个定理.

定理 2.38 函数 $f(x)$ 与 $g(x)$ 是渐近相等的：$f(x)\sim g(x)$ $(x\to\tilde{x}_0)$ 的充分必要条件是 $f(x)=g(x)+o(g(x))$ $(x\to\tilde{x}_0)$.

注意，从 $f(x)\sim g(x)$ $(x\to\tilde{x}_0)$ 不能推出 $\lim\limits_{x\to\tilde{x}_0}[f(x)-g(x)]=0$.

定理 2.39 设 $f(x)\sim f_1(x)$，$g(x)\sim g_1(x)$ $(x\to\tilde{x}_0)$. 若存在极限 $\lim\limits_{x\to\tilde{x}_0}\dfrac{f_1(x)}{g_1(x)}=A$，则存在极限

$$\lim_{x\to\tilde{x}_0}\frac{f(x)}{g(x)}=\lim_{x\to\tilde{x}_0}\frac{f_1(x)}{g_1(x)}=A.$$

证明 只需注意等式 $\lim\limits_{x\to\tilde{x}_0}\dfrac{f(x)}{g(x)}=\lim\limits_{x\to\tilde{x}_0}\dfrac{f(x)}{f_1(x)}\dfrac{g_1(x)}{g(x)}\dfrac{f_1(x)}{g_1(x)}=\lim\limits_{x\to\tilde{x}_0}\dfrac{f_1(x)}{g_1(x)}=A$ 即可.

注 在定理 2.39 中，若 f，g 与 f_1，g_1 的位置互换，则结论仍成立. 因此，它在实践上有广泛的应用，即在求函数极限过程中，可用渐近相等的函数互相替换，而不改变极限的存在性以及极限值. 注意，所谓替换是专指在乘积形式中操作的简便称谓，就像是替身.

例 3 求极限$\lim\limits_{x\to 0}(\cos 2x)^{1/x^2}$.

解 根据等式$(\cos 2x)^{1/x^2}=\mathrm{e}^{\ln\cos 2x/x^2}=\mathrm{e}^{\ln(1-\sin^2 2x)/2x^2}$,并注意到当$x\to 0$时有

$$\ln(1-\sin^2 2x)\sim -\sin^2 2x\sim -(2x)^2=-4x^2,$$

我们得到

$$\frac{1}{2}\lim_{x\to 0}\frac{\ln(1-\sin^2 2x)}{x^2}=-\frac{1}{2}\lim_{x\to 0}\frac{4x^2}{x^2}=-2.$$

由此可知$\lim\limits_{x\to 0}(\cos 2x)^{1/x^2}=\dfrac{1}{\mathrm{e}^2}$.

例 4 求$\lim\limits_{x\to 0}\dfrac{\ln\cos x}{\tan x^2}$.

解 注意到当$x\to 0$时,有

$$\ln\cos x=\frac{1}{2}\ln(1-\sin^2 x)\sim -\frac{\sin^2 x}{2}\sim -\frac{x^2}{2};\quad \tan x^2\sim x^2.$$

从而得$\lim\limits_{x\to x_0}=\dfrac{\ln\cos x}{\tan x^2}=\lim\limits_{x\to x_0}\dfrac{-\dfrac{x^2}{2}}{x^2}=-\dfrac{1}{2}$.

注 1 并不是任一无穷大(小)量都有一个确定的量阶. 例如,$x\ln x\,(x\to +\infty)$. 此外,也不是任何两个无穷大量之间都可以比出一个高低量阶来. 例如,当$x\to +\infty$时的$x^2\sin^2 x+x+1$与$x^2\cos^2 x+x+1$.

注 2 下述运算是错误的:$\lim\limits_{x\to 0}\dfrac{\sin x-x}{x^3}=\lim\limits_{x\to 0}\dfrac{x-x}{x^3}=0$.

然而,在求函数极限过程中,如果我们把整个函数的动态表达式用来作替换,那么这样的运算就是正确的.

例 5 求极限$\lim\limits_{x\to 0}f(x)$,其中

$$f(x)=\frac{\ln(1+x+x^2)+\arcsin 3x-5x^3}{\sin 2x+\tan^2 x+(\mathrm{e}^x-1)^5}.$$

解 注意到

$$\ln(1+x+x^2)=x+o(x)\ (x\to 0);\quad 5x^3=o(x)\ (x\to 0);$$
$$\arcsin 3x=3x+o(3x)=3x+o(x)\ (x\to 0);$$
$$\sin 2x=2x+o(x)\ (x\to 0);$$
$$\tan^2 x=x^2+o(x^2)=o(x)\ (x\to 0);$$
$$(\mathrm{e}^x-1)^5=x^5+o(x^5)=o(x)\ (x\to 0).$$

可得

$$\begin{aligned}&\ln(1+x+x^2)+\arcsin 3x-5x^3\\=&x+o(x)+3x+o(x)-o(x)\\=&4x+o(x)\ (x\to 0).\end{aligned}$$

$$\begin{aligned}\sin 2x+\tan^2 x+(\mathrm{e}^x-1)^5 &= 2x+o(x)+o(x)+o(x)\\ &= 2x+o(x)\quad (x\to 0);\end{aligned}$$

从而我们有

$$\lim_{x\to 0} f(x)=\lim_{x\to 0}\frac{4x+o(x)}{2x+o(x)}.$$

又因为 $4x+o(x)\sim 4x, 2x+o(x)\sim 2x(x\to 0)$，所以

$$\lim_{x\to 0} f(x)=\lim_{x\to 0}\frac{4x}{2x}=2.$$

当两个函数 $f(x), g(x)$ 满足

$$f(x)=g(x)+o(g(x))\quad (x\to \tilde{x}_0)$$

时，也称 $g(x)$ 是 $f(x)$ 在 $x\to\tilde{x}_0$ 时的**主部**（即把主要部分分离出来了）.

例 6 由 $\sin x=x+o(x)(x\to 0)$ 可知，x 是 $\sin x$ 在 $x\to 0$ 时的主部.

例 7 设有 n 次多项式

$$P_n(x)=a_n x^n+a_{n-1}x^{n-1}+\cdots+a_1 x+a_0,\quad a_n\neq 0,$$

则当 $x\to\infty$ 时，$P_n(x)$ 的主部是 $a_n x^n$，即

$$P_n(x)=a_n x^n+o(x^n)\quad (x\to\infty).$$

当然，主部的概念是相对而言的，如考察 $f(x)=x+x^2+x^3$，则

$$f(x)=x+o(x)\qquad (x\to 0);$$

$$f(x)=x+x^2+o(x+x^2)\quad (x\to 0),$$

即在 $x\to 0$ 时，$f(x)$ 相对于 x 的主部是 x，而相对于 $x+x^2$ 则为 $x+x^2$. 不过，不难证明，在适当选择的定式下，可以使主部表达式唯一.

例 8 设 $f(x)$ 在 $x\to x_0\in(-\infty,\infty)$ 时，其主部为 $A(x-x_0)^k$. 若又有 $f(x)\sim A_1(x-x_0)^{k_1}$（$A, A_1$ 与 k_1 都是常数），则必有 $A=A_1, k=k_1$.

事实上，因为 $f(x)\sim A(x-x_0)^k, f(x)\sim A_1(x-x_0)^{k_1}(x\to x_0)$，所以有

$$A(x-x_0)^k\sim A_1(x-x_0)^{k_1}\quad (x\to x_0).$$

从而有

$$1=\lim_{x\to x_0}\frac{A(x-x_0)^k}{A_1(x-x_0)^{k_1}}=\frac{A}{A_1}\lim_{x\to x_0}(x-x_0)^{k-k_1}.$$

由此可知 $A=A_1, k=k_1$.

函数的主部概念在考察无穷小（大）量的极限运算中极为有用，尤其在函数结构较复杂的情形中，若能运用主部分离的方法，则将收到事半功倍之效. 主部分离虽在求极限问题中呈现出简便、有效性，但目前还不能提供一般的方法来分离函数的主部，我们把这一困难推后到微分学中去解决.

对于数列 $\{a_n\}, \{b_n\}$，也可采用类似的运作：若存在 $M>0$ 以及 N，使得 $|a_n|\leqslant Mb_n, n>N$，则记为 $a_n=O(b_n)(n\to\infty)$. 注意

$$a_n \sim b_n \ (n\to\infty)\text{表示}\quad \lim_{x\to\infty}\frac{a_n}{b_n}=1.$$

$$a_n=o(b_n)\quad (n\to\infty)\text{表示}\quad \lim_{x\to\infty}\frac{a_n}{b_n}=0.$$

例 9 $\dfrac{1}{n^2-1}=O\left(\dfrac{1}{n^2}\right)(n\to\infty)$.

例 10 设$\{a_n\}$是非负数列,若

$$\sum_{k=1}^{n} ka_k = O(\sqrt{n})\ (n\to\infty),$$

则$\sqrt[n]{a_1\cdot a_2\cdot\cdots\cdot a_n}=o\left(\dfrac{1}{\sqrt{n}}\right)(n\to\infty)$.

证明 由题设知,存在常数$M>0$,使得

$$\sum_{k=1}^{n} ka_k \leqslant M\sqrt{n}\quad (n=1,2,\cdots).$$

由此可知

$$\sqrt[n]{a_1\cdot a_2\cdot\cdots\cdot a_n}=\frac{\sqrt[n]{n!a_1\cdot a_2\cdot\cdots\cdot a_n}}{\sqrt[n]{n!}}=\frac{\sqrt[n]{a_1\cdot 2a_2\cdot\cdots\cdot na_n}}{\sqrt[n]{n!}}$$

$$\leqslant\frac{1}{\sqrt[n]{n!}}\frac{\sum\limits_{k=1}^{n}ka_k}{n}\leqslant\frac{1}{\sqrt[n]{n!}}\frac{M\sqrt{n}}{n}=\frac{M}{\sqrt{n}\ \sqrt[n]{n!}}.$$

从而我们有$\dfrac{\sqrt[n]{a_1\cdot a_2\cdot\cdots\cdot a_n}}{\dfrac{1}{\sqrt{n}}}\leqslant\dfrac{M}{\sqrt[n]{n!}}\to 0(n\to\infty)$,得证.

例 11 求满足$2a^{1/n}-b^{1/n}-c^{1/n}=o\left(\dfrac{1}{n}\right)(n\to\infty)$的正数$a,b,c$之间的关系.

解 因为我们有极限等式

$$\frac{2a^{1/n}-b^{1/n}-c^{1/n}}{(1/n)}=b^{1/n}\frac{(a/b)^{1/n}-1}{(1/n)}+c^{1/n}\frac{(a/c)^{1/n}-1}{(1/n)}$$

$$\to\ln\left(\frac{a}{b}\right)+\ln\left(\frac{a}{c}\right)=\ln\frac{a^2}{bc},$$

所以该关系为$a^2=bc$.

注 不难看出,两个变量之间在趋于无穷(或 0)过程中并不总有相对的量阶. 例如,

$$r_n=\frac{a_n^2\sin^2 a_n+a_n+1}{b_n^2\cos^2 b_n+b_n},$$

当 $a_n=b_n=n\pi$ 时，$r_n=1/n\pi$；当 $a_n=b_n=\left(n+\dfrac{1}{2}\right)\pi$ 时，$r_n=(n+1/2)\pi+1+1/(n+1/2)\pi$. 此时，虽然分子与分母都是无穷大量，但是其商 r_n 并不在两个正数之间，也不趋于 0 或 $+\infty$. 因此，分子的量阶既不与分母相同，也不低于或高于分母的量阶.

思考练习

1. 设 $f(x)=ax+o(x)(x\to 0)$，$ax\geqslant 0$，试证明

(1) $\sqrt{f(x)}=\sqrt{ax}+o(\sqrt{|x|})(x\to 0)$.

(2) $f^k(x)=(ax)^k+o(|x|^k)(x\to 0)$，$k>0$.

2. 设 $f(x)=ax+o(x^2)(x\to 0, a\neq 0)$，试证明

$$\frac{1}{f(x)}=\frac{1}{ax}+o(1)\quad(x\to 0).$$

3. 设 $f(x)\sim g(x)(x\to x_0)$，试证明存在 $\varphi(x)\to 1(x\to x_0)$，使得 $f(x)=\varphi(x)g(x)$，$x\in U_0(x_0)$.

4. 设 $f(x)=O(g^2(x))(x\to x_0)$，$g(x)=o(1)(x\to x_0)$，试证明 $f(x)=o(g(x))(x\to x_0)$.

5. 设 $g(x)\to+\infty(x\to x_0)$，$f(x)=o(g(x))(x\to x_0)$，试证明

$$a^{f(x)}=o(a^{g(x)})\quad(x\to x_0),\quad a>1.$$

6. 设定义在(0,1)上的函数 $f(x)$ 满足 $f(x)\to 0(x\to 0+)$，$f(x)-f\left(\dfrac{x}{2}\right)=o(x)(x\to 0+)$，试证明 $f(x)=o(x)(x\to 0+)$.

7. 设数列 $\{a_n\}$ 满足 $\sum\limits_{k=2}^{n}\dfrac{a_k}{n}\to a(n\to\infty)$. 若有 $\sum\limits_{k=2}^{n}k(a_k-a_{k-1})=o(n)(n\to\infty)$，试证明 $a_n\to a(n\to\infty)$.

8. 若 $f(x)\sim x\ln x(x\to+\infty)$，试证明 $\dfrac{f(x)}{\ln f(x)}\sim x(x\to+\infty)$.

后 记

(一) 实数的稠密性

1.（有理数的稠密性） 设 a,b 是两个不同实数，且 $a<b$，则存在有理数 r：$a<r<b$.

证明 因为 $b-a>0$，所以存在正整数 n，使得 $0<\dfrac{1}{n}<b-a$. 易知 $na<na+1<nb$，且存在整数 m：$m\leqslant na+1<m+1$. 从而有 $na<m$.

综合上述结果，可得 $na<m\leqslant na+1<nb$. 由此立即导出 $na<m<nb$，即 $a<\dfrac{m}{n}<b$，其中 $\dfrac{m}{n}$ 是有理数.

2.（无理数的稠密性） 设 a,b 是两个实数，且 $a<b$，则存在无理数 c：$a<c<b$.

证明 根据 $\sqrt{2}a<\sqrt{2}b$，可知存在有理数 r，使得 $\sqrt{2}a<r<\sqrt{2}b$，易知

$$a<\frac{r}{\sqrt{2}}<b.$$

若 $r\neq 0$,则$\frac{r}{\sqrt{2}}$是无理数.

若 $r=0$,则 $a<0<b$ 或$\sqrt{2}a<0<\sqrt{2}b$. 易知存在有理数 s:$0<s<\sqrt{2}b$. 由此知$\sqrt{2}a<s<\sqrt{2}b$,即 $a<\frac{s}{\sqrt{2}}<b$. $\frac{s}{\sqrt{2}}$是 a 与 b 之间的无理数.

例 1 数集$\left\{\frac{m^2}{n^2}:m,n\in\mathbf{N}^*\right\}$在正半轴$[0,\infty)$中稠密.

证明 对任一 $x\in(0,\infty)$以及 $\varepsilon>0$,选取 m,n 使得

$$\frac{2\sqrt{x}}{n}+\frac{1}{n^2}<\varepsilon,\qquad \frac{m^2}{n^2}\leqslant x<\frac{(m+1)^2}{n^2},$$

$$0\leqslant x-\frac{m^2}{n^2}<\frac{2m+1}{n^2}\leqslant\frac{2\sqrt{x}}{n}+\frac{1}{n^2}<\varepsilon.$$

3. 对任意给定的实数 x 以及正整数 N:$N>1$,必存在整数 p,q:$0<q<N$,使得

$$|qx-p|<\frac{1}{N}.$$

证明 考察 $N+1$ 个实数 $mx-[mx]$($m=1,2,\cdots,N,N+1$),由于

$$0\leqslant mx-[mx]<1,$$

故在 $N+1$ 个数$\{mx-[mx]\}$中必有两个数,其差的绝对值小于$\frac{1}{N}$,不妨设为

$$|m_2x-[m_2x]-(m_1x-[m_1x])|<\frac{1}{N},\quad 0<m_1<m_2\leqslant N.$$

令 $q=m_2-m_1$, $p=[m_2x]-[m_1x]$,则 $0<q<N$,且$|qx-p|<\frac{1}{N}$.

4. 若 x 为无理数,则存在无穷多个有理数$\frac{p}{q}$($q>0$),使得

$$\left|x-\frac{p}{q}\right|<\frac{1}{q^2}.$$

证明 反证法. 假定只有有限个有理数满足上述不等式,即

$$\left|x-\frac{p_i}{q_i}\right|<\frac{1}{q_i^2}\quad(i=1,2,\cdots,m).$$

令 $\delta=\min\left\{\left|x-\frac{p_i}{q_i}\right|:i=1,2,\cdots,m\right\}$,取 N:$N>\frac{1}{\delta}$,且作整数 p,q($0<q<N$),使得

$$|qx-p|<\frac{1}{N},\quad \left|x-\frac{p}{q}\right|<\frac{1}{qN}<\frac{1}{q^2}.$$

但因 q 是正整数,故又有$\left|x-\frac{p}{q}\right|<\frac{1}{qN}<\frac{\delta}{q}<\delta$. 根据 δ 之定义,$\frac{p}{q}\neq\frac{p_i}{q_i}$($i=1,2,\cdots,m$),这与原假设矛盾.

(二) 数列极限

1. 把数列$\{a_n\}$看成一个依次序取值的变量时，也称为整序变量. 当$a_n\to a(n\to\infty)$时，$\{a_n-a\}$就是无穷小量. 在后面大家将看到，微分与积分的课题的核心是如何处理无穷小量的问题. 因此，在历史上也将此称为“无穷小分析”. 然而，无穷小量是一个变量这一正确观念是19世纪才界定的. Cauchy在1821年的著作中写道：“当一个变量的数值这样地无限减小，使之收敛到极限0，那么人们就说这个变量成为无穷小.”在这里他澄清了Leibniz把无穷小量当作一个极端小的定量的观念.

2. 递推数列的通项表示与简化.

递推数列的敛散性取决于两个因素：递推式的数量结构和初值的分布. 因此，探讨递推式的分类、简化具有重要意义，特别是表示通项的手段在其中的作用.

(1) 通项表示.

相邻比：设$a_n>0(n=1,2,\cdots)$，则$a_n=\dfrac{a_1}{1}\dfrac{a_2}{a_1}\cdots\dfrac{a_n}{a_{n-1}}$.

例2　若$\dfrac{a_n}{a_{n-1}}\to a(n\to\infty)$，则有$\sqrt[n]{a_n}=\sqrt[n]{\dfrac{a_1}{1}\dfrac{a_2}{a_1}\cdots\dfrac{a_n}{a_{n-1}}}\to a(n\to\infty)$；由此可知$\dfrac{n}{\sqrt[n]{n!}}\to \mathrm{e}(n\to\infty)$，这是因为设$a_n=\dfrac{n^n}{n!}$，则$\dfrac{a_{n+1}}{a_n}=\left(1+\dfrac{1}{n}\right)^n\to\mathrm{e}(n\to\infty)$，而$\dfrac{n}{\sqrt[n]{n!}}=\sqrt[n]{a_n}$.

相邻差：$a_n=(a_n-a_{n-1})+(a_{n-1}-a_{n-2})+\cdots+(a_2-a_1)+a_1$.

例3　若$a_n-a_{n-1}\to a(n\to\infty)$，则易知$\dfrac{a_n}{n}\to a(n\to\infty)$. 对$a_{n+1}=Aa_n+B(n=1,2,\cdots)$，写成$a_{n+1}-a_n=A(a_n-a_{n-1})$再考察. 对$a_n=1+\dfrac{1}{\sqrt{2}}+\dfrac{1}{\sqrt{3}}+\cdots+\dfrac{1}{\sqrt{n}}-2\sqrt{n}(n=1,2,\cdots)$，写成$a_n=\sum\limits_{k=1}^{n-1}(a_{k+1}-a_k)+a_1$，其中

$$\begin{aligned}a_{k+1}-a_k&=\frac{1}{\sqrt{k+1}}-2\sqrt{k+1}+2\sqrt{k}=\frac{1}{\sqrt{k+1}}-\frac{2}{\sqrt{k+1}-\sqrt{k}}\\&=-\frac{\sqrt{k}}{\sqrt{k+1}(\sqrt{k+1}-\sqrt{k})}.\end{aligned}$$

和式差：记$S_n=a_1+a_2+\cdots+a_n(n=1,2,\cdots)$，则$a_n=S_n-S_{n-1}(n=2,3,\cdots)$.

例4　若$\dfrac{S_n}{n}\to a(n\to\infty)$，则$\dfrac{a_n}{n}\to 0(n\to\infty)$. 注意$\dfrac{a_n}{n}=\dfrac{S_n-S_{n-1}}{n}$.

积化和：涉及乘积$a_1\cdot a_2\cdot\cdots\cdot a_n$，可用对数化作和. 例如，在$a_n\to a>0(n\to\infty)$时，有$b_n=\sqrt[n]{a_1\cdot a_2\cdot\cdots\cdot a_n}\to a(n\to\infty)$. 这只需注意

$$\ln b_n=\frac{\ln a_1+\ln a_2+\cdots+\ln a_n}{n}.$$

(2)递推式化简.

线性整式型：设$a_{n+2}=Aa_{n+1}+Ba_n(n=1,2,\cdots)$，且$A^2+4B\geqslant 0$. 令

$$\alpha=\frac{A-\sqrt{A^2+4B}}{2},\qquad \beta=\frac{A+\sqrt{A^2+4B}}{2},$$

则原递推式可写为

$$a_{n+2}=(\alpha+\beta)a_{n+1}-\alpha\beta a_n\quad(n=1,2,\cdots).$$

作替换 $b_n=a_{n+1}-\beta a_n$，则问题转化为研究 $b_{n+1}=\alpha b_n(n=1,2,\cdots)$.

线性分式型：设 $C\neq0,BC-AD\neq0$，且有

$$a_{n+1}=\frac{Aa_n+B}{Ca_n+D}\quad(n=1,2,\cdots),$$

对此，作替换 $b_n=Ca_n+D,a=BC-AD,b=A+D$，则原递推式可改写为 $b_{n+1}=\frac{a}{a_n}+b\ (n=1,2,\cdots)$. 如果 $b^2+4a\geqslant0$，则令

$$\alpha=\frac{b-\sqrt{b^2+4a}}{2},\qquad \beta=\frac{b+\sqrt{b^2+4a}}{2},$$

上述递推式又可改为 $b_{n+1}=\alpha+\beta-\frac{\alpha\beta}{b_n}(n=1,2,\cdots)$.

进一步还可写成$\left(\text{令 } b_n=\alpha\left(1+\frac{1}{d_n}\right)\right)$

$$d_{n+1}=\frac{\alpha}{\beta}\left(1+\frac{1}{d_n}\right)\quad(n=1,2,\cdots).$$

二次式型：$a_{n+1}=Aa_n^2+Ba_n+C(n=1,2,\cdots)$，其中 $A\neq0$. 对此，经变量替换可将上式写成 $b_{n+1}=ab_n^2+b(n=1,2,\cdots)$.

（三）Toeplitz 变换

许多结构复杂的数列，有时可由某个确定的数列经过一定的组合而得到. 例如，对数列 $\{a_n\}$，用双指标数列 $\{c_{n,k}\}$：$1\leqslant k\leqslant n,n=1,2,\cdots$可作出数列

$$b_n=\sum_{k=1}^{n}c_{n,k}a_k\quad(n=1,2,\cdots).\qquad ①$$

例 5　取 $c_{n,k}=\frac{d_{n-k+1}}{n}(1\leqslant k\leqslant n,n\in\mathbf{N}^*,\{d_i\}$是数列)，则式①中 b_n 为

$$b_n=\frac{d_na_1+d_{n-1}a_2+\cdots+d_1a_n}{n}\quad(n=1,2,\cdots).$$

换一种说法，对于数列 $\{b_n\}$，我们可以找到双指标数列 $c_{n,k}(1\leqslant k\leqslant n,n\in\mathbf{N}^*)$，使得它与另一个已知数列 $\{a_n\}$ 组成关系式①. 此时，在一定条件下，$\{b_n\}$ 与 $\{a_n\}$ 的收敛性有着密切关系，这就是下面的著名结果.

命题 2.2（Toeplitz①）　设 $\{a_n\}$ 是收敛列，$c_{n,k}$，$1\leqslant k\leqslant n\ (n=1,2,\cdots)$满足（正则）条件：

(1) 对任意的 k，$c_{n,k}\to0(n\to\infty)$.

---

① Toeplitz（特普利茨，1881～1940），德国数学家.

(2) $\lim\limits_{n\to\infty}\sum\limits_{k=1}^{n}c_{n,k}=1$.

(3) 存在 $M\geqslant 0$，使得 $\sum\limits_{k=1}^{n}|c_{n,k}|\leqslant M(n=1,2,\cdots)$，令 $b_n=\sum\limits_{k=1}^{n}c_{n,k}a_k(n=1,2,\cdots)$，则 $\lim\limits_{n\to\infty}b_n=\lim\limits_{n\to\infty}a_n$.

证明　因为如果 $a_n=a(n=1,2,\cdots)$，那么必有

$$b_n=a\sum_{k=1}^{n}c_{n,k}\to a\quad(n\to\infty),$$

所以下面只需考察 $a_n\to 0(n\to\infty)$ 时的情形.

易知对任意的 m：$1\leqslant m\leqslant n$，有

$$|b_n-0|=|b_n|=\left|\sum_{k=1}^{n}c_{n,k}a_k\right|\leqslant\sum_{k=1}^{m-1}|c_{n,k}||a_k|+\sum_{k=m}^{n}|c_{n,k}||a_k|.$$

根据 $a_n\to 0(n\to\infty)$ 可知，对任给的 $\varepsilon>0$，存在 N_1，使得对 $n>N_1$，有 $|a_n|<\frac{\varepsilon}{2M}$.

此外，还存在 $M_1>0$，使得 $|a_n|<M_1(n=1,2,\cdots)$.

由条件(1)可知，对 $k=1,2,\cdots,N_1-1$，有

$$\lim_{n\to\infty}\sum_{k=1}^{N_1-1}|c_{n,k}|=0,$$

故存在 N_2，使得当 $n>N_2$ 时，有 $\sum\limits_{k=1}^{N_1-1}|c_{n,k}|<\frac{\varepsilon}{2M_1}$.

取 $m=N_1$，$N=\max\{N_1,N_2\}$，则当 $n>N$ 时，由上面不等式可得

$$\begin{aligned}|b_n-0|&\leqslant M_1\sum_{k=1}^{N_1-1}|c_{n,k}|+\frac{\varepsilon}{2M}\sum_{k=N_1}^{n}|c_{n,k}|\\&<M_1\cdot\frac{\varepsilon}{2M_1}+\frac{\varepsilon}{2M}\sum_{k=1}^{n}|c_{n,k}|<\frac{\varepsilon}{2}+\frac{\varepsilon}{2M}M=\varepsilon.\end{aligned}$$

例 6　设 $a_n\to a(n\to\infty)$，则

$$\lim_{n\to\infty}\frac{na_1+(n-1)a_2+\cdots+a_n}{n^2}=\frac{a}{2}.$$

证明　令 $c_{n,k}=\frac{2(n-k+1)}{n^2}(1\leqslant k\leqslant n,n\in\mathbf{N})$，易知

(1) $\lim\limits_{n\to\infty}c_{n,k}=0$；

(2)
$$\begin{aligned}\lim_{n\to\infty}\sum_{k=1}^{n}c_{n,k}&=\lim_{n\to\infty}\sum_{k=1}^{n}\frac{2(n-k+1)}{n^2}=\lim_{n\to\infty}\frac{2}{n^2}\sum_{k=1}^{n}(n-k+1)\\&=\lim_{n\to\infty}\frac{2}{n^2}(1+2+\cdots+n)=\lim_{n\to\infty}\frac{n(n+1)}{n^2}=1;\end{aligned}$$

(3) $\sum\limits_{k=1}^{n}|c_{n,k}|=\frac{n^2+n}{n^2}\leqslant 2$.

从而由 Toeplitz 定理可知$\lim\limits_{n\to\infty}\sum\limits_{k=1}^{n}c_{n,k}a_k=\lim\limits_{n\to\infty}a_n=a$. 但另一方面，又有

$$\frac{na_1+(n-1)a_2+\cdots+1\cdot a_n}{n^2}=\frac{1}{2}\sum_{k=1}^{n}c_{n,k}a_k.$$

即得所证.

现在我们把具有简便速效的求某类数列极限的 Stolz 定理作为推论介绍如下.

推论 2.10(Stolz①)　设数列$\{a_n\}$,$\{b_n\}$满足条件：

(1) $b_n<b_{n+1}(n=1,2,\cdots)$,

(2) $b_n\to+\infty(n\to\infty)$,

(3) 存在极限$\lim\limits_{n\to\infty}\dfrac{a_n-a_{n-1}}{b_n-b_{n-1}}=l$,

则有$\lim\limits_{n\to\infty}\dfrac{a_n}{b_n}=l$.

证明　不妨假定 $b_1>0$ 及引入 $a_0=0,b_0=0$,并作数列

$$c_{n,k}=\frac{b_k-b_{k-1}}{b_n}\ (1\leqslant k\leqslant n,n\in\mathbf{N}^*),\quad d_n=\frac{a_n-a_{n-1}}{b_n-b_{n-1}}\ (n=1,2,\cdots).$$

不难阐明

$$c_{n,k}=\frac{b_k-b_{k-1}}{b_n}\to 0\qquad (n\to\infty);$$

$$\sum_{k=1}^{n}c_{n,k}=\sum_{k=1}^{n}\frac{b_k-b_{k-1}}{b_n}=1\quad (n=1,2,\cdots),$$

且注意到每个 $c_{n,k}>0$,可知如上之$\{c_{n,k}\}$满足 Toeplitz 定理的条件. 故有

$$\sum_{k=1}^{n}c_{n,k}d_n=\sum_{k=1}^{n}\frac{b_k-b_{k-1}}{b_n}\frac{a_k-a_{k-1}}{b_k-b_{k-1}}=\frac{a_n}{b_n}\to l\quad (n\to\infty).$$

例 7　设 m 是取定的正整数，记 $I_n=\dfrac{1^m+2^m+\cdots+n^m}{n^m}-\dfrac{n}{m+1}$,求$\lim\limits_{n\to\infty}I_n$.

解　将原式写成 $I_n=\dfrac{(m+1)(1^m+2^m+\cdots+n^m)-n^{m+1}}{(m+1)n^m}$,从而视 $b_n=(m+1)n^m$,以及

$$a_n=(m+1)(1^m+2^m+\cdots+n^m)-n^{m+1}.$$

易知 $b_{n+1}>b_n>0$,且 $b_n\to+\infty(n\to\infty)$. 因为

$$\begin{aligned}\frac{a_{n+1}-a_n}{b_{n+1}-b_n}&=\frac{1}{m+1}\frac{(m+1)(n+1)^m-(n+1)^{m+1}+n^{m+1}}{(n+1)^m-n^m}\\&=\frac{1}{m+1}\Big[(m+1)(n^m+mn^{m-1}+\cdots+1)-\Big(n^{m+1}+(m+1)n^m\\&\quad+\frac{m(m+1)}{2}n^{m-1}+\cdots+1\Big)+n^{m+1}\Big]\Big/(mn^{m-1}+\cdots+1)\end{aligned}$$

① 施笃兹(1842～1905),德国数学家.

$$=\frac{1}{m+1}\frac{[m(m+1)/2]n^{m-1}+\cdots+m}{mn^{m-1}+\cdots+1},$$

所以$\lim\limits_{n\to\infty}\frac{a_{n+1}-a_n}{b_{n+1}-b_n}=\frac{1}{2}$. 根据 Stolz 定理知 $I_n\to\frac{1}{2}(n\to\infty)$.

命题 2.3(Stolz)$\left(\text{“}\frac{0}{0}\text{”型}\right)$　设$\{a_n\}$是收敛于 0 的数列，$\{b_n\}$是收敛于 0 的数列，且 $b_n>b_{n+1}$ $(n=1,2,\cdots)$，若有$\lim\limits_{n\to\infty}\frac{a_n-a_{n+1}}{b_n-b_{n+1}}=l$，则$\lim\limits_{n\to\infty}\frac{a_n}{b_n}=l$.

(四) 单调有界数列

1. 本章 2.3.5 小节中例 2 可用于计算数 b 的平方根近似值，其误差可估计如下：首先，有

$$0\leqslant a_{n+1}-\sqrt{b}=\frac{1}{2}\left(a_n+\frac{b}{a_n}\right)-\sqrt{b}=\frac{1}{2a_n}(a_n^2-2a_n\sqrt{b}+b)$$

$$=\frac{1}{2a_n}(a_n-\sqrt{b})^2\leqslant\frac{1}{2\sqrt{b}}(a_n-\sqrt{b})^2\quad(n=1,2,\cdots).$$

其次，选取 $c:0<c^2<b$ 且 $c<a_0$，又有

$$0\leqslant a_{n+1}-\sqrt{b}\leqslant\frac{1}{2c}(a_n-\sqrt{b})^2\quad(n=0,1,2,\cdots).$$

$$\frac{1}{2c}(a_n-\sqrt{b})\leqslant\left[\frac{1}{2c}(a_{n-1}-\sqrt{b})\right]^2\leqslant\left[\left(\frac{1}{2c}(a_{n-2}-\sqrt{b})\right)^2\right]^2$$

$$\leqslant\cdots\leqslant\left[\frac{1}{2c}(a_0-\sqrt{b})\right]^{2^n}.$$

如果选首次近似 a_0，使得 $q\overset{\text{def}}{=\!=}\frac{1}{2c}\left|a_0-\sqrt{b}\right|<1$，则可得

$$0\leqslant a_n-\sqrt{b}\leqslant 2cq^{2^n}\quad(n=1,2,\cdots).$$

这说明 a_n 收敛于根值$\sqrt{b}$的速度远比几何级数快得多.

例如，对 $b=2$，即$\sqrt{b}=\sqrt{2}$，取 $a_0=1$，我们有

$$a_1=1.50000000000000000000000000000000,$$
$$a_2=1.41666666666666666666666666666666,$$
$$a_3=1.41421568627450980392156862745098 0,$$
$$a_4=1.41421356237468991062629557889013 4,$$
$$a_5=1.41421356237309504880168962350253 0,$$
$$a_6=1.41421356237309504880168872420969 8.$$

2. 递推型数列中有一类由多个根式复合而成的单调列，下面给出其收敛的充分必要条件.

命题 2.4　设 $p>1$，$\{b_n\}$是非负数列，令

$$a_n=\sqrt[p]{b_1+\sqrt[p]{b_2+\cdots+\sqrt[p]{b_n}}}\quad(n=1,2,\cdots),$$

则$\{a_n\}$收敛的充分必要条件是：数列$\left\{\frac{\ln b_n}{p^n}\right\}$有上界.

证明　必要性：假定 $a_n\to a(n\to\infty)$，则由$\{a_n\}$的递增性可知 $a_n\leqslant a(n=1,2,\cdots)$. 从而对 $n=$

1,2,…,有

$$\sqrt[p]{\sqrt[p]{\cdots\sqrt[p]{b_n}}}\leqslant a,\quad b_n\leqslant a^{p^n},\quad \frac{\ln b_n}{p^n}\leqslant \ln a.$$

充分性:若数列$\left\{\dfrac{\ln b_n}{p^n}\right\}$的上界为 $\ln M$, 则易知有 $b_n\leqslant M^{p^n}$,且得

$$a_n\leqslant\sqrt[p]{M^p+\sqrt[p]{M^{p^2}+\cdots+\sqrt[p]{M^{p^n}}}}=M\sqrt[p]{1+\sqrt[p]{1+\cdots+\sqrt[p]{1}}}.$$

根据 2.3.5 小节例 4 即得所证.

(五) 上、下极限的一个例

下面介绍的上、下极限的例题虽难,但能读也不无益处.

例 8 $\overline{\lim\limits_{n\to\infty}}\cos n=1,\underline{\lim\limits_{n\to\infty}}\cos n=-1.$

证明 已知对无理数 x,必有无穷多个有理数$\dfrac{p}{q}$(p,q 为整数),使得

$$\left|x-\frac{p}{q}\right|<\frac{1}{q^2}.$$

取 $x=2\pi$,就有 $p>q$,且$|2\pi q-p|<\dfrac{1}{q}$.

现在,先取$\dfrac{p_1}{q_1}$,使得$|2\pi q_1-p_1|<\dfrac{1}{q_1}$. 再取$\dfrac{p_2}{q_2}$,其中 $p_1<p_2,q_1<q_2$,使得$|2\pi q_2-p_2|<\dfrac{1}{q_2}$.

假设已取定$\dfrac{p_1}{q_1},\cdots,\dfrac{p_n}{q_n}$,其中

$$|2\pi q_i-p_i|<\frac{1}{q_i}\quad (i=1,2,\cdots,n),$$

$$p_1<p_2<\cdots<p_n;\quad q_1<q_2<\cdots<q_n.$$

又可取$\dfrac{p_{n+1}}{q_{n+1}}$,使得$|2\pi q_{n+1}-p_{n+1}|<\dfrac{1}{q_{n+1}}$,$p_n<p_{n+1},q_n<q_{n+1}$. 这说明存在数列$\left\{\dfrac{p_n}{q_n}\right\}$,使得

$$|2\pi q_n-p_n|<\frac{1}{q_n},\quad p_n>q_n\quad (n=1,2,\cdots),$$

$$\lim_{n\to\infty}p_n=+\infty,\quad \lim_{n\to\infty}q_n=+\infty.$$

由此导出$(p_n-2\pi q_n)\to 0(n\to\infty)$,且有

$$\lim_{n\to\infty}\cos p_n=\lim_{n\to\infty}\cos(2\pi q_n+p_n-2\pi q_n)=\lim_{n\to\infty}\cos(p_n-2\pi q_n)=1,$$

即存在整数列$\{p_n\}$,使得$\lim\limits_{n\to\infty}\cos p_n=1$. 因为 $\cos n\leqslant 1(n=1,2,\cdots)$,所以$\overline{\lim\limits_{n\to\infty}}\cos n=1$.

类似地,可得$\underline{\lim\limits_{n\to\infty}}\cos n=-1$.

例 9 设 $a_n=(1-\cos(\ln n))\ln n(n=1,2,\cdots)$,则

$$\underline{\lim_{n\to\infty}}a_n=0,\quad \overline{\lim_{n\to\infty}}a_n=+\infty,\quad \lim_{n\to\infty}(a_{n-1}-a_n)=0.$$

例 10　设 $0<\alpha<1, a_1>0$，且令

$$a_{n+1}=\alpha\left(a_n+\frac{1}{a_n}\right)\quad(n=1,2,\cdots),$$

则 $\{a_n\}$ 为收敛列.

证明　易知 $\{a_n\}$ 是有界正数列，若记 $\overline{\lim\limits_{n\to\infty}}a_n=\bar{a}$，$\underline{\lim\limits_{n\to\infty}}a_n=\underline{a}$，则又有 $\bar{a}\underline{a}=\dfrac{\alpha}{1-\alpha}$. 选取 $\{a_{n_{k_i}}\}$：

$$\lim_{i\to\infty}a_{n_{k_i}}=\bar{a},\quad \lim_{i\to\infty}a_{n_{k_i}-1}=l,$$

则由题设知

$$\frac{\alpha}{\underline{a}(1-\alpha)}=\bar{a}=\alpha\left(l+\frac{1}{l}\right),$$

$$l+\frac{1}{l}=\frac{1}{\underline{a}}\left(\frac{\alpha}{1-\alpha}+1\right)=\frac{1}{\underline{a}}(\underline{a}\bar{a}+1)=\bar{a}+\frac{1}{\underline{a}}.$$

根据 $0\leqslant\bar{a}-l=\dfrac{1}{l}-\dfrac{1}{\underline{a}}\leqslant 0$，得 $\bar{a}=l=\underline{a}$.

类似地可讨论 $a_{n+1}=\alpha a_n+\beta/a_n(n\in\mathbf{N};a_1,\alpha,\beta>0)$.

（六）函数极限的量词描述

我们曾经指出，极限概念和理论的奠基者是法国数学家 Cauchy（19 世纪 20 年代），但在他的陈述中，常有“……变成而且保持小于任意给定的量……”的语言. 德国数学家 Weierstrass 在分析严密化的工作中对此作了改进. 他力求避免直观而企图把分析奠基在算术概念的基础上. 他指出，一个变量趋于一个极限的这种说法，不幸地使人们想起时间和运动. Weierstrass 把变量简单地解释为一个字母，它代表可以取值的集合中的任何一个数，并给出现在仍沿用的 ε-δ 语言的界定方法. Weierstrass 关于实数、极限以及连续还有许多创造性工作，而且都是在 1841～1856 年当中学教师时完成的. 因此，直到 1859 年在柏林大学任教前，他的大部分工作尚未为人所知.

（七）函数无穷比的极限

命题 2.5（Stolz）　设 $f(x),g(x)$ 在 $[a,+\infty)$ 上有定义，T 是一个正的常数，且满足

(1) $f(x),g(x)$ 在任一区间 $[a,b]$ 上是有界的；

(2) 对任意的 $x>a$，有 $g(x+T)>g(x)$，且有 $g(x)\to+\infty(x\to+\infty)$. 若存在极限

$$\lim_{x\to+\infty}\frac{f(x+T)-f(x)}{g(x+T)-g(x)}=A,$$

则有

$$\lim_{x\to+\infty}\frac{f(x)}{g(x)}=A.$$

证明　对任给的 $\varepsilon>0$，由题设知，存在 $X_0>a$，使得当 $x>X_0$ 时，有

$$A-\varepsilon<\frac{f(x+T)-f(x)}{g(x+T)-g(x)}<A+\varepsilon. \qquad ②$$

现在，对任意的 $x>X_0+T$，必有正整数 n，使得

$$X_0+nT\leqslant x<X_0+(n+1)T,$$

也可写为 $x=X_0+nT+\delta, 0\leqslant\delta<T$. 若记 $X_1=X_0+\delta$, 则 $x=X_1+nT$. 由式②可得, 当 $k=1,2,\cdots,n$ 时, 有

$$A-\varepsilon<\frac{f(X_1+kT)-f(X_1+(k-1)T)}{g(X_1+kT)-g(X_1+(k-1)T)}<A+\varepsilon.$$

从而可知

$$A-\varepsilon<\frac{f(X_1+nT)-f(X_1)}{g(X_1+nT)-g(X_1)}<A+\varepsilon,$$

即

$$\left|\frac{f(x)-f(X_1)}{g(x)-g(X_1)}-A\right|<\varepsilon,\quad x>X_0+T.$$

为了证明命题的结论, 我们写出等式

$$\frac{f(x)}{g(x)}-A=\left[1-\frac{g(X_1)}{g(x)}\right]\left[\frac{f(x)-f(X_1)}{g(x)-g(X_1)}-A\right]+\frac{f(X_1)-Ag(X_1)}{g(x)}.$$

注意到条件(1)和(2), 可知存在 $X_2>0$, 使得

$$\begin{cases}\dfrac{g(X_1)}{g(x)}<\dfrac{1}{2},\\ \left|\dfrac{f(X_1)-Ag(X_1)}{g(x)}\right|<\dfrac{\varepsilon}{4},\end{cases}\quad x>X_2.$$

从而只需取 $X=\max\{X_1+1,X_2\}$, 立即得出, 当 $x>X$ 时, 有 $\left|\dfrac{f(x)}{g(x)}-A\right|<\varepsilon$.

注　命题 2.5 对于 A 是 $+\infty$ 或 $-\infty$ 也有相应的结论.

例 11　设 $f(x)$ 在 $[a,+\infty)$ 上有定义, 且 $f(x)$ 在任一区间 $[a,b]$ 上有界. 若存在极限 $\lim\limits_{x\to+\infty}[f(x+1)-f(x)]=A$, 则 $\dfrac{f(x)}{x}\to A(x\to+\infty)$.

证明　只需注意 $f(x+1)-f(x)=\dfrac{f(x+1)-f(x)}{(x+1)-x}$ 以及 Stolz 定理中的 $g(x)=x, T=1$.

例 12　应用于数列极限:

(i) $\lim\limits_{n\to\infty}\dfrac{1+1/\sqrt{2}+\cdots+1/\sqrt{n}}{\sqrt{n}}=1$.

(ii) $\lim\limits_{n\to\infty}\dfrac{1+1/2+\cdots+1/(2n-1)}{\ln n}=\dfrac{1}{2}$.

(iii) 若极限 $\lim\limits_{n\to\infty}a_n=a, 0<\lambda<1$, 则

$$I=\lim_{n\to\infty}(a_n+\lambda a_{n-1}+\cdots+\lambda^n a_0)=\frac{a}{1-\lambda}.$$

证明　用替换 $r=1/\lambda$, 易知 $r>1$, 从而 $\{r^n\}$ 是严格递增无界列. 根据 Stolz 定理有

$$I=\lim_{n\to\infty}\frac{a_nr^n+a_{n-1}r^{n-1}+\cdots+a_0}{r^n}=\lim_{n\to\infty}\frac{a_nr^n}{r^n-r^{n-1}}=\frac{ar}{r-1}=\frac{a}{1-\lambda}.$$

(八) 复合函数的极限反例

设

$$f(x)=\begin{cases}0, & x=1/n,\\ \sin x, & \text{其他},\end{cases}\qquad g(y)=\begin{cases}0, & y=0,\\ \sin y/y, & \text{其他},\end{cases}$$

则有

$$g[f(x)]=\begin{cases}0, & x=1/n\text{ 或 }x=k\pi(k\in\mathbf{Z}),\\ \dfrac{\sin(\sin x)}{\sin x}, & \text{其他},\end{cases}$$

且可知

$$\lim_{x\to0}f(x)=0,\quad \lim_{y\to0}g(y)=1,$$

但不存在极限$\lim\limits_{x\to0}g[f(x)]$.

第 3 章　连续函数

探讨函数的性态可以从两个方面进行：一是从函数在大范围上所呈现的整体特征出发，如在第 1 章中所述的刻画函数的单调性、凹凸性等；二是从揭示函数的局部性质入手，函数的连续性在这方面是最基本的，可以说微积分的研究对象主要是在连续函数范围内进行的.

函数的连续性与间断性，一方面来自数学内部本身，如从理论或推演过程等途径引发的函数，其连续性或间断性是本身所形成的；另一方面是来自对实际课题的不同认识和提炼.

大家知道，如固体、液体和气体，虽然它们是由各自的粒子(分子、原子等)聚集而成，但这些粒子之间的距离，相对于所研究的宏观物理现象的尺度而言，是极微小的，从而使我们在探讨这些课题时，可以认为这些物理介质内部没有任何间隙，即视其为均匀地分布于所占有的空间之中来处理. 实践证明，这样获得的结果仍然充分精确(如对流体力学、弹性力学等的研究都基于此).

再说事物运动、变化过程，如气温在空间中的分布，小范围内的变化并不大. 然而，有些现象的变化又是十分快速的，如在一电路系统中接通电源，电压从 0(伏)升至 U_0(伏)，即电压值在短时间内改变较大. 对这两种状态，在数学上采取两种不同的描述方法. 前者反映出函数关系的连续性，后者则常用函数

$$U(t)=\begin{cases}0, & t<t_0,\\ U_0, & t\geqslant t_0\end{cases}$$

表示，即在 $t=t_0$ 时出现间断①(图 3-1). 由此可见，函数的连续与间断是人们对物质世界的相对性认识. 顺便指出，由于 18 世纪的数学家们的函数视野不广，常把函数与连续曲线当作同义物，从而认为函数的连续性是整体态势. 正确认识函数连续性的描述应属局部性态，是在 19 世纪 Cauchy 创立极限概念以后的事.

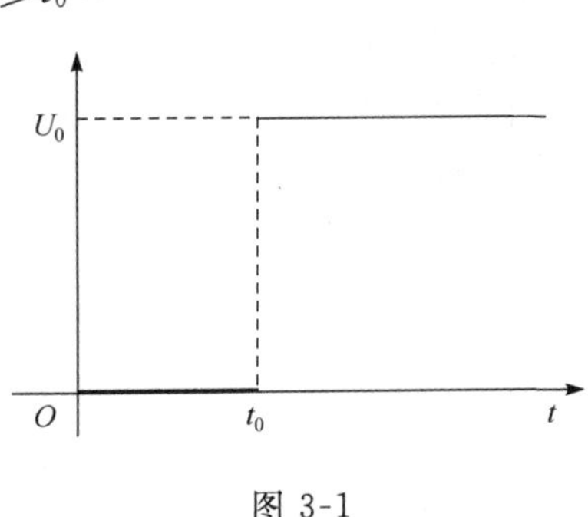

图 3-1

此外，Euler 及其同时代人还以为连续函

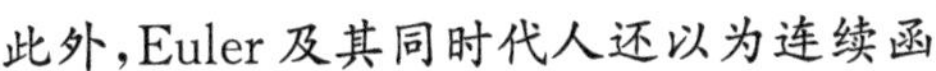

① 时间是物质运动的存在形式，因此不存在任何超时的运动过程. 但由于量值的改变在极短的时间间隔内发生，故用间断来描述既简便且在一定范围(或层次)内是符合实际的.

数都是可微的(除个别点外),然而在1880年,德国数学家Weierstrass给出了一个处处连续但处处不可微的函数,彻底划清了连续与可微的界限,使函数的连续性研究获得了重要地位,并摆脱了几何直觉性对分析学的束缚.

注 在现代分析学的发展中,创立了“广义函数”的概念(1940年后,创始人是苏联数学家Соболев和法国数学家Schwarz),使这一古老议题又焕发了青春,即连续函数又“可微”了,不过这是指在“广义函数”的意义下而言的.

3.1 函数的连续性

3.1.1 函数在一点连续的概念

函数的连续性,在几何上看,就是其图形曲线没有断点.例如,函数 $f(x)$ 在点 x_0 处是连续的,即点 x_0 不是它的断点.那么对接近点 x_0 处的 x,其上之值 $f(x)$ 就应接近 $f(x_0)$. x 越接近 x_0, $f(x)$ 也越接近 $f(x_0)$,而且不能留下任何(哪怕是极小的)差距,即在 x 趋于 x_0 时, $f(x)$ 必须趋于 $f(x_0)$.

总之,连续性概念是刻画函数局部属性的,而且必须纳入极限思维的模式.

定义 3.1 设 $f(x)$ 在 x_0 的邻域 $U(x_0)$ 上有定义.若有

$$\lim_{x\to x_0} f(x)=f(x_0),$$

则称 $f(x)$ 在点 x_0 处**连续**, x_0 称为 $f(x)$ 的**连续点**.否则,就称 $f(x)$ 在点 x_0 处不连续或间断, x_0 称为 $f(x)$ 的**间断点**.

若用 ε-δ 语言来陈述 $f(x)$ 在点 x_0 处的连续性定义,就是对任给的 $\varepsilon>0$,存在 $\delta>0$,使得

$$|f(x)-f(x_0)|<\varepsilon,\quad |x-x_0|<\delta,\quad x\in U(x_0).$$

由定义3.1可知,判断函数在点 x_0 处是否连续,完全归结为求函数极限的问题,只是连续要求 $f(x)$ 在点 x_0 必须有定义,且极限值必是 $f(x_0)$.

因此,常记 $\Delta x=x-x_0$,称为 x 在 x_0 处的改变量(也称 Δx 为增量),用以表示 x 在 x_0 附近的变动.从而有 $x=x_0+\Delta x$,且 $x\to x_0$ 等价于 $\Delta x\to 0$, $f(x)$ 在点 x_0 处的连续就可记为

$$\lim_{\Delta x\to 0} f(x_0+\Delta x)=f(x_0).$$

有时也记 $x-x_0$ 为 h,此时有

$$\lim_{h\to 0} f(x_0+h)=f(x_0).$$

例如,在2.6节中,我们已经知道

$$\lim_{x\to x_0} x^n=x_0^n;\quad \lim_{x\to x_0}\sin x=\sin x_0;\quad \lim_{x\to x_0}\cos x=\cos x_0;$$

$$\lim_{x\to x_0} a^x=a^{x_0}\ (a>0);\quad \lim_{x\to x_0}\ln x=\ln x_0\ (x_0>0).$$

这说明上述函数在其定义域中的每一点上都是连续的,下面再举数例示证.

例 1 $f(x)=\begin{cases} x\sin\dfrac{1}{x}, & x\neq 0, \\ 0, & x=0 \end{cases}$ 在点 $x=0$ 处连续.

证明 由极限 $\lim\limits_{x\to 0}\left|x\sin\dfrac{1}{x}-0\right|=0$，知结论成立.

例 2 设有定义在 $(0,1)$ 上的 Riemann 函数

$$f(x)=\begin{cases} 0, & x\text{ 是无理数}, \\ \dfrac{1}{q}, & x=\dfrac{p}{q}\ (p,q\in\mathbf{N}^*,\text{且互素}), \end{cases}$$

试讨论其在点 $x_0\in(0,1)$ 上的连续性.

解 (1) 当 $x_0=\dfrac{p}{q}$（正有理数）时，我们取 ε_0：$0<\varepsilon_0<\dfrac{1}{q}$. 易知对任意的 $\delta>0$，当然均存在无理数 $x\in(0,1)$，使得 $|x-x_0|<\delta$. 此时有 $|f(x)-f(x_0)|=\dfrac{1}{q}>\varepsilon_0$. 这说明 $f(x)$ 在正有理点 x_0 处是不连续的.

(2) 若 x_0 是正无理数，则对任给的 $\varepsilon>0$，易知只有有限个正整数 p 与 q，能满足不等式 $\dfrac{1}{q}\geqslant\varepsilon$. 因此，必存在 $\delta>0$，使得由上述之有限个 q 所组成的有限个 $\dfrac{p}{q}$，满足 $\left|\dfrac{p}{q}-x_0\right|\geqslant\delta$. 从而，对一切在 $(0,1)$ 内满足 $|x-x_0|<\delta$ 的正有理数，有

$$|f(x)-f(x_0)|=|f(x)|=\frac{1}{q}<\varepsilon.$$

注意到在 x 为无理数时，有 $|f(x)-f(x_0)|=0$，可知对任意 $x_0\in(0,1)$，有 $\lim\limits_{x\to x_0}f(x)=0$，即 $f(x)$ 在正无理数点 x_0 处连续.

例 3 设定义在 $(0,\infty)$ 上的函数 $f(x)$ 满足 $f(x^2)=f(x)$，$x\in(0,\infty)$. 若 $f(x)$ 在 $x=1$ 处连续，则 $f(x)\equiv f(1)$，$x\in(0,\infty)$.

证明 对任意取定的 $x_0\in(0,\infty)$，由题设知对任意的 $n\in\mathbf{N}^*$，有

$$f(x_0)=f(x_0^{\frac{1}{2}})=f(x_0^{\frac{1}{4}})=\cdots=f(x_0^{\frac{1}{2^n}}),$$

而 $x_n=x_0^{\frac{1}{2^n}}\to 1(n\to\infty)$，由 $f(x)$ 在点 $x=1$ 处的连续性知

$$f(x_0)=\lim_{n\to\infty}f(x_0)=\lim_{n\to\infty}f(x_0^{\frac{1}{2^n}})=f(1).$$

即可得证.

注 如果视函数 $f(x)$ 中的符号 f 为某种（对应）运算，那么在点 x_0 处连续的意思可看成是极限运算与 f 运算可交换：

$$\lim_{x\to x_0} f(x)=f\left(\lim_{x\to x_0} x\right)=f(x_0).$$

后面有许多课题，实际上是在探讨不同运算（特别是与极限运算）是否可交换的问题.

思考练习

试证明下列命题：

1. 若 $f(x)$ 在点 x_0 处连续，则 $|f(x)|$ 也在点 x_0 处连续；反之不然.

2. 设 $f(x)$ 定义在 (a,b) 上，$x_0\in(a,b)$，$\{\varepsilon_n\}$ 是正数列且 $\varepsilon_n\to 0(n\to\infty)$. 若对每一个 ε_n，均存在 $\delta_n>0$，使得当 $|x-x_0|<\delta_n$ 时有 $|f(x)-f(x_0)|<\varepsilon_n$，则 $f(x)$ 在点 x_0 处连续.

3. 设定义在 $(-\infty,\infty)$ 上的函数 $f(x)$ 满足 $f(2x)=f(x)$，$x\in(-\infty,\infty)$. 若 $f(x)$ 在 $x=0$ 处连续，则 $f(x)=f(0)$，$x\in(-\infty,\infty)$.

4. 设 $f(x)$ 在 (a,b) 中的每一点上都连续，且有 $f(x)=0$，$x\in\mathbf{Q}\cap(a,b)$，即在有理点集上的函数值为零，则 $f(x)=0$，$x\in(a,b)$.

5. 设 $f\in C((-\infty,\infty))$. 若 $f(x)$ 在有理点集 $\mathbf{Q}$ 上是严格递增的，则在 $(-\infty,\infty)$ 上也是严格递增的.

6. 设有定义在 $(0,\infty)$ 上的函数

$$f(x)=\begin{cases}\dfrac{1}{2^n}, & x=\dfrac{p}{2^n},\ p\text{ 是奇数},\\ 0, & x\text{ 为其他值},\end{cases}$$

则 $f(x)$ 在 $x=\dfrac{p}{2^n}$ 处不连续，在 $x\neq\dfrac{p}{2^n}$ 处连续.

7. 设 $f(x)$ 是 (a,b) 上严格递增的连续函数，且 $a<f(x)<x(a<x<b)$，试证明 $(f^{\langle 2\rangle}(x)=f[f(x)])$

$$\lim_{n\to\infty} f^{\langle n\rangle}(x)=a\quad (f^{\langle n\rangle}(x)=f(f^{\langle n-1\rangle}(x))).$$

3.1.2　函数在一点左、右连续的概念

相应于函数的单侧极限，就有单侧连续的概念.

定义 3.2　设 $f(x)$ 在 $(x_0-\eta,x_0]$ 上有定义，$\eta>0$. 若有

$$\lim_{x\to x_0-} f(x)=f(x_0-)=f(x_0),$$

则称 $f(x)$ 在点 x_0 处**左连续**. 类似地，设 $f(x)$ 在 $[x_0,x_0+\eta)$ 上有定义，$\eta>0$，若有

$$\lim_{x\to x_0+} f(x)=f(x_0+)=f(x_0),$$

则称 $f(x)$ 在点 x_0 处**右连续**.

根据函数左、右极限存在的关系，易知 $f(x)$ 在点 x_0 处连续的充分条件是：$f(x)$ 在点 x_0 处同时左、右连续. 此外，联系到函数极限与序列极限的关系，易知 $f(x)$ 在点 x_0 处连续的充分必要条件是：对于定义域内满足 $x_n\to x_0(n\to\infty)$ 的任一

点列$\{x_n\}$必有

$$\lim_{x\to\infty} f(x_n)=f(x_0).$$

例 1 设有函数

$$f(x)=\begin{cases}2x-2, & x<-1,\\ Ax+B, & -1\leqslant x\leqslant 1,\\ 5x+5, & x>1.\end{cases}$$

求 A,B 值,使得在$(-\infty,\infty)$中的任一点皆为其连续点.

解 显然,不论 A,B 为何值,在 $x<-1,-1<x<1,x>1$ 内的点皆为$f(x)$的连续点,且在$-1(1)$点右(左)连续. 为使 $x=-1$ 是其连续点,当且仅当

$$-4=f((-1)-)=f(-1)=-A+B;$$

为使 $x=1$ 是其连续点,当且仅当

$$A+B=f(1)=f(1+)=10.$$

从而得方程

$$\begin{cases}-A+B=-4,\\ A+B=10;\end{cases}\quad \text{解之,得}\quad \begin{cases}A=7,\\ B=3.\end{cases}$$

例 2 设 $f(x)$是$[a,b]$上的有界函数,令

$$m(x)=\inf_{a\leqslant t<x}\{f(t)\},\quad M(x)=\sup_{a\leqslant t<x}\{f(t)\}\quad (a<x\leqslant b),$$

则 $M(x),m(x)$在任一点 $x_0\in(a,b]$上都是左连续的.

证明 以 $M(x)$为例,显然 $M(x)$是$(a,b]$上有界的递增函数. 因此存在极限:$\lim\limits_{x\to x_0-} M(x)=M(x_0-)$,且对任意的 x:$a<x<x_0$,有 $M(x)\leqslant M(x_0-)$.

现在假定 $M(x)$在点 x_0 处不是左连续的,则有 $\varepsilon_0=M(x_0)-M(x_0-)>0$. 根据上确界的定义,可知存在 x':$a<x'<x_0$ 使得 $f(x')>M(x_0)-\varepsilon_0=M(x_0-)$. 矛盾. 即得所证.

思 考 练 习

1. 设 $f(x),g(x)$是(a,b)上的单调函数,且对(a,b)中任一有理数 r,都有 $f(r)=g(r)$,试证明$f(x)$与 $g(x)$的连续点相同,且在连续点上的值也相同.(提示:对 $f(x)$的连续点 x_0,必有 $g(x_0-)=f(x_0)=g(x_0+)$)

2. 设 $f(x)$定义在$(0,1)$上. 若 $e^x f(x)$以及 $e^{-f(x)}$在$(0,1)$上递增,试证明 $f(x)$在$(0,1)$中每一点上连续.(提示:由 $e^{-f(x)}$递增可知 $f(x)$递减,又由 $e^x f(x)$递增可知 $f(x+0)\geqslant f(x)$,故 $f(x)$是右连续的)

3. 试求 $a_n,b_n(n=1,2,\cdots)$,使得函数

$$f(x)=\begin{cases}a_n+\sin(\pi x), & x\in[2n,2n+1),\\ b_n+\cos(\pi x), & x\in[2n-1,2n)\end{cases}$$

在$(-\infty,\infty)$中每一点上均连续.

3.1.3　函数在连续点处的局部性质

函数在一点存在极限反映出函数在该点附近的函数值的态势特征. 因此,当函数在一点连续时,其态势就为该点的函数值所限定. 下述两个结论正是这种情形的反映.

定理 3.1(保号性)　设$f(x)$在点x_0处连续,且$f(x_0)>0(f(x_0)<0)$,则存在$\delta>0$,当$|x-x_0|<\delta$时,有$f(x)>0(f(x)<0)$.

证明　令$\varepsilon=\dfrac{f(x_0)}{2}$,则根据连续性可知,存在$\delta>0$,使得当$|x-x_0|<\delta$时,有$|f(x)-f(x_0)|<\varepsilon=\dfrac{f(x_0)}{2}$. 由此立即得到$f(x)>f(x_0)-\dfrac{f(x_0)}{2}=\dfrac{f(x_0)}{2}>0$(对$f(x_0)<0$的情形,证明类似).

定理 3.2(有界性)　设$f(x)$在点x_0处连续,则存在$\delta>0$,使得$f(x)$在$(x_0-\delta,x_0+\delta)$上是有界的.

证明　令$\varepsilon=1$,则存在$\delta>0$,当$|x-x_0|<\delta$时,有$|f(x)-f(x_0)|<1$. 即

$$|f(x)|<1+|f(x_0)|,\quad |x-x_0|<\delta.$$

记$M=1+|f(x_0)|$,则有$|f(x)|<M$,$|x-x_0|<\delta$.

思 考 练 习

试证明下列命题:

1. 设$f(x)$在点x_0处连续,且$f(x_0)\neq0$,则存在$\delta_1>0$,当$|x-x_0|<\delta_1$时,有$f(x)\cdot f(x_0)>0$,且存在$\delta_2>0$,$m>0$,当$|x-x_0|<\delta_2$时,有$|f(x)|\geqslant m$.

2. 设$f(x)$定义在$(-\infty,\infty)$上,且$f(x)$在$x=0$处连续. 若对一切$x,y\in(-\infty,\infty)$,有

$$f(x+y)=f(x)+f(y)\quad(-\infty<x,y<\infty),$$

则$f(x)$在$(-\infty,\infty)$内每一点上都连续.

3. 设$f(x)$是$(-\infty,\infty)$上的有界函数. 若有

$$f\left(\frac{x+y}{2}\right)\leqslant\frac{f(x)+f(y)}{2}\quad(-\infty<x,y<\infty),$$

则$f(x)$在任一点$x_0\in(-\infty,\infty)$上连续. $\left(\text{提示:注意不等式 } f(x_0+h)-f(x_0)\leqslant\dfrac{f(x_0+2h)-f(x_0)}{2}\leqslant\cdots\leqslant\dfrac{f(x_0+2^nh)-f(x_0)}{2^n}\right)$

3.2　多个函数连续性之间的运算关系,初等函数的连续性

1. 多个函数连续性之间的运算关系

因为函数的连续性是用函数极限模式来定义的,所以函数极限之间的运算关

系完全可以照搬到函数的连续性之间来，从而为判断函数连续性提供了更多的方法.

定理 3.3 设 $f(x)$ 与 $g(x)$ 均在 x_0 点连续，则

(1) $f(x)\pm g(x)$ 以及 $f(x)\cdot g(x)$ 均在点 x_0 处连续.

(2) 当 $g(x_0)\neq 0$ 时，$\dfrac{f(x)}{g(x)}$ 在点 x_0 处连续.

证明略.

例 1 多项式函数 $P_n(x)=a_nx^n+a_{n-1}x^{n-1}+\cdots+a_1x+a_0$ 在任意点 $x_0\in(-\infty,+\infty)$ 上均连续. 有理分式

$$\frac{P(x)}{Q(x)}=\frac{a_0x^n+a_1x^{n-1}+\cdots+a_{n-1}x+a_n}{b_0x^m+b_1x^{m-1}+\cdots+b_{m-1}x+b_m}$$

在 $Q(x_0)\neq 0$ 的点 x_0 上均连续.

例 2 三角函数 $\tan x(\cot x)$ 在除点 $x=\left(k+\dfrac{1}{2}\right)\pi(x=k\pi)$，$k\in\mathbf{Z}$ 外的任意点 $x\in(-\infty,\infty)$ 上均连续.

证明 只需注意等式 $\tan x=\dfrac{\sin x}{\cos x}$，$\cot x=\dfrac{\cos x}{\sin x}$.

定理 3.4(复合函数的连续性) 设 $u=g(x)$ 在点 x_0 处连续，$y=f(u)$ 在点 $u_0=g(x_0)$ 处连续，则复合函数 $f[g(x)]$ 在点 x_0 处连续.

证明 对于在 $g(x)$ 定义域内的任一收敛于 x_0 的点列 $\{x_n\}$，由题设知 $\lim\limits_{n\to\infty}g(x_n)=g(x_0)$. 令 $y_n=g(x_n)(n=0,1,2,\cdots)$，上式即 $\lim\limits_{n\to\infty}y_n=y_0$. 根据 $f(x)$ 在点 y_0 处的连续性，(不妨假定 $\{y_n\}$ 属于 $f(x)$ 的定义域) 可知

$$\lim_{n\to\infty}f(y_n)=f(y_0)\quad 或\quad \lim_{n\to\infty}f[g(x_n)]=f[g(x_0)].$$

即得所证.

例 3 幂函数 x^α 在 $(0,\infty)$ 上有定义，而由 $x^\alpha=e^{\alpha\ln x}$ 以及复合函数的连续性可知，x^α 在任一点 $x\in(0,\infty)$ 上连续.

定理 3.5(反函数的连续性) 设 $f(x)$ 是区间 I 上严格单调的连续函数，则其反函数 $x=f^{-1}(y)$ 在区间 $J=R(f)$ 上是连续的.

证明 以 $f(x)$ 在 I 上递增的情形为例. 首先，注意到 $J=R(f)$ 也是一个区间(见 3.3 节). 其次，设 $y_0\in J$，则存在 $x_0\in I$，使得 $x_0=f^{-1}(y_0)$. 不妨假定 x_0 不是 I 的端点(否则考察左、右连续).

对任给 $\varepsilon>0$，存在 I 中点 x_1,x_2，使得 $x_0-\varepsilon<x_1<x_0<x_2<x_0+\varepsilon$. 记 $y_1=f(x_1)$，$y_2=f(x_2)$，我们有

$$y_1=f(x_1)<f(x_0)=y_0<f(x_2)=y_2.$$

记 $\delta=\min\{y_0-y_1,y_2-y_0\}$，显然 $y_1\leqslant y_0-\delta<y_0\leqslant y_0+\delta\leqslant y_2$.

现在,对任意的 $y\in U(y_0,\delta)\subset J$,存在 $x\in I$,使得 $y=f(x)$,$x=f^{-1}(y)$,由于 $y_1\leqslant y_0-\delta<y<y_0+\delta\leqslant y_2$,故可得

$$x_0-\varepsilon<x_1=f^{-1}(y_1)<f^{-1}(y)<f^{-1}(y_2)=x_2<x_0+\varepsilon.$$

这说明,对 $y\in U(y_0,\delta)$,有 $|f^{-1}(y)-f^{-1}(y_0)|=|f^{-1}(y)-x_0|<\varepsilon$,即 $x=f^{-1}(y)$在点 y_0 处连续.

例 4 反正弦函数 $\arcsin x$ 在任一点 $x\in[-1,1]$上连续;反正切函数 $\arctan x$ 在任一点 $x\in(-\infty,+\infty)$上连续. 这是因为 $\sin x$,$\tan x$ 分别在 $\left[-\frac{\pi}{2},\frac{\pi}{2}\right]$,$\left(-\frac{\pi}{2},\frac{\pi}{2}\right)$上严格递增且连续.

推论 3.1 设 $f(x)$在 $U_0(x_0)$上定义,$x=g(t)$是 $U(t_0)$上的严格单调的连续函数,且 $x_0=g(t_0)$. 若有$\lim\limits_{t\to t_0}f[g(t)]=A$,则$\lim\limits_{x\to x_0}f(x)=A$(注意 $F(t)=f[g(t)]$定义 $U_0(t_0)$上,且 $F(g^{-1}(x))=f(x)$,$g^{-1}(x)\to g^{-1}(x_0)(x\to x_0)$).

注 若定义在$[a,b]$上的函数 $f(x)$存在反函数,则在 $f(x)$连续的情况下,$f(x)$必是严格单调函数(可用反证法证明).

2. 初等函数的连续性

设 $f(x)$在区间 I(包括无穷区间)上定义,若 I 中每一点皆为 $f(x)$的连续点,则称 $f(x)$是 I 上的连续函数,或称 $f(x)$在 I 上连续. 当 I 是闭区间$[a,b]$时,在端点 a 及 b 上的连续性是指右连续及左连续. 在区间 I 上的所有连续函数全体构成的集合记为$C(I)$. 例如,$f\in C([a,b])$表示 $f(x)$是$[a,b]$上的连续函数. 再例如,$x^\alpha\in C([0,\infty))$;$e^x\in C((-\infty,\infty))$.

综上所述,基本初等函数在其定义区域上是连续函数. 不仅如此,根据前面所介绍的函数连续性的运算关系,还知道凡初等函数皆是在其定义域上的连续函数.

例 5 设 $f(x)$是$(-\infty,\infty)$上的周期函数. 若 $f\in C((-\infty,\infty))$且非常数,则存在最小正周期.

证明 记 $f(x)$的一切正周期的下确界为 T_0,则存在周期列$\{T_n\}$:$T_n\to T_0$ $(n\to\infty)$. 易知 $f(x+T_0)=\lim\limits_{n\to\infty}f(x+T_n)=f(x)$,即 T_0 是 $f(x)$的周期. 若 $T_0=0$,则 $f(x)$的正周期在$[0,\infty)$中稠密,根据 $f(x)$的连续性可知,$f(x)=C$,矛盾,这说明 $T_0>0$.

例 6 设 $f(x)$在 $x=0$ 处连续,且有 $f(x+y)=f(x)+f(y)$,$-\infty<x$,$y<\infty$,则 $f(x)=cx$,其中 c 是常数.

解 在等式中,取 $y=x$,则有 $f(2x)=2f(x)$. 由此易知对任意的正整数 n,有 $f(nx)=nf(x)$.

以$\frac{y}{n}$代 x,有$\frac{1}{n}f(y)=f\left(\frac{y}{n}\right)$;又以 mx 代 y(m 是正整数),再得$\frac{m}{n}f(x)=\frac{1}{n}f(mx)=f\left(\frac{m}{n}x\right)$.

此外,由 $f(0)=0$ 以及 $y=-x$ 可知 $0=f(0)=f(x)+f(-x)$,从而得到 $f\left(-\frac{m}{n}x\right)=-\frac{m}{n}f(x)$. 这说明对一切 $r\in\mathbf{Q}$(有理数)以及 $x\in(-\infty,\infty)$有 $f(rx)=rf(x)$.

取 $x=1$,我们有 $f(r)=cr,c=f(1)$.

任取 $x_0\in(-\infty,\infty)$,由 $\lim\limits_{x\to x_0}(f(x)-f(x_0))=\lim\limits_{x\to x_0}f(x-x_0)=f(0)=0$,得 $\lim\limits_{x\to x_0}f(x)=f(x_0)$,可知 $f(x)\in C((-\infty,\infty))$.

现在对任意的 $x\in(-\infty,\infty)$,取 $r_n\in\mathbf{Q}$,且$\lim\limits_{n\to\infty}r_n=x$. 于是,由 $f(r_n)=cr_n$ 及 $f(x)$的连续性,可知 $f(x)=cx$.

定理 3.6 设 $f(x)$定义在(a,b)上. 若对(a,b)中任一 Cauchy 列$\{x_n\}$,$\{f(x_n)\}$必为 Cauchy 列,则 $f\in C((a,b))$.

证明 反证法,假定 $f(x)$在 $x_0\in(a,b)$处不连续,则存在 $\varepsilon_0>0$ 以及数列$\{x_n\}$,使得$\lim\limits_{n\to\infty}x_n=x_0$,$|f(x_n)-f(x_0)|>\varepsilon_0$.

现在作数列$\{x_n'\}$:$x_n'=\begin{cases}x_n, & n=2k,\\ x_0, & n=2k-1\end{cases}$ $(k=1,2,\cdots)$,易知$\{x_n'\}$是 Cauchy 列,但$\{f(x_n')\}$不是,这与题设矛盾,得证.

思考练习

1. 设 $f(x)$在(a,b)上定义,且点 $x_0\in(a,b)$是 $f(x)$的连续点,令

$$f^+(x)=\begin{cases}f(x), & f(x)>0,\\ 0, & f(x)\leqslant 0,\end{cases}$$

试证明 $f^+(x)$在点 x_0 处连续.

2. 设 $f(x)$,$g(x)$在区间 I 中的每一点上连续,试证明函数

$$\max\{f(x),g(x)\},\qquad \min\{f(x),g(x)\}$$

在 I 中的每一点上连续.

3. 试问函数 $f(x)=\lim\limits_{n\to\infty}\frac{n\sin x}{n\sin x+a}$ $(a\neq 0)$在何处连续?

4. 设 $0<\varepsilon<1$,试证明方程 $x=y-\varepsilon\sin y$ 确定了一个连续函数 $y=f(x)$.

5. 试问如何定义函数值 $f(0)$,使得函数 $f(x)=(1-2x)^{\frac{1}{x}}$ $(x\neq 0)$在 $x=0$ 处连续.

6. 试求满足方程 $f(x+y)=f(x)f(y)$ $(-\infty<x,y<\infty)$的非零连续解.

7. 设在$(-\infty,\infty)$上有 $g(x)=f(x^3)$. 若 $g\in C((-\infty,\infty))$,试证明 $f\in C((-\infty,\infty))$.

8. 设 $f\in C((-\infty,\infty))$，且有关系：

$$f\left(\frac{x+y}{2}\right)=\frac{f(x)+f(y)}{2}\quad(-\infty<x,y<\infty),$$

试证明 $f(x)=ax+b$，其中 a,b 是常数. $\left(\text{提示：令 } f(0)=b\text{，可知 } f\left(\frac{x}{2}\right)=\frac{f(x)+b}{2}\text{. 从而有 } \frac{f(x)+f(y)}{2}=\frac{f(x+y)+b}{2}\text{，即 } f(x+y)=f(x)+f(y)-b\text{. 根据本节例 6 可得 } f(x)-b=ax\right)$

9. 设 $f\in C((-\infty,\infty))$，且 $f(x)=f(\sin x)$，试证明 $f(x)\equiv f(0)$.（提示：作 $x_{n+1}=\sin x_n$）

10. 设定义在 $(-\infty,\infty)$ 上的 $f(x)$ 满足

$$f(x+y)=f(x)+f(y)\quad(-\infty<x,y<\infty).$$

(i) 若 $f(x)$ 在 $U(0)$ 上有界，试证明 $f(x)$ 在 $x=0$ 处连续.（提示：易知 $f(0)=0$，且 $f(rx)=rf(x)$（r 是有理数）. 对任一收敛于 0 的 $\{x_n\}$ 取 $\{r_n\}\subset\mathbf{Q}$，使得

$$r_n\to+\infty\quad(n\to\infty),\quad r_nx_n\to 0\quad(n\to\infty).$$

例如，$|x_n|^{-1/2}<r_n<|x_n|^{-1/3}$. 令 $|f(x)|\leqslant M$，则

$$|f(x_n)|=\frac{|f(r_nx_n)|}{r_n}\leqslant\frac{M}{r_n}\to 0\quad(n\to\infty))$$

(ii) 若 $f(1)=1$，$f(x)f(1/x)=1\ (x\neq 0)$，试证明 $f(x)$ 在 $x=0$ 处连续.（提示：对 $y>2$，有 $x>0$ 使得 $x+1/x=y$. $|f(y)|\geqslant 2\sqrt{f(x)\cdot f(1/x)}=2$. 由此知当 $y<1/2$ 时 $|f(y)|\leqslant 1/2$. 对任给的 $\varepsilon>0$，当 $0<x<1/2n<\varepsilon$ 时，$|f(x)|=|f(nx)|/n\leqslant 1/2n<\varepsilon$）

11. 设 $y=f(u)$ 在 (c,d) 上定义，$u=g(x)$ 在 $[a,b]$ 上连续，且 $R(g)\subset(c,d)$. 若 $f[g(x)]$ 在 $[a,b]$ 上连续，试证明 $f\in C(R(g))$.（提示：若 $f(u)$ 在 $u_0=g(x_0)$ 处不连续，则存在 $g(x_n)\to g(x_0)\ (n\to\infty)$，$|f[g(x_n)]-f[g(x_0)]|\geqslant\varepsilon_0>0\ (n=1,2,\cdots)$. 必要时再用 $x'_{n_k}\to x'_0$，注意 $g(x'_0)=g(x_0)$，但 $|f[g(x'_{n_k})]-f[g(x'_0)]|\geqslant\varepsilon_0$，矛盾）

12. 试证明不存在函数 $f\in C((-\infty,\infty))$，使得 $f[f(x)]=\mathrm{e}^{-x}\ (-\infty<x<\infty)$.（提示：注意当 $x\neq y$ 时有 $f(x)\neq f(y)$，而若 f 单调，则 $f[f(x)]$ 递增）

3.3 函数间断点的分类

设 $f(x)$ 在点 $x=x_0$ 处间断，可能有以下几种情形发生：

(1) $f(x_0-)$ 与 $f(x_0+)$ 存在；

(2) $f(x_0-)$ 与 $f(x_0+)$ 至少有一个不存在.

若(1)成立，则称点 x_0 为 $f(x)$ 的**第一类间断点**. 此时，如果 $f(x_0-)=f(x_0+)$，那么又称点 x_0 为 $f(x)$ 的**可去间断点**. 意思是说，只要我们舍去在点 x_0 上的原有值 $f(x_0)$，而重新定义 $f(x)$ 在点 x_0 上的值为 $f(x_0+)$，就可使 $f(x)$ 在点 x_0 上连续了. 当然，这样改变原函数值所得的新函数与原函数已不同，但若我们所期望的结论并不涉及该间断点的函数值，则就可以借"点"光了. 若(2)成立，则称 x_0 为 $f(x)$ 的**第二类间断点**.

定理 3.7 单调函数只能有第一类间断点.

证明 不妨考察 $U(x_0)$ 上的递增函数 $f(x)$. 因为当 $x',x''\in U(x_0)$ 且 $x'<$

$x''<x_0$时，有

$$f(x')\leqslant f(x'')\leqslant f(x_0),$$

所以 $f(x_0-)$存在，且有 $f(x_0-)\leqslant f(x_0)$. 同理可得 $f(x_0+)\geqslant f(x_0)$.

由此知，若 $f(x_0+)=f(x_0-)$，则点 x_0 为 $f(x)$的连续点，否则 x_0 是第一类间断点.

例 1 $x=0$ 是 $f(x)=\begin{cases}\dfrac{1-\cos x}{x^2}, & x\neq 0,\\ 0, & x=0\end{cases}$ 的可去间断点.

例 2 考察定义在$(0,+\infty)$上的函数

$$f(x)=\begin{cases}0, & x\text{ 是无理数},\\ \dfrac{1}{p+q}, & x=\dfrac{p}{q}(p,q\in\mathbf{N}^*,\text{且互素}),\end{cases}$$

则每一个正有理点皆为 $f(x)$的第一类间断点.

证明 不妨设 $x_0=\dfrac{p_0}{q_0}\left(\text{此时 } f(x_0)=\dfrac{1}{p_0+q_0}\right)$，易知它是 $f(x)$的不连续点，但我们有$\lim\limits_{x\to x_0}f(x)=0$. 事实上，对任给的 $\varepsilon>0$，易知只有有限个正整数 p 与 q，满足

$$\frac{1}{p+q}\geqslant\varepsilon.$$

因此，存在 $\delta>0$，使得由上述有限个 p 与 q 组成的$\dfrac{p}{q}$，满足$\left|\dfrac{p}{q}-x_0\right|\geqslant\delta$. 从而对满足 $0<|x-x_0|<\delta$ 的一切 x，有

$$|f(x)-0|=|f(x)|=\left.\begin{cases}0, & x\text{ 无理数},\\ \dfrac{1}{p+q}, & x\text{ 有理数}\end{cases}\right\}<\varepsilon.$$

即得所证.

例 3 设函数 $f(x)$定义为

$$f(x)=\begin{cases}\sin\dfrac{1}{x}, & x\neq 0,\\ 0, & x=0,\end{cases}$$

则点 $x=0$ 是 $f(x)$的第二类间断点.

证明 只需注意到极限$\lim\limits_{x\to 0\pm}\sin\dfrac{1}{x}$不存在即可.

思考练习

试证明下列命题：

1. 设 $f(x)$定义在$[a,b]$上，且对任意的 $x_1,x_2\in[a,b]$，以及位于 $f(x_1)$与 $f(x_2)$之间的任意值 l，均存在 $\xi\in(x_1,x_2)$，使得 $f(\xi)=l$，则 $f(x)$在$[a,b]$上没有第一类间断点.

2. 设 $f(x)$ 在 $x=x_0$ 处间断，试问 $f^2(x)$ 在 $x=x_0$ 处也间断吗？

3. 记 $\mathbf{Q}=\{r_n\}$，作 $f(x)=\begin{cases}0, & x\text{ 是无理数},\\ \dfrac{1}{n}, & x=r_n(n=1,2,\cdots),\end{cases}$ 则 $f(x)$ 的间断点集为 $\mathbf{Q}$.

4. 试论 $f(x)=\lim\limits_{n\to\infty}\dfrac{n^x-n^{-x}}{n^x+n^{-x}}$ 在 $(-\infty,\infty)$ 上的间断性.

3.4 闭区间上连续函数的重要性质

如果函数在某一点连续，那么只有在该点附近的函数值变动态势受到了限制. 当连续点连成一片时，函数的整体性质是否能完全控制住呢？十分令人注目的是，闭区间上的连续函数有着若干理想且重要的整体性质，其主要根据是闭区间具有所谓"紧性"，它们还可推广到更抽象的背景上去.

3.4.1 有界性、最值性

1. 有界性

定理 3.8(有界性) 若 $f\in C([a,b])$，则 $f(x)$ 在 $[a,b]$ 上有界.

证明 只需证明存在常数 $M>0$，使得 $|f(x)|\leqslant M, x\in[a,b]$. 下面采用反证法：若不然，则对任意的自然数 n，存在互异点列 $x_n\in[a,b](n=1,2,\cdots)$，使得

$$|f(x_n)|>n \quad (n=1,2,\cdots). \qquad ①$$

这样，我们就得到了有界的无穷点列 $\{x_n\}$：$a\leqslant x_n\leqslant b$ $(n=1,2,\cdots)$.

根据聚点原理，可知存在收敛子列 $\{x_{n_k}\}$，设为 $\lim\limits_{k\to\infty}x_{n_k}=x_0$. 从 $a\leqslant x_{n_k}\leqslant b(k=1,2,\cdots)$ 可知 x_0 属于闭区间 $[a,b]$. 由于 $f(x)$ 在点 x_0 处连续，故得 $\lim\limits_{k\to\infty}f(x_{n_k})=f(x_0)$.

此极限式说明函数值组成的数列 $\{f(x_{n_k})\}$ 是收敛列；它必是有界列：这与由①式导出的结论 $|f(x_{n_k})|>n_k(k=1,2,\cdots)$ 发生矛盾，即得所证.

注 $f(x)=\dfrac{1}{x}$ 在 $(0,1)$ 上连续，但不有界，这说明开区间上的连续函数不一定有界，即定理中区间是闭的条件不可或缺. 究其原因是，证明过程中子列 $\{x_{n_k}\}$ 的极限 x_0 可能是端点 a 或 b，离开了定义区间.

推论 3.2 设 $f(x)$ 在 (a,b) 上连续且存在 $\lim\limits_{x\to a+}f(x)=A$，$\lim\limits_{x\to b-}f(x)=B$，则 $f(x)$ 在 (a,b) 上有界.

证明 作函数

$$g(x)=\begin{cases}f(x), & x\in(a,b),\\ A, & x=a,\\ B, & x=b,\end{cases}$$

则 $g(x)$ 是闭区间 $[a,b]$ 上的连续函数. 因此, $g(x)$ 在 $[a,b]$ 上有界. 当然, $g(x)$ 在 (a,b) 上也有界. 又因为 $g(x)=f(x)(a<x<b)$, 所以 $f(x)$ 在 (a,b) 上有界.

例 1 设 $f(x)$ 是 $[0,\infty)$ 上的连续正值函数, 若 $\lim\limits_{x\to+\infty}f(f(x))=+\infty$, 则 $\lim\limits_{x\to+\infty}f(x)=+\infty$.

证明 用反证法. 假定结论不成立, 则存在 X, 对任意的 $n\in\mathbf{N}$, 必有点 $x_n>n$, 使得

$$0<f(x_n)\leqslant X \quad 或 \quad f(x_n)\in(0,X].$$

因为 $f(x)$ 连续, 所以它在 $[0,X]$ 上有界. 从而存在 M, 使当 $f(x)\leqslant X$ 时, 有 $f(f(x))\leqslant M$. 由此知, 对每个 $n\in\mathbf{N}^*$, 存在 $x_n>n$, 使得 $f(f(x_n))\leqslant M$. 这与假设矛盾.

2. 最值性

定义 3.3 设 $f(x)$ 定义在区间 I 上, 若有 $x_0\in I$, 使得对于一切 $x\in I$, 都有 $f(x)\leqslant f(x_0)$ $(f(x)\geqslant f(x_0))$, 则称 $f(x_0)$ 是 $f(x)$ 在 I 上的**最大(小)值**.

最大、最小值统称为**最值**, 它反映 $f(x)$ 的整体属性, 从而相对地还有(局部)极值概念. 设 $f(x)$ 在点 x_0 的邻域 $U(x_0)$ 上有定义, 若存在 $\delta>0$, 使得对于一切 $x\in(x_0-\delta,x_0+\delta)\subset U(x_0)$, 都有 $f(x)\leqslant f(x_0)$ $(f(x)\geqslant f(x_0))$, 则称 $f(x_0)$ 是 $f(x)$ 的**极大(小)值**, x_0 称为**极大(小)值点**. 此外, 如果把上述不等式中符号"$\leqslant$"("$\geqslant$")改为"$<$"("$>$"), 那么就分别称为**严格最大(小)值**和**严格极大(小)值**.

定理 3.9 若 $f(x)$ 在闭区间 $[a,b]$ 上连续, 则 $f(x)$ 在 $[a,b]$ 上必达到最大值与最小值:

(1) 存在 $x_1\in[a,b]$, 使得 $\max\limits_{x\in[a,b]}\{f(x)\}=f(x_1)\geqslant f(x),x\in[a,b]$;

(2) 存在 $x_2\in[a,b]$, 使得 $\min\limits_{x\in[a,b]}\{f(x)\}=f(x_2)\leqslant f(x),x\in[a,b]$.

证明 (1) 因为 $[a,b]$ 上的连续函数必有界, 所以不妨设其上确界为 $M=\sup\limits_{x\in[a,b]}\{f(x)\}$.

现在只需指出存在点 $x_1\in[a,b]$, 使得 $f(x_1)=M$, 或 $M-f(x_1)=0$ 即可. 应用反证法. 假定这样的点 x_1 不存在, 即假定 $M-f(x)>0,x\in[a,b]$, 那么我们定义 $[a,b]$ 上的函数

$$F(x)=\frac{1}{M-f(x)},$$

易知 $F(x)$ 在 $[a,b]$ 上连续, 从而 $F(x)$ 也有界, 不妨设为 $F(x)\leqslant M'$, $x\in[a,b]$. 但从 M 是 $f(x)$ 的上确界可知, 存在 $x'\in[a,b]$, 使得

$$f(x')>M-\frac{1}{M'}, \quad F(x')=\frac{1}{M-f(x')}>M'.$$

这导致矛盾.

(2) 证法类似,略.

例 2　设 $f\in C([a,b])$. 若对任意的 $x\in[a,b]$,存在 $\bar{x}\in[a,b]$,使得 $|f(\bar{x})|\leqslant\dfrac{|f(x)|}{2}$,则存在 $x_0\in[a,b]$,使得 $f(x_0)=0$.

证明　注意到 $|f(x)|$ 在 $[a,b]$ 上连续,可假定 $|f(x_0)|$ 为其最小值. 但依题设又有 $\bar{x}_0\in[a,b]$,使得 $|f(\bar{x}_0)|\leqslant\dfrac{|f(x_0)|}{2}$,这只有 $f(x_0)=f(\bar{x}_0)=0$.

例 3　设 $f(x)=\dfrac{P(x)}{Q(x)}$ 是既约有理分式(函数),x_1 与 $x_2(x_1<x_2)$ 是 $f(x)$ 的严格极大值点. 若在区间 (x_1,x_2) 内没有函数 $f(x)$ 的严格极小值点,则 $Q(x)$ 在 (x_1,x_2) 内必有一个零点.

证明　反证法. 若 $Q(x)$ 在 (x_1,x_2) 内无零点,则 $f(x)$ 在 $[x_1,x_2]$ 上连续. 由此知 $f(x)$ 在某一点 $x_0\in(x_1,x_2)$ 处取到 $[x_1,x_2]$ 上的最小值 $f(x_0)=m$.

因为方程 $\dfrac{P(x)}{Q(x)}=m$ 或 $P(x)=mQ(x)$ 的根只有有限个,所以存在 $\delta>0$,使得 $f(x)>f(x_0)$,$0<|x-x_0|<\delta$. 这与题设矛盾.

例 4　设 $f\in C([0,1])$,且 $f(0)=0$,$f(1)=1$. 若对任意的 x:$0<x<1$,存在 h:$0\leqslant x-h<x+h\leqslant 1$,使得

$$f(x)=[f(x-h)+f(x+h)]/2,$$

则 $f(x)=x(0\leqslant x\leqslant 1)$.

证明　作辅助函数 $F(x)=f(x)-x$,易知 $F(0)=F(1)=0$. 设 $F(x)$ 在 $[0,1]$ 上的最大值为 M. 若 $M>0$,并取 x_0 为满足 $F(x)=M$ 的位于 $(0,1]$ 内的最小点 $(F(x_0)=M)$,易知对 x_0,也有 h_0:$0\leqslant x_0-h_0<x_0+h_0\leqslant 1$,使得

$$M=F(x_0)=[F(x_0-h_0)+F(x_0+h_0)]/2. \tag{①}$$

但是,$F(x_0+h_0)\leqslant M$,$F(x_0-h_0)<M$,因此式①不成立. 这说明 $M=0$.

类似地讨论最小值 m,也可推得 $m=0$. 从而我们有 $F(x)\equiv 0$,即 $f(x)\equiv x$.

思考练习

试证明下列命题:

1. 设 $f\in C([a,+\infty))$,且存在 $\lim\limits_{x\to+\infty}f(x)=A$,则 $f(x)$ 在 $[a,+\infty)$ 上有界.

2. 设 $f\in C([a,b])$,且满足 $f(x)>0$,$x\in[a,b]$,则存在正数 K,使得 $f(x)\geqslant K$,$x\in[a,b]$.

3. 设 $f\in C([0,1])$,$g\in C([0,1])$,且 $R(f)=R(g)=[0,1]$,则存在 $x_0\in[0,1]$,使得 $g[f(x_0)]=f[g(x_0)]$.(提示:令 $\max\{g(x)\}=g(\bar{x})=1$,$f(x')=\bar{x}$;$\min\{g(x)\}=g(\underline{x})=0$,$f(x'')=\underline{x}$,并考察函数 $F(x)=g[f(x)]-f[g(x)]$)

4. 设 $f\in C([a,b])$，且 (a,b) 中任一点皆非 $f(x)$ 的极值点，则 $f(x)$ 是单调函数.（提示：由题设知，$f(x)$ 不能在 (a,b) 内取到最大、最小值，故不妨设 $f(b)$ 是最大值，$f(a)$ 是最小值. 再由反证法可推 $f(x)$ 递增）

3.4.2 介值(中值)性

定理 3.10（介值性） 设 $f\in C([a,b])$，若有 $f(a)f(b)<0$，则存在 $\xi\in(a,b)$，使得 $f(\xi)=0$.

分析 不妨假定 $f(a)<0$，$f(b)>0$，那么 $y=f(x)$ 的图形是连接实轴下的点 $(a,f(a))$ 到实轴上的点 $(b,f(b))$ 的连续曲线，因此它应该穿过实轴. 为了找到这一零点，我们用二分区间的办法逐步缩小搜索范围，最后在区间套里套出一个零点.

证明 令 $c_1=\dfrac{a+b}{2}$，若 $f(c_1)=0$，则结论已然成立. 否则，$f(c_1)\neq 0$ 且必与 $f(a)$ 或 $f(b)$ 之一异号.

若 $f(c_1)f(a)<0$，则令 $a_1=a$，$b_1=c_1$；若 $f(c_1)f(b)<0$，则令 $a_1=c_1$，$b_1=b$. 即不论是哪种情况，均有 $f(a_1)f(b_1)<0$，且 $b_1-a_1=\dfrac{b-a}{2}$. 此时再令 $c_2=\dfrac{a_1+b_1}{2}$：$a_1<c_2<b_1$.

若 $f(c_2)=0$，结论已得证.

若 $f(c_2)\neq 0$，则根据 $f(c_2)$ 与 $f(a_1)$，$f(b_1)$ 来讨论如上所述之符号关系，并建立相应的闭区间 $[a_2,b_2]$，$b_2-a_2=\dfrac{b-a}{2^2}$，…，以这种方式继续分割并选择区间. 如果对某个闭区间 $[a_{i-1},b_{i-1}]$，取其中点 c_i 时使 $f(c_i)=0$，那么结论得证而不再分割下去，否则可得一列闭区间：

$$[a_1,b_1]\supset[a_2,b_2]\supset\cdots\supset[a_n,b_n]\supset[a_{n+1},b_{n+1}]\supset\cdots,$$

其中，

$$\lim_{n\to\infty}(b_n-a_n)=\lim_{n\to\infty}\frac{b-a}{2^n}=0,\quad f(a_n)<0,\quad f(b_n)>0\ (n=1,2,\cdots).$$

根据闭区间套定理，存在 $\xi\in[a_n,b_n]$ 且有 $\lim\limits_{n\to\infty}a_n=\xi=\lim\limits_{n\to\infty}b_n$. 因为 $f(x)$ 在点 ξ 处连续，所以得到 $\lim\limits_{n\to\infty}f(a_n)=f(\xi)=\lim\limits_{n\to\infty}f(b_n)$. 由极限的保号性可知 $f(\xi)=0$.

推论 3.3 设 $f\in C([a,b])$，且 $f(a)\neq f(b)$. 若数值 y_0 位于 $f(a)$ 与 $f(b)$ 之间，则存在 $x_0\in(a,b)$，使得 $f(x_0)=y_0$.

证明 作函数 $F(x)=f(x)-y_0$，$F\in C([a,b])$. 由于 $f(a)<y_0<f(b)$ 或 $f(a)>y_0>f(b)$，故有

$$F(a)\cdot F(b)=[f(a)-y_0][f(b)-y_0]<0.$$

由定理3.10,存在 $x_0\in(a,b)$,使得 $F(x_0)=0$,即 $f(x_0)=y_0$.

注 如果一个函数可以取到它的任何两个函数值之间的一切中间值,那么称此函数具有介值性质.上述结论指出,闭区间上的连续函数具有介值性(而且其函数的介值点在两端点内部).但反之不真,如函数

$$f(x)=\begin{cases}1-x, & 0\leqslant x\leqslant 1,\\ -1-x, & -1\leqslant x<0.\end{cases}$$

它具有介值性,但在点 $x=0$ 处不连续.

例1 设 $p>0$,则方程 $f(x)=x^3+px+q=0$ 有且只有一个实根.

证明 因为 $f(x)\to+\infty(x\to+\infty)$ 以及 $f(x)\to-\infty(x\to-\infty)$,所以根据中值定理,$f(x)=0$ 必有一个实根.注意到 $f(x)$ 是严格递增函数,故 $f(x)=0$ 至多有一个实根.

例2 设 $f\in C([0,2a])$,且 $f(0)=f(2a)$,则存在 $\xi\in[0,a)$,使得 $f(\xi)=f(\xi+a)$.

证明 作函数 $F(x)=f(x)-f(x+a)$,显然,$F\in C([0,a])$.由题设易得

$$F(0)=f(0)-f(a)=-[f(a)-f(2a)]=-F(a).$$

(1) 若 $F(0)=F(a)=0$,则 $f(0)=f(a)$,即 $\xi=0$;

(2) 若 $F(0)\neq0$,则 $F(0)\cdot F(a)<0$.根据连续函数介值定理,存在 $\xi\in(0,a)$,使得

$$F(\xi)=f(\xi)-f(\xi+a)=0,\quad f(\xi)=f(\xi+a).$$

注 令 $a=\pi$,视 $[0,2\pi]$ 为沿地球赤道一周,$f(\theta)(0\leqslant\theta\leqslant2\pi)$ 表示该位置之气温,则上述结论说明,在任何时刻,赤道上有两个关于球心相对称的位置,其气温相同.

例3 设 $f\in C([a,b])$,$x_i\in[a,b](i=1,2,\cdots,n)$,则存在 $x_0\in[a,b]$,使得

$$f(x_0)=\frac{1}{n}[f(x_1)+f(x_2)+\cdots+(x_n)].$$

证明 记

$$\min[f(x_1),f(x_2),\cdots,f(x_n)]=f(x_{i_0});$$
$$\max[f(x_1),f(x_2),\cdots,f(x_n)]=f(x_{j_0});$$
$$\frac{1}{n}[f(x_1)+f(x_2)+\cdots+f(x_n)]=y_0.$$

易知 $f(x_{i_0})\leqslant y_0\leqslant f(x_{j_0})$.根据连续函数的介值定理,存在 $x_0\in[a,b]$,使得 $f(x_0)=y_0$.

例4 设有正实数 a_1,a_2,a_3,以及实数 $b_1<b_2<b_3$,则方程

$$f(x)=\frac{a_1}{x-b_1}+\frac{a_2}{x-b_2}+\frac{a_3}{x-b_3}=0$$

在开区间$(b_1,b_2),(b_2,b_3)$内均有一个根.

证明 作辅助函数

$$F(x)=a_1(x-b_2)(x-b_3)+a_2(x-b_1)(x-b_3)+a_3(x-b_1)(x-b_2).$$

易知 $F\in C([b_1,b_2])$，$F\in C([b_2,b_3])$，且有

$$F(b_1)=a_1(b_1-b_2)(b_1-b_3)>0,$$
$$F(b_2)=a_2(b_2-b_1)(b_2-b_3)<0,$$
$$F(b_3)=a_3(b_3-b_1)(b_3-b_2)>0.$$

从而根据中值性可知，$F(x)$在(b_1,b_2)与(b_2,b_3)区间内有零点. 由此又知，函数

$$f(x)=\frac{F(x)}{(x-b_1)(x-b_2)(x-b_3)}=\frac{a_1}{(x-b_1)}+\frac{a_2}{(x-b_2)}+\frac{a_3}{(x-b_3)}$$

在开区间$(b_1,b_2),(b_2,b_3)$内有零点.

思 考 练 习

试证明下列命题：

1. 若 $f\in C([a,b])$，且不恒为常数，则其值域 $R(f)$是一个闭区间.

2. 设 $f(x)$是$[a,b]$上的单调函数，若 $f(x)$在$[a,b]$上具有介值性，则 $f\in C([a,b])$.

3. 设 $f\in C([a,b])$，且其所有函数值皆为有理数，则 $f(x)$在$[a,b]$上恒为常数.

4. 设 $f\in C([a,b])$，p,q 为任意正数，则存在 $\xi\in[a,b]$，使得

$$pf(a)+qf(b)=(p+q)f(\xi).$$

(提示：将等式改为 $\alpha f(a)+\beta f(b)=f(\xi)$，$\alpha>0$，$\beta>0$，$\alpha+\beta=1$)

5. 设 $f(x)$是以 T 为周期的连续函数，则存在 $\xi\in(-\infty,+\infty)$，使得 $f(\xi)=f\left(\xi+\frac{T}{2}\right)$.

6. 设 $f(x)$是(a,∞)上的有界且连续的函数，则对任意的常数 T，存在数列$\{x_n\}$，使得

$$\lim_{n\to\infty}x_n=+\infty,\qquad \lim_{n\to\infty}[f(x_n+T)-f(x_n)]=0.$$

7. 设 $0<q<1$，则方程 $x+p+q\cos x=0$ 有且只有一个实根.

8. 设 a,b,c 是任意常数，则方程

$$(x-a)(x-b)+(x-b)(x-c)+(x-c)(x-a)=0$$

必有一个实根.

9. 设 $f\in C([0,1])$，且 $R(f)\subset[0,1]$，则曲线 $y=f(x)$与直线 $y=x$ 必有一个交点.

10. 设 $f\in C([0,1])$，且 $f(0)=0$，$f(1)=1$，则对任意的自然数 n，存在 $\xi\in[0,1]$，使得 $f\left(\xi-\frac{1}{n}\right)=f(\xi)-\frac{1}{n}$.

*11. 设 $f:[0,1]\to[0,1]$且是连续函数，则不存在$[0,1]$中两个数集 A 与 B：$A\cup B=[0,1]$，$A\cap B=\varnothing$，使得 $f(A)\subset B$，$f(B)\subset A$.（提示：易知 $f(x)=x$ 在$[0,1]$中无解，因为 A 与 B 不相交. 但由 $f(1)\leqslant 1$ 可知不能有 $f(x)>x$；易知 $f(x)<x$ 也不真）

12. 设 $f\in C((-\infty,+\infty))$，且 $f[f(x)]=x(-\infty<x<+\infty)$，则存在 $x_0\in(-\infty,+\infty)$，使得 $f(x_0)=x_0$.

13. 设某人用30min时间跑过6km长的一段路程，则其中必有1km长的路段是正好用了5min时间跑过的.（提示：令$f(x)$表示从$x$km处到$(x+1)$km处所用的时间）

3.4.3 一致连续性

如果$f(x)$在$x=x_0$点连续，那么根据定义，对任给$\varepsilon>0$，存在$\delta>0$，使得

$$|f(x)-f(x_0)|<\varepsilon,\quad |x-x_0|<\delta.$$

大家知道，这里的δ（一般说来）是与点$x=x_0$有关的. 也就是说，如果$f(x)$又在其他点上连续，满足上述不等式的δ不一定相同. 特别是当$f(x)$在无穷多个点上都连续时，要找到一个公用的δ，使不等式关于这些点上的函数值都成立可能办不到.

对于一个在区间上连续的函数，当如上所说的一致可用的δ存在时，就呈现出更加优良的性态. 为此，引发出一个重要概念——一致连续性.

定义3.4 设$f(x)$是定义在区间I（包括无穷区间）上的函数. 若对任意的$\varepsilon>0$，存在（只与ε有关的）$\delta=\delta(\varepsilon)>0$，使得对于$I$中的任意两点$x',x''$，只要$|x'-x''|<\delta$，就有

$$|f(x')-f(x'')|<\varepsilon,$$

则称$f(x)$是I上的**一致连续函数**，或说$f(x)$在I上**一致连续**.

注 (1) 若$f(x)$在区间I上一致连续，则$f(x)$在I中的每一点上均连续.

(2) 为使$f(x)$在区间I上一致连续，其理想模式是满足不等式：

$$|f(x')-f(x'')|\leqslant M|x'-x''|^{\alpha},\quad x',x''\in I,$$

其中$\alpha>0$（此时，称$f(x)$在I上满足**α阶的Lipschitz**[①] **条件**，简记为$f\in \mathrm{Lip}\alpha I$）. 实际上，此时，对任给$\varepsilon>0$，存在$\delta=(\varepsilon/M)^{1/\alpha}$，则当$|x'-x''|<\delta$时就有

$$|f(x')-f(x'')|<\varepsilon.$$

不过，在I上一致连续的函数不一定属于$\mathrm{Lip}\alpha I$（见本章后记）.

例1 设$a>0$，$f(x)=\dfrac{1}{x}$在$[a,+\infty)$上是一致连续的.

证明 只需注意不等式

$$\left|\frac{1}{x'}-\frac{1}{x''}\right|=\left|\frac{x'-x''}{x'x''}\right|\leqslant\frac{1}{a^2}|x'-x''|,\quad x',x''\in[a,+\infty).$$

例2 设$f(x)$是$(-\infty,\infty)$上的（下）凸函数，则在任一子区间$[c,d]$上，$f\in \mathrm{Lip}1(-\infty,\infty)$.

证明 对$a<c\leqslant x<y\leqslant d<b$，由$f(x)$的（下）凸性知

$$\frac{f(c)-f(a)}{c-a}\leqslant\frac{f(y)-f(x)}{y-x}\leqslant\frac{f(b)-f(d)}{b-d}.$$

① 利普希茨（1832～1903），德国数学家.

由此可知存在$M\geqslant 0$，使得$|f(y)-f(x)|\leqslant M|y-x|$.

相应于函数连续性的数列表达方式，我们也有下述关于一致连续用数列判别的准则.

定理 3.11 $f(x)$在区间I上一致连续的充分必要条件是：对I中满足$\lim\limits_{n\to\infty}(x_n'-x_n'')=0$的任意两个数列$\{x_n'\}$，$\{x_n''\}$，必有

$$\lim_{n\to\infty}[f(x_n')-f(x_n'')]=0.$$

证明 必要性：设$f(x)$在I上一致连续，则对任给的$\varepsilon>0$，存在$\delta>0$，使得

$$|f(x')-f(x'')|<\varepsilon,\quad x',x''\in I,\quad |x'-x''|<\delta.$$

若$\{x_n'\}$，$\{x_n''\}$是I中满足$x_n'-x_n''\to 0(n\to\infty)$的任意两个数列，易知存在$N$，使得$|x_n'-x_n''|<\delta, n>N$. 由此知，当$n>N$时，有

$$|f(x_n')-f(x_n'')|<\varepsilon,\quad \lim_{n\to\infty}[f(x_n')-f(x_n'')]=0.$$

充分性：应用反证法. 假定$f(x)$在I上不一致连续，即存在$\varepsilon_0>0$，对每个正整数n所作的$\delta_n=\dfrac{1}{n}$，必存在I中的两个点x_n', x_n''：$|x_n'-x_n''|<\dfrac{1}{n}$，使得$|f(x_n')-f(x_n'')|\geqslant\varepsilon_0$.

显然有$|x_n'-x_n''|\to 0(n\to\infty)$，从而依据充分性假定，对数列$\{x_n'\}$与$\{x_n''\}$，又有$\lim\limits_{n\to\infty}[f(x_n')-f(x_n'')]=0$.

这一矛盾说明$f(x)$在I上必须一致连续.

例 3 $f(x)=\sin x^2$在$[1,\infty)$上不是一致连续的.

证明 取$x_n'=\sqrt{\left(n+\dfrac{1}{2}\right)\pi}$，$x_n''=\sqrt{n\pi}(n=1,2,\cdots)$，则

$$|x_n'-x_n''|=\frac{\dfrac{\pi}{2}}{\sqrt{\left(n+\dfrac{1}{2}\right)\pi}+\sqrt{n\pi}}\to 0\quad (n\to\infty).$$

但另一方面我们有$|f(x_n')-f(x_n'')|=\left|\sin\left(n+\dfrac{1}{2}\right)\pi\right|=1$. 由此即得所证.

对于闭区间上的连续函数，我们有下述十分重要的结果.

定理 3.12 若$f(x)$在闭区间$[a,b]$上连续，则$f(x)$在$[a,b]$上一致连续.

证明 应用反证法. 假定$f(x)$在$[a,b]$上不一致连续，那么存在$\varepsilon_0>0$，对任一正整数n，必有$x_n', x_n''\in[a,b]$，$|x_n'-x_n''|<\dfrac{1}{n}$，使得$|f(x_n')-f(x_n'')|\geqslant\varepsilon_0$. 由于$\{x_n'\}$是有界列，故存在收敛子列$\{x_{n_k}'\}$，不妨设$x_{n_k}'\to x_0\in[a,b](k\to\infty)$. 从而得

$$|x_{n_k}'-x_{n_k}''|<\frac{1}{n_k}\leqslant\frac{1}{k},\quad |f(x_{n_k}')-f(x_{n_k}'')|\geqslant\varepsilon_0\ (k=1,2,\cdots).$$

因为$(x'_{n_k}-x''_{n_k})\to 0(k\to\infty)$，所以又有$\lim\limits_{k\to\infty}x''_{n_k}=x_0$. 而$f(x)$在点$x_0$处连续，因此得

$$\lim_{k\to\infty}f(x''_{n_k})=f(x_0)=\lim_{k\to\infty}f(x'_{n_k}),\quad \lim_{k\to\infty}[f(x''_{n_k})-f(x'_{n_k})]=0.$$

这一矛盾说明$f(x)$在$[a,b]$上一致连续.

关于开区间上的一致连续函数，则有下述结论.

定理 3.13 设$f(x)$在(a,b)(或$(-\infty,\infty)$)上连续，则$f(x)$在(a,b)上一致连续的充分必要条件是：存在极限$\lim\limits_{x\to a+}f(x)$，$\lim\limits_{x\to b-}f(x)$.

证明 必要性：以$f(a+)$为例. 由题设知，对任给的$\varepsilon>0$，存在$\delta>0$，当x_1，$x_2\in(a,b)$且$|x_1-x_2|<\delta$时，$|f(x_1)-f(x_2)|<\varepsilon$.

现在，对(a,b)中满足$x'-a<\dfrac{\delta}{2}$，$x''-a<\dfrac{\delta}{2}$的任意两点x'，x''，可知

$$|x'-x''|\leqslant|x'-a|+|x''-a|<\delta.$$

故有$|f(x')-f(x'')|<\varepsilon$. 根据 Cauchy 收敛准则，存在极限$\lim\limits_{x\to a+}f(x)$.

充分性：作函数

$$F(x)=\begin{cases}f(x), & x\in(a,b),\\ f(a+), & x=a,\\ f(b-), & x=b.\end{cases}$$

显然$F(x)$在$[a,b]$上连续，故又知它在$[a,b]$上一致连续，当然在(a,b)上也一致连续，又$F(x)=f(x)$，$x\in(a,b)$，这说明$f(x)$在(a,b)上一致连续.

例 4 函数$\sin\dfrac{1}{x}$在$(0,1)$上不一致连续；函数$\dfrac{\sin x}{x}$在$(0,1)$上一致连续.

例 5 $f(x)=\sqrt{x}$在$[0,\infty)$上一致连续.

解 (1) 根据定理 3.12，$\sqrt{x}$在$[0,2]$上一致连续. 又对x'，$x''\in[1,\infty)$，有

$$|\sqrt{x'}-\sqrt{x''}|\leqslant\frac{|x'-x''|}{\sqrt{x'}+\sqrt{x''}}\leqslant\frac{1}{2}|x'-x''|.$$

故$\sqrt{x}$在$[1,\infty)$上也是一致连续的.

(2) 现在证明$y=\sqrt{x}$在$[0,+\infty)$上一致连续：对任给$\varepsilon>0$，存在$\delta_1>0$，使得当x'，$x''\in[0,2]$，且$|x'-x''|<\delta_1$时，有$|\sqrt{x'}-\sqrt{x''}|<\varepsilon$；

存在$\delta_2>0$，使得当x'，$x''\in[1,\infty)$且$|x'-x''|<\delta_2$时，有$|\sqrt{x'}-\sqrt{x''}|<\varepsilon$.

令$\delta=\min\{\delta_1,\delta_2,1\}$，则当$x'$，$x''\in[0,\infty)$且$|x'-x''|<\delta$时，由于$\delta\leqslant 1$，故$x'$和$x''$或同时属于$[0,2]$，或同时属于$[1,+\infty)$，因此总有$|\sqrt{x'}-\sqrt{x''}|<\varepsilon$.

注 例 5 可看作为处理无穷区间上函数的一致连续性的一种习惯手段.

例 6 设$f(x)$在$[0,\infty)$上一致连续，且有

$$\lim_{n\to\infty}f(x+n)=0,\quad x\in[0,\infty),$$

则 $\lim\limits_{n\to+\infty} f(x)=0$.

证明 对任给 $\varepsilon>0$,存在 $\delta>0$,使得

$$|f(x)-f(y)|<\frac{\varepsilon}{2},\quad |x-y|<\delta.$$

对$[0,1]$作分划:$x_i\in[0,1]$($i=1,2,\cdots,m$),使对任意的 $t\in[0,1]$,必存在 i,使得 $|t-x_i|<\delta$.

又由题设知,存在 N,当 $n\geqslant N$ 时,有

$$|f(x_i+n)|<\frac{\varepsilon}{2}\quad (i=1,2,\cdots,m).$$

现在,对 $x>N+1$,存在 $n\geqslant N$,以及 i,使得$|x-x_i-n|<\delta$. 因此,我们有

$$|f(x)|\leqslant|f(x_i+n)|+|f(x)-f(x_i+n)|<\varepsilon.$$

注 关于在无穷区间$[0,\infty)$上的连续函数 $f(x)$,已经知道 $f(x)=x$ 是一致连续函数. 进一步不难推断,如果 $f(x)$在 $x\to+\infty$时有渐近直线,那么它也是一致连续的,还可以证明 $f(x)=x^p$($p>1$)不是一致连续的. 这引出下述结果.

命题 3.1 若 $f(x)$在$[0,\infty)$上一致连续,则存在正数 A 与 B,使得

$$|f(x)|\leqslant Ax+B,\quad x\in[0,\infty).$$

证明 由题设知,对任给 $\varepsilon>0$,存在 $\delta>0$,当 $x',x''\in[0,\infty)$且$|x'-x''|\leqslant\delta$时,有$|f(x')-f(x'')|<\varepsilon$. 现在对任意充分大的 $x\in[0,\infty)$,我们总可取 $x_0\in[0,\delta)$,使得 x 有表达式

$$x=n\delta+x_0,\quad n\text{ 是正整数}.$$

注意到 $f(x)$在$[0,\delta]$上有界,不妨设为$|f(x)|\leqslant M,x\in[0,\delta]$,从而有

$$f(x)=\sum_{i=1}^{n}[f(x_0+i\delta)-f(x_0+(i-1)\delta)]+f(x_0).$$

由此可知

$$\begin{aligned}|f(x)|&=\sum_{i=1}^{n}|f(x_0+i\delta)-f(x_0+(i-1)\delta)|+M\leqslant n\varepsilon+M\\&=(x-x_0)\varepsilon/\delta+M\leqslant\varepsilon x/\delta+(M+\varepsilon).\end{aligned}$$

令 $A=\varepsilon/\delta,B=M+\varepsilon$,即得所证.

思 考 练 习

试证明下列命题:

1. 若 $f(x)$在(a,b)上一致连续,则 $f(x)$在(a,b)上是有界的.

2. 设 $f(x),g(x)$在(a,b)上一致连续,则 $f(x)\cdot g(x)$在(a,b)上一致连续.

3. 设 $f\in C([a,b])$,且 $f(x)$在$[b,\infty)$上一致连续,则 $f(x)$在$[a,\infty)$上一致连续.

4. 设 $f(x),g(x)$是(a,∞)上一致连续且有界的函数,则 $f(x)\cdot g(x)$在(a,∞)上一致连续.

5. 若 $f(x)$在(a,b)上一致连续,则 $f(x)$可连续延拓到$(-\infty,\infty)$上,即存在 $F\in C((-\infty,\infty))$,使得

$$F(x)=f(x),\quad x\in(a,b).$$

6. 设 $f\in C([a,\infty))$，且 $f(x)\to l(x\to+\infty)$，则 $f(x)$ 在 $[a,\infty)$ 上一致连续.

7. 设 $f\in C([a,\infty))$，若存在 $[a,\infty)$ 上一致连续的函数 $g(x)$，使得 $|f(x)-g(x)|\to 0(x\to+\infty)$，则 $f(x)$ 也在 $[a,\infty)$ 上一致连续.

8. $f(x)=x\sin x$ 在 $[0,\infty)$ 上不一致连续.

9. 设 $f(x)$ 在 (a,b) 上是(下)凸函数. 若存在极限 $f(a+)$，$f(b-)$，则 $f(x)$ 在 (a,b) 上一致连续.

后　记

(一)关于用连续变量研究离散型课题

这里再举一例来说明，可用连续变量研究离散型课题.

命题 3.2 设 $f(x)$ 是 $[0,1]$ 上单调的连续函数，且有 $0\leqslant f(x)\leqslant 1$，$x\in[0,1]$，则对任意的 $a_1\in[0,1]$，令 $a_{n+1}=f(a_n)(n=1,2,\cdots)$，$\{a_n\}$ 必是收敛列，且其极限值 a 满足 $f(a)=a$.

证明 不妨假定 $f(x)$ 是递增的.

(1) 若 $a_2=f(a_1)\geqslant a_1$，则 $f(a_2)\geqslant f(a_1)$. 从而 $\{a_n\}$ 是递增列，存在 $a_n\to a(n\to\infty)$. 由 $f(x)$ 的连续性可知，$a=f(a)$.

(2) 若 $a_2=f(a_1)\leqslant a_1$，则 $f(a_2)\leqslant f(a_1)$. 从而 $\{a_n\}$ 是递减列，存在 $a_n\to a(n\to\infty)$. 由 $f(x)$ 的连续性可知，$a=f(a)$.

(二)函数的振幅与连续性

对于有界函数，与有界数集一样，上、下确界仍是十分重要和有用的概念，兹简介如下：

设 $f(x)$ 是定义在区间 I 上的有界函数，记

$$M_I(f)=\sup_{x\in I}\{f(x)\};\qquad m_I(f)=\inf_{x\in I}\{f(x)\}.$$

显然，如果 $f(x)$ 在 I 上可取到最大(小)值，那么该最大(小)值就是 $f(x)$ 在 I 上的上(下)确界.

例 1 设 $f(x)=1/(1+x^2)$，$x\in(-\infty,\infty)$，则 $f(x)$ 在 $(-\infty,\infty)$ 上的上确界是 1，也是其最大值. 而 $f(x)$ 在 $(-\infty,\infty)$ 上的下确界是 0，但 $f(x)$ 没有最小值.

对于定义在 I 上的两个有界函数 $f(x)$，$g(x)$，我们还有如下关系：

(1) $M_I(f+g)\leqslant M_I(f)+M_I(g)$；$m_I(f+g)\geqslant m_I(f)+m_I(g)$.

(2) $m_I^2(|f|)\leqslant m_I(f^2)\leqslant M_I(f^2)\leqslant M_I^2(|f|)$（注意 $m_I^2(|f|)\leqslant|f(x)|^2\leqslant M_I^2(|f|)$）.

有了上、下确界的概念，函数值变动范围的大小就可用“振幅”概念来描述.

定义 3.5 设 $f(x)$ 是 I 上的有界函数，则称 $\omega_I(f)\overset{\text{def}}{=\!=}M_I(f)-m_I(f)$ 为 $f(x)$ 在 I 上的**振幅**.

例 2 $\sin x$ 在 $(-\infty,\infty)$ 上的振幅为 2，$\dfrac{1}{1+x^2}$ 在 $(-\infty,\infty)$ 上的振幅为 1.

关于函数的振幅，有下列两个初等性质：

(1) 若 $f(x)$ 是 I 上的有界函数，则

$$\Omega_I(f)\overset{\text{def}}{=\!=}\sup_{x',x''\in I}\{|f(x')-f(x'')|\}=\omega_I(f).$$

证明 首先，对任意的 $x_1,x_2\in I$，我们有 $m_I(f)\leqslant f(x')$，$f(x'')\leqslant M_I(f)$. 由此知 $|f(x')-f(x'')|\leqslant M_I(f)-m_I(f)=\omega_I(f)$. 从而得 $\Omega_I(f)\leqslant\omega_I(f)$.

另一方面,对 $x',x''\in X$,还可得

$$f(x')-f(x'')\leqslant|f(x')-f(x'')|\leqslant\Omega_I(f);$$
$$f(x')\leqslant f(x'')+\Omega_I(f).$$

在左端对一切 $x'\in I$ 取上确界,可知

$$M_I(f)\leqslant f(x'')+\Omega_I(f),\quad x''\in I;$$
$$M_I(f)-\Omega_I(f)\leqslant f(x''),\quad x''\in I.$$

在右端对一切 $x''\in I$ 取下确界,可知 $M_I(f)-\Omega_I(f)\leqslant m_I(f)$. 由此即得

$$\omega_I(f)=M_I(f)-m_I(f)\leqslant\Omega_I(f).$$

综合上述两个相反不等式,即得所证.

(2) 若 $f(x)$是 I 上的有界函数,则 $\omega_I(|f|)\leqslant\omega_I(f)$.

证明　对任意的 $x',x''\in X$,我们有

$$||f(x')|-|f(x'')||\leqslant|f(x')-f(x'')|\leqslant\Omega_I(f)=\omega_I(f).$$

在左端对一切 $x',x''\in X$ 取上确界,即得 $\omega_I(|f|)=\Omega_I(|f|)\leqslant\omega_I(f)$.

前面曾经提到,函数在一点的连续性,是指在该点附近其振幅可控制到充分小的程度. 因此,可以预见用振幅来描述函数的连续性的简明性.

设 $f(x)$在某邻域$U(x_0)$上有界. 令 $I_\delta=(x_0-\delta,x_0+\delta)\subset U(x_0)$,则在 I_δ 上$f(x)$的振幅 $\omega_{I_\delta}(f)\overset{\text{def}}{=}\omega_\delta(f)$随 δ 减小而递减. 注意到 $\omega_\delta(f)$的非负性,可知存在极限$\lim\limits_{\delta\to0}\omega_\delta(f)\overset{\text{def}}{=}\omega_f(x_0)$. 我们称此极限值 $\omega_f(x_0)$为 $f(x)$在 $x=x_0$ 处的**振幅**(这一抽象概念的引进也是人类智慧的结晶).

命题 3.3　设 $f(x)$在$U(x_0)$上有定义,则 $f(x)$在点 x_0 处连续的充分必要条件是:$\omega_f(x_0)=0$.

证明　充分性:若 $\omega_f(x_0)=0$,则对任给 $\varepsilon>0$,存在 $\delta>0$,使得

$$\omega_\delta(f)=\sup_{(x_0-\delta,x_0+\delta)}\{f(x)\}-\inf_{(x_0-\delta,x_0+\delta)}\{f(x)\}<\varepsilon.$$

由此易知当$|x-x_0|<\delta$时,有$|f(x)-f(x_0)|\leqslant\omega_\delta(f)<\varepsilon$.

必要性:假定 $f(x)$在点 x_0 处连续,则对任给 $\varepsilon>0$,存在 $\delta>0$,有

$$|f(x)-f(x_0)|<\frac{\varepsilon}{2},\quad |x-x_0|<\delta.$$

从而可知,当 $x',x''\in(x_0-\delta,x_0+\delta)$时有$|f(x'')-f(x')|<\varepsilon$. 由此即得

$$\omega_\delta(f)=\sup\{|f(x'')-f(x')|:x',x''\in(x_0-\delta,x_0+\delta)\}\leqslant\varepsilon.$$

这说明 $\omega_f(x_0)=0$.

(三)函数的介值性与连续性

函数的介值性虽不能推出连续性,但正文中已指出,再加上单调性则必连续了. 下面再给出两种附加条件,也可导出连续性.

命题 3.4　设 $f(x)$在(a,b)上具有介值性.

(1) 若对任一 $x\in(a,b)$,存在极限$\lim\limits_{t\to x}f(t)$,则 $f\in C((a,b))$.

(2) 若 $f(x)$在(a,b)上具有邻值可比性,即若 $f(x_0)<f(x_1)$,则存在 $\delta>0$,使得 $f(x)<f(x_1)$, $|x-x_0|<\delta$; $f(x)>f(x_0)$, $|x-x_1|<\delta$,则 $f(x)\in C((a,b))$.

证明　(1) 任取 $x_0\in(a,b)$,且令 $\lim\limits_{x\to x_0}f(x)=A$,若 $f(x_0)>A$,则有 B: $f(x_0)>B>A$. 从而取 $\varepsilon=B-A>0$ 时,就有 $\delta>0$,使得

$$A-\varepsilon<f(x)<A+\varepsilon=B\quad(0<|x-x_0|<\delta).$$

易知这与 $f(x)$具有介值性矛盾.

类似地,若 $f(x_0)<A$ 也可推出矛盾.

(2) 考察 $x_0\in(a,b)$,对任给 $\varepsilon>0$,只需指出存在 $\delta>0$,使得

$$f(x_0)-\varepsilon<f(x)<f(x_0)+\varepsilon\quad(0<|x-x_0|<\delta).$$

以右端为例,若有 $x_1\in(a,b)$,$f(x_1)\geqslant f(x_0)+\varepsilon$,则由介值性可知,存在位于 x_0 与 x_1 之间的 x_2,使 $f(x_2)=f(x_0)+\varepsilon$. 从而存在 $\delta_1>0$,有

$$f(x)<f(x_2)=f(x_0)+\varepsilon,\quad |x-x_0|<\delta_1.$$

(四)有关一致连续性

1. 在 Cauchy 的著作中,并未搞清楚连续与一致连续概念的异同,后者是 Heine(海涅,1821～1881,德国数学家)给出的,他还证明了闭区间上的连续函数必一致连续的著名结论,所用的方法是有限覆盖.

2. 我们曾指出,一致连续的函数不一定属于 Lipα,下面就是一例:

例 3 $f(x)=\begin{cases}\dfrac{1}{\ln|x|}, & x\neq 0,\\ 0, & x=0\end{cases}$ 在 $[0,1]$ 上是一致连续的,但不属于 Lip1.

3. 对于一致连续函数而言,其反函数不一定一致连续. 例如,$y=\ln x$ 在 $[2,\infty)$ 上的反函数是 $[\ln 2,\infty)$ 上的 e^x.

4. 设 $f(x)$ 定义在 $[0,\infty)$ 上,且有对任意的 $h>0$,$\{f(nh)\}$ 都是收敛列. 若 $f(x)$ 是一致连续函数,则存在极限 $\lim\limits_{x\to+\infty}f(x)$.

5. 大家知道,线性函数 $y=kx+d$ 是一类最简单的一致连续函数,而连接两点 $(a,f(a))$ 与 $(b,f(b))$ 的直线

$$y=k(x-a)+f(a),\quad k=\frac{f(b)-f(a)}{b-a}$$

就是其中之一. 下面所介绍的结果指出,在区间上的一致连续函数是可以用逐段线性函数来作一致逼近的.

假设 $f\in C([a,b])$,则 $f(x)$ 在 $[a,b]$ 上一致连续. 故对任给的 $\varepsilon=0$,存在 $\delta>0$,使得当 x',$x''\in[a,b]$ 且 $|x'-x''|<\delta$ 时,有

$$|f(x')-f(x'')|<\varepsilon.$$

现在用分点:$a=x_0<x_1<\cdots<x_n=b$ 将 $[a,b]$ 分为 n 个小区间,其中

$$x_i-x_{i-1}<\delta\quad(i=1,2,\cdots,n).$$

因此,对任一小区间中的点 x',x'',必有 $|f(x')-f(x'')|<\varepsilon$. 于是在 $[a,b]$ 上作线性函数

$$g(x)=\begin{cases}k_i(x-x_{i-1})+f(x_{i-1}), & x\in[x_{i-1},x_i],\\ k_i=\dfrac{f(x_i)-f(x_{i-1})}{x_i-x_{i-1}}, & \\ i=1,2,\cdots,n, & \end{cases}$$

易知 $|f(x)-g(x)|<\varepsilon$,$x\in[a,b]$. 这就是说,对于 $[a,b]$ 上一致连续的函数 $f(x)$,任给误差 $\varepsilon>0$,均可找到 $[a,b]$ 上逐段线性的连续函数 $g(x)$,对 $[a,b]$ 中任一点 x,均一致地有

$$|f(x)-g(x)|<\varepsilon.$$

6. 虽然在无穷区间上一致连续的函数不一定是有界的,但我们有下述关于它可无限增大的一个量阶估计.

命题 3.5 若 $f(x)$ 是 $[1,\infty)$ 上非负的一致连续函数,则

$$\overline{\lim_{x\to+\infty}}\frac{f(x)}{x}=\lim_{X\to+\infty}\sup_{x\geqslant X}\left\{\frac{f(x)}{x}\right\}<+\infty.$$

证明　这里不用 3.4.3 小节末注的结论,而采用反证法.假定

$$\overline{\lim_{x\to+\infty}}\frac{f(x)}{x}=+\infty,$$

则易知存在数列$\{x_n\}$,满足

$$\lim_{n\to\infty}x_n=+\infty,\qquad x_{n+1}-x_n>1\quad(n=1,2,\cdots),$$

$$\lim_{n\to\infty}\frac{f(x_n)}{x_n}=+\infty,\qquad \frac{f(x_{n+1})}{x_{n+1}}>\frac{f(x_n)}{x_n}\quad(n=1,2,\cdots),$$

从而可得

$$|f(x_{n+1})-f(x_n)|=\frac{f(x_{n+1})}{x_{n+1}}x_{n+1}-\frac{f(x_n)}{x_n}x_n>\frac{f(x_n)}{x_n}(x_{n+1}-x_n).$$

现在对于δ:$0<\delta<1$,存在N,当$n>N$时,有$\frac{f(x_n)}{x_n}>\frac{2}{\delta}$,并据此分割区间$[x_n,x_{n+1}]$:

$$\Delta x_n=t_0<t_1<\cdots<t_m=x_{n+1},$$

$$\frac{\delta}{2}<t_i-t_{i-1}<\delta\quad(i=1,2,\cdots,m).$$

易知必有指标t_{i_0},使得$|f(t_{i_0})-f(t_{i_0-1})|\geqslant\frac{f(x_n)}{x_n}(t_{i_0}-t_{i_0-1})$,也即对任意的$\delta$:$0<\delta<1$,总存在两点$t_{i_0-1}$,$t_{i_0}$;$t_{i_0}-t_{i_0-1}<\delta$,而使

$$|f(t_{i_0})-f(t_{i_0-1})|>\frac{2}{\delta}\cdot\frac{\delta}{2}=1,$$

这说明$f(x)$在$[1,\infty)$上不一致连续.

第 4 章　微分学(一):导数与微分

自现在起,本书开始论述数学分析的核心内容——微分学(一). 虽然积分问题的研究要早于微分问题,但若从 17 世纪以后,依历史与逻辑统一论观点看,先讲微分学更符合认识和教学规律.

函数的可微性也是探讨函数的局部属性的,但它比函数所具有的连续性要求更高. 用曲线作比喻而粗略地讲,连续性只是指曲线的连接性,而函数的可微性则表现为曲线的光滑性. 描述现实世界的许多现象和运动规律的函数都呈现出这样的可微性(光滑性).

导数概念的出现,最初来自于求曲线在一点的切线,以及求变速运动的即时速度. 近代数论的开发者 Fermat 是这一领域中主要概念的建立者之一,而 Taylor 公式则是经典微分学发展的顶峰,为研究函数性质提供了强有力的工具. 微分学的内容分两章来介绍,本章主要论述导数与微分的概念与计算,第 5 章讲解微分学基本定理及其应用.

4.1　函数的导数概念

4.1.1　即时速度与切线斜率

导数概念的形成,可从两个实际问题来说明.

1. 变速运动的即时(或瞬时)速度

当一个运动员用 10s 跑完 100m 时,如果用平均速度 10m/s 来描述他在起跑时一刹那所形成的速度显然是不合适的. 因此,对做变速运动的物体,如何认识它在极短时间间隔内的运动速度是一个十分重要的课题(特别是物体发生碰撞时的情形).

例如,有一个运动着的物体,已知其路程是时间 t 的函数,记为 $s(t)$. 为了考察它在从 t_0 到 t_1 时间间隔内的速度,先求出在 t_1-t_0 间隔内所经过的路程 $s(t_1)-s(t_0)$. 然后相除,可得物体的平均速度:

$$\bar{v}=\frac{s(t_1)-s(t_0)}{t_1-t_0}.$$

所谓极短时间间隔,就是指 t_1-t_0 充分小,那么究竟 t_1-t_0 小到何种程度,才能以这个 $\bar{v}$ 值较好地反映出物体在 t_0 时一刹那的速度呢? 回答这个问题,在实践上有很大困难，这是因为不同性质和方式的运动，其要求精度的标准都不同. 因此，为了能在处理上达到普遍的适应性，必须对这样一个纯物理概念进行数学的抽象思维，即视 t_1-t_0 为变量，让它趋于零，以极限

$$\lim_{t_1\to t_0}\bar{v}=\lim_{t_1\to t_0}\frac{s(t_1)-s(t_0)}{t_1-t_0}$$

来表达以上所述的所有在极短时间间隔内的（平均）速度，并称此极限值为该物体在时刻 t_0 时的**即（瞬）时速度**.

即时速度概念的形成，是人类理性认识的成果. 这种数学理想化的实际意义在于：通过理想化，事情就变得比较容易处理，即时速度仅仅是时间的函数，比平均速度的内涵要少得多. 如果没有这一升华，将使许多研究工作一开始就陷入困境.

2. 曲线的切线

曲线与切线之间关系的重要性，人们早就认识到了. 例如，光滑曲线在峰值处的切线（如果存在）是水平的；在镜面反射中，光线相对镜面曲线的法线的入射角与反射角是相同的. 然而，什么是切线，以及如何确定曲线的切线，在古代并没有科学的说法. 特别是要摆脱几何直观，用分析的方法给予界定就必须采用变量数学的观点，纳入极限理论的框架.

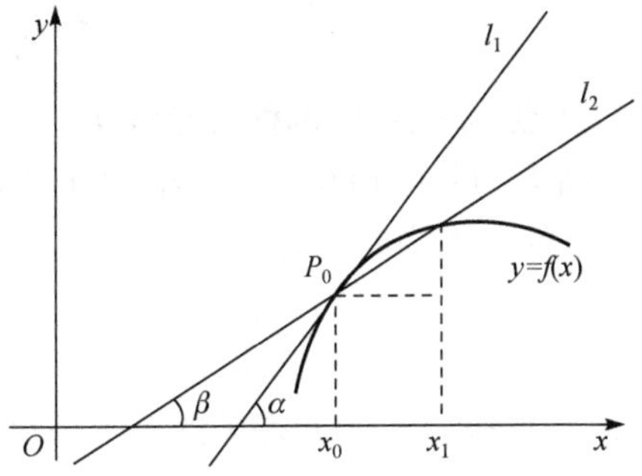

让我们从比较简单和理想的情形来考察一下. 假定曲线 $y=f(x)$ 的图形如图 4-1所示，$P_0=(x_0,f(x_0))$ 为其上一点，所谓过点 P_0 处的曲线的切线，首先它是一条直线，若记为 l_1，且设其斜率为 $\tan\alpha$，则 l_1 的方程为

图 4-1

$$l_1: y=\tan\alpha(x-x_0)+f(x_0).$$

（问题归结为求出 $\tan\alpha$）其次，所谓的切线是指直线 l_1 与曲线在点 x_0“附近”相“贴切”，这样的直线只有一条，其他过点 x_0 的直线都与曲线相“交割”. 也就是说，直线 l_1 绕点 P_0 的任何微小转动都不再是切线，而是割线. 例如，记过点 $(x_0,f(x_0))$，$(x_1,f(x_1))$ 的割线为 l_2，其方程为

$$y=\frac{f(x_1)-f(x_0)}{x_1-x_0}(x-x_0)+f(x_0),$$

其斜率为 $\tan\beta=\dfrac{f(x_1)-f(x_0)}{x_1-x_0}$. 不论 x_1 多么靠近 x_0，l_2 也不是切线.

经过如上分析，引发了下述在变动中界定切线的设想：切线 l_1 是过点 P_0 的一条处于特殊位置的直线，其周围的割线 l_2 虽然不是 l_1，但当点 x_1 越接近点 x_0 时，

它与 l_1 越靠近.因此,我们就定义切线 l_1 为 $x_1 \to x_0$ 时割线 l_2 的极限位置.此时得到

$$\lim_{x_1 \to x_0} \frac{f(x_1)-f(x_0)}{x_1-x_0}=\lim_{x_1 \to x_0} \tan\beta=\tan\alpha.$$

如果上式左端的极限不存在,那么就认为曲线 $y=f(x)$ 在点 x_0 处切线不存在.

4.1.2 导数的定义及其记法

从上面的讨论可以看出,虽然两类课题具体背景不同,但都提出了有相同数量结构的函数极限问题.这样,我们就有了下面的一般定义.

定义 4.1 设函数 $y=f(x)$ 在 $U(x_0)$ 上定义,考虑自变量在 $U(x_0)$ 内的一个变动,从 x_0 变到 x,并估计差 $f(x)-f(x_0)$ 与 $x-x_0$ 的比值(商):

$$\frac{f(x)-f(x_0)}{x-x_0}.$$

若在 $x \to x_0$ 时,此比值的极限存在,则称 $f(x)$(关于变量 x)在点 x_0 处**可导**,而此极限值称为 $f(x)$(关于变量 x)在点 x_0 处的**导数**,并记为 $f'(x_0)$①:

$$f'(x_0) \overset{\text{def}}{=} \lim_{x \to x_0} \frac{f(x)-f(x_0)}{x-x_0}.$$

$f(x)$ 在点 x_0 处可导也称为导数 $f'(x_0)$ 存在.

例 1 设 $f(x)$ 在点 $x=x_0$ 的邻域 $U(x_0)$ 上恒等于一个常数 c,则 $f'(x_0)=0$.

证明 因为此时有

$$\frac{f(x)-f(x_0)}{x-x_0}=\frac{c-c}{x-x_0}=0, \quad x \in U(x_0) \text{ 且 } x \neq x_0,$$

所以当 $x \to x_0$ 时,上式左端的极限值也为 0,即 $f'(x_0)=0$.

例 2 设 $f(x)=a\sqrt{x}, x_0>0$,则 $f'(x_0)=\frac{a}{2}\frac{1}{\sqrt{x_0}}$.

证明 因为

$$\begin{aligned}\lim_{x \to x_0} \frac{f(x)-f(x_0)}{x-x_0} &= \lim_{x \to x_0} \frac{a\sqrt{x}-a\sqrt{x_0}}{x-x_0} \\ &= \lim_{x \to x_0} a \frac{x-x_0}{(x-x_0)(\sqrt{x}+\sqrt{x_0})}=\lim_{x \to x_0} a \frac{1}{(\sqrt{x}+\sqrt{x_0})}=\frac{a}{2}\frac{1}{\sqrt{x_0}},\end{aligned}$$

所以我们有 $f'(x_0)=\frac{a}{2\sqrt{x_0}}$.

若在导数的定义中,记 $x-x_0=h$(可正可负),则极限 $x \to x_0$ 就转化为 $h \to 0$,

① 这是 Lagrange 对导数的记法.

从而有

$$f'(x_0)=\lim_{h\to 0}\frac{f(x_0+h)-f(x_0)}{h}.$$

这样,对于讨论函数在一般点 x 上的导数,记法上就清晰多了:

$$f'(x_0)=\lim_{h\to 0}\frac{f(x+h)-f(x)}{h}.$$

为了方便起见,我们有时也用记号 y'_x 或 y';$[f(x)]'_x$ 或 $[f(x)]'$ 表示 $y=f(x)$ 在点 x 处的导数.

例 3 $y=\log_a x\,(a\neq 1$ 且 $a>0)$,则

$$y'=(\log_a x)'=\frac{1}{\ln a}\frac{1}{x}\quad (x>0).$$

证明 根据等式($h\neq 0$)

$$\log_a(x+h)-\log_a x=\log_a\left(1+\frac{h}{x}\right),$$

$$\frac{\log_a(x+h)-\log_a x}{h}=\frac{1}{x}\log_a\left(1+\frac{h}{x}\right)^{\frac{x}{h}},$$

从而有

$$\begin{aligned}(\log_a x)'&=\lim_{h\to 0}\frac{\log_a(x+h)-\log_a x}{h}\\&=\frac{1}{x}\cdot\lim_{h\to 0}\log_a\left(1+\frac{h}{x}\right)^{\frac{x}{h}}=\frac{1}{x}\cdot\log_a \mathrm{e}=\frac{1}{\ln a}\frac{1}{x}.\end{aligned}$$

特别地,有$(\ln x)'=\dfrac{1}{x}\,(x>0)$.

上述算式中的 h 是用来描述自变量改变的大小的,为了能明确地表示变量 x 的改变,更常用的记法是用 Δx 表示,称为 x 的改变量或增量,而随之引起的函数值的改变记为 $\Delta y=f(x+\Delta x)-f(x)$,称为函数的改变量. 从而差商就成为改变量之比

$$\frac{\Delta y}{\Delta x}=\frac{f(x+\Delta x)-f(x)}{\Delta x}.$$

$h\to 0$ 转化为 $\Delta x\to 0$. 而函数在点 x 处的导数成为

$$f'(x)=\lim_{\Delta x\to 0}\frac{\Delta y}{\Delta x},$$

即改变量之比的极限,且其极限值也记为$\dfrac{\mathrm{d}y}{\mathrm{d}x}$(图 4-2):

$$\frac{\mathrm{d}y}{\mathrm{d}x}=\lim_{x\to x_0}\frac{\Delta y}{\Delta x}.$$

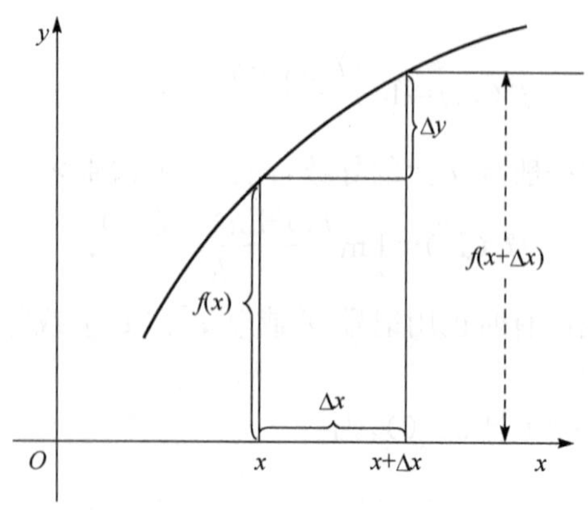

图 4-2

导数的这一记法是 Leibniz 引进的. 在这一记法里,强调了改变量比值的极限过程,并最后用符号 d 代替 Δ,保留住比值的形象. 虽然目前$\frac{\mathrm{d}y}{\mathrm{d}x}$也还只是表示导数 $f'(x_0)$的一个符号,但不久我们将看到,在引进了微分概念后,它将真的当作微分的商来运作,因此导数也称为**微商**. 这一极具启发性的符号使运算呈现出极大灵活性,它为微积分学的进展立下了汗马功劳. 由此可见,使用科学的符号在数学中绝非小事,这是后话.

例 4　设 $y=\mathrm{e}^x$,则$\frac{\mathrm{d}y}{\mathrm{d}x}=\mathrm{e}^x$.

证明　根据极限等式$\lim\limits_{\Delta x\to 0}\frac{\mathrm{e}^{\Delta x}-1}{\Delta x}=1$,可知

$$\frac{\mathrm{d}y}{\mathrm{d}x}=\lim_{\Delta x\to 0}\frac{\mathrm{e}^{x+\Delta x}-\mathrm{e}^x}{\Delta x}=\lim_{\Delta x\to 0}\mathrm{e}^x\ \frac{\mathrm{e}^{\Delta x}-1}{\Delta x}=\mathrm{e}^x.$$

例 5　$y=x^n(n\in\mathbf{N}^*)$,则$\frac{\mathrm{d}y}{\mathrm{d}x}=nx^{n-1}(n\in\mathbf{N}^*)$.

证明　应用二项式定理,有

$$\begin{aligned}\frac{\mathrm{d}y}{\mathrm{d}x}&=\lim_{\Delta x\to 0}\frac{\Delta y}{\Delta x}=\lim_{\Delta x\to 0}\frac{(x+\Delta x)^n-x^n}{\Delta x}\\&=\lim_{\Delta x\to 0}\frac{1}{\Delta x}\left\{nx^{n-1}\cdot\Delta x+\frac{n(n-1)}{2!}(\Delta x)^2+\cdots+(\Delta x)^n\right\}\\&=\lim_{\Delta x\to 0}\left\{nx^{n-1}+\frac{n(n-1)}{2!}\Delta x+\cdots+(\Delta x)^{n-1}\right\}=nx^{n-1}.\end{aligned}$$

例 6　设 $y=\sin x$,则$\frac{\mathrm{d}\sin x}{\mathrm{d}x}=\cos x,x\in(-\infty,\infty)$.

证明　根据和差化积公式,我们有 $\Delta y=\sin(x+\Delta x)-\sin x=2\cos\left(x+\frac{\Delta x}{2}\right)\sin\frac{\Delta x}{2}$.

从而得

$$\frac{\Delta y}{\Delta x}=2\cos\left(x+\frac{\Delta x}{2}\right)\cdot\frac{\sin\frac{\Delta x}{2}}{\Delta x}=\cos\left(x+\frac{\Delta x}{2}\right)\frac{\sin\frac{\Delta x}{2}}{\frac{\Delta x}{2}}.$$

由此知$\dfrac{\mathrm{d}\sin x}{\mathrm{d}x}=\lim\limits_{\Delta x\to 0}\dfrac{\Delta y}{\Delta x}=\cos x.$

例 7 设 $y=\cos x$，则$\dfrac{\mathrm{d}y}{\mathrm{d}x}=-\sin x.$

证明 因为 $\Delta y=\cos(x+\Delta x)-\cos x=-2\sin\left(x+\dfrac{\Delta x}{2}\right)\sin\dfrac{\Delta x}{2}$，所以我们有

$$\frac{\mathrm{d}y}{\mathrm{d}x}=\lim_{\Delta x\to 0}\frac{\Delta y}{\Delta x}=-\lim_{\Delta x\to 0}\sin\left(x+\frac{\Delta x}{2}\right)\lim_{\Delta x\to 0}\frac{\sin\frac{\Delta x}{2}}{\frac{\Delta x}{2}}=-\sin x.$$

注 函数 $y=f(x)$在 $x=x_0$ 处的导数的定义只是一种特定数量结构(改变量之比)在 $x\to x_0$ 时的函数极限. 因此，当 $f'(x_0)$存在时，x 不论以何种方式靠近 x_0，其改变量比值极限均为 $f'(x_0)$. 例如，

(1) 若 $f'(x_0)$存在，则$\lim\limits_{n\to\infty}n\left[f\left(x_0+\dfrac{1}{n}\right)-f(x_0)\right]=f'(x_0).$

(2) 若 $f'(0)$存在，则

$$\lim_{x\to 0}\frac{f(1-\cos 2x)-f(0)}{(\tan x)^2}=\lim_{x\to 0}\frac{f(1-\cos 2x)-f(0)}{1-\cos 2x}\frac{2\sin^2 x}{(\tan x)^2}$$

$$=f'(0)\lim_{x\to 0}2\sin^2 x\frac{\cos^2 x}{\sin^2 x}=2f'(0).$$

思考练习

1. 设 $f(x)$在 $x=0$ 处连续，且 $f(0)\neq 0$. 若 $f^2(x)$在 $x=0$ 处可导，试求 $f'(0)$.

2. 设 $f'(x_0)$存在，试求极限

$$\lim_{h\to 0}\frac{f(x_0+ah)-f(x_0+bh)}{h}\quad(ab\neq 0).$$

3. 设 $f'(x_0)$存在，试证明存在 $\delta>0$ 以及常数 M，使得$|f(x)-f(x_0)|<M|x-x_0|$，$x\in U_\delta(x_0)$，$x\neq x_0$.

4. 设 $f(x)=\begin{cases}x\mathrm{e}^{-\frac{1}{x^2}}, & x\neq 0,\\ 0, & x=0,\end{cases}$ 试求 $f'(0)$.

5. 设 $f(x)=\begin{cases}x, & x \text{ 是有理数},\\ 0, & x \text{ 是无理数},\end{cases}$ 试讨论 $f(x)$ 在 $x=0$ 处的可导性，又求极限 $\lim\limits_{n\to\infty}n\left[f\left(x+\dfrac{1}{n}\right)-f(x)\right]$.

6. 设定义在$(-\infty,\infty)$上的 $f(x)$满足$(\delta>0)$

$$|f(x)-f(y)|\leqslant|x-y|^{1+\delta}\quad(-\infty<x,y<\infty),$$

试证明 $f'(x)=0(-\infty<x<\infty)$.

4.1.3 左、右导数的概念

导数是一种具有特定数量结构的函数极限类型. 因此,有关函数极限的不同形式在导数概念中均有反映. 例如:

若比值

$$\frac{f(x)-f(x_0)}{x-x_0}$$

当 $x\to x_0+$时极限存在,则称 $f(x)$在点 x_0 处的**右导数存在**,并称此极限值为 $f(x)$在点 x_0 处的**右导数**,记为 $f'_+(x_0)$:

$$f'_+(x_0)\overset{\text{def}}{=\!=}\lim_{x\to x_0+}\frac{f(x)-f(x_0)}{x-x_0}.$$

类似地可理解左导数 $f'_-(x_0)$

$$f'_-(x_0)\overset{\text{def}}{=\!=}\lim_{x\to x_0-}\frac{f(x)-f(x_0)}{x-x_0}.$$

显然,关于右(左)导数 $f'_+(x_0)(f'_-(x_0))$,只要求函数在点 x_0 的右(左)半邻域有定义即可. 此外,易知 $f'(x_0)$存在当且仅当 $f'_+(x_0)$和 $f'_-(x_0)$存在且相等.

定理 4.1　设 $f(x)$在$U(x_0)$上有定义,且

$$f(x)\leqslant f(x_0)\quad(f(x)\geqslant f(x_0)),\quad x\in U(x_0).$$

若存在 $f'_+(x_0)$和 $f'_-(x_0)$,则有

$$f'_-(x_0)\geqslant0\geqslant f'_+(x_0)\quad(f'_-(x_0)\leqslant0\leqslant f'_+(x_0)).$$

证明　现证 $f(x)\leqslant f(x_0)$情形.

(1) 当 $x\in U(x_0)$且 $x>x_0$ 时,有 $f(x)\leqslant f(x_0)$,故

$$f'_+(x_0)=\lim_{x\to x_0+}\frac{f(x)-f(x_0)}{x-x_0}\leqslant0.$$

(2) 当 $x\in U(x_0)$且 $x<x_0$ 时,有 $f(x)\leqslant f(x_0)$,故

$$f'_-(x_0)=\lim_{x\to x_0-}\frac{f(x)-f(x_0)}{x-x_0}\geqslant0.$$

即得所证(同理可证 $f(x)\geqslant f(x_0)$的情形).

由此立即可知,若 $f'(x_0)$存在,且对 $x\in U(x_0)$,有

$$f(x)\leqslant f(x_0)\quad\text{或}\quad f(x)\geqslant f(x_0),$$

则 $f'(x_0)=0$.

例 1 试论 $f(x)=|x|$ 在 $x\in(-\infty,\infty)$ 处的可导性.

对 $x_0>0$，我们有

$$f'(x_0)=\lim_{x\to x_0}\frac{f(x)-f(x_0)}{x-x_0}=\lim_{x\to x_0}\frac{x-x_0}{x-x_0}=1.$$

类似地可知，对 $x_0<0$ 有 $f'(x_0)=-1$. 这说明曲线 $y=|x|$ 在 $x\neq 0$ 时有切线 $y=x(x>0)$；$y=-x(x<0)$. 总之，当 $x\neq 0$ 时，$(|x|)'=\frac{x}{|x|}\left(\text{或}\frac{|x|}{x}\right)$.

对 $x_0=0$，因为

$$f'_+(0)=\lim_{x\to 0+}\frac{f(x)-f(0)}{x}=\lim_{x\to 0+}\frac{x-0}{x}=1,$$

$$f'_-(0)=\lim_{x\to 0-}\frac{f(x)-f(0)}{x}=\lim_{x\to 0-}\frac{-x-0}{x}=-1,$$

$f'_+(0)\neq f'_-(0)$. 这说明 f 在点 $x=0$ 处导数不存在，或说曲线 f 在点 $x=0$ 处无切线. 这从几何上看十分明显，曲线 $y=|x|$ 的图形在点 $x=0$ 处有一个角点. 在这里，我们见到了导数不存在的一种几何形象.

例 2 $f(x)=\sqrt{x}$ 在 $x=0$ 处的右导数不存在.

证明 注意到 $f(0)=0$，我们有

$$\lim_{x\to 0+}\frac{f(x)-f(0)}{x}=\lim_{x\to 0+}\frac{\sqrt{x}}{x}=\lim_{x\to 0+}\frac{1}{\sqrt{x}}=+\infty.$$

(从切线的斜率看本例，它说明曲线 $y=\sqrt{x}$ 在 $x=0$ 处有一条垂直切线. 在这里，我们又看到了导数不存在的一种几何形象.)

现在我们来介绍导函数的概念.

一个函数的导数是一点一点定义的，如果对于在区间 I 上定义的函数，它在 I 中的每一点 x 上的导数都存在，那么就说 $f(x)$ 在 I 上可导. 此时，对每一个 $x\in I$，均确定一个导数值 $f'(x)$. 因此，$f'(x)$ 就是定义在 I 的一个函数了，称它为**导函数**. 注意，当 $I=[a,b]$ 时，$f'(a)$ 与 $f'(b)$ 均指右导数和左导数.

这样，$f'(x)$ 既表示 $f(x)$ 在点 x 处的导数，而当 $f(x)$ 在区间 I 上可导时，也用以表示 I 上的导函数. 此时，为了指明函数 $f(x)$ 在点 $x=x_0$ 处的导数(值)，还采用记号

$$f'(x)\Big|_{x=x_0},\quad \frac{\mathrm{d}y}{\mathrm{d}x}\Big|_{x=x_0},\quad \frac{\mathrm{d}f(x)}{\mathrm{d}x}\Big|_{x=x_0}$$

来表示.

思考练习

1. 试作一连续函数 $f(x)$，它在 $x=1,x=2$ 处不可导.(提示：注意 $|x-1|$ 在 $x=1$ 处不可导)

2. 设 $f(x)$是$(-1,1)$上的偶函数,若 $f'(0)$存在,试证明 $f'(0)=0$.

3. 设 $f(x)$在$(-\infty,\infty)$上可导. 若 $f'(x)$是周期函数,试问 $f(x)$是周期函数吗?(提示:注意常数函数也是周期函数)

4. 试作一函数 $f(x)$,使得 $f(x)$以及 $f^2(x)$在 $x=0$ 处不可导,但 $f^3(x)$在 $x=0$ 处可导.(提示:例如,$f(x)=|x|^{\frac{2}{3}}$)

5. 设 $f(x)$定义在$(-1,1)$上,$x\leqslant f(x)\leqslant x+x^2(-1<x<1)$,试证明 $f'(0)=1$.

6. 设存在 $f'(x_0)$,$g'(x_0)\neq 0$,且 $f(x_0)=g(x_0)=0$,试证明 $\lim\limits_{x\to x_0}\dfrac{f(x)}{g(x)}=\dfrac{f'(x_0)}{g'(x_0)}$.

7. 设 $f(x)$定义在$(-1,1)$上,$f(0)=0$,试问下列条件中的哪一个可以保证 $f'(0)$的存在?

(1) $\lim\limits_{h\to 0}\dfrac{f(1-\cos h)}{h^2}$存在.

(2) $\lim\limits_{h\to 0}\dfrac{f(h)-f(-h)}{h}$存在.

(3) $\lim\limits_{h\to 0}\dfrac{f(1-\mathrm{e}^h)}{h}$存在.

4.1.4 函数的可导性与连续性

连续性与可导性都是函数局部属性的反映. 粗糙地说,前者用于描述函数值大小变化的趋势,即问是否有

$$\lim_{\Delta x\to 0}\Delta y=\lim_{\Delta x\to 0}[f(x_0+\Delta x)-f(x_0)]=0?$$

后者则是描述函数值大小变化趋势的速率,即当 $\Delta x\to 0$ 时,平均改变率$\dfrac{\Delta y}{\Delta x}$的趋势,并用极限值

$$\frac{\mathrm{d}y}{\mathrm{d}x}=\lim_{\Delta x\to 0}\frac{\Delta y}{\Delta x}$$

的(绝对值)大小来衡量. 显见,由于极限过程是 $\Delta x\to 0$,故立即得知,函数在一点可导必须在这一点连续.

定理 4.2 若 $f'(x_0)$存在,则 $f(x)$在点 x_0 必连续.

证明 根据等式

$$\lim_{\Delta x\to 0}[f(x_0+\Delta x)-f(x_0)]=\lim_{\Delta x\to 0}\left[\frac{f(x_0+\Delta x)-f(x_0)}{\Delta x}\cdot\Delta x\right]=f'(x_0)\cdot 0=0$$

可知,$f(x)$在点 x_0 处连续.

注 导函数不一定连续,如$[0,1]$上的 $f(x)=x^2\sin(1/x)(x\neq 0)$,$f(0)=0$ 的导函数. 此外,函数 $f(x)$的左(右)导数存在,则 $f(x)$左(右)连续.

例 1 设有函数 $f(x)=\begin{cases}\mathrm{e}^x, & x\leqslant 2,\\ ax+b, & x>2.\end{cases}$试定出 a,b 的值,使得 $f'(2)$存在.

解 首先,必须要求 $f(x)$在点 $x=2$ 处连续:$f(2+)=f(2)$,即 $2a+b=\mathrm{e}^2$.

其次,必须要求 $f(x)$ 在点 $x=2$ 处的左右导数相等,故

$$f'_{-}(2)=\lim_{x\to 2-}\frac{e^x-e^2}{x-2}$$

$$=\lim_{x\to 2-}e^x\frac{e^{2-x}-1}{2-x}\xlongequal{t=2-x}\lim_{t\to 0+}\frac{e^t-1}{t}\cdot e^{2-t}=e^2;$$

$$f'_{+}(2)=\lim_{x\to 2+}\frac{ax+b-e^2}{x-2}=\lim_{x\to 2+}\frac{ax-2a}{x-2}=a\quad(e^2-b=2a).$$

由 $f'_{+}(2)=f'_{-}(2)$ 可知 $e^2=a$,从而又可得 $b=-e^2$.

下面的例题说明函数的连续性不能得出可导性.

例 2 函数 $f(x)=\begin{cases}x\sin\dfrac{1}{x}, & x\neq 0,\\ 0, & x=0\end{cases}$ 在点 $x=0$ 处不可导(图 4-3).

证明 因为

$$\frac{f(x)-f(0)}{x}=\frac{x\sin\dfrac{1}{x}-0}{x}=\sin\frac{1}{x},$$

而当 $x\to 0$ 时,$\sin\dfrac{1}{x}$ 不存在极限,所以 $f(x)$ 在点 $x=0$ 处不可导. 此例指出了导数不存在的又一种几何形象.

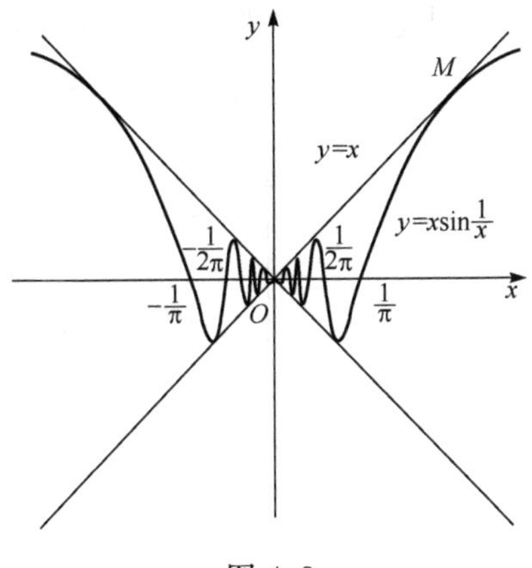

图 4-3

例 3 函数 $f(x)=\begin{cases}x^2\sin\dfrac{1}{x}, & x\neq 0,\\ 0, & x=0\end{cases}$ 在 $x=0$ 处的导数为 0(图 4-4).

证明 只需注意

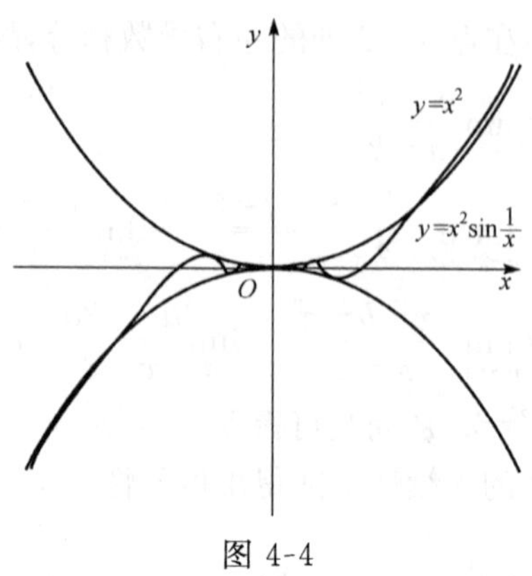

图 4-4

$$f'(0)=\lim_{x\to 0}\frac{x^2\sin\frac{1}{x}}{x}=\lim_{x\to 0}x\sin\frac{1}{x}=0$$

(导函数在 $x=0$ 处不连续).

注　设 n,m 是奇数,$n>m>0$ 且 $f(x)=x^{m/n}$. 显然,它是连续函数,而在点 $x=0$处,有

$$f'(0)=\lim_{x\to 0}\frac{x^{m/n}-0}{x}=\lim_{x\to 0}\frac{1}{x^{\frac{n-m}{n}}}=+\infty.$$

在这里,函数在连续点 $x=0$ 处导数虽不存在,但作为差商的极限却有明确的数学意义,即 $f'(0)=+\infty$. 我们对这一特别情形也感兴趣,是因为它具有明显的几何意义,即曲线 $y=x^{\frac{m}{n}}$ 在点 $x=0$ 处的切线垂直于 x 轴(图 4-5). 有的书上称此为广义可导.

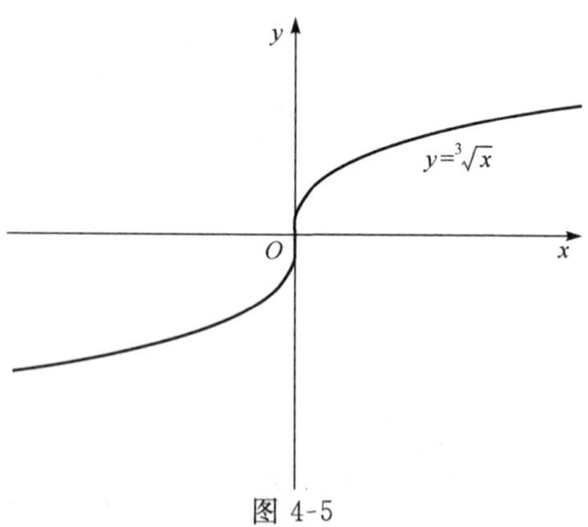

图 4-5

思考练习

1. 若 $f'_+(x_0)$,$f'_-(x_0)$存在,试证明 $f(x)$在 $x=x_0$ 处连续.

2. 设 $f(x)$ 在 $x=0$ 处连续，且有 $\lim\limits_{x\to 0} f(x)/x=l$，试证明 $f'(0)=l$.

3. 设 $g(x)$ 在 $x=a$ 处连续，$f(x)=(x-a)g(x)$，试求 $f'(a)$.

4. 设 $f'(x_0)$ 存在，试求

$$\lim_{h\to 0}\frac{f^2(x_0+h)-f^2(x_0)}{h}.$$

5. 设 $f(0)=0$，$f'(0)=2$. 若函数

$$F(x)=\begin{cases}\dfrac{f(x)+3\tan x}{x}, & x\neq 0,\\ A, & x=0\end{cases}$$

在 $x=0$ 处连续，试证明 $A=5$.

6. 若存在 $\lim\limits_{x\to x_0}\dfrac{f(x)-f(x_0)}{(x-x_0)^2}=A$，试问 $f(x)$ 在 $x=x_0$ 处是否连续和可导？

4.1.5 导数与变化率

从函数是描述事物运动、变化规律的角度看导数的概念，那么差商

$$\frac{f(x+\Delta x)-f(x)}{\Delta x}$$

是表示函数值在 Δx 间隔内的平均变化(比)率，而导数就是反映出 x 处瞬间变化的比率——变化率. 因此，导数概念适用于任何非均匀运动、变化的过程，只是在不同背景下含义不同罢了. 例如，可以用来描述电流强度以及企业经济领域的边际成本. 回忆本节开始时所举的实例，现在我们可以说，物体运动的瞬时速度是路程函数对时间的变化率(导数)；曲线 $y=f(x)$ 在点 x 处的切线斜率是导数 $f'(x)$. 下面再举例以示应用.

例 1(点密度) 如图 4-6 所示，设有长为 l 的极细的金属棒(不妨假定棒的各处横截面相同)，其质量分布不均匀. 为了讨论它的密度，假定此棒位于 x 正向轴上 $[0,l]$ 处，其质量分布函数为 $m(x)$. 显然，用平均密度 $\dfrac{m(l)}{l}$ 来表示此棒的各处的密度是太粗略了. 例如，在点 x 处附近的密度应用

$$\frac{m(x+\Delta x)-m(x)}{\Delta x}$$

估计为佳. 在这里，同样引发出与产生即时速度相似的情形，即需要考虑极限

$$\lim_{\Delta x\to 0}\frac{m(x+\Delta x)-m(x)}{\Delta x}.$$

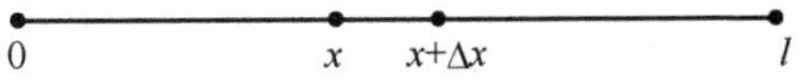

0　x　$x+\Delta x$　l

图 4-6

此极限值称为棒在点 x 处的密度，它就是 $m'(x)$.

与运动物体在时刻 t 的(即时)速度一样，在一点上的密度也是较难用直觉来想象的：一个点并不占有长度(或体积). 它有质量吗(注意，空间是物质存在的形式)？因此，这是一种数学的抽象，也是人类智慧的结晶. 这一理论认识在应用中证明了它的正确性.

例 2(电流强度) 设通过导体某截面的电量用 q 表示,则 q 是时间的函数 $q(t)$. 当我们要研究电量随时间变化的强度时,首先引进改变量 Δt,而考察在 t 到 $t+\Delta t$时间间隔内 q 的平均变化率

$$\frac{\Delta q}{\Delta t}=\frac{q(t+\Delta t)-q(t)}{\Delta t}.$$

然后,再令 $\Delta t\to 0$,取极限值$\lim\limits_{\Delta t\to 0}\frac{\Delta q}{\Delta t}$,它表示在时刻 t 的电量的变化率,称为电流强度,记为 $I=q'(t)$.

例 3 求抛物线一支 $y=\sqrt{2px}(p>0)$在点 $x_0>0$ 处的切线与法线.

解 因为 $y'|_{x=x_0}=\frac{\sqrt{2p}}{2\sqrt{x_0}}=\frac{\sqrt{p}}{\sqrt{2x_0}}$,所以过点 x_0 处的切线方程为((x,y)是切线上的流动坐标)

$$y=\sqrt{\frac{p}{2}}\frac{1}{\sqrt{x_0}}(x-x_0)+\sqrt{2px_0}.$$

又因为法线的斜率为$-\frac{\sqrt{2x_0}}{\sqrt{p}}$,所以过点 x_0 处的法线方程为

$$y=-\sqrt{\frac{2}{p}}\sqrt{x_0}(x-x_0)+\sqrt{2px_0}.$$

思考练习

1. 试求 p 与 q 的值之间的关系,使得直线 $y=px-q$ 为曲线 $y=x^3$ 的切线.
2. 设曲线 $f(x)=x^n$ 在点(1,1)处的切线与 x 轴的交点为$(\xi_n,0)$,试求极限$\lim\limits_{n\to\infty}f(\xi_n)$.

4.2 求导运算法则①

4.2.1 四则运算

在有关函数极限之间的运算关系的基础上,可以推出可导函数之间的相应关系,它为我们求函数的导数提供了许多方便.

定理 4.3 设 $u(x)$,$v(x)$在点 x 处导数存在,我们有

(1) $y=u(x)+v(x)$在点 x 处导数存在,且有

$$[u(x)\pm v(x)]'=u'(x)\pm v'(x);$$

(2) $y=u(x)\cdot v(x)$在点 x 处导数存在,且有

$$[u(x)\cdot v(x)]'=u'(x)v(x)+u(x)v'(x);$$

---

① 也称为微分法.

(3) 若 $v(x)\neq 0$,则 $y=\dfrac{u(x)}{v(x)}$在点 x 处导数存在,且有

$$\left[\frac{u(x)}{v(x)}\right]'=\frac{u'(x)v(x)-u(x)v'(x)}{v^2(x)}.$$

证明 (1) 以和函数 $y=u(x)+v(x)$为例,因为

$$\begin{aligned}\frac{\Delta y}{\Delta x}&=\frac{[u(x+\Delta x)+v(x+\Delta x)]-[u(x)+v(x)]}{\Delta x}\\&=\frac{u(x+\Delta x)-u(x)}{\Delta x}+\frac{v(x+\Delta x)-v(x)}{\Delta x},\end{aligned}$$

且当 $\Delta x\to 0$ 时,上式右端两项的极限均存在,所以左端的极限也存在,且有

$$[u(x)+v(x)]'=\lim_{\Delta x\to 0}\frac{\Delta y}{\Delta x}=u'(x)+v'(x).$$

(2) 因为

$$\begin{aligned}\frac{\Delta y}{\Delta x}&=\frac{u(x+\Delta x)v(x+\Delta x)-u(x)v(x)}{\Delta x}\\&=\frac{u(x+\Delta x)-u(x)}{\Delta x}v(x+\Delta x)+u(x)\frac{v(x+\Delta x)-v(x)}{\Delta x},\end{aligned}$$

且当 $\Delta x\to 0$ 时极限运算是可加的,$v(x)$在点 x 是连续的,所以有

$$[u(x)v(x)]'=\lim_{\Delta x\to 0}\frac{\Delta y}{\Delta x}=u'(x)v(x)+u(x)v'(x).$$

(3) 因为

$$\begin{aligned}\Delta y&=\frac{u(x+\Delta x)}{v(x+\Delta x)}-\frac{u(x)}{v(x)}\\&=\frac{u(x+\Delta x)v(x)-u(x)v(x+\Delta x)}{v(x)v(x+\Delta x)}\\&=\frac{1}{v(x)v(x+\Delta x)}\{[u(x+\Delta x)-u(x)]v(x)-u(x)[v(x+\Delta x)-v(x)]\},\end{aligned}$$

$$\frac{\Delta y}{\Delta x}=\frac{1}{v(x)v(x+\Delta x)}\left[\frac{u(x+\Delta x)-u(x)}{\Delta x}v(x)-u(x)\frac{v(x+\Delta x)-v(x)}{\Delta x}\right],$$

再注意到极限运算的可加性,以及 $v(x)$在点 x 处的连续性,可知

$$\left[\frac{u(x)}{v(x)}\right]'=\lim_{\Delta x\to 0}\frac{\Delta y}{\Delta x}=\frac{u'(x)v(x)-u(x)v'(x)}{v^2(x)}.$$

根据数学归纳法,还可得下列推论.

推论 4.1 设 $u_1(x),u_2(x),\cdots,u_n(x)$在点 x 处的导数都存在.

(1) 若 $c_i(i=1,2,\cdots,n)$是常数,则和函数 $y=c_1u_1(x)+c_2u_2(x)+\cdots+c_nu_n(x)$在点 x 处导数也存在,且有

$$y'=c_1u_1'(x)+c_2u_2'(x)+\cdots+c_nu_n'(x).$$

(2) 乘积函数 $y=u_1(x)\cdot u_2(x)\cdot\cdots\cdot u_n(x)$在点 x 处导数也存在,且有

$$y' = u_1'(x)u_2(x)\cdots u_n(x) + u_1(x)u_2'(x)u_3(x)\cdots u_n(x) + \cdots + u_1(x)u_2(x)\cdots u_{n-1}(x)u_n'(x).$$

例 1　$(\tan x)' = \sec^2 x \quad \left(x \neq k\pi + \dfrac{\pi}{2}, k \in \mathbf{Z}\right),$

$(\cot x)' = -\csc^2 x \quad (x \neq k\pi, k \in \mathbf{Z}),$

$(\sec x)' = \tan x \cdot \sec x \quad \left(x \neq k\pi + \dfrac{\pi}{2}, k \in \mathbf{Z}\right),$

$(\csc x)' = -\cot x \cdot \csc x \quad (x \neq k\pi, k \in \mathbf{Z}).$

证明　我们有$(\tan x)' = \left(\dfrac{\sin x}{\cos x}\right)' = \dfrac{\cos^2 x + \sin^2 x}{\cos^2 x} = \dfrac{1}{\cos^2 x} = \sec^2 x.$

其他的可类似推得.

例 2　求 $\sum\limits_{k=1}^{n} kx^{k-1} = 1 + 2x + 3x^2 + \cdots + nx^{n-1}\ (x \neq 1)$ 之和.

解　$\sum\limits_{k=1}^{n} kx^{k-1} = \sum\limits_{k=1}^{n} (x^k)' = \left(\sum\limits_{k=1}^{n} x^k\right)' = \left(\dfrac{x - x^{n+1}}{1-x}\right)' = \dfrac{1-(n+1)x^n + nx^{n+1}}{(1-x)^2}\ (x \neq 1).$

例 3　设 $\varphi(x)$,$h(x)$在 $U(x_0)$上有定义,$\varphi'(x_0)$存在,$h(x)$在 $x=x_0$ 连续但不可导,则 $f(x)=\varphi(x)h(x)$在 $x=x_0$ 处可导当且仅当 $\varphi(x_0)=0$.

证明　(1) 充分性:假定 $\varphi(x_0)=0$,易知 $f(x_0)=0$,从而有

$$\frac{f(x)-f(x_0)}{x-x_0} = \frac{\varphi(x)h(x)}{x-x_0} = \frac{\varphi(x)-\varphi(x_0)}{x-x_0}h(x).$$

令 $x \to x_0$,立即可知 $f'(x_0)$存在且等于 $\varphi'(x_0)h(x_0)$.

(2) 必要性:假定 $\varphi(x_0) \neq 0$,则 $f(x)$在 $x=x_0$ 必不可导,这是因为如果$f'(x_0)$存在,那么 $h(x) = \dfrac{f(x)}{\varphi(x)}$在 $x=x_0$ 处就可导了. 这与题设矛盾,即得所证.

思 考 练 习

1. 设 $f'(x_0)$存在,$g(x)$在 $x=x_0$ 处不可导,试问 $f(x)+g(x)$在 $x=x_0$ 处可导吗?

2. 设 x_1, x_2, x_3是三次多项式 $P(x)$的不同实根,试证明

$$\frac{1}{P'(x_1)} + \frac{1}{P'(x_2)} + \frac{1}{P'(x_3)} = 0.$$

(提示:$P(x) = A(x-x_1)(x-x_2)(x-x_3)$)

3. 设 $f(x)$,$g(x)$在 $U(x_0)$上定义,$g(x)$在 $x=x_0$ 处连续且 $g(x_0)=0$,$f(x)$满足:存在 $M>0$,使得

$$|f(x)| \leqslant M|x-x_0|, \quad x \in U(x_0),$$

试证明 $F(x)=f(x)g(x)$在 $x=x_0$ 处可导,且 $F'(x_0)=0$.

4. 设 $f(x)=x^2|x|$,试证明 $f'(x)=3x|x|$.

5. 试求 $\cos x + 2\cos 2x + \cdots + n\cos nx$ 的和.

6. 试证明 $\sum\limits_{k=1}^{n} \dbinom{n}{k} k^2 = n(n+1)2^{n-2}$.(提示:在公式$(1+x)^n = \sum\limits_{k=1}^{n} \dbinom{n}{k} x^k$ 两端对 x 求导,乘

以 x 再求导,令 $x=1$)

4.2.2 复合函数与反函数的求导公式

1. 复合函数的求导公式

定理 4.4(复合函数求导公式) 设函数 $y=F(x)$ 可视为两个函数 $y=f(u)$ 与 $u=g(x)$ 的复合函数:

$$F(x)=f[g(x)],$$

其中 $u=g(x)$ 在点 x_0 处可导,$y=f(u)$ 在点 $u_0=g(x_0)$ 处可导,则 $y=F(x)$ 在点 x_0 处可导,且有

$$F'(x_0)=f'(u_0)g'(x_0)=f'[g(x_0)]g'(x_0).$$

一般情况下,也写为

$$(f[g(x)])'=f'[g(x)]\cdot g'(x).$$

证明 只需指出对任意的 $\{x_n\}: x_n\to 0(n\to\infty)$ 有

$$I=\lim_{n\to\infty}\frac{f[g(x_n)]-f[g(x_0)]}{x_n-x_0}=f'[g(x_0)]\cdot g'(x_0).$$

(i) 若有 $g(x_n)\neq g(x_0)(n\in\mathbf{N})$,则记 $u_n=g(x_n)$,$u_0=g(x_0)$,且由 $u_n\to u_0$ $(n\to\infty)$ 可知(注意连续性)

$$I=\lim_{n\to\infty}\frac{f(u_n)-f(u_0)}{u_n-u_0}\frac{g(x_n)-g(x_0)}{x_n-x_0}=f'(u_0)g'(x_0).$$

(ii) 若有点列 $\{x_n\}: x_n\to x_0$ 满足 $g(x_n)=g(x_0)$,则易知此时有 $g'(x_0)=0$. 从而只需指出 $F'(x_0)=0$. 这是因为我们知道此时有

$$\frac{f[g(x_n)]-f[g(x_0)]}{x_n-x_0}=0.$$

注 符号 $(f[g(x)])'$ 与 $f'[g(x)]$ 表示两种不同的求导运算,前者是指复合函数 $f[g(x)]$ 对自变量 x 求导,后者是指对括号[ ]内的中间变量求导,即 $f(u)$ 对 u 求导,再以 $u=g(x)$ 代入:$f'[g(x)]=f'(u)|_{u=g(x)}$.

推论 4.2 若 $y=f(x)$ 可用三个函数 $y=f(u)$,$u=g(v)$,$v=\varphi(x)$ 复合而成,且 $\varphi'(x)$,$g'(v)|_{v=\varphi(x)}$,$f'(u)|_{u=g(v)}$ 存在,则

$$(f[g[\varphi(x)]])'=f'[g[\varphi(x)]]\cdot g'[\varphi(x)]\cdot\varphi'(x)$$

或

$$\frac{dy}{dx}=\frac{dy}{du}\cdot\frac{du}{dx}=\frac{dy}{du}\frac{du}{dv}\frac{dv}{dx}\quad(u=g(x),v=\varphi(x)).$$

例 1 设 $f(x)=\ln|x|$,则 $f'(x)=\frac{1}{x}(x\neq 0)$.

证明 令 $u=|x|$,则 $f(x)$ 可视为 $f(u)$ 与 $u=|x|$ 的复合函数. 从而有

$$f'(x)=f'(u)|_{u=|x|}\cdot(|x|)'=\frac{1}{|x|}\cdot\frac{|x|}{x}=\frac{1}{x}\quad(x\neq 0).$$

在应用复合函数求导公式求导时,如果能牢记中间环节的求导步骤,那么我们也不一定要引入中间变量,而可以直接进行演算.

例 2 设 $y=x^{\alpha}(x>0,\alpha$ 是常数),则 $y'=\alpha x^{\alpha-1}$.

证明 将原函数改写为 $y=\mathrm{e}^{\alpha\ln x}$,则

$$y'_x=\mathrm{e}^{\alpha\ln x}\cdot(\alpha\ln x)'=x^{\alpha}\cdot\alpha\frac{1}{x}=\alpha x^{\alpha-1}.$$

对某些特定结构的函数(指取对数后其结构较简明),可先求其对数的导数后再化回.

例 3 设 $y=\dfrac{1+x^2}{\sqrt[3]{x^4}\cdot\sin^7 x},x\neq n\pi,n\in\mathbf{Z}$,求 y'.

解 令 $z=\ln|y|$,则$\dfrac{\mathrm{d}z}{\mathrm{d}x}=\dfrac{\mathrm{d}z}{\mathrm{d}y}\cdot\dfrac{\mathrm{d}y}{\mathrm{d}x}=\dfrac{1}{y}\dfrac{\mathrm{d}y}{\mathrm{d}x},\dfrac{\mathrm{d}y}{\mathrm{d}x}=y\dfrac{\mathrm{d}z}{\mathrm{d}x}$. 因为有

$$z=\ln(1+x^2)-\frac{4}{3}\ln|x|-7\ln|\sin x|,$$

所以得$\dfrac{\mathrm{d}z}{\mathrm{d}x}=\dfrac{2x}{1+x^2}-\dfrac{4}{3x}-\dfrac{7\cos x}{\sin x}$. 从而可知

$$\frac{\mathrm{d}y}{\mathrm{d}x}=\frac{1+x^2}{\sqrt[3]{x^4}\cdot\sin^7 x}\left(\frac{2x}{1+x^2}-\frac{4}{3x}-\frac{7\cos x}{\sin x}\right).$$

例 4 设 $y=f(x)^{g(x)}(f(x)>0)$,且存在 $f'(x),g'(x)$,则

$$\frac{\mathrm{d}z}{\mathrm{d}x}=f(x)^{g(x)}\left[g'(x)\ln f(x)+\frac{g(x)}{f(x)}f'(x)\right].$$

证明 因为原式可写为 $y=\mathrm{e}^{g(x)\ln f(x)}$,所以有

$$\begin{aligned}\frac{\mathrm{d}y}{\mathrm{d}x}&=\mathrm{e}^{g(x)\ln f(x)}\cdot\frac{\mathrm{d}}{\mathrm{d}x}[g(x)\ln f(x)]\\&=f(x)^{g(x)}\left[g'(x)\ln f(x)+\frac{g(x)}{f(x)}f'(x)\right].\end{aligned}$$

注 幂指函数 $f(x)^{g(x)}$ 的求导公式可看成下述两部分的和:

(1) 视 $g(x)$为常数,$f(x)^{g(x)}$为幂函数,则其导数为 $g(x)f(x)^{g(x)-1}f'(x)$.

(2) 视 $f(x)$为常数,$f(x)^{g(x)}$为指数函数,则其导数为 $f(x)^{g(x)}\cdot\ln f(x)\cdot g'(x)$.

例 5 设 $f'(a)$存在且 $f(a)\neq0$,则

$$\lim_{n\to\infty}\left[\frac{f\left(a+\frac{1}{n}\right)}{f(a)}\right]^n=\mathrm{e}^{f'(a)/f(a)}.$$

证明 首先,将此数列极限转换成连续变量的函数极限,即我们考察$\lim\limits_{x\to0}\left[\dfrac{f(a+x)}{f(a)}\right]^{\frac{1}{x}}$. 由于在$|x|$充分小时,有$\dfrac{f(a+x)}{f(a)}>0$,故可先取对数,有

$$\ln\left[\frac{f(a+x)}{f(a)}\right]^{\frac{1}{x}}=\frac{\ln|f(a+x)|-\ln|f(a)|}{x}.$$

其次，令 $x\to0$，且将上述极限视为 $\ln|f(x)|$ 在 $x=a$ 处求导，可知

$$\lim_{x\to0}\left(\ln\left[\frac{f(a+x)}{f(a)}\right]^{\frac{1}{x}}\right)=\frac{f'(a)}{f(a)}.$$

由此即得所证.

2. 反函数的求导公式

现在介绍反函数的微分法. 为此，先作一番粗略分析：

假设 $x=f^{-1}(y)$ 是 $y=f(x)$ 的反函数，如果两者皆可导，那么从复合函数的观点来看反函数 $x=f^{-1}(y)$，并在两端对 x 求导，可得

$$1=(f^{-1})'(y)\cdot y'_x=(f^{-1})'(y)\cdot f'(x),$$

即当 $f'(x)\neq0$ 时，有

$$(f^{-1})'(y)=\frac{1}{f'(x)}.$$

注意到 $x=f^{-1}(y)$，上式可写为

$$(f^{-1})'(y)=\frac{1}{f'(f^{-1}(y))}.$$

也就是说，反函数与(正)函数的导数关系是互为倒数. 这从几何上看是十分明显的. 在图 4-7 中，曲线 $y=f(x)$ 在点 x 处的切线斜率为 $f'(x)=\tan\alpha$，而反函数 $x=f^{-1}(y)$ 在点 $y(=f(x))$ 处的切线斜率为 $(f^{-1})'(y)=\tan\beta$.

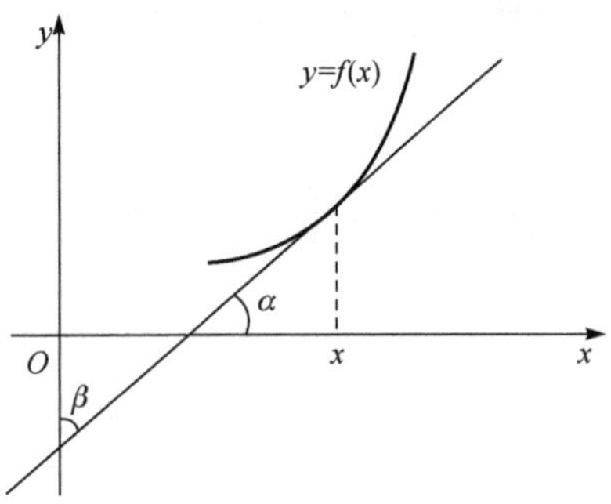

图 4-7

若 $\alpha<\frac{\pi}{2}$，则 $\beta=\frac{\pi}{2}-\alpha$；若 $\alpha>\frac{\pi}{2}$，则 $\beta=\frac{3\pi}{2}-\alpha$. 不论哪一种情形，均可得 $\tan\beta=\cot\alpha$，或

$$\tan\beta=\frac{1}{\tan\alpha},\quad (f^{-1})'(y)=\frac{1}{f'(f^{-1}(y))}.$$

定理 4.5(反函数求导公式)　设 $y=f(x)$ 是 $U(x_0)$ 上的严格单调函数，其反函数记为 $x=f^{-1}(y)$. 若 $f(x)$ 在点 x_0 处可导，且 $f'(x_0)\neq0$，则 $f^{-1}(y)$ 在 $y_0=f(x_0)$ 处可导，且有

$$(f^{-1})'(y_0)=\frac{1}{f'(x_0)}=\frac{1}{f'[f^{-1}(y_0)]}.$$

证明　对于变量 y 在点 y_0 处所作的改变量 Δy,变量 x 在点 x_0 处相应地引发改变量 Δx:

$$\Delta x=f^{-1}(y_0+\Delta y)-f^{-1}(y_0).$$

由于 $\Delta y\neq0$,故 $\Delta x\neq0$(否则 $y=f(x)$ 非单值函数). 从而有

$$\frac{\Delta x}{\Delta y}=\frac{f^{-1}(y_0+\Delta y)-f^{-1}(y_0)}{\Delta y}=\frac{1}{\dfrac{\Delta y}{\Delta x}}.$$

因为 $x=f^{-1}(y)$ 在点 y_0 处连续,所以当 $\Delta y\to0$ 时,必有 $\Delta x\to0$. 由此得

$$(f^{-1})'(y_0)=\lim_{\Delta y\to0}\frac{\Delta x}{\Delta y}=\frac{1}{\lim\limits_{\Delta x\to0}\dfrac{\Delta y}{\Delta x}}=\frac{1}{f'(x_0)}=\frac{1}{f'(f^{-1}(y_0))}.$$

注　当反函数仍用常规记号 $y=f^{-1}(x)$ 书写时,则其求导公式为

$$(f^{-1})'(x)=\frac{1}{f'(y)}\quad(y=f^{-1}(x)).$$

例 6　$y=\arcsin x$, $x\in(-1,1)$,我们有

$$y'=(\arcsin x)'=\frac{1}{\sqrt{1-x^2}},\quad x\in(-1,1).$$

证明　首先,因为 $y=\arcsin x$ 是 $x=\sin y$ 的反函数,且有 $(\sin y)'=\cos y$,所以 $(\arcsin x)'=\dfrac{1}{\cos y}$.

其次,由 $y\in\left(-\dfrac{\pi}{2},\dfrac{\pi}{2}\right)$ 时,$\cos y>0$,故知 $\cos y=\sqrt{1-\sin^2y}=\sqrt{1-x^2}$. 从而得

$$(\arcsin x)'=\frac{1}{\sqrt{1-x^2}},\quad x\in(-1,1).$$

类似地易知

$$(\arccos x)'=-\frac{1}{\sqrt{1-x^2}},\quad x\in(-1,1).$$

例 7　设 $y=\dfrac{e^{-x^2}\cdot\arcsin(e^{-x^2})}{\sqrt{1-e^{-2x^2}}}+\dfrac{1}{2}\ln(1-e^{-2x^2})$,求其导数 $\dfrac{dy}{dx}$.

解　令 $u=e^{-x^2}$,则 $y=\dfrac{u\cdot\arcsin u}{\sqrt{1-u^2}}+\dfrac{1}{2}\ln(1-u^2)$,则易知有

$$\frac{dy}{du}=\frac{\arcsin u}{(1-u^2)^{3/2}}=\frac{\arcsin(e^{-x^2})}{(1-e^{-2x^2})^{3/2}},$$

$$\frac{\mathrm{d}u}{\mathrm{d}x}=-2x\mathrm{e}^{-x^2},$$

$$\frac{\mathrm{d}y}{\mathrm{d}x}=\frac{\mathrm{d}y}{\mathrm{d}u}\frac{\mathrm{d}u}{\mathrm{d}x}=\frac{-2x\mathrm{e}^{-x^2}\cdot\arcsin(\mathrm{e}^{-x^2})}{(1-\mathrm{e}^{-2x^2})^{3/2}}.$$

例 8 $y=\arctan x, x\in(-\infty,\infty)$，我们有

$$(\arctan x)'=\frac{1}{1+x^2}.$$

证明 首先有$(\arctan x)'=\dfrac{1}{(\tan y)'}=\cos^2 y\ (y=\arctan x)$.

其次由$\cos^2 y=\dfrac{1}{\sec^2 y}=\dfrac{1}{1+\tan^2 y}=\dfrac{1}{1+x^2}$，可知$(\arctan x)'=\dfrac{1}{1+x^2}$. 类似地易知

$$(\mathrm{arccot}x)'=-\frac{1}{1+x^2}.$$

综上所列，可将基本初等函数的求导公式小结如表 4-1，供我们查用.

表 4-1 导数基本公式表(一)

$f(x)$	$f'(x)$	$f(x)$	$f'(x)$
c(常数)	0	x^α	$\alpha x^{\alpha-1}$
$\sin x$	$\cos x$	$\cos x$	$-\sin x$
$\tan x$	$\sec^2 x$	$\cot x$	$-\csc^2 x$
$\sec x$	$\sec x\cdot\tan x$	$\csc x$	$-\csc x\cdot\cot x$
e^x	e^x	a^x	$a^x\ln a$
$\ln x$	$\dfrac{1}{x}$	$\log_a x$	$\dfrac{1}{\ln a}\cdot\dfrac{1}{x}$
$\arcsin x$	$\dfrac{1}{\sqrt{1-x^2}}$	$\arccos x$	$-\dfrac{1}{\sqrt{1-x^2}}$
$\arctan x$	$\dfrac{1}{1+x^2}$	$\mathrm{arccot}x$	$-\dfrac{1}{1+x^2}$

例 9 带有参变量α的曲线族

$$\left(\frac{x}{a}\right)^\alpha+\left(\frac{y}{b}\right)^\alpha=2 \qquad ①$$

在点(a,b)处均相切(即具有公切线).

证明 在式①两端对x求导，可得

$$\alpha\left(\frac{x}{a}\right)^{\alpha-1}\frac{1}{a}+\alpha\left(\frac{y}{b}\right)^{\alpha-1}\frac{y'}{b}=0,$$

由此可知$y'=-\dfrac{b^\alpha}{a^\alpha}\dfrac{x^{\alpha-1}}{y^{\alpha-1}}$. 从而推出

$$\left(\frac{\mathrm{d}y}{\mathrm{d}x}\right)_{\substack{x=a\\y=b}}=-\frac{b^{\alpha}}{a^{\alpha}}\frac{a^{\alpha-1}}{b^{\alpha-1}}=-\frac{b}{a}.$$

这说明该曲线族中任一条曲线在点(a,b)处的切线斜率与参数α无关,它们具有公切线:$y-b=-b(x-a)/a$.

例 10　设定义在$(x_0-\delta,x_0+\delta)$上的函数$f(x)$,$g(x)$满足

$$f(x_0)=g(x_0),\qquad f(x)\leqslant g(x)\quad(x_0-\delta<x<x_0+\delta).$$

若存在$f'(x_0)$,$g'(x_0)$,则$f'(x_0)=g'(x_0)$.

证明　(i) 对于$x_0<x<x_0+\delta$,可知

$$\frac{g(x)-g(x_0)}{x-x_0}\geqslant\frac{f(x)-f(x_0)}{x-x_0}.$$

令$x\to x_0+$,得到$g'(x_0)\geqslant f'(x_0)$.

(ii) 对于$x_0-\delta<x<x_0$,可知

$$\frac{g(x)-g(x_0)}{x-x_0}\leqslant\frac{f(x)-f(x_0)}{x-x_0}=\frac{f(x)-f(x_0)}{x-x_0}.$$

令$x\to x_0-$,得到$g'(x_0)\leqslant f'(x_0)$.

综上所述,即得所证.

思 考 练 习

1. 设$f(x)$是$(0,2)$上的正值可导函数,且$f(1)=1$,$f'(1)=2$,试求极限$\lim\limits_{x\to0}\dfrac{\sqrt{f(x)}-1}{\sqrt{x}-1}$.

2. 设$f(x)$,$g(x)$在$x=0$处可导,且有$f(0)=g'(0)=0$,$g(0)=f'(0)=1$.若在$U(0)$上有关系$f(x+h)=f(x)g(h)+f(h)g(x)$,$x\in U(0)$,$x+h\in U(0)$,试证明$f'(x)=g(x)$,$x\in U(0)$.

3. 设$f'(0)$存在,$g(x)=x^2\sin\left(\dfrac{1}{x}\right)$,$x\neq0$,且$g(0)=0$.试讨论$f[g(x)]$在$x=0$处的导数.

4. 试求$\sum\limits_{k=1}^{n}\left(\tan\dfrac{x}{2^k}\right)\dfrac{1}{2^k}$的和(函数).$\left(\text{提示:注意}\left(\ln\left|\cos\dfrac{x}{2^k}\right|\right)'=-\dfrac{1}{2^k}\tan\dfrac{x}{2^k}\right)$

5. 设$f(x)=|g(x)|$,$g'(x_0)$存在.

(1) 若$g(x_0)\neq0$,试证明$f'(x_0)=\dfrac{g(x_0)g'(x_0)}{|g(x_0)|}$.

(2) 若$g(x_0)=0$,试证明$f'(x_0)$存在当且仅当$g'(x_0)=0$.此时,$f'(x_0)=0$.

6. 试求下列函数$f(x)$的导数$f'(x)$:

(1) $f(x)=\sqrt[3]{\dfrac{\mathrm{e}^x}{1+\cos x}}$.　　(2) $f(x)=2^{\cot^2x}$.

(3) $f(x)=x^{x^2}$.　　(4) $f(x)=\arcsin\sqrt{\dfrac{x-a}{b-a}}$.

7. 设$f(x)$,$g(x)$在$(-\infty,\infty)$上可导,试求下列函数的导数y':

(1) $y=\sqrt[n]{f^2(x)+g^2(x)}$　$(f^2(x)+g^2(x)>0)$.

(2) $y=\ln\left|\frac{f(x)}{g(x)}\right|$ $(f(x)g(x)\neq0)$.

8. 试求下列函数 $y=f(x)$的反函数在 y_0 处的导数：

(1) $y=x+\frac{x^5}{5}, y_0=0$. (2) $y=2x-\frac{\cos x}{2}, y_0=-\frac{1}{2}$.

4.2.3 隐函数的导数简介

例 1 设 $y^2+2\ln y=x^4$ 存在隐函数 $y=y(x)$，试求 y'_x.

解 视 y 为 x 的(隐)函数，在上式两端对 x 求导，得 $2yy'+\frac{2}{y}y'=4x^3$. 由此知

$$y'=\frac{4x^3}{2y+\frac{2}{y}}=\frac{2x^3y}{1+y^2}.$$

注 由于 $y=y(x)$是隐函数，故导函数表达式有 $y=y(x)$出现. 此外，这里仅介绍求导运算，其中的理论问题，将在多元函数中作介绍(见第三册).

例 2 设 $y=y(x)$由方程 $x^y=y^x\ (x>0, y>0)$所确定，求 $y'(x)$.

解 首先，将原式转换形式(取对数)，得 $y\ln x=x\ln y$.

其次，在上式两端对 x 求导，可知 $y'\ln x+\frac{y}{x}=\ln y+\frac{x}{y}y'$. 由此可知

$$y'(x)=\frac{\ln y-\frac{y}{x}}{\ln x-\frac{x}{y}}=\frac{y(x\ln y-y)}{x(y\ln x-x)}.$$

思考练习

1. 设 $0\leqslant\varepsilon<1$，试求方程 $y-\varepsilon\sin y=x$ 中隐函数 $y(x)$的导数 $y'(x)$.
2. 试求 $y=1+xe^y$ 中隐函数 $y(x)$的导数 $y'(x)$.
3. 试求 $y=f(xy)$中隐函数 $y(x)$的导数 y'，其中 $f'(u)$存在且 $f'(xy)\neq\frac{1}{x}$.

4.3 微　分

4.3.1 微分概念与微分公式

1. 可导函数的局部增量(或改变量)公式

设 $f(x)$在 $U(x_0)$上有定义，且 $f'(x_0)$存在. 如果我们用无穷小量的符号来表达$\frac{\Delta y}{\Delta x}\to f'(x_0)\ (\Delta x=x-x_0\to0)$这一极限过程，即令

$$\alpha=\alpha(x,x_0)=\frac{\Delta y}{\Delta x}-f'(x_0)=\frac{f(x_0+\Delta x)-f(x_0)}{\Delta x}-f'(x_0),$$

那么就有表达式

$$\Delta y=f(x_0+\Delta x)-f(x_0)=f'(x_0)\Delta x+\alpha\cdot\Delta x, \tag{①}$$

其中$\lim\limits_{\Delta x\to 0}\alpha=0$ 或 $\alpha\cdot\Delta x=o(\Delta x)$,$\Delta x\to 0$.

式①告诉我们,当 $f'(x_0)\neq 0$ 且$|\Delta x|$充分小时,量$|\alpha\cdot\Delta x|$比$|f'(x_0)\Delta x|$要小得多. 也就是说,由 Δx 引起的函数 y 的改变量 Δy 的值的主要部分是 $f'(x_0)\Delta x$. 于是,我们对数量 $f'(x_0)\Delta x$ 的兴趣骤然增加,特别是它的结构非常简明,只是 $f'(x_0)$与 Δx 的乘积,是 Δx 的线性函数. 我们称式①为 $y=f(x)$在点 x_0 处的局部增量公式,称 $f'(x_0)\Delta x$ 为 Δy 的**线性主部**.

2. 函数在局部的线性近似

现在,让我们反过来提问题,即对于定义在$U(x_0)$上的函数 $f(x)$,如果对 x 的改变量 $\Delta x=x-x_0$,函数 y 的改变量 Δy 可以写为

$$\Delta y=f(x_0+\Delta x)-f(x_0)=A\cdot\Delta x+\alpha\Delta x, \tag{②}$$

其中 $\alpha\to 0(\Delta x\to 0)$,$A$ 是一个常数,那么当$|\Delta x|$充分小时,Δy 的值主要由 Δx 的线性函数$A\cdot\Delta x(A\neq 0)$承担. 我们称式②为 $y=f(x)$在点 $x=x_0$ 附近的线性近似公式,且由等式

$$\frac{\Delta y}{\Delta x}=\frac{f(x_0+\Delta x)-f(x_0)}{\Delta x}=A+\alpha,$$

立即得出$\lim\limits_{\Delta x\to 0}\frac{\Delta y}{\Delta x}=A$. 即 $f'(x_0)$存在,且等于 A.

现在我们定义:若式②成立,则称 $y=f(x)$在点 x_0 处是**可微的**. 式②中的 $A\cdot\Delta x$ 称为此函数的**微分**,记为 $\mathrm{d}y$. 由上面的讨论可知,$y=f(x)$在点 x_0 处可导与可微是等价的,微分就是 Δy(也称**差分**)中的线性主部,局部增量公式与线性近似公式是同一的. 因此

$$\mathrm{d}y=y'\Delta x=f'(x_0)\Delta x.$$

这就是函数 $y=f(x)$在点 x_0 处的微分式,其值的大小依 Δx 的大小而定. 对于自变量 x 的微分 $\mathrm{d}x$,我们规定它就等于改变量 Δx:$\mathrm{d}x=\Delta x$. 这样做与下述看法是一致的,即对 $y=f(x)=x$ 作微分,可得 $y'=f'(x)=1$. 故有

$$\mathrm{d}x=(x)'\cdot\Delta x=1\cdot\Delta x=\Delta x.$$

这样,$y=f(x)$在点 x 的微分可记为

$$\mathrm{d}y=y'\mathrm{d}x=f'(x)\mathrm{d}x.$$

例 1　设 $f(x)$在 $x=0$ 处连续,且有$\lim\limits_{x\to 0}\frac{f(x)}{x}=A$,则 $f(x)$在 $x=0$ 处可微,且

$f'(0)=A$.

证明 由题设知$\dfrac{f(x)}{x}-A=o(1),x\to 0$. 从而有

$$f(x)=Ax+o(x),\quad x\to 0.$$

由此又可得$\lim\limits_{x\to 0}f(x)=0$,根据连续性,我们有 $f(0)=0$. 上式可改写为 $f(x)-f(0)=Ax+o(x),x\to 0$,即得所证.

例 2 若 $f(x)$在 $x=0$ 处连续,且有

$$\lim_{x\to 0}\left[\frac{f(x)-1}{x}-\frac{\sin x}{x}\right]=5,$$

则 $f'(0)=6$.

证明 由题设可写出公式

$$f(x)=1+5x+\sin x+o(x)=1+6x+o(x)\quad (x\to 0).$$

故 $f(0)=1$. 因此又有

$$f(x)-f(0)=6x+o(x)\quad (x\to 0).$$

即得所证.

例 3 设$\{a_n\},\{b_n\}$是正数列,且 $a_n\to 0,b_n\to 0(n\to\infty)$. 若存在 $f'(x_0)$,则

$$\lim_{n\to\infty}\frac{f(x_0+a_n)-f(x_0-b_n)}{a_n+b_n}=f'(x_0).$$

证明 只需注意公式:

$$f(x_0+a_n)-f(x_0-b_n)=f'(x_0)a_n+o(a_n)+f'(x_0)b_n+o(b_n)\ (n\to\infty),$$

$$\frac{o(a_n)}{a_n+b_n}=\frac{o(a_n)}{a_n}\frac{a_n}{a_n+b_n}\leqslant\frac{o(a_n)}{a_n}\to 0\ (n\to\infty),$$

$$\frac{o(b_n)}{a_n+b_n}=\frac{o(b_n)}{b_n}\frac{b_n}{a_n+b_n}\leqslant\frac{o(b_n)}{b_n}\to 0\ (n\to\infty).$$

3. 微分的几何功能及表示

从几何框架中来考察微分的意义,正是人们以直(切线)近似地代曲(弧段)这一认识过程的反映.

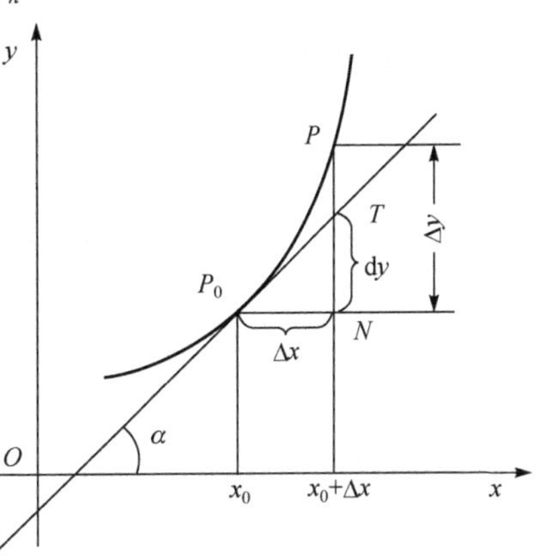

图 4-8

设 $y=f(x)$的平面图形如图 4-8 所示,x_0 是定义域中的点,并记 $x=x_0+\Delta x$,相应地取曲线 $y=f(x)$上的点为 $P_0(x_0,f(x_0))$,$P(x,f(x))$,并过点 P_0 作切线 P_0T,其中 T 是过点 $x=x_0+\Delta x$ 且垂直于

x 轴的直线与该切线的交点. 易知微分 $\mathrm{d}y$ 与 Δy 的几何表示就是

$$\Delta y = f(x_0+\Delta x)-f(x_0)=PN,$$
$$\mathrm{d}y = f'(x_0)\mathrm{d}x = TN.$$

在式②中,当 $|\Delta x|$ 充分小时,$\mathrm{d}y$ 是 Δy 的主要(线性)部分,$\mathrm{d}y$ 近似于 Δy. 这说明曲线 $y=f(x)$ 在点 x_0 附近的弧段,可用直线(切线)段近似代替;TN 近似代替 PN. 因此利用微分可作函数值的近似计算.

设有函数 $f(x)$,假定 $f(x_0)$ 的值易被算出,且 $f'(x_0)$ 存在,则由

$$\Delta y = f(x_0+\Delta x)-f(x_0)\approx \mathrm{d}y = f'(x_0)\Delta x$$

可知

$$f(x_0+\Delta x)\approx f(x_0)+f'(x_0)\Delta x,$$

其中值 $|\Delta x|$ 较小.

例 4　$$\sqrt{3.98}=\sqrt{4-0.02}\approx\sqrt{4}+(\sqrt{x})'\big|_{x=4}\cdot(-0.02)$$
$$=\sqrt{4}-\frac{0.02}{2\sqrt{4}}=1.995.$$

如上所述,我们对函数的导数概念的认识达到了一个新的高度,即 $\frac{\mathrm{d}y}{\mathrm{d}x}$ 作为函数 $y=f(x)$ 的导数,原先只是一个表示符号,现在有了微分概念以后,导数可以当作两个微分 $\mathrm{d}y$ 与 $\mathrm{d}x$ 的商,即分数来处理了. 这就是导数称作微商的理由,而求函数的导数与求它的微分也就统一了(求导运算也称为微分法). 由于微分 $\mathrm{d}y$ 与导数 $y'=f'(x)$ 只差一个因子 $\mathrm{d}x$,故基本初等函数的微分公式可直接得出. 关于可微函数 $u(x)$ 与 $v(x)$ 的四则运算,其微分关系可归结为下列公式:

(1) $\mathrm{d}(cu)=c\cdot\mathrm{d}u$,$c$ 是常数;　　(2) $\mathrm{d}(u\pm v)=\mathrm{d}u\pm\mathrm{d}v$;

(3) $\mathrm{d}(u\cdot v)=u\cdot\mathrm{d}v+v\mathrm{d}u$;　　(4) $\mathrm{d}\left(\frac{u}{v}\right)=\frac{v\mathrm{d}u-u\mathrm{d}v}{v^2}$,$v\neq 0$.

以(4)为例,我们有

$$\mathrm{d}\left(\frac{u}{v}\right)=\left(\frac{u}{v}\right)'\mathrm{d}x=\frac{u'v-uv'}{v^2}\mathrm{d}x$$
$$=\frac{v\cdot u'\mathrm{d}x-u\cdot v'\mathrm{d}x}{v^2}=\frac{v\mathrm{d}u-u\mathrm{d}v}{v^2}.$$

思考练习

1. 设 $f(x)$ 在 $U(0)$ 上满足 $2f(x)=2f(0)-3x+g(x)$,其中 $\frac{g(x)}{x}\to 0\,(x\to 0)$,试问 $f'(0)$ 存在吗?

2. 设 $y=f(x)$ 的微分是

$$\mathrm{d}f(x)=\frac{x\cos x-\sin x}{x^2}\mathrm{d}x \quad (x\neq 0),$$

试求 $f(x)$.

3. 设 $f(x)$ 在 $x=0$ 处连续，且存在极限

$$\lim_{x\to 0}\frac{f(x)}{x^2}=A,$$

试论 $f(x)$ 在 $x=0$ 处的可导性.

4. 设 $f(x)$ 在 $x=0$ 处连续，且存在常数 A,B，使得

$$f(x)=B+Ax+o(x) \quad (x\to 0),$$

试问 $f(x)$ 在 $x=0$ 处可微吗?

5. 试求下列数值的近似值：

(1) $\sqrt{640}$. (2) $\sin 35°$. (3) $\arctan(1.05)$.

4.3.2 复合函数微分法与微分的形式不变性

设 $y=f[g(x)]$ 是两个可微函数 $y=f(u)$ 与 $u=g(x)$ 的复合函数，易知 y 对 x 的微分为

$$\mathrm{d}y=y'_x\cdot\mathrm{d}x. \quad ①$$

但将 $y'_x=y'_u u'_x$ 代入，则可得 $\mathrm{d}y=y'_u u'_x\mathrm{d}x$. 因为 $u'_x\mathrm{d}x$ 是 $u=g(x)$ 作为 x 的函数时的微分，即 $\mathrm{d}u=u'_x\mathrm{d}x$，所以我们又有

$$\mathrm{d}y=y'_u\cdot\mathrm{d}u. \quad ②$$

比较式①与式②，我们注意到，不论 u 是自变量，还是中间变量，微分 $\mathrm{d}y$ 的公式在形式上完全一致. 也就是说，我们永远可以把 y 的微分写成②的形式，不论 u 是否是自变量(其中的差别只是:若 u 不是自变量，则 $\mathrm{d}u$ 并不表示改变量 Δu，而是表示 u 作为另一自变量 x 的函数的微分). 因此，微分的这一性质称为微分的形式不变性①.

由于导数可以看成微分的商，故微分形式的不变性也就给求导带来方便. 例如，y 与 x 的函数关系由参数方程

$$x=\varphi(t), \quad y=\psi(t), \quad \alpha\leqslant t\leqslant\beta$$

表达时，其导数 y'_x 可直接计算如下：

$$y'_x=\frac{\mathrm{d}y}{\mathrm{d}x}=\frac{\dfrac{\mathrm{d}y}{\mathrm{d}t}\mathrm{d}t}{\dfrac{\mathrm{d}x}{\mathrm{d}t}\mathrm{d}t}=\frac{y'_t\cdot\mathrm{d}t}{x'_t\cdot\mathrm{d}t}=\frac{y'_t}{x'_t}=\frac{\psi'(t)}{\varphi'(t)} \quad (\varphi'(t)\neq 0),$$

① 相对于后面所介绍的高阶微分，$\mathrm{d}y$ 称为一阶微分. 因此，这里是指一阶微分的形式不变性.

而不必顾及微分 $\mathrm{d}y$, $\mathrm{d}x$ 是对什么变量而取的.

把求导运算变成微分运算加深了对求导公式的理解,且使其简化为代数操作了.如

$$\frac{\mathrm{d}x}{\mathrm{d}y}=\frac{1}{\dfrac{\mathrm{d}y}{\mathrm{d}x}};\qquad \frac{\mathrm{d}y}{\mathrm{d}x}=\frac{\mathrm{d}y}{\mathrm{d}u}\frac{\mathrm{d}u}{\mathrm{d}x}.$$

微分概念及其符号是 Leibniz 引进的,由此又见,在数学中引入科学的符号是多么重要.

思 考 练 习

1. 设 $y=F(x)$ 是 $y=f(u)$ 与 $u=g(x)$ 的复合函数,若 $f'(u)=2ue^{u^2}$, $\mathrm{d}y=e^{(\ln(1+x))^2}\dfrac{2\ln(1+x)}{1+x}\mathrm{d}x$,试求 $u=g(x)$.

2. 设 $y=F(x)$ 是 $y=f(u)$ 与 $u=g(x)\neq x$ 的复合函数.若有 $\mathrm{d}y=[2\arctan x/(1+x^2)]\mathrm{d}x$,试求 $f(u)$.

3. 设 k 是一个常数,且 $1+xy=k(x-y)$,试证明 $(1+y^2)\mathrm{d}x=(1+x^2)\mathrm{d}y$.

4. 设 y 与 x 满足关系式

$$x^2y^2+x^2+y^2-1=0\quad (xy>0).$$

试证明

$$\frac{\mathrm{d}x}{\sqrt{1-x^4}}+\frac{\mathrm{d}y}{\sqrt{1-y^4}}=0.$$

5. 已知 $u=u(x)$, $v=v(x)$ 的微分 $\mathrm{d}u$, $\mathrm{d}v$,试求下列函数 $y=f(x)$ 的微分 $\mathrm{d}y$:

(1) $y=\dfrac{uv}{(u^2+v^2)}$.　　　(2) $y=\ln\tan\left(\dfrac{v}{u}\right)$.

4.3.3　参数式函数的求导法

设有 x 的函数 $y=f(x)$ 由参数式方程 $\begin{cases}x=\varphi(t),\\ y=\psi(t),\end{cases}$ $\alpha\leqslant t\leqslant\beta$ 给出, $\varphi'(t)$ 及 $\psi'(t)$ 存在,且 $x=\varphi(t)$ 存在反函数 $t=\varphi^{-1}(x)$,反函数可导又不为零.从而 y 通过中间变量 t 可表为 x 的复合函数.根据复合函数求导公式可知

$$\frac{\mathrm{d}y}{\mathrm{d}x}=\frac{\mathrm{d}y}{\mathrm{d}t}\cdot\frac{\mathrm{d}t}{\mathrm{d}x}=\psi'(t)\cdot(\varphi^{-1}(x))'.$$

而 $(\varphi^{-1}(x))'=\dfrac{1}{\varphi'(t)}(t=\varphi^{-1}(x))$,故有

$$\frac{\mathrm{d}y}{\mathrm{d}x}=\frac{\psi'(t)}{\varphi'(t)}\quad (t=\varphi^{-1}(x)).$$

例 1 求旋轮线①$\begin{cases}x=a(t-\sin t),\\ y=a(1-\cos t),\end{cases}$ $0\leqslant t\leqslant 2\pi, a>0$ 的 y'_x.

解 因为 $x'_t=a(1-\cos t), y'_t=a\sin t$,所以得

$$\frac{\mathrm{d}y}{\mathrm{d}x}=\frac{a\sin t}{a(1-\cos t)}=\cot\frac{t}{2}.$$

用极坐标 $r=f(\theta)$ 表达的函数,只需将其转换为形式 $x=r\cos\theta, y=r\sin\theta$,也可以纳入参数式的情况,参数为 θ.

如图 4-9 所示,若记 α 为曲线上点 $M(r,\theta)$ 处切线的倾斜角,则我们有$\left(\text{记 } r'=\frac{\mathrm{d}r}{\mathrm{d}\theta}\right)$

$$\tan\alpha=\frac{\mathrm{d}y}{\mathrm{d}x}=\frac{\frac{\mathrm{d}y}{\mathrm{d}\theta}}{\frac{\mathrm{d}x}{\mathrm{d}\theta}}=\frac{r'\sin\theta+r\cos\theta}{r'\cos\theta-r\sin\theta}.$$

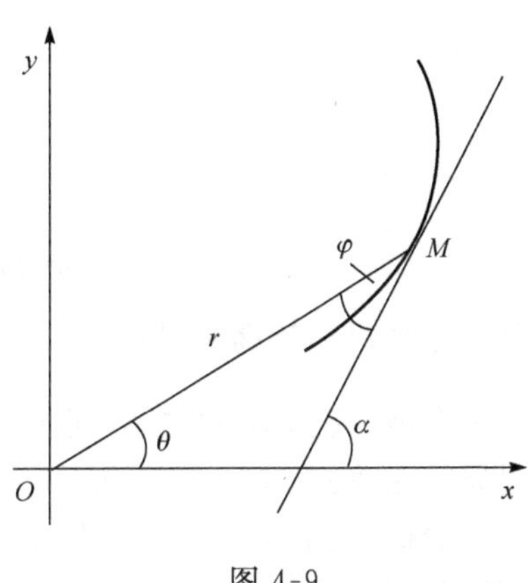

图 4-9

注 记 φ 为向径(从原点出发的射线) OM 与切线之夹角:

$$\varphi=\alpha-\theta,\qquad \tan\varphi=\frac{\tan\alpha-\tan\theta}{1+\tan\alpha\tan\theta}.$$

从而可得

$$\tan\varphi=\frac{(r'\sin\theta+r\cos\theta)\cos\theta-(r'\cos\theta-r\sin\theta)\sin\theta}{(r'\cos\theta-r\sin\theta)\cos\theta+(r'\sin\theta+r\cos\theta)\sin\theta}=\frac{r}{r'},$$

$$r'=r\cot\varphi.$$

这说明,用极坐标表达的函数,其向径对极角的导数,等于向径与切线夹角的余切乘以向径的长度.

例 2 等角螺线 $r=\mathrm{e}^{a\theta}$②的几何意义.

解 因为有 $r'=a\mathrm{e}^{a\theta}$,所以由式(1)知 $\cot\varphi=\frac{r'}{r}=a$(常数). 这说明在此曲线上的任一处,其切线与向径相交的角总是一个定角.

例 3 设 $r=r(\theta)$是以极坐标表示的光滑曲线,记极点 O 到曲线上点 $P(r,\theta)$ 处切线的距离为 l,则

$$\frac{1}{l^2}=\frac{1}{r^2}+\left(\frac{\mathrm{d}}{\mathrm{d}\theta}\left(\frac{1}{r}\right)\right)^2.$$

---

① 也称摆线,是 18 世纪中叶研究等时钟摆时导出的,故又称等时曲线.

② 也称对数螺线(logarithmic spiral).

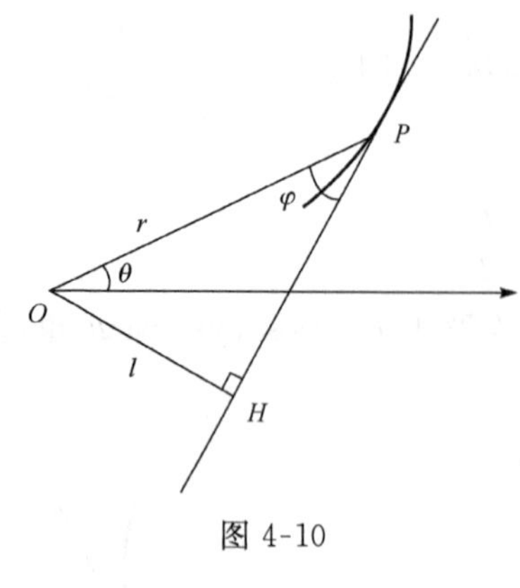

图 4-10

证明　如图 4-10 所示,记向径与切线的夹角为 φ,则

$$\tan\varphi=\frac{r}{r'},\quad \cos\varphi=\pm\frac{1}{\sqrt{1+\tan^2\varphi}}=\frac{r'}{\sqrt{r^2+r'^2}}.$$

因为 $l=OH=OP\sin\varphi=r\cdot\tan\varphi\cdot\cos\varphi$,所以有

$$l=r\cdot\frac{r}{r'}\cdot\frac{r'}{\sqrt{r^2+r'^2}}=\frac{r^2}{\sqrt{r^2+r'^2}}.$$

由此知

$$\frac{1}{l^2}=\frac{r^2+r'^2}{r^4}=\frac{1}{r^2}+\frac{r'^2}{r^4}=\frac{1}{r^2}+\left(\frac{\mathrm{d}}{\mathrm{d}\theta}\left(\frac{1}{r}\right)\right)^2.$$

4.4　高阶导数与高阶微分

4.4.1　$y=f(x)$的高阶导数

一个做变速运动的物体,其速度随时间而改变,速度的变化率称为加速度.速度是路程函数 $s(t)$对 t 的导数 $s'(t)$,为求加速度,$s'(t)$必须对 t 再求导数.

一般地,设函数 $y=f(x)$在 $U(x_0)$上可微,则 $f'(x)$也是 $U(x_0)$上的函数.因此,仍可以考察函数 $f'(x)$在点 x_0 处的导数.若存在极限

$$\lim_{x\to x_0}\frac{f'(x)-f'(x_0)}{x-x_0}=A,$$

则称 $f(x)$在点 x_0 处**存在二阶导数**(或称为**二次可导**),并称 A 为 $f(x)$的**二阶导数**(**值**),记为

$$A=f''(x_0).$$

若 $f(x)$在区间 I 中每一点 x 上均二次可导,则称 $f(x)$在 I 上二次可导,其导函数记为 $f''(x)=[f'(x)]'$,也记为

$$y''=(y')';\quad \frac{\mathrm{d}^2y}{\mathrm{d}x^2}=\frac{\mathrm{d}}{\mathrm{d}x}\left(\frac{\mathrm{d}y}{\mathrm{d}x}\right);\quad \frac{\mathrm{d}^2f(x)}{\mathrm{d}x^2}=\frac{\mathrm{d}}{\mathrm{d}x}\left(\frac{\mathrm{d}f(x)}{\mathrm{d}x}\right).$$

类似地,可以定义三阶导数 $f'''(x),\cdots$,以及 n 阶导数

$$y^{(n)}=(y^{(n-1)})';\quad f^{(n)}(x)=[f^{(n-1)}(x)]';\quad \frac{\mathrm{d}^nf(x)}{\mathrm{d}x^n}=\frac{\mathrm{d}}{\mathrm{d}x}\left(\frac{\mathrm{d}f^{(n-1)}(x)}{\mathrm{d}x}\right).$$

也同样可以理解 $f''_+(x)$,$f''_-(x)$等.此外,为便于统一陈述,规定 $f^{(0)}(x)=f(x)$.

这里,我们还要指出的是,凡提到 $f^{(n)}(x_0)$存在,总是首先假定在某个邻域 $U(x_0)$上 $f^{(n-1)}(x)$存在,且由此又可知在 $U(x_0)$上 $f^{(n-2)}(x)$不仅存在而且是连续函数.一般地,当 $f^{(k)}(x)$在区间 I 上连续时,我们就称 $f(x)$在 I 上是 **k 阶连续可导**,并记为 $f\in C^{(k)}(I)$.其中 $C^{(k)}(I)$表示一切在 I 上 k 阶连续可导函数的全体构成

的集合,而 $C^{(\infty)}(I)$ 则表示一切在 I 上任意次可导的函数的全体.

例 1 $y=x^{\alpha}$,我们有

当 $\alpha\leqslant n$ 且 $\alpha\in\mathbf{N}^*$ 时,有 $y^{(n)}=n!\ (\alpha=n)$;$y^{(n)}=0(\alpha<n)$.

当 $\alpha>n$ 或 $\alpha\overline{\in}\mathbf{N}^*$ 时,有 $y^{(n)}=\alpha(\alpha-1)\cdots(\alpha-n+1)x^{\alpha-n}$.

例 2 $y=a^x(a>0)$,则我们有

$$y'=a^x\cdot\ln a,\ y''=a^x(\ln a)^2,\ \cdots,\ y^{(n)}=a^x(\ln a)^n\quad(n\in\mathbf{N}^*).$$

特别地,当 $y=\mathrm{e}^x$ 时,有 $y^{(n)}=\mathrm{e}^x$.

例 3 $y=\ln x$,则对 $x>0$ 有 $y'=x^{-1}$. 而 $y^{(n)}=(y')^{(n-1)}=(x^{-1})^{(n-1)}$,从而由例 1 知

$$y^{(n)}=(\ln x)^{(n)}=\frac{(-1)^{n-1}(n-1)!}{x^n}\quad(n\in\mathbf{N}^*).$$

例 4 $y=\sin x$,则由

$$y'=\cos x=\sin\left(x+\frac{\pi}{2}\right),\ y''=-\sin x=\sin\left(x+\frac{2\pi}{2}\right),$$

$$y'''=-\cos x=\sin\left(x+\frac{3\pi}{2}\right),\ y^{(4)}=\sin x=\sin\left(x+\frac{4\pi}{2}\right),$$

$$\cdots\cdots$$

易知(用数学归纳法)$y^{(n)}=\sin\left(x+\dfrac{n\pi}{2}\right)(n\in\mathbf{N}^*)$.

类似地可知,在 $y=\cos x$ 时,有 $y^{(n)}=\cos\left(x+\dfrac{n\pi}{2}\right)(n\in\mathbf{N}^*)$.

关于 4.2 节中所述的求导运算法则,不难推广于高阶导数的情形. 例如,在 $u=u(x)$,$v=v(x)$ 的 n 阶导数存在时,有

$$(u+v)^{(n)}=u^{(n)}+v^{(n)},\qquad (cn)^{(n)}=cu^{(n)}.$$

特别值得一提的是,函数乘积的 n 阶导数,可用公式表达如下.

定理 4.6(Leibniz 法则) 设 $u=u(x)$,$v=v(x)$ 在点 x 处有 n 阶导数存在,则

$$\begin{aligned}(u\cdot v)^{(n)}&=\sum_{k=0}^{n}\mathrm{C}_n^k u^{(n-k)}v^{(k)}\\&=u^{(n)}v+nu^{(n-1)}v'+\frac{n(n-1)}{2!}u^{(n-2)}v^{(2)}+\cdots\\&\quad+\frac{n(n-1)\cdots(n-k+1)}{k!}u^{(n-k)}v^{(k)}+\cdots+uv^{(n)}.\end{aligned}$$

证明 此公式可以直觉地从下述逐次求导公式归纳得到

$$\begin{aligned}&y'=u'v+uv',\\&y''=u''v+2u'v'+uv'',\\&y'''=u'''v+3u''v'+3u'v'+uv''',\\&\cdots\cdots\end{aligned}$$

实际上,假定 $n=m$ 时,Leibniz 法则成立,即

$$(u\cdot v)^{(m)}=\sum_{k=0}^{m}\mathrm{C}_m^k u^{(m-k)}v^{(k)},$$

则对上式两端再求导一次,可得

$$\begin{aligned}(u\cdot v)^{(m+1)}&=\sum_{k=0}^{m}\left[\mathrm{C}_m^k u^{(m-k)}v^{(k)}\right]'\\&=\sum_{k=0}^{m}\mathrm{C}_m^k\left[u^{(m-k+1)}v^{(k)}+u^{(m-k)}v^{(k+1)}\right]\\&=\sum_{k=0}^{m}\mathrm{C}_m^k u^{(m-k+1)}v^{(k)}+\sum_{k=0}^{m}\mathrm{C}_m^k u^{(m-k)}v^{(k+1)}\\&=\sum_{k=0}^{m}\mathrm{C}_m^k u^{(m-k+1)}v^{(k)}+\sum_{k=1}^{m+1}\mathrm{C}_m^{k-1}u^{(m-k+1)}v^{(k)}.\end{aligned}$$

作同类项合并可知(注意 $\mathrm{C}_m^0=\mathrm{C}_m^m=1$)

$$(u\cdot v)^{(m+1)}=u^{(m+1)}v^{(0)}+\sum_{k=1}^{m}\left[\mathrm{C}_m^k+\mathrm{C}_m^{k-1}\right]u^{(m-k+1)}v^{(k)}+u^{(0)}v^{(m+1)}.$$

因为 $\mathrm{C}_m^k+\mathrm{C}_m^{k-1}=\mathrm{C}_{m+1}^k$,所以最后得到

$$\begin{aligned}(u\cdot v)^{(m+1)}&=u^{(m+1)}v^{(0)}+\sum_{k=1}^{m}\mathrm{C}_{m+1}^k u^{(m+1-k)}v^{(k)}+u^{(0)}v^{(m+1)}\\&=\sum_{k=0}^{m+1}\mathrm{C}_{m+1}^k u^{(m+1-k)}v^{(k)}.\end{aligned}$$

根据数学归纳法原理,可知 Leibniz 法则对一切 $n\in\mathbf{N}^*$ 成立.

例 5　求$(x^2\cos 2x)^{(n)}$.

解　应用 Leibniz 法则,视 $u=\cos 2x, v=x^2$,并注意到$(x^2)^{(k)}=0(k>2)$,故有

$$(x^2\cos 2x)^{(n)}=\binom{n}{0}x^2\ (\cos 2x)^{(n)}+\binom{n}{1}(x^2)'(\cos 2x)^{(n-1)}+\binom{n}{2}(x^2)''(\cos 2x)^{(n-2)}.$$

再利用余弦函数的 n 阶导数公式,可知

$$(x^2\cos 2x)^{(n)}=2^n\left(x^2-\frac{n(n-1)}{4}\right)\cos\left(2x+\frac{n\pi}{2}\right)+2^n nx\sin\left(2x+\frac{n\pi}{2}\right).$$

例 6　设 $f(x)=\arctan x$,求 $f^{(n)}(0)$.

解　因为 $f'(x)=\dfrac{1}{1+x^2}$,所以可以写成 $f'(x)(1+x^2)=1$. 对上式两端求$(n-1)$次导数,且对左端应用 Leibniz 法则,视 $u=f'(x), v=(1+x^2)$,可得

$$(1+x^2)f^{(n)}(x)+2(n-1)xf^{(n-1)}(x)+(n-1)(n-2)f^{(n-2)}(x)=0.$$

由此知

$$f^{(n)}(0)=-(n-1)(n-2)f^{(n-2)}(0)\quad(n\geqslant 2).$$

由 $f^{(2)}(0)=0$,我们有 $f^{(2k)}(0)=0$.

由 $f'(0)=1$，我们有 $f^{(2k+1)}(0)=(-1)^k(2k)!$.

例 7 设 $g\in C^{(n-1)}(U(x_0))$，$f(x)=(x-x_0)^n g(x)$，求 $f^{(n)}(x_0)$.

解 由题设知 $f^{(n-1)}(x)$是存在的，且考虑到 $f(x)$是乘积型，求 $f^{(n-1)}(x)$自当应用 Leibniz 求导公式. 注意到乘积因子$(x-x_0)^n$，易知这一求导公式中的许多项可分为两个部分：

$$\begin{aligned}f^{(n-1)}(x)&=n!\ (x-x_0)g(x)+(x-x_0)^2\varphi(x)\\&=n!\ (x-x_0)g(x)+o(x-x_0)\quad (x\to x_0).\end{aligned}$$

由此可知 $f^{(n-1)}(x_0)=0$，且有

$$\begin{aligned}f^{(n)}(x_0)&=\lim_{x\to x_0}\frac{f^{(n-1)}(x)-f^{(n-1)}(x_0)}{x-x_0}\\&=\lim_{x\to x_0}\frac{n!\ (x-x_0)g(x)+o(x-x_0)}{x-x_0}\\&=n!\ g(x_0).\end{aligned}$$

关于复合函数的高阶导数，特别要记住中间变量永远是自变量的函数.

例 8 设 $y=f[g(x)]$，求 y'''.

解 记 $u=g(x)$，则 $y'_x=(f[g(x)])'=f'(u)g'(x)=f'[g(x)]g'(x)$.

$$\begin{aligned}(f[g(x)])''&=f''(u)[g'(x)]^2+f'(u)g''(x)\\&=f''[g(x)][g'(x)]^2+f'[g(x)]g''(x).\end{aligned}$$

$$\begin{aligned}(f[g(x)])'''&=f'''(u)[g'(x)]^3+2f''(u)g'(x)g''(x)\\&\quad+f''(u)g'(x)g''(x)+f'(u)g'''(x)\\&=f'''[g(x)][g'(x)]^3+3f''[g(x)]g'(x)g''(x)+f'[g(x)]g'''(x).\end{aligned}$$

注意，符号 $f''[g(x)]$表示 $f''(u)$中的 u 用 $g(x)$代替的意思，而$(f[g(x)])''$表示 $f[g(x)]$作为 x 的函数对 x 的二次导数.

例 9 求$\left(\dfrac{1}{x^2-4}\right)^{(n)}$.

解 因为$\dfrac{1}{x^2-4}=\dfrac{1}{4}\left(\dfrac{1}{x-2}-\dfrac{1}{x+2}\right)$，所以

$$\begin{aligned}\left(\frac{1}{x^2-4}\right)^{(n)}&=\frac{1}{4}\left(\frac{1}{x-2}\right)^{(n)}-\frac{1}{4}\left(\frac{1}{x+2}\right)^{(n)}\\&=\frac{(-1)^n n!}{4}\left(\frac{1}{(x-2)^{n+1}}-\frac{1}{(x+2)^{n+1}}\right).\end{aligned}$$

注 例 9 求导运算之所以简便，是因为将原式分解成一次式$(ax+b)^\alpha$ 的组合. 类似地，如对 $P(x)=(x^2-1)^n$ 求 $P^{(n)}(1)$，也是先用分解$(x^2-1)^n=(x-1)^n(x+1)^n$，再用 Leibniz 法则更为方便. 还有，如求 $\sin^2 x$ 以及 $\ln(x^2+x-2)$的 n 阶导数，也应先将其化为$\dfrac{1-\cos 2x}{2}$以及 $\ln|x-1|+\ln|x+2|$再求导.

*例 10　求 $y=\frac{12}{x^2+a^2}$ 的 n 次导数.

解　利用复数分解公式 $\frac{1}{x^2+a^2}=\frac{1}{2a\mathrm{i}}\left(\frac{1}{x-a\mathrm{i}}-\frac{1}{x+a\mathrm{i}}\right)$, $\mathrm{i}=\sqrt{-1}$,可知

$$\left(\frac{1}{x^2+a^2}\right)^{(n)}=\frac{1}{2a\mathrm{i}}\left[\frac{(-1)^n n!}{(x-a\mathrm{i})^{n+1}}-\frac{(-1)^n n!}{(x+a\mathrm{i})^{n+1}}\right]$$
$$=\frac{(-1)^n n!}{2a\mathrm{i}}\left[\frac{1}{(x-a\mathrm{i})^{n+1}}-\frac{1}{(x+a\mathrm{i})^{n+1}}\right].$$

现在令 $x=a\cot\theta, 0<\theta<\pi, \theta=\operatorname{arccot}(x/a)$,则

$$x\pm a\mathrm{i}=a(\cot\theta\pm\mathrm{i})=a(\cos\theta\pm\mathrm{i}\sin\theta)/\sin\theta.$$

由此可知

$$\frac{1}{(x\pm a\mathrm{i})^{n+1}}=\frac{\sin^{n+1}\theta}{a^{n+1}}[\cos(n+1)\theta\mp\mathrm{i}\sin(n+1)\theta].$$

代入上式并注意 $\sin\theta=\frac{a}{\sqrt{a^2+x^2}}$,有

$$\left(\frac{1}{x^2+a^2}\right)^{(n)}=\frac{(-1)^n n!\ \sin^{n+1}\theta\sin(n+1)\theta}{a^{n+2}}$$
$$=(-1)^n n!\ \frac{\sin[(n+1)\operatorname{arccot}(x/a)]}{a\,(x^2+a^2)^{(n+1)/2}}.$$

我们将部分初等函数的 n 阶导数公式归纳为表 4-2.

表 4-2　导数基本公式表(二)

$f(x)$	$f^{(n)}(x)$
x^α	$\alpha(\alpha-1)(\alpha-2)\cdots(\alpha-n+1)x^{\alpha-n}$
$1/x$	$(-1)^n n!\ /x^{n+1}$
$1/(ax+b)$	$(-1)^n n!\ a^n/(ax+b)^{n+1}$
$\sin x$	$\sin(x+n\pi/2)$
$\cos x$	$\cos(x+n\pi/2)$
e^x	e^x
$\ln x$	$(-1)^{n-1}(n-1)!\ /x^n$
a^x	$a^x(\ln a)^n$
$1/(x^2+a^2)$	$(-1)^n n!\ \sin\left[(n+1)\operatorname{arccot}\frac{x}{a}\right]\Big/ a\,(x^2+a^2)^{\frac{n+1}{2}}$
$x/(x^2+a^2)$	$(-1)^n n!\ \cos\left[(n+1)\operatorname{arccot}\frac{x}{a}\right]\Big/(a^2+x^2)^{\frac{n+1}{2}}$

思考练习

1. 设有函数

$$f(x)=\begin{cases} ax^2+bx+c, & x\leqslant 0, \\ \ln(1+x), & x>0, \end{cases}$$

试确定 a,b 与 c 的值,使得 $f''(0)$存在.

2. 设 $y=C_1 e^{\alpha x}+C_2 e^{\beta x}$,试证明

$$y''-(\alpha+\beta)y'+\alpha\beta y=0.$$

3. 设 $f(x)$在(a,b)上可导. 若有

$$f'(x)=f^2(x),\quad x\in(a,b),$$

试求 $f^{(n)}(x)$.

4. 试求 $f^{(n)}(x)$,其中

(1) $f(x)=\dfrac{1-x}{1+x}$;　(2) $f(x)=\sin ax\cdot\cos bx$;

(3) $f(x)=x^3\sin x$;　(4) $f(x)=\dfrac{1}{x(1-x)}$.

5. 设 $g(x)$,$\varphi(x)$二次可导,试求下列函数 $f(x)$的二阶导数:

(1) $f(x)=g(x)^{\varphi(x)}(g(x)>0)$;

(2) $f(x)=\varphi(\ln x)e^{\varphi(x)}$.

6. 设 $g(x)$在(a,b)上可微,$f(x)$在$(-\infty,\infty)$上任意次可导. 若有 $g'(x)=f[g(x)]$,$x\in(a,b)$,试证明 $g(x)$在(a,b)上是任意次可导的.

7. 设 $f^{(n)}(x)(n=1,2,\cdots)$在$(-\infty,\infty)$上存在,试证明 $\left[x^{n-1}f\left(\dfrac{1}{x}\right)\right]^{(n)}=\dfrac{(-1)^n}{x^{n+1}}\cdot f^{(n)}\left(\dfrac{1}{x}\right)$.(提示:用数学归纳法)

8. 设 $f(x)$在$(-\infty,\infty)$上可微,且满足

$$f'\left(\frac{x+y}{2}\right)=\frac{f(y)-f(x)}{y-x},\quad x\neq y,$$

试证明 $f(x)=ax^2+bx+c$.

9. 设 $f(x)$在$(0,2)$上可导,且 $f(1)=0$,$f'(1)=0$,$f''(1)=2$. 试证明

$$\lim_{x\to 1}xf'(x)/[xf'(x)-f(x)]=1.$$

4.4.2 其他定式函数的高阶导数

在下述求导运算过程中,关键是牢记其中的函数关系.

1. 反函数

以二阶导数为例. 设 $f(x)$是(a,b)上的严格单调且二次可微函数,$f'(x)\neq 0$,则反函数 $x=f^{-1}(y)$在值域(也为一开区间)$J=R(f)$上二次可微,且有

$$(f^{-1})''(y)=-\frac{f''(x)}{[f'(x)]^3},\quad x=f^{-1}(y),\quad y\in J.$$

实际上，此时我们已经知道 $x=f^{-1}(y)$ 在 J 上可微，且有

$$(f^{-1})'(y)=\frac{1}{f'(x)}=\frac{1}{f'[f^{-1}(y)]}.$$

再注意到 $f'(x)$ 在 (a,b) 上可微，可知复合函数 $f'[f^{-1}(y)]$ 在 J 上可微，而且

$$f'[f^{-1}(y)]=f'(x)\neq 0,\quad y\in J.$$

这就说明函数 $(f^{-1})'(y)$ 在 J 上可微，即 $f^{-1}(y)$ 在 J 上二次可微，且有

$$\begin{aligned}(f^{-1})''(y)&=\left(\frac{1}{f'[f^{-1}(y)]}\right)'=-\frac{f''[f^{-1}(y)](f^{-1})'(y)}{(f'[f^{-1}(y)])^2}\\&=-\frac{f''(x)}{[f'(x)]^2}\frac{1}{f'(x)}=-\frac{f''(x)}{[f'(x)]^3}.\end{aligned}$$

注　从导数运算看问题，下述记法更为简便些：记 $y'=y'_x$，$y''=y''_{x^2}$，$\frac{\mathrm{d}x}{\mathrm{d}y}=\frac{1}{y'}=(y')^{-1}$.

$$\begin{aligned}\frac{\mathrm{d}^2x}{\mathrm{d}y^2}&=\frac{\mathrm{d}}{\mathrm{d}y}(y')^{-1}=-(y')^{-2}\frac{\mathrm{d}y'}{\mathrm{d}y}=-(y')^{-2}\frac{\mathrm{d}y'}{\mathrm{d}x}\frac{\mathrm{d}x}{\mathrm{d}y}\\&=-(y')^{-2}y''(y')^{-1}=-\frac{y''}{(y')^3},\quad x=f^{-1}(y).\end{aligned}$$

例 1　设 $y=x+x^5$，求 x''_{y^2}.

解　因为 $y'_x=1+5x^4$，$y''_{x^2}=20x^3$，所以

$$x''_{y^2}=\frac{-20x^3}{(1+5x^4)^3}.$$

2. 参数式函数

设有 x 的函数 y 由参数方程($\varphi'(t)$，$\psi'(t)$存在)

$$\begin{cases}x=\varphi(t),\\ y=\psi(t),\end{cases}\quad \alpha\leqslant t\leqslant\beta$$

给出，$x=\varphi(t)$ 存在反函数 $t=\varphi^{-1}(x)$，且 $\varphi'(t)\neq 0$，则由 $\frac{\mathrm{d}y}{\mathrm{d}x}=\frac{\psi'(t)}{\varphi'(t)}(t=\varphi^{-1}(x))$，可得

$$\frac{\mathrm{d}^2y}{\mathrm{d}x^2}=\frac{\mathrm{d}}{\mathrm{d}x}\left(\frac{\psi'(t)}{\varphi'(t)}\right)=\frac{\mathrm{d}}{\mathrm{d}t}\left(\frac{\psi'(t)}{\varphi'(t)}\right)\frac{\mathrm{d}t}{\mathrm{d}x}$$

$$=\frac{\psi''(t)\varphi'(t)-\varphi''(t)\psi'(t)}{[\varphi'(t)]^2}\frac{1}{\varphi'(t)}$$

$$=\frac{\varphi'(t)\psi''(t)-\varphi''(t)\psi'(t)}{[\varphi'(t)]^3}.$$

注 具体计算时,不一定硬套公式.

例 2 对由参数方程

$$\begin{cases}x=t-\sin t,\\ y=1-\cos t\end{cases}$$

表达的函数 $y=y(x)$,因为已知 $y'_x=\cot\dfrac{t}{2}$,所以

$$y''_{x^2}=\left(\cot\frac{t}{2}\right)'_t t'_x=\left(\cot\frac{t}{2}\right)'_t\cdot\frac{1}{x'_t}$$

$$=-\frac{1}{2\sin^2\dfrac{t}{2}}\frac{1}{1-\cos t}=-\frac{1}{4\sin^4\dfrac{t}{2}}.$$

3. 隐函数

例 3 设由方程$\dfrac{x^2}{a^2}-\dfrac{y^2}{b^2}=1(|x|>a)$所确定的正值隐函数为 $y=y(x)$,求 y''_{x^2}.

解 在一阶导数关系式$\dfrac{2x}{a^2}-\dfrac{2y}{b^2}y'_x=0\left(y'_x=\dfrac{b^2x}{a^2y}\right)$中,再对 x 求导,可得

$$\frac{2}{a^2}-\frac{2}{b^2}(y'_x)^2-\frac{2y}{b^2}y''_{x^2}=0.$$

由此知

$$y''_{x^2}=\frac{1}{y}\left(\frac{b^2}{a^2}-(y'_x)^2\right)=\frac{1}{y}\left(\frac{b^2}{a^2}-\frac{b^4}{a^4}\frac{x^2}{y^2}\right)$$

$$=-\frac{b^4}{a^2y^3}\left(\frac{x^2}{a^2}-\frac{y^2}{b^2}\right)=-\frac{b^4}{a^2y^3},\quad y>0.$$

思考练习

1. 设 $f\in C^{(3)}((a,b))$,且存在常数 c_1,c_2,c_3:$c_1^2+c_2^2+c_3^2>0$,使得

$$c_1f'(x)+c_2f''(x)+c_3f'''(x)\equiv 0,\quad x\in(a,b),$$

则 $f\in C^{(\infty)}((a,b))$.

2. 试作函数 $y=f(x)$,使得 $f'(0)$,$f''(0)$存在,但 $f'''(0)$不存在.(提示:参考 4.2.1 小节思考练习第 4 题)

3. 设 $y=f(x)$是(a,b)上的严格单调函数,且三次可微,$f'(x)\neq0$,则反函数 $x=f^{-1}(y)$在 $J=R(f)$是三次可微,且有

$$(f^{-1})'''(y)=\frac{3[f''(x)]^2-f'''(x)f'(x)}{[f'(x)]^5},\quad x=f^{-1}(y).$$

4. 试求下列参数式函数的二阶导数:

(1) $\begin{cases}x=\ln(1+t^2),\\y=\arctan t,\end{cases}$ 求 y''_{x^2}.　　(2) $r=\mathrm{e}^{\theta}$,求 $y''_{x^2}\big|_{\theta=\frac{\pi}{2}}$.

4.4.3 高阶微分

1. 高阶微分的概念

设 $y=f(x)$在区间 I 上可微(即可导). 因为 $f'(x)$是 I 上的函数,所以其微分($\mathrm{d}x$ 给定)

$$\mathrm{d}y=f'(x)\mathrm{d}x$$

仍是 I 上的函数. 因此,如果 $\mathrm{d}y$ 又在某点 x 处可微,那么仍可计算它的一阶微分,即它在点 x 的导数乘以 x 的改变量. 在这里,我们特别取此改变量与原来对 $y=f(x)$作一阶微分时相同,即 $\mathrm{d}x=\Delta x$,且称此时 $\mathrm{d}y$ 的微分为 $y=f(x)$在点 x 处的**二阶微分**(**量**),记为 d^2y 或 $\mathrm{d}^2f(x)$. 从而有

$$\mathrm{d}^2y\overset{\text{def}}{=\!=}\mathrm{d}(\mathrm{d}y)=\mathrm{d}(f'(x)\mathrm{d}x)=(f'(x)\mathrm{d}x)'\mathrm{d}x=f''(x)(\mathrm{d}x)^2,$$

或记为

$$\mathrm{d}^2y=f''(x)\mathrm{d}x^2.$$

注意,这里的 $\mathrm{d}x$ 与 x 无关,所以$(\mathrm{d}x)'_x=0$. 此外,还把$(\mathrm{d}x)^2$ 记为 $\mathrm{d}x^2$,在函数 $y=f(x)$的高阶微分表达式中,这种记法是不会理解为 x^2 的微分的.

类似地,若 $y=f(x)$的二阶微分 d^2y 在点 $x\in I$ 处可导,仍取 x 的改变量与原来的相同. 可以定义它的三阶微分

$$\mathrm{d}^3y=\mathrm{d}(\mathrm{d}^2y)=f'''(x)(\mathrm{d}x)^3=f'''(x)\mathrm{d}x^3.$$

应用数学归纳法,当 $\mathrm{d}^{n-1}y$ 在点 $x\in I$ 处可导时,作 $\mathrm{d}^{n-1}y$ 的一阶微分,并取 x 的改变量与原来的相同,记为 $\mathrm{d}^ny=\mathrm{d}(\mathrm{d}^{n-1}y)$,称为 $y=f(x)$在点 x 处的 n 阶微分,即

$$\mathrm{d}^ny=y^{(n)}\mathrm{d}x^n=f^{(n)}(x)\mathrm{d}x^n.$$

因此,由高阶微分表达式还可得到

$$\frac{\mathrm{d}^ny}{\mathrm{d}x^n}=y^{(n)}=f^{(n)}(x),$$

在这里,又可见当年 Leibniz 引进导数记法的优越性.

2. 微分运算

相应于高阶导数的运算关系，也可推出 n 阶微分运算公式.

设 $u=u(x)$，$v=v(x)$ 在点 x 处的 n 阶微分存在，易知

$$d^n(cu)=c d^n u,$$
$$d^n(u+v)=d^n u+d^n v,$$

以及 Leibniz 法则

$$d^n(u\cdot v)=\sum_{k=0}^{n}\binom{n}{k}d^{n-k}u\cdot d^k v,$$

其中约定 $d^0u=u$，$d^0v=v$.

关于函数的商 $\frac{u}{v}$，以二阶微分为例，我们有

$$\begin{aligned}d^2\left(\frac{u}{v}\right)&=d\left(d\left(\frac{u}{v}\right)\right)=d\left(\frac{v du-u dv}{v^2}\right)\\&=\frac{v^2\cdot d(v du-u dv)-(v du-u dv)d(v^2)}{v^4}\\&=\frac{v^2\cdot(v d^2u+du dv-du dv-u d^2v)}{v^4}-\frac{2v dv(v du-u dv)}{v^4}\\&=\frac{1}{v}d^2u-\frac{u}{v^2}d^2v-\frac{2}{v^2}du dv+\frac{2u}{v^3}dv^2.\end{aligned}$$

在复合函数 $y=y[u(x)]$ 的情形，求 y 对 x 的二阶微分时，自变量是 x（不是 u），从而在 $dy=y'_u du$ 中，$du=u'_x dx$ 是 x 的函数. 故得

$$\begin{aligned}d^2y&=d(y'_u du)=d(y'_u)du+y'_u d(du).\\&=y''_{u^2}du\cdot du+y'_u d^2u=y''_{u^2}du^2+y'_u d^2u.\end{aligned}$$

注意，这是二阶微分的一般公式. 当 u 是自变量时，因为此时有 $d^2u=d(du)=0$，所以又回到 $d^2y=y''_{u^2}du^2$. 因此，一般说来，函数的二阶微分，没有微分形式的不变性，且在 x 不是自变量时，d^ny/dx^n 也不是 n 阶导数 $y^{(n)}_{x^n}$.

4.5 描述光滑曲线的几何量

如果一条平面曲线是由可微函数 $y=f(x)$ 表示的，那么导数 $y'=f'(x)$ 以及二阶导数 $y''=f''(x)$ 将在刻画曲线的性质（曲线的交角、曲率）上扮演重要角色（这一课题在第 5 章还要进一步展开）.

4.5.1 两曲线之间的交角

定义 4.2 设两条曲线 $y=f_1(x)$ 与 $y=f_2(x)$ 在点 (x_0, y_0) 处相交，且在此点上

两曲线都有切线,则定义此两切线的夹角为该曲线之间的**交角**(约定为从 0 到$\frac{\pi}{2}$者).

如图 4-11 所示,记曲线 $y=f_1(x)$在点$(x_0,f_1(x_0))$的切线 T_1 的斜率为$f_1'(x_0)=\tan\alpha_1$;$y=f_2(x)$在点$(x_0,f_2(x_0))$处的切线 T_2 的斜率为 $f_2'(x_0)=\tan\alpha_2$,T_1 与 T_2 的夹角记为 θ. 易知 $\theta=\alpha_2-\alpha_1$,从而有

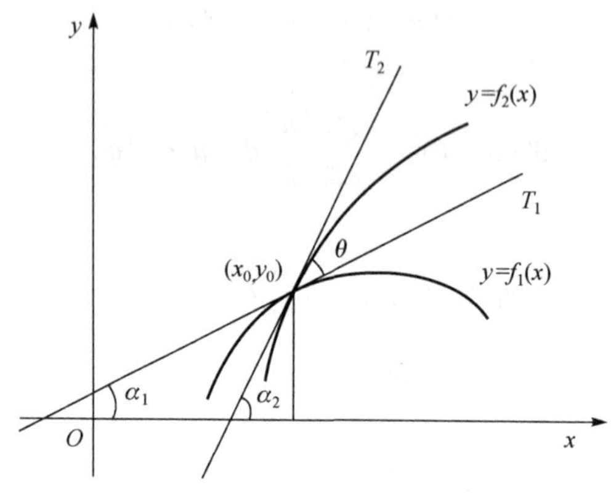

图 4-11

$$\tan\theta=\tan(\alpha_2-\alpha_1)=\frac{\tan\alpha_2-\tan\alpha_1}{1+\tan\alpha_1\cdot\tan\alpha_2}.$$

用函数的导数代入,并注意到上述夹角的约定,可得两曲线交角 θ 的正切为

$$\tan\theta=\left|\frac{f_1'(x_0)-f_2'(x_0)}{1+f_1'(x_0)f_2'(x_0)}\right|,$$

其中 $1+f_1'(x_0)f_2'(x_0)=0$ 表示两曲线的切线在过点(x_0,y_0)时互相垂直.

例 1　求曲线 $y=x^2$ 与 $x=y^2$ 的交角.

解　易知该两曲线之交点为(0,0)与(1,1),且其导数各为 $y'=2x$,$y'=\frac{1}{2y}$,易知在点(0,0)处该两曲线的交角为 90°.

又在点(1,1)处,由于它们的切线斜率各为 $y'|_{x=1}=2$与 $y'\Big|_{x=1}=\frac{1}{2}$,故知其交角的正切为

$$\tan\theta=\left(2-\frac{1}{2}\right)\Big/\left(1+2\cdot\frac{1}{2}\right)=\frac{3}{4}.$$

由此可得 $\theta=\arctan\left(\frac{3}{4}\right)\sim37°$.

4.5.2　弧长的微分

对由 $y=f(x)$给定的曲线,前面介绍了由 x 的改变量 Δx 引起了函数值的改

变量 Δy，且在 $\Delta x\to 0$ 时引发出十分重要的导数和微分概念.

类似地，当 x 发生改变量 Δx 时，还可考察曲线 $(y=f(x))$ 弧长的改变量 Δs，且在 $\Delta x\to 0$ 时引发出在应用上极为重要的概念——弧长的微分.

设在坐标平面上一曲线由可微函数 $y=f(x)$ 给出，$M_0(x_0,y_0)$ 是其上一个固定点，$M(x,y)$ 是其上一个动点. 如图 4-12 所示，记弧长 $\overparen{M_0M}$ 为 s，它随 x 而变化. 我们现在的任务是要寻求 s 关于 x 的微分关系，这对今后(第二册)解决弧长问题是关键的一个步骤.

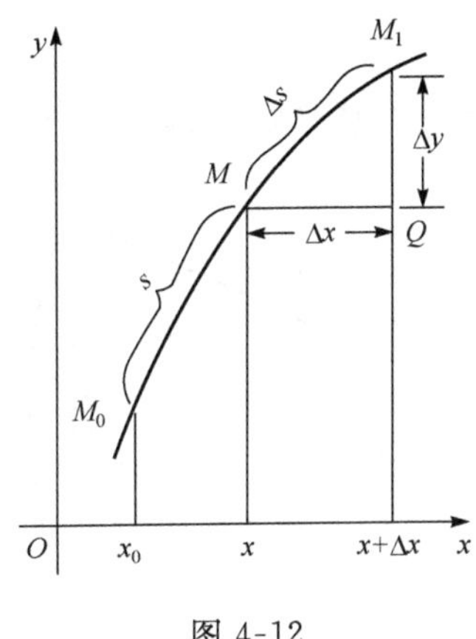

图 4-12

给 x 以改变量 Δx，则 s 将获得改变量 $\Delta s=\overparen{MM_1}$. 记 $\overline{MM_1}$ 为该小弧段之割线长，则有

$$(\overline{MM_1})^2=(\Delta x)^2+(\Delta y)^2,\quad \Delta y=f(x+\Delta x)-f(x),$$

或

$$\left(\frac{\overline{MM_1}}{\Delta s}\right)^2(\Delta s)^2=(\Delta x)^2+(\Delta y)^2.$$

在两端除以 $(\Delta x)^2$，又得

$$\left(\frac{\overline{MM_1}}{\Delta s}\right)^2\left(\frac{\Delta s}{\Delta x}\right)^2=1+\left(\frac{\Delta y}{\Delta x}\right)^2.$$

在上式中令 $\Delta x\to 0$，认定[①](见第二册弧长的定义)

$$\lim_{\Delta x\to 0}\frac{\overline{MM_1}}{\overparen{MM_1}}=1,$$

---

① 当 $y=f(x)$ 满足一定条件时，这一结论是对的. 例如，图 4-13 中半径为 R 的圆弧 $\overparen{AB}$，圆心角为 2α，$\overparen{AB}=2R\alpha$，弦 $\overline{AB}=2R\sin\alpha$，则 $\lim\limits_{\alpha\to 0}\dfrac{\overparen{AB}}{\overline{AB}}=\lim\limits_{\alpha\to 0}\dfrac{2R\alpha}{2R\sin\alpha}=1$.

我们有

$$\left(\frac{\mathrm{d}s}{\mathrm{d}x}\right)^2=1+\left(\frac{\mathrm{d}y}{\mathrm{d}x}\right)^2,\qquad \frac{\mathrm{d}s}{\mathrm{d}x}=\sqrt{1+\left(\frac{\mathrm{d}y}{\mathrm{d}x}\right)^2}.$$

而弧长 s 的微分为

$$\mathrm{d}s=\sqrt{1+\frac{\mathrm{d}y}{\mathrm{d}x}}\mathrm{d}x,\qquad \mathrm{d}s=\sqrt{\mathrm{d}x^2+\mathrm{d}y^2}.$$

当函数由参数式 $x=\varphi(t)$,$y=\psi(t)$表示时,因为 $\mathrm{d}x=\varphi'(t)\mathrm{d}t$,$\mathrm{d}y=\psi'(t)\mathrm{d}t$,所以弧长的微分有表示式

$$\mathrm{d}s=\sqrt{[\varphi'(t)]^2+[\psi'(t)]^2}\,\mathrm{d}t.$$

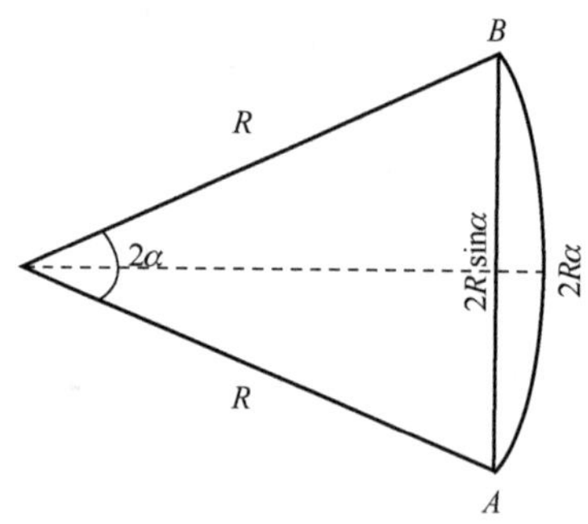

图 4-13

注　若曲线是用极坐标表示的,则由公式 $x=r\cos\theta$,$y=r\sin\theta$ 可导出

$$\mathrm{d}x=\cos\theta\cdot\mathrm{d}r-r\sin\theta\cdot\mathrm{d}\theta,\qquad \mathrm{d}y=\sin\theta\cdot\mathrm{d}r+r\cos\theta\cdot\mathrm{d}\theta.$$

因此得到

$$\begin{aligned}(\mathrm{d}s)^2&=(\mathrm{d}x)^2+(\mathrm{d}y)^2\\&=(\cos^2\theta+\sin^2\theta)(\mathrm{d}r)^2+r^2(\sin^2\theta+\cos^2\theta)(\mathrm{d}\theta)^2\\&=(\mathrm{d}r)^2+r^2(\mathrm{d}\theta)^2,\end{aligned}$$

$$\mathrm{d}s=\sqrt{r^2+\left(\frac{\mathrm{d}r}{\mathrm{d}\theta}\right)^2}\,\mathrm{d}\theta=\sqrt{1+r^2\left(\frac{\mathrm{d}\theta}{\mathrm{d}r}\right)^2}\cdot\mathrm{d}r.$$

4.5.3　曲线的曲率

曲率是用来描述曲线的弯曲程度的,这也是微分学的重要应用之一. 当然,首要的问题是如何来比较弯曲程度的大小?

例如,下列两个图形中,大家都认为图 4-14(b)中弧$\overset{\frown}{AB}$比图 4-14(a)中弧$\overset{\frown}{AB}$的弯曲程度更大. 我们可以把这一特征用切线扫过的角度来刻画,即把曲线在点 A 处的切线移动到点 B 处的切线,其扫过的角度——两切线的夹角,记为 α,易见

图 4-14(b)中的夹角比图 4-14(a)中的大. 从而比值$\frac{\alpha}{\overset{\frown}{AB}}$可以作为衡量曲线弧段的弯曲程度的一种度量(其中$\overset{\frown}{AB}$也表弧长).

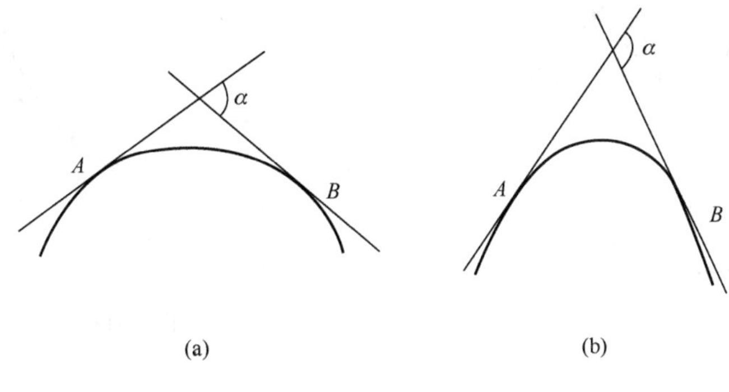

图 4-14

再进一步加以分析,从 A 到 B 的弧段不一定如图 4-14 中所示那样匀称,可能该弧段内,曲线已出现过若干次扭曲. 也就是说,数量 $K_{AB}=\frac{\alpha}{\overset{\frown}{AB}}$只能反映$\overset{\frown}{AB}$的平均弯曲程度. 因此,称 K_{AB} 为$\overset{\frown}{AB}$的平均曲率较妥.

在这里,我们又看到了在给出瞬时速度概念时相同的情景,即从 A 到 B 的弧长越小,其 K_{AB} 值越能更真实地反映出弧$\overset{\frown}{AB}$的弯曲度. 于是,又必须进行思想上的飞跃,作出数学上的抽象. 给出曲线上一点处的曲率概念.

定义 4.3 设 A,B 为某一曲线上两点,记弧$\overset{\frown}{AB}$的平均曲率为 K_{AB}. 若存在极限

$$K_A=\lim_{B\to A}K_{AB}=\lim_{B\to A}\frac{\alpha}{\overset{\frown}{AB}},$$

则称 K_A 为该曲线在点 A 处的**曲率**.

例 1 设 O_r 是以 r 为半径的圆,则由图 4-15 可知

$$K_{AB}=\frac{\alpha}{\alpha r}=\frac{1}{r}.$$

由此即知 $K_A=\frac{1}{r}$. 这说明,对一个圆而言,圆周上的任何弧段都有相同的平均曲率,且与圆周上任一点的曲率相同,全都等于$\frac{1}{r}$.

下面介绍用二阶导数计算曲率的方法.

设曲线 $y=f(x)$在定义区间上是二次可导的,其曲线如图 4-16 所示. $M(x,y)$

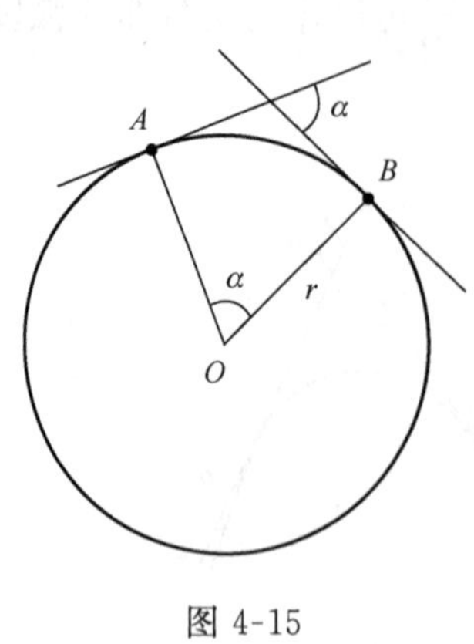

图 4-15

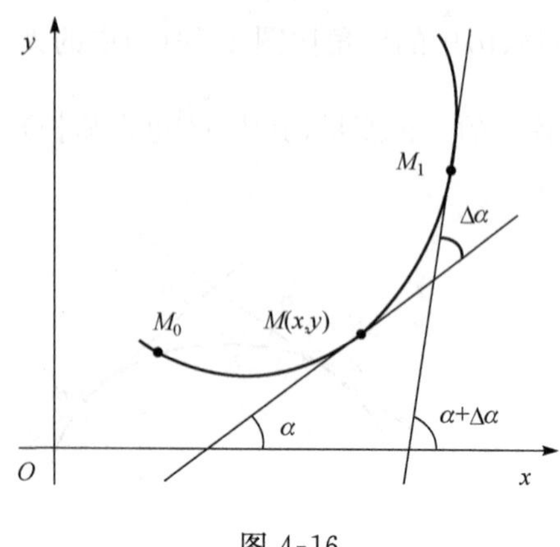

图 4-16

为其上任一点,记点$(x+\Delta x,f(x+\Delta x))$为$M_1$,且过点$M,M_1$作曲线的两条切线,其相应的倾斜角记为$\alpha,\alpha+\Delta\alpha$.设弧长从曲线上点$M_0$算起,记弧长$\overset{\frown}{M_0M}$为$s$,则

$$\Delta s=\overset{\frown}{M_0M_1}-\overset{\frown}{M_0M}=\overset{\frown}{MM_1},$$

而倾斜角的差为$|\Delta\alpha|$(图 4-16,$\Delta\alpha$为正).从而得$K_{MM_1}=\left|\frac{\Delta\alpha}{\Delta s}\right|$,以及

$$K=\lim_{\Delta s\to 0}\left|\frac{\Delta\alpha}{\Delta s}\right|=\left|\frac{\mathrm{d}\alpha}{\mathrm{d}s}\right|$$

(注意,α看成s的函数,以及$\overset{\frown}{MM_1}\sim\mathrm{d}s(M_1\to M)$).

为了计算$\frac{\mathrm{d}\alpha}{\mathrm{d}s}$,视$x$为参变数,我们有

$$\frac{\mathrm{d}\alpha}{\mathrm{d}s}=\frac{\mathrm{d}\alpha}{\mathrm{d}x}\Big/\frac{\mathrm{d}s}{\mathrm{d}x}.$$

对于$\frac{\mathrm{d}\alpha}{\mathrm{d}x}$,我们借助于$y=f(x)$,由$\tan\alpha=\frac{\mathrm{d}y}{\mathrm{d}x}$,$\alpha=\arctan\frac{\mathrm{d}y}{\mathrm{d}x}$,可知

$$\frac{\mathrm{d}\alpha}{\mathrm{d}x}=\frac{\mathrm{d}^2y}{\mathrm{d}x^2}\Big/\left[1+\left(\frac{\mathrm{d}y}{\mathrm{d}x}\right)^2\right].$$

至于对$\frac{\mathrm{d}s}{\mathrm{d}x}$,可从$\mathrm{d}s$的表达式立即得到$\frac{\mathrm{d}s}{\mathrm{d}x}==\sqrt{1+\left(\frac{\mathrm{d}y}{\mathrm{d}x}\right)^2}$.这样,我们就有曲率公式

$$K=\left|\frac{\mathrm{d}\alpha}{\mathrm{d}s}\right|=\frac{\left|\frac{\mathrm{d}^2y}{\mathrm{d}x^2}\right|}{\left[1+\left(\frac{\mathrm{d}y}{\mathrm{d}x}\right)^2\right]^{3/2}}=\frac{|y''|}{(1+y'^2)^{3/2}}.$$

例 2　求抛物线 $y^2=2px$ 上各点的曲率.

解　因为 $\dfrac{dy}{dx}=\dfrac{p}{\sqrt{2px}}$，$\dfrac{d^2y}{dx^2}=-\dfrac{p^2}{(2px)^{3/2}}$，所以在点 (x,y) 的曲率为

$$K=\frac{p^2}{(2px+p^2)^{3/2}}.$$

特别地，在点 $(0,0)$ 处，$K=\dfrac{1}{p}$；在点 $\left(\dfrac{p}{2},p\right)$ 处，$K=\dfrac{1}{2\sqrt{2}p}$.

参数式函数的曲率计算公式如下：

设一曲线由参数式 $x=\varphi(t)$，$y=\psi(t)$ 表示，则因

$$\frac{dy}{dx}=\frac{\psi'(t)}{\varphi'(t)},\quad \frac{d^2y}{dx^2}=\frac{\psi''\varphi'-\psi'\varphi''}{(\varphi')^2},$$

所以将其代入(直角坐标系中)曲率公式，可得

$$K=\left|\frac{\psi''\varphi'-\psi'\varphi''}{(\varphi'^2+\psi'^2)^{3/2}}\right|.$$

对于以极坐标 $r=f(\theta)$ 给出的曲线，则将其转换为直角坐标表示：

$$\begin{cases}x=r\cos\theta,\\ y=r\sin\theta\end{cases}\quad 或\quad \begin{cases}x=f(\theta)\cos\theta,\\ y=f(\theta)\sin\theta.\end{cases}$$

从而视 θ 为参数，并记 $r'=\dfrac{dr}{d\theta}$，$r''=\dfrac{d^2r}{d\theta^2}$，可知

$$\frac{dx}{d\theta}=r'\cos\theta-r\sin\theta,\quad \frac{dy}{d\theta}=r'\sin\theta+r\cos\theta,$$

$$\frac{d^2x}{d\theta^2}=r''\cos\theta-2r'\sin\theta-r\cos\theta,$$

$$\frac{d^2y}{d\theta^2}=r''\sin\theta+2r'\cos\theta-r\sin\theta.$$

由此可得极坐标系中的曲率公式

$$K=\frac{|r^2+2r'^2-rr''|}{(r^2+r'^2)^{3/2}}.$$

上述例 1 指出，圆周曲线在其上的任一点处的曲率均为其半径的倒数：$K=1/r$. 或者说圆的半径是其曲率的倒数. 这一结论在曲线的任一处都是对的，从而就启发我们将这一结果作如下的推广：对于一般曲线 $y=f(x)$ 上点 M 处的曲率 K，我们称

$$r=\frac{1}{K}=\frac{[1+y'^2]^{3/2}}{|y''|}\quad (K\neq 0)$$

为点 M 处的**曲率半径**. 如果 $K=0$，相当于 $y''=0$. 例如，直线 $y=ax+b$，就有 $y''=0$. 此时称其曲率半径为无穷大，相当于没有弯曲.

此外,如本章后记(四)图 4-17 所示,在曲线 $y=f(x)$ 上点 M 处,作与点 M 处切线垂直的法线段 MC,指向曲线内凹方向,并使 $\overline{MC}=r$(点 M 处的曲率半径). 称以点 C 为圆心,r 为半径的圆为曲线在点 M 处的**曲率圆**,圆心也称为点 M 处的**曲率中心**(见本章后记(四)).

思考练习

试证明下列命题:

1. (1) 设两曲线用参数表示为

$$\begin{cases} x=x_1(t), \\ y=y_1(t), \end{cases} \qquad \begin{cases} x=x_2(t), \\ y=y_2(t), \end{cases}$$

则它们的交角 α 满足

$$\cos\alpha=\frac{\frac{\mathrm{d}x_1}{\mathrm{d}t}\frac{\mathrm{d}x_2}{\mathrm{d}t}+\frac{\mathrm{d}y_1}{\mathrm{d}t}\frac{\mathrm{d}y_2}{\mathrm{d}t}}{\sqrt{\left(\frac{\mathrm{d}x_1}{\mathrm{d}t}\right)^2+\left(\frac{\mathrm{d}y_1}{\mathrm{d}t}\right)^2}\sqrt{\left(\frac{\mathrm{d}x_2}{\mathrm{d}t}\right)^2+\left(\frac{\mathrm{d}y_2}{\mathrm{d}t}\right)^2}}.$$

(2) 设两条曲线用极坐标表示为

$$r=f(\theta), \quad r=g(\theta),$$

则它们的交角 α 满足

$$\cos\alpha=\frac{f'(\theta)g'(\theta)+r^2}{\sqrt{[f'(\theta)]^2+r^2}\sqrt{[g'(\theta)]^2+r^2}}.$$

(3) 曲线 $r=\theta$ 与 $r=\frac{1}{\theta}$ 在(1,1)处的交角为 $\frac{\pi}{2}$.

2. 曲线 $y=\begin{cases} \frac{x}{1+\mathrm{e}^{1/x}}, & x\neq 0, \\ 0, & x=0 \end{cases}$ 在(0,0)处左、右切线的夹角为 $\frac{3\pi}{4}$.

3. 设 $f\in C^{(2)}(U(0))$, $g\in C^{(2)}(U(0))$. 若有 $f(0)=g(0)$, $f'(0)=g'(0)$, $f''(0)=g''(0)\neq 0$, 则曲线 $y=f(x)$ 与 $y=g(x)$ 在 $x=0$ 处的曲率相同.

4. 设曲线 $\sqrt{x}+\sqrt{y}=\sqrt{a}$ 在点 (x,y) 处的曲率中心 (ξ,η) 满足方程 $\xi+\eta=3(x+y)$,则在点 (x,y) 的曲率半径为 $\frac{2(x+y)^{3/2}}{\sqrt{a}}$.

5. 设曲线 $r=f(\theta)$ 上一点处的切线与向径的夹角为 φ,且该点处的曲率半径为 ζ,则

$$\frac{1}{\zeta}=\frac{\sin\varphi}{r}\left(1+\frac{\mathrm{d}\varphi}{\mathrm{d}\theta}\right).$$

(提示:$r'=r\cos\varphi$)

6. 设 $f(x)$ 在 $(-\infty,\infty)$ 上二次可导,记 α 为曲线 $y=f(x)$ 上点 $P(x,y)$ 处切线的倾斜角,则此曲线在 $P(x,y)$ 处的曲率为 $\left|\frac{\mathrm{d}\sin\alpha}{\mathrm{d}x}\right|$.

后 记

(一)关于导数 $f'(x_0)$

1. 大家知道,导数是一种特定数量结构的函数极限,因此对自变量的增量趋于 0 的方式没有任何限制,这一点除正文中已见到的情形外,还有下述结论.

命题 4.1 设 $f'(x_0)$存在,且数列$\{a_n\}$,$\{b_n\}$满足

$$a_n<x_0<b_n\ (n=1,2,\cdots),\qquad \lim_{n\to\infty}a_n=x_0=\lim_{n\to\infty}b_n,$$

则有

$$\lim_{n\to\infty}\frac{f(b_n)-f(a_n)}{b_n-a_n}=f'(x_0).$$

证明 记 $I_n=\dfrac{f(b_n)-f(a_n)}{b_n-a_n}\ (n=1,2,\cdots)$,则

$$\begin{aligned}I_n&=\frac{b_n-x_0}{b_n-a_n}\frac{f(b_n)-f(x_0)}{b_n-x_0}-\frac{a_n-x_0}{b_n-a_n}\frac{f(a_n)-f(x_0)}{a_n-x_0}\\&=\theta_n\frac{f(b_n)-f(x_0)}{b_n-x_0}+(1-\theta_n)\frac{f(a_n)-f(x_0)}{a_n-x_0}\quad(n=1,2,\cdots),\end{aligned}$$

$$0<\theta_n=\frac{b_n-x_0}{b_n-a_n}<1,\quad 0<1-\theta_n=\frac{x_0-a_n}{b_n-a_n}\quad(n=1,2,\cdots).$$

从而我们有

$$\begin{aligned}|I_n-f'(x_0)|&=|I_n-\theta_nf'(x_0)-(1-\theta_n)f'(x_0)|\\&\leqslant\theta_n\left|\frac{f(b_n)-f(x_0)}{b_n-x_0}-f'(x_0)\right|+(1-\theta_n)\left|\frac{f(a_n)-f(x_0)}{a_n-x_0}-f'(x_0)\right|.\end{aligned}$$

令 $n\to\infty$,即知$|I_n-f'(x_0)|\to0$.

2. 在导数 $f'(x_0)$的定义 $f'(x_0)=\lim\limits_{h\to0}\dfrac{f(x_0+h)-f(x_0)}{h}$中,变量 h 是"连续地"趋于 0 的,然而,倘若加强 $f(x)$的条件,可得下述结果.

命题 4.2 设 $f\in C([0,1])$,$x_0\in(0,1)$,若有

$$\lim_{\substack{h\in\mathbf{Q}\\h\to0}}\frac{f(x_0+h)-f(x_0)}{h}=l,$$

则 $f(x)$在 $x=x_0$ 处可导.

证明 由 $f(x)$的连续性可知,对任给 $\varepsilon>0$,以及$|\delta|>0$,存在 $h_\delta\in\mathbf{Q}$,使得$|h_\delta-\delta|<\delta^2$,$|f(x_0+\delta)-f(x_0+h_\delta)|<\varepsilon|\delta|$.从而可得

$$\left|\frac{f(x_0+\delta)-f(x_0)}{\delta}-l\right|\leqslant\left|\frac{f(x_0+\delta)-f(x_0+h_\delta)}{\delta}\right|+\left|\frac{f(x_0+h_\delta)-f(x_0)}{h_\delta}\frac{h_\delta}{\delta}-l\right|.$$

显然,上式右端第一项小于 ε,又因为对充分小的$|\delta|$,有 $h_\delta/\delta\sim1$,所以上式右端第二项也小于 ε.

3. 大家知道,在(0,1)上定义的 Riemann 函数在无理点上连续,而在有理点上是不连续的.

进一步问,它在无理点上是否可导? 回答是否定的,其证明略显繁琐. 再进一步还可探求"类 Riemann"函数(即提高它在有理数上接近于 0 的值的量阶)在无理点上的可导性问题. 介绍这些工作或许对提高分析能力有所助益.

例 1　在(0,1)上定义的 Riemann 函数

$$f(x)=\begin{cases}0, & x\text{ 是无理数},\\ \dfrac{1}{q}, & x=\dfrac{p}{q}\ (p,q\in\mathbf{N}^*\text{ 且互素})\end{cases}$$

在无理点不可导(注意,$f(x)$在无理点连续).

证明　设 $x_0\in(0,1)$是无理数,则

(1) 取数列$\{h_n\}$;$h_n\to 0(n\to\infty)$,使得 $x_0+h_n(n=1,2,\cdots)$为无理数列,则

$$\lim_{n\to\infty}\frac{f(x_0+h_n)-f(x_0)}{h_n}=\lim_{n\to\infty}\frac{0}{h_n}=0.$$

(2) 不妨假定 $x_0=0.a_1a_2\cdots a_n\cdots$(十进位小数),取 $h_n=0.a_1a_2\cdots a_n-x_0$,并设 N 是使 $a_N\neq 0$ 的最小正整数,则

$$f(x_0+h_n)=f(0.a_1a_2\cdots a_n)\geqslant 10^{-n},\quad n\geqslant N.$$

但$|h_n|\leqslant 10^{-n}$,由此知

$$\left|\frac{f(x_0+h_n)-f(x_0)}{h_n}\right|=\left|\frac{f(x_0+h_n)}{h_n}\right|\geqslant 1,\quad n\geqslant N.$$

例 2　设在(0,1)上定义函数

$$f(x)=\begin{cases}0, & x\text{ 是无理数},\\ \dfrac{1}{q^2}, & x=\dfrac{p}{q}\ (p,q\in\mathbf{N}^*,p\text{ 与 }q\text{ 互素}),\end{cases}$$

则 $f(x)$在(0,1)中的无理点上仍不可导.

证明　设 $x_0\in(0,1)$是无理数,则存在无穷多个有理数$\dfrac{p}{q}$(既约分数),使得$\left|x-\dfrac{p}{q}\right|<\dfrac{1}{q^2}$(见第 2 章后记(一)4). 由此可知

$$\left|\frac{f(x_0)-f\left(\dfrac{p}{q}\right)}{x_0-\dfrac{p}{q}}\right|=\frac{q^{-2}}{\left|x_0-\dfrac{p}{q}\right|}>1.$$

另一方面,x_0 是 $f(x)$的极小值点,如果 $f(x)$在 $x=x_0$ 处可微,那么必有 $f'(x_0)=0$. 这与上式矛盾,因此结论成立.

例 3　设在$(0,+\infty)$上定义函数

$$f(x)=\begin{cases}0, & x\text{ 是无理数},\\ \dfrac{1}{q^3}, & x=\dfrac{p}{q}\ (p,q\in\mathbf{N}^*,p\text{ 与 }q\text{ 互素}),\end{cases}$$

则 $f(x)$在 $x_0=\sqrt{k}$(k 是非整数平方的正整数)上可导.

证明　对任给 $\varepsilon>0$,只存在有限个 $\frac{p}{q}$ 满足 $0<q<\frac{1}{\varepsilon}$,$\left|\frac{p}{q}-\sqrt{k}\right|<1$. 因此,存在 $0<\delta<1$,在区间 $I_\delta=(\sqrt{k}-\delta,\sqrt{k}+\delta)$ 内不含上述的 $\frac{p}{q}$. 从而对 $x=\frac{p}{q}\in I_\delta$,必有

$$q\geqslant\frac{1}{\varepsilon},\quad \left|\sqrt{k}+\frac{p}{q}\right|<\sqrt{k}+(\sqrt{k}+\delta)<2\sqrt{k}+1,$$

$$|kq^2-p^2|\geqslant 1\quad (注意\ kq^2-p^2\neq 0).$$

从而可知 $f(x)$ 在 $x=x_0$ 处的差商为

$$\left|\frac{f(x)-f(x_0)}{x-x_0}\right|=\left|\frac{f\left(\frac{p}{q}\right)}{\frac{p}{q}-\sqrt{k}}\right|=\frac{1}{q^3}\frac{\left|\sqrt{k}+\frac{p}{q}\right|}{\left|k-\frac{p^2}{q^2}\right|}=\frac{1}{q}\frac{\left|\sqrt{k}+\frac{p}{q}\right|}{|q^2k-p^2|}<\varepsilon(2\sqrt{k}+1).$$

至于对 $x\in I_\delta\setminus\{\sqrt{k}\}$ 的无理数,$f(x)=0$.

(二)函数在局部的线性近似

在 4.3.1 小节式②中,由于当 $\Delta x\to 0$ 时,$\alpha\to 0$,故 $\alpha\cdot\Delta x=o(\Delta x)(\Delta x\to 0)$,从而式②也可写成

$$\Delta y=A\Delta x+o(\Delta x)\quad (\Delta x\to 0),$$

即函数 $y=f(x)$ 在 $x=x_0$ 处的差分 Δy 可分解为两项,第一项是 $A\cdot\Delta x$,第二项是(当 $\Delta x\to 0$ 时)比 Δx 更高阶的无穷小量. 前面指出,此时 $f(x)$ 在 $x=x_0$ 必可导,即在 $x=x_0$ 处必存在切线,而 A 就是 $f'(x_0)$. 这就是说,凡是想用线性近似值作逼近,而误差是比 Δx 更高阶的无穷小量时,在几何上这线性函数必为过点 $(x_0,f(x_0))$ 的切线,其他的过点 $(x_0,f(x_0))$ 的直线是办不到的.

命题 4.3　$f(x)$ 在 $(-1,1)$ 上定义,且 $f'(0)$ 存在,令

$$l(x)=f(0)+f'(0)x,\qquad l_1(x)=f(0)+kx,\quad k\neq f'(0),$$

则必存在 $\delta>0$,使得

$$|f(x)-l(x)|<|f(x)-l_1(x)|,\quad x\in U_0(0,\delta).$$

证明　由题设可知

$$f(x)=f(0)+f'(0)x+\alpha\cdot x,\qquad \lim_{x\to 0}\alpha=0.$$

从而有 $|f(x)-l(x)|=|\alpha||x|$,以及

$$|f(x)-l_1(x)|=|f'(0)-k+\alpha||x|.$$

由于 $\lim\limits_{x\to 0}|f'(0)-k+\alpha|=|f'(0)-k|>0$,故存在 $\delta>0$,使得当 $x\in U_0(0,\delta)$ 时,有 $|f'(0)-k+\alpha|>|\alpha|$. 由此可得

$$|\alpha||x|<|f'(0)-k+\alpha||x|,\quad x\in U_0(0,\delta).$$

这说明 $|f(x)-l(x)|<|f(x)-l_1(x)|$,$x\in U_0(0,\delta)$.

(三) $y=f(x)=(x+\sqrt{x^2+1})^m$,求 $f^{(n)}(0)$

1. 由 $\ln y=m\ln(x+\sqrt{x^2+1})$ 可知

$$\frac{y'}{y}=\frac{m}{\sqrt{1+x^2}},\quad (1+x^2)y'^2=m^2y^2.$$

再求导,又知$(1+x^2)2y'y''+2xy'^2=2m^2yy'$. 从而对 $y'\neq 0$,我们有

$$(1+x^2)y''+xy'=m^2y. \qquad ①$$

2. 在式①两端用 Leibniz 公式对 x 求 n 阶导数,可得

$$(1+x^2)y^{(n+2)}+(2n+1)xy^{(n+1)}+(n^2-m^2)y^{(n)}=0. \qquad ②$$

最后,在式②中令 $x=0$,我们有 $f^{(n+2)}(0)=(m^2-n^2)f^{(n)}(0)$.

(四) 曲率中心的求法、高阶切触

曲率中心的求法. 记曲线 $y=f(x)$上一点为 $M(x_0,y_0)$,为了求出曲率中心坐标 $C(\alpha,\beta)$,写出点 $M(x_0,y_0)$处的法线方程

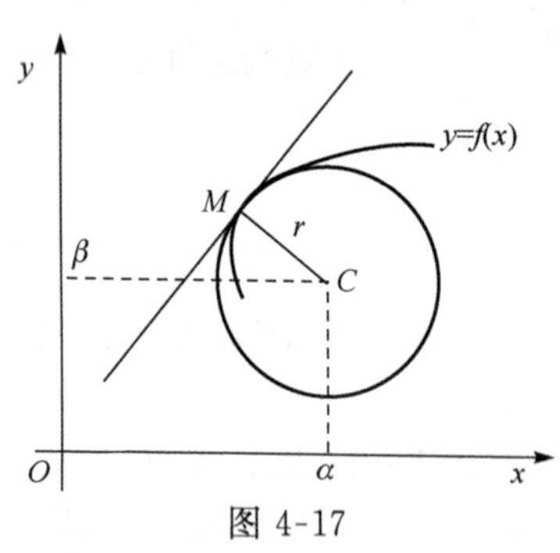

图 4-17

$$y-y_0=-\frac{1}{y'}(x-x_0),$$

其中 x,y 是法线上的动点坐标. 显然点(α,β)在法线上,故有

$$\beta-y_0=-\frac{1}{y'}(\alpha-x_0).$$

此外,从点(α,β)到 $M(x_0,y_0)$的距离等于 r 来考察,应满足

$$(\alpha-x_0)^2+(\beta-y_0)^2=r^2.$$

解上述两个方程,可知

$$(\alpha-x_0)^2+\frac{1}{y'^2}(\alpha-x_0)^2=r^2,\quad (\alpha-x_0)^2=\frac{y'^2}{1+y'^2}r^2.$$

从而得到

$$\alpha=x_0\pm\frac{y'}{\sqrt{1+y'^2}}r,\qquad \beta=y_0\mp\frac{1}{\sqrt{1+y'^2}}r.$$

以 $r=(1+y'^2)^{3/2}/|y''|$代入,即

$$\alpha=x_0\pm\frac{y'(1+y'^2)}{|y''|},\qquad \beta=y_0\mp\frac{1+y'^2}{|y''|},$$

其中正负号的确定要看 y''的符号:若 $y''>0$,则曲线在 M 点附近是下凸的(理由见后面),即 $\beta>y_0$. 从而在 α,β 的公式中应各取负和正号. 此时,$|y''|=y''$,公式成为

$$\alpha=x_0-\frac{y'(1+y'^2)}{y''},\qquad \beta=y_0+\frac{1+y'^2}{y''}.$$

若 $y''<0$,上述公式仍成立.

例 4　求抛物线 $y^2=2px$ 在点 $M_0(x_0,y_0)$处的曲率圆的圆心坐标 $C=(\alpha,\beta)$.

解　用$y'|_{x=x_0}$以及$y''|_{x=x_0}$代入上述公式可知,在 M_0 处,得

$$C:\alpha=3x_0+p,\quad \beta=-\frac{(2x_0)^{3/2}}{\sqrt{p}}.$$

特别地,当 M_0 为$(0,0)$时,有 $C_0:\alpha=p,\beta=0$. 当 M_0 为$(p/2,p)$时,有 $C_1:\alpha=5p/2,\beta=-p$.

注 1　曲线在 M 点的曲率圆实际上是过曲线上三点 M_1,M,M_2 的圆在 $M_1\to M,M_2\to M$ 时的极限位置.

注 2　两曲线在一点相交的特殊情形是在该点相切：在该点的切线相同. 设两曲线 $y=f_1(x)$ 与 $y=f_2(x)$ 在点 $x=x_0$ 有高阶导数存在，若 $f_1(x_0)=f_2(x_0)$，$f_1'(x_0)=f_2'(x_0)$，$f_1''(x_0)=f_2''(x_0)$，$f_1'''(x_0)\neq f_2'''(x_0)$，则称此两曲线在点 $x=x_0$ 处有二阶切触. 一般地，若有

$$f_1^{(k)}(x_0)=f_2^{(k)}(x_0)\quad (k=0,1,\cdots,n),$$
$$f_1^{(n+1)}(x_0)\neq f_2^{(n+1)}(x_0),$$

则称该两曲线在点 $x=x_0$ 处有 **n 阶切触**.

例 5　确定 a,b 与 c 的值，使曲线 $y=ax^2+bx+c$ 与 $y=\mathrm{e}^x$ 在点 $x=x_0$ 处有二阶切触.

解　首先，由相交性可知 $ax_0^2+bx_0+c=\mathrm{e}^{x_0}$. 其次，因为在点 $x=x_0$ 处，抛物线的导数为

$$y'\big|_{x=x_0}=2ax_0+b,\qquad y''\big|_{x=x_0}=2a,\qquad y'''=0,$$

所以又可得两个方程(注意 $(\mathrm{e}^x)'=\mathrm{e}^x$) $2ax_0+b=\mathrm{e}^{x_0}$，$2a=\mathrm{e}^{x_0}$. 最后，联立上述三个方程解出

$$a=\frac{1}{2}\mathrm{e}^{x_0},\qquad b=\mathrm{e}^{x_0}(1-x_0),\qquad c=\mathrm{e}^{x_0}\left(1-x_0+\frac{x_0^2}{2}\right).$$

注 1　两曲线的切触阶数越高，表明两曲线接触的密切程度越高. 曲率圆与原曲线至少有二阶切触.

注 2　曲率中心与曲率半径的公式是荷兰物理学家 Huygens(惠更斯，1629～1695)引入的.

第 5 章 微分学(二):微分中值定理与 Taylor 公式

大家知道,若 $f'(x_0)$存在,则有局部改变量公式:

$$f(x_0+\Delta x)-f(x_0)=f'(x_0)\Delta x+o(\Delta x)\quad(\Delta x\to 0).$$

它是一个"动态"型的近似公式,即在 Δx 变小的过程中,通过 $f'(x_0)\Delta x$ 来估计函数在两端点 x_0 与 $x_0+\Delta x$ 上的值的改变,这是函数 $f(x)$仅在一点可微时的认识.

当函数 $f(x)$不只是在一点可微,而是在整段区间中所有的点上均可微时,情形就不同了.此时,函数的整体性质大大加强(整体是局部的总和).它使我们可以通过某个中间点上的导数来完整地反映出端点处函数改变量的精确值,揭示出局部与整体的内在联系.回忆起关于连续函数的介值定理的称谓,我们也称有关这一类性质的结果为微分中值定理,它们是研究可微函数性态的理论基础.此外,在进一步提高函数可微性层次的前提下,还将获得更深入和精细的结果,那就是 Taylor 公式.

5.1 微分中值定理

5.1.1 Rolle 定理

定理 5.1(Rolle[①]) 设 $f(x)$在(a,b)上可微,在$[a,b]$上连续,且有 $f(b)=f(a)$,则存在 $\xi\in(a,b)$,使得 $f'(\xi)=0$.

证明 由题设知,$f(x)$在$[a,b]$上必取到最大值及最小值.不妨设它们是 M 及 m.

(1) 若 $M=m$,则 $f(x)$在$[a,b]$上是一个常数,此时,对任一点 $\xi\in(a,b)$,均有 $f'(\xi)=0$.

(2) 若 $M\neq m$,则 M 与 m 的值必有一个是在(a,b)内取到的,不妨假定 $f(\xi)=M$,$\xi\in(a,b)$(取到 m 值的情形证明相同).因为 $f(x)$在点 ξ 上是可微的,由定理 4.1易知 $f'(\xi)=0$.

注 1 Rolle 定理的结论属于存在性范畴,本身并未说明中间点 ξ 在何处,也未指出如何去寻求.但存在性的判断在数学内部的重要性,大家已在极限理论中有过体会了.

注 2 题设 $f(x)$在(a,b)上可微是不可缺少的,如 $f(x)=|x|$ 在$[-1,1]$上,虽然有

---

① 罗尔(1652~1719),法国数学家.

$f(1)=f(-1)$,但不存在 $\xi\in(-1,1)$,使 $f'(\xi)=0$. 这是因为点 $x=0$ 处,$f(x)$是不可微的.

注 3 Rolle 定理中,条件 $f(a)=f(b)$的一个特殊情形是 $f(a)=0=f(b)$. 如果我们再用方程 $f(x)=0$ 的根的观点去看待它,那么定理的结论指出:当 a,b 是 $f(x)=0$ 的根时,方程 $f'(x)=0$ 就在(a,b)内必还有根 ξ: $f'(\xi)=0$.

例 1 方程 $x^2=x\sin x+\cos x$ 在实轴上恰有两个不同实根.

证明 令 $f(x)=x^2-x\sin x-\cos x$,易知

$$f\left(-\frac{\pi}{2}\right)>0,\qquad f(0)<0,\qquad f\left(\frac{\pi}{2}\right)>0.$$

根据连续函数介值定理可知,$f(x)$在$\left(-\frac{\pi}{2},0\right)$与$\left(0,\frac{\pi}{2}\right)$中至少各有一个根,即至少在实轴上有两个根. 如果 $f(x)$有三个不同实根,那么,$f'(x)=0$ 必有两个不同实根. 然而,从

$$f'(x)=2x-\sin x-x\cos x+\sin x=x(2-\cos x)$$

易知 $f'(x)=0$ 只能有一个根. 这说明原方程恰有两个实根.

例 2 方程 $4ax^3+3bx^2+2cx=a+b+c$ 在 $x=0$ 与 $x=1$ 之间至少有一个实根.

证明 将方程改写为 $4ax^3+3bx^2+2cx-(a+b+c)=0$ 时,若用 Rolle 定理的角度加以观察,则上式应看成方程 $f'(x)=0$ 来加以判断. 从而不难看出,应该引进辅助函数 $f(x)=ax^4+bx^3+cx^2-(a+b+c)x$. 此时,$f(x)$在$[0,1]$上是可微的,且因为 $f(0)=0$,$f(1)=0$,所以根据 Rolle 定理,存在 $\xi\in(0,1)$,使 $f'(\xi)=0$,即 $4ax^3+3bx^2+2cx-(a+b+c)=0$ 在$(0,1)$内至少有一个实根.

例 3 设数组$\{a_0,a_1,\cdots,a_n\}$$(a_0\neq0)$满足

$$\frac{a_0}{n+1}+\frac{a_1}{n}+\cdots+\frac{a_{n-1}}{2}+a_n=0,$$

则方程 $a_0x^n+a_1x^{n-1}+\cdots+a_{n-1}x+a_n=0$ 在$(0,1)$上至少有一个实根.

证明 令 $f(x)=\frac{a_0}{n+1}x^{n+1}+\frac{a_1}{n}x^n+\cdots+\frac{a_{n-1}}{2}x^2+a_nx$,易知 $f(0)=f(1)=0$. 从而存在 $\xi\in(0,1)$,使得 $f'(\xi)=0$,即 $a_0\xi^n+a_1\xi^{n-1}+\cdots+a_{n-1}\xi+a_n=0$,即得所证.

思考练习

试证明下列命题:

1. 设 $f(x)$在(a,b)上可微,且 $f(a+)=f(b-)$,则存在 $\xi\in(a,b)$,使得 $f'(\xi)=0$.

2. 设 $f'''(x)$在$[a,b]$上存在,且有

$$f(a)=f'(a)=f(b)=f'(b)=0,$$

则存在 $\xi\in(a,b)$,使得 $f'''(\xi)=0$.

3. 函数 $f(x)=\ln x-\frac{x}{\mathrm{e}}+100$ 在$(0,\infty)$上恰有两个零点.

4. 设 $f(x),g(x)$在$[a,b]$上连续,且在(a,b)上可微.若 $f(a)=f(b)=0$,则存在 $\xi\in(a,b)$,使得 $f'(\xi)+g'(\xi)f(\xi)=0$.(提示:考虑 $F(x)=e^{g(x)}f(x)$)

5. 方程 $1+x+\dfrac{x^2}{2!}+\cdots+\dfrac{x^{2n+1}}{(2n+1)!}=0$ 在$(-\infty,\infty)$上有实根但不超过两个.(提示:考察 $f(x)-f'(x)=0$)

6. 设 $f(x),g(x)$在$(-\infty,\infty)$上可微,且有 $f'(x)g(x)-f(x)g'(x)\neq0\,(-\infty<x<\infty)$,则在 $g(x)$的两个零点之间,必有 $f(x)$的零点,反之亦然.(提示:反证法,设 $g(a)=g(b)=0$,考察$F(x)=g(x)/f(x)$, $f(x)\neq0$)

7. 试证明方程 $e^x-x^n=0\,(n\in\mathbf{N})$至多有三个实根.

5.1.2　Lagrange 中值公式

5.1.1 小节中的 Rolle 定理有着简明的几何意义:如图 5-1 所示,当我们连接曲线 $y=f(x)$上两点$(a,f(a))$与$(b,f(b))$的直线(弦)时,若该弦是水平的,则在内部有一点$(\xi,f(\xi))$,过此点的切线也是水平的.因此,可以说它是曲线的“弦切”关系的一种表现.从这个意义上讲,弦与切线都是水平线并非本质所在,因为这与坐标轴的设置不无关系.实际上,更本质的内涵是弦与切线的平行关系,下一结论准确地揭示出这一事实.

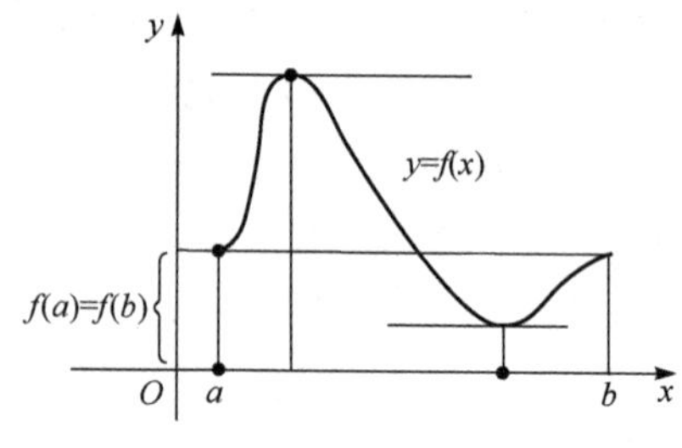

图 5-1

定理 5.2(Lagrange[①])　设 $f(x)$在(a,b)上可微,在$[a,b]$上连续,则存在$\xi\in(a,b)$,使得

$$f'(\xi)=\frac{f(b)-f(a)}{b-a}\quad\text{或}\quad f(b)-f(a)=f'(\xi)(b-a).\qquad①$$

证明　式①的几何意义十分明显,如图 5-2 所示,其右端为弦 AB 的斜率,而左端则是在点 ξ 上曲线 $y=f(x)$的切线斜率.

因此式①说明:在(a,b)内必有一点 ξ,使其上的曲线切线平行于端点弦 AB.

证明这一结论的思路是:创造条件(即作辅助函数)将其纳入 Rolle 定理的推理格式.

---

① 拉格朗日(1736～1813),法国数学家.这一结果是在 1797 年得出的.

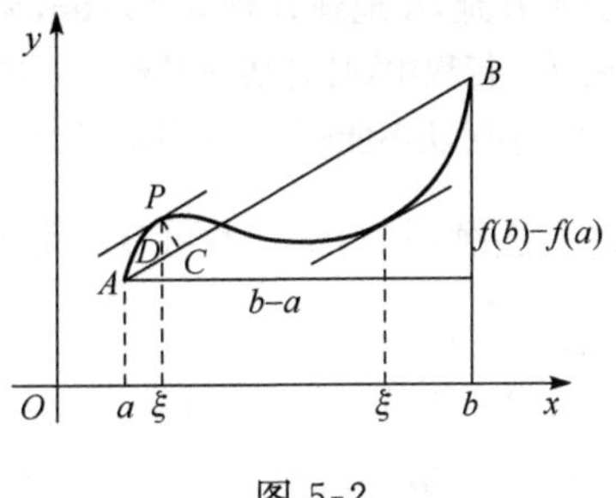

图 5-2

定理 5.2 与 Rolle 定理的条件不同之处是，这里的弦 AB 不一定与 x 轴平行. 但这一困难是可以克服的，即让 $y=f(x)$ 减去弦高，也就是说，我们要考察的是线段 PC 的极大值(图 5-2). 又因为 PC 与 PD 是同时取到极大值的，所以又转向研究 PD，即作 $[a,b]$ 上的函数

$$F(x)=f(x)-\left[f(a)+\frac{f(b)-f(a)}{b-a}(x-a)\right].$$

显然，$F(x)$ 在 (a,b) 上可微，在 $[a,b]$ 上连续，且有 $F(a)=F(b)=0$. 这说明 $F(x)$ 在 $[a,b]$ 上满足 Rolle 定理条件，于是根据 Rolle 定理的结论，存在 $\xi\in(a,b)$，使得

$$F'(\xi)=f'(\xi)-\frac{f(b)-f(a)}{b-a}=0,$$

$$f'(\xi)=\frac{f(b)-f(a)}{b-a}.$$

在 Lagrange 中值公式中，记 a 为 x，b 为 $x+\Delta x$ ($\Delta x=b-a$，$\Delta x>0$ 或 $\Delta x<0$ 均可)，且令

$$\theta=\frac{\xi-a}{b-a}=\frac{\xi-x}{\Delta x},\quad x<\xi<x+\Delta x \quad 或 \quad x+\Delta x<\xi<x,$$

则得表示式

$$\xi=x+\theta\Delta x \quad 或 \quad \xi=a+\theta(b-a).$$

此时，式①又写为

$$\Delta y=f(x+\Delta x)-f(x)=f'(x+\theta\Delta x)\cdot\Delta x,\quad 0<\theta<1.$$

相对于局部改变量公式，有时也称此中值公式为有限改变量公式. 前者只要求 $f'(x_0)$ 存在，后者则要求在间隔 $(x,x+\Delta x)$ 内点点可微(但不一定要求在点 x 上可微). 当然，$f'(x+\theta\Delta x)\cdot\Delta x$ 并不是函数 $f(x)$ 在点 x 上的微分.

注 1 Lagrange 中值公式的结论仍属于存在性范畴，并以 Rolle 定理为其特殊情形：$f(a)=f(b)$. 由于 Lagrange 中值公式摆脱了 Rolle 定理的条件 $f(a)=f(b)$ 的限制，故使得应用微分理论来研究函数整体性态的视野变得广阔得多.

注 2 与 Rolle 定理一样，Lagrange 中值公式也并未指出点 ξ 在何处. 举个例子来说，有一辆汽车用时 2h 从 A 地沿公路驶到 B 地,A 地到 B 地共 120km,易知其平均速度为 60(km/h). Lagrange 中值定理指出:汽车在这一行程中,必有某一时刻 t_0 其即时速度正好是 60(km/h),但 t_0 时刻究竟是在前一小时还是后一小时还不能断定(与司机行为及其他条件有关).

例 1　设 $f(x)$ 在 $[0,1]$ 上连续,在 $(0,1)$ 上可导,且 $f(0)=f(1)=0, f\left(\frac{1}{2}\right)=1$,则存在 $\xi\in(0,1)$,使得 $f'(\xi)=1$.

证明　为证 $f'(\xi)=1$,就是要找曲线 $y=f(x)$ 上斜率为 1 的切线,从Lagrange 中值公式的角度看问题,如果有一条割线的斜率为 1,那么任务也就完成了. 由于曲线过原点,故只需看直线 $y=x$(斜率为 1)与此曲线是否有交点.

作函数 $F(x)=f(x)-x$,由题设知

$$F\left(\frac{1}{2}\right)=f\left(\frac{1}{2}\right)-\frac{1}{2}=\frac{1}{2}>0, \quad F(1)=f(1)-1=-1<0,$$

故根据 $F(x)$ 的连续性可知,存在 $\xi_1\in\left(\frac{1}{2},1\right)$,使得 $F(\xi_1)=0$.

现在注意到 $F(0)=f(0)-0=0$,根据 Rolle 定理可知,存在 $\xi\in(0,\xi_1)$,使得 $F'(\xi)=0$,即 $f'(\xi)=1$.

Lagrange 中值公式把函数值与其导数值连接成一个"精确的"等式,这就为我们用导数的知识研究函数的性态提供了极大的方便.

定理 5.3　设 $f(x)$ 在 $[a,b]$ 上连续,在 (a,b) 上可导. 若在 (a,b) 上有 $f'(x)\geqslant 0(>0)$,则 $f(x)$ 在 $[a,b]$ 上是递增(严格递增)的.

证明　对于 $[a,b]$ 中任意两个点:$x_1<x_2$,由于 $f(x_2)-f(x_1)=f'(\xi)\cdot(x_2-x_1)\geqslant 0(x_1<\xi<x_2)$,故得 $f(x_2)\geqslant f(x_1)$.

对于 $f'(x)>0$ 的情形也类似可知.

注　根据上述推理,易知在条件 $f'(x)\leqslant 0(<0)$ 时,应得到 $f(x)$ 递减(严格递减)的结论. 此外,定理 5.3 对于无穷区间,如 $[a,\infty)$,也有同样的结论.

推论 5.1　设 $f(x)$ 在 (a,b) 上可导,若有 $f'(x)=0(a<x<b)$,则 $f(x)\equiv C$(常数).

推论 5.2　设 $f(x),g(x)$ 在 (a,b) 上可导,且有 $f'(x)=g'(x)(a<x<b)$,则 $f(x)$ 与 $g(x)$ 在 (a,b) 上相差一个常数.

例 2　存在 $A>0$,使得 $f(x)=\frac{\ln^n x}{x}$ 在 $[A,\infty)$ 上是严格递减的.

证明　因为我们有

$$f'(x)=\frac{n\ln^{n-1}x-\ln^n x}{x^2}=\frac{\ln^{n-1}x(n-\ln x)}{x^2},$$

所以 $x>e^n$ 时,有 $f'(x)<0$,即得所证.

例 3　设 $f(x)$ 在 $(-\infty,\infty)$ 上二次可导,且 $f(0)\leqslant 0, f''(x)>0(-\infty<x<$

∞),则 $f(x)/x$ 在$(-\infty,0)$,$(0,\infty)$上递增.

证明 在公式$\left(\dfrac{f(x)}{x}\right)'=\dfrac{xf'(x)-f(x)}{x^2}$中,令 $F(x)=xf'(x)-f(x)$,易知有 $F'(x)=xf''(x)$. 当 $x\in(-\infty,0)$时,由 $F'(x)<0$ 知 $F(x)$在$(-\infty,0)$上递减. 即 $F(x)>F(0)=-f(0)>0$. 从而$(f(x)/x)'>0$,故 $f(x)/x$ 在$(-\infty,0)$上递增. 类似地可证 $x\in(0,\infty)$的情形.

注 也可讨论 $f''(x)<0$ 的情形. 易知 $f(x)=\sin x/x$ 在$(0,\pi)$上递减.

例 4 $2\arctan x+\arcsin\dfrac{2x}{1+x^2}=\pi(1<x<\infty)$.

证明 记上式左端为 $f(x)$,易知 $f'(x)\equiv 0(1<x<\infty)$. 由此得 $f(x)\equiv C(1<x<\infty)$. 因为 $f(\sqrt{3})=\pi$,所以有 $f(x)\equiv\pi$.

在第 1 章中曾经提到,函数的增减性是阐明不等式的基本途径之一.

例 5 $\dfrac{2}{2x+1}<\ln\left(1+\dfrac{1}{x}\right)(x>0)$.

证明 作函数 $f(x)=\dfrac{2}{2x+1}-\ln\left(1+\dfrac{1}{x}\right)(x>0)$,易知

$$f'(x)=\frac{1}{(2x+1)^2x(x+1)}>0\quad(x>0).$$

这说明 $f(x)$在$(0,+\infty)$上严格递增. 因为 $\lim\limits_{x\to+\infty}f(x)=0$,所以有 $f(x)<0\ (x>0)$. 即得所证.

例 6 当 $b>a>1$ 时,有$\dfrac{b}{a}>\dfrac{b^a}{a^b}$.

证明 易知(取对数)只需指出

$$\ln b-\ln a>a\ln b-b\ln a,$$

$$(b-1)\ln a>(a-1)\ln b\quad\text{或}\quad\frac{\ln a}{a-1}>\frac{\ln b}{b-1}$$

即可. 从而问题转化为指出函数 $f(x)=\dfrac{\ln x}{x-1}$在$(1,\infty)$上严格递减即可. 为此,只需注意

$$f'(x)=\frac{x-1-x\ln x}{x\ (x-1)^2}<0,\quad x\in(1,\infty)$$

即可.

例 7 设有函数 $f(x)=a\cos^2x+2b\cos x\cdot\sin x+c\sin^2x$,试定 a,b,c 的值,使得 $f(x)\equiv C(x\in(-\infty,\infty))$.

解 对 $f(x)$求导,我们有

$$f'(x)=-2a\cos x\cdot\sin x+2b\cos^2 x-2b\sin^2 x+2c\sin x\cos x.$$

若 $f'(x)\equiv 0$,则 $f'(0)=0=f'(\pi/4)$. 从而有

$$\begin{cases} f'(0)=2b, & \text{故 } b=0, \\ f'(\pi/4)=-a+c=0, & \text{故 } c=a. \end{cases}$$

例 8　$I=\lim\limits_{x\to 0}\dfrac{e^x-e^{\sin x}}{x-\sin x}=1$.

证明　令 $f(x)=e^x$,易知存在 $\theta:0<\theta<1$,使得

$$e^x-e^{\sin x}=f'[\sin x+\theta(x-\sin x)](x-\sin x).$$

注意到 $f'(x)$的连续性,可知

$$I=\lim_{x\to 0}f'[\sin x+\theta(x-\sin x)]=f'(0)=1.$$

从上面的讨论中我们看到,在应用中值定理解题过程中,作辅助函数是十分重要的一步. 下面的例子将在这方面有所启发.

例 9　设 $f(x),g(x)$在$[a,b]$上可导,且在(a,b)上 $g'(x)\neq 0$,则存在 $\xi\in(a,b)$,使得

$$\frac{f(a)-f(\xi)}{g(\xi)-g(b)}=\frac{f'(\xi)}{g'(\xi)}.$$

证明　我们解此题的思路是:作辅助函数并纳入 Rolle 定理的框架. 由于目标等式的模样不利于设计辅助函数,故先将其改写为(摆平)

$$[f(a)-f(\xi)]g'(\xi)=f'(\xi)[g(\xi)-g(b)].$$

或

$$f'(\xi)g(\xi)+f(\xi)g'(\xi)-f'(\xi)g(b)-f(a)g'(\xi)=0.$$

不难判定,上式左端是函数

$$F(x)=f(x)g(x)-f(x)g(b)-f(a)g(x)$$

在 $x=\xi$ 处的导数,因此 $F(x)$就是辅助函数.

因为 $F(a)=-f(a)g(b)=F(b)$,所以根据 Rolle 定理可知,存在 $\xi\in(a,b)$,使得 $F'(\xi)=0$,即得所证.

命题 5.1　设有数列 $a_{n+1}=f(a_n)\,(n\in\mathbf{N})$,$a_n$属于某个闭区间 I. 又 $f(x)$在 I 上可导,且$|f'(x)|\leqslant r<1\,(x\in I)$,则 $a_n\to a\,(n\to\infty)$的充分必要条件是:a 是 $f(x)$的不动点:$a=f(a)$.

证明　若 $a_n\to a\,(n\to\infty)$,则由 f 的连续性可知 $a=\lim\limits_{n\to\infty}a_{n+1}=\lim\limits_{n\to\infty}f(a_n)=f(a)$.

若存在 $a:a=f(a)$,则有不等式

$$\begin{aligned}
&|a_{n+1}-a| \\
=&|f(a_n)-f(a)| \\
=&|f'(\xi_n)||a_n-a|\leqslant r|a_n-a|\ (\xi_n\text{ 位于 } a_n \text{ 与 } a \text{ 之间}) \\
=&r|f(a_{n-1})-f(a)|=r|f'(\xi_{n-1})||a_{n-1}-a|\ (\xi_{n-1}\text{位于 } a_{n-1}\text{与 } a \text{ 之间}) \\
\leqslant& r^2|a_{n-1}-a|\leqslant\cdots\leqslant r^n|a_1-a|.
\end{aligned}$$

令 $n\to\infty$,即知 $a_n\to a$.

特别地,下述数列 $\{a_n\}$ 均收敛:

(i) $a_{n+1}=a_n^2/4+1/2\,(0\leqslant a_1\leqslant 1)$.

(ii) $a_{n+1}=r(a_n+1/a_n)\,(0<r<1,a_1>1)$.

解 (i) 易知 $0\leqslant a_n\leqslant 1\,(n\in\mathbf{N})$. 设 $f(x)=x^2/4+1/2\,(0\leqslant x\leqslant 1)$,则 $|f'(x)|\leqslant 1/2\,(0\leqslant x\leqslant 1)$. 故 $\{a_n\}$ 收敛,极限值 a 满足 $a=a^2/4+1/2$,即 $a=2+\sqrt{2}$.

(ii) 记 $B=\dfrac{r}{1-r}$,取 A 满足 $\dfrac{B}{A}\leqslant a_1\leqslant A<B$,易知 $B/A\leqslant a_n\leqslant A\,(n\in\mathbf{N})$. 令 $f(x)=r(x+1/x)\,(B/A\leqslant x\leqslant A)$,则 $f'(x)=r(1-1/x^2)$,且有 $0<f'(x)<r(1-1/A^2)<1$. 这说明 $\{a_n\}$ 收敛,且 $a_n\to\sqrt{\dfrac{\alpha}{1-\alpha}}\,(n\to\infty)$.

思 考 练 习

1. 设 $f''(x)$ 在 $[1,2]$ 上存在,$f(1)=f(2)=0$. 记 $F(x)=(x-1)f(x)$,试证明存在 $\xi\in(1,2)$,使得 $F''(\xi)=0$.

2. 设 $f(x)$ 在 (a,b) 上可微,若 $f'(x)$ 在 (a,b) 上有界,试证明存在极限 $\lim\limits_{x\to a+}f(x)$, $\lim\limits_{x\to b-}f(x)$.

3. 若 $f(x)$ 在 (a,b) 上可微且无界,试证明导函数 $f'(x)$ 在 (a,b) 上也无界. $\left(\text{注意:}f(x)\text{有界时},f'(x)\text{也可以是无界的. 例如},f(x)=x^{3/2}\sin\dfrac{1}{x}\right)$

4. 设 $f(x)$ 在 (a,b) 上可微,试问下述判断是否正确:任给 $\xi\in(a,b)$,均存在 (a,b) 中点 x_1,x_2:$x_1<\xi<x_2$,使得

$$f'(\xi)=\frac{f(x_2)-f(x_1)}{x_2-x_1}.\text{(提示:考察 }f(x)=x^3\text{)}$$

5. 设 $f(x)$ 在 $[0,1]$ 上可导,$f(0)=0$ 且 $f(x)>0\,(0<x<1)$,试证明存在 $\xi\in(0,1)$,使得

$$\frac{2f'(\xi)}{f(\xi)}=\frac{f'(1-\xi)}{f(1-\xi)}.$$

6. 设 $f(x)$ 在 $[0,1]$ 上连续,在 $(0,1)$ 上可导. 若 $f(1)=0$,试证明存在 $\xi\in(0,1)$,使得

$$f'(\xi)=(1-\xi^{-1})f(\xi).$$

7. 设 $f(x)$ 在 $[a,b]$ 上连续,在 (a,b) 上可导,若 $f(a)=1=f(b)$,试证明:

(1) 存在 $\xi\in(a,b)$,使得 $f(\xi)+f'(\xi)=1$.

(2) 存在 $\xi_1,\xi_2\in(a,b)$,使得 $e^{\xi_1}[f(\xi_1)+f'(\xi_1)]=e^{\xi_2}$.

(提示:(1)考察 $e^x[f(x)-1]$;(2)计算 $e^xf(x)$ 与 e^x 各自的差分)

8. 设 $f(x)$,$g(x)$ 在 $[a,b]$ 上连续,在 (a,b) 上可导,若 $f(a)=f(b)=0$,$g(x)\neq 0\,(a\leqslant x\leqslant b)$,试证明存在 $\xi\in(a,b)$,使得 $f'(\xi)g(\xi)-g'(\xi)f(\xi)=0$.(提示:作辅助函数 $F(x)=f(x)/g(x)$)

9. 试论下列 $\{a_n\}$ 的极限:

(1) $a_{n+1}=a_n/A+B\,(a_1>0,A>1,B>0)$.

(2) $a_{n+1}=4-2/a_n(a_1>3)$.

(3) $a_{n+1}=(Aa_n+1)^{1/p}(p>1,p>A>0)$.

10. 设 $f(x)$,$g(x)$在$[0,\infty)$上二次可导,且有 $f(0)=g(0)$,$f'(0)=g'(0)$. 若 $f''(x)>g''(x)$,$x\in(0,\infty)$,试证明 $f(x)>g(x)(0\leqslant x<\infty)$.

11. 设 $f(x)$在(a,b)上二次可导,$f'(x)\cdot f''(x)=0(a<x<b)$,试求 $f(x)$.

12. 设 $f(x)$,$g(x)$是(a,b)上可微的正值函数,且满足$\dfrac{f'(x)}{f(x)}=\dfrac{g'(x)}{g(x)}(a<x<b)$,试证明 $f(x)=c\cdot g(x)\ (a<x<b)$,$c$ 是常数.

13. 设 $P(x)=a_0+a_1x+\cdots+a_nx^n(a_n\neq 0)$,试证明存在 $X>0$,$P(x)$在$(-\infty,-X)$和(X,∞)上严格单调.

14. 设 $f(x)$在$[0,\infty)$上非负连续,$f(0)=0$ 且在$(0,\infty)$上可导,若 $f(x)\geqslant f'(x)(0<x<\infty)$,试证明 $f(x)\equiv 0$.

15. 试证明下列公式:

(1) $1+x\ln(x+\sqrt{1+x^2})\geqslant\sqrt{1+x^2}$;

(2) $\ln(\sqrt{2}+1)>\sqrt{2}-1$;

(3) $3\arccos x-\arccos(3x-4x^3)=\pi,\ |x|<\dfrac{1}{2}$;

(4) $x^\alpha-\alpha x+\alpha\leqslant 1(\geqslant 1),x>0$ 且 $0\leqslant\alpha\leqslant 1(\alpha<0,\alpha>1)$;

(5) $\dfrac{\sin x+\sin(x+3)}{\cos x-\cos(x+3)}=$常数;

(6) $ab\leqslant\dfrac{a^p}{p}+\dfrac{b^q}{q}\left(a>0,b>0;p>1,q>1,\text{且}\dfrac{1}{p}+\dfrac{1}{q}=1\right)$.

16. 设 $f\in C([a,b])$,且在(a,b)上可导,若 $f'(x)=0(a<x<b)$,试证明 $f(a)=f(b)$.

17. 设 $f(x)$在$[a,\infty)$上可导,且有

$$\lim_{x\to+\infty}f(x)=b,\qquad \lim_{x\to+\infty}f'(x)=l,$$

试证明 $l=0$.

18. 试证明$\sqrt[n]{a}-\sqrt[n]{b}<\sqrt[n]{a-b}(a>b>0)$.(提示:作 $f(x)=\sqrt[n]{x+A}-\sqrt[n]{x}(A>0,x\geqslant 0)$. f 递减:$f(b)>f(0)$. 再令 $A=a-b$)

19. 试证明$(a+b)^p\leqslant a^p+b^p(a\geqslant 0,b\geqslant 0,0<p<1)$.(提示:$f(x)=x^p(x>0)$,$f(a+b)-f(a)=f'(\xi)b$)

5.1.3 Cauchy 中值公式

Lagrange 中值公式还可以在两个方面加以推广:其一是增加函数的个数;其二是提高可微性的次数. 本节介绍前者.

定理 5.4(Cauchy 也称为广义中值公式) 设 $f(x)$,$g(x)$在$[a,b]$上连续,在(a,b)上可微,且 $g'(x)\neq 0$,$x\in(a,b)$,则存在 $\xi\in(a,b)$,使得

$$\frac{f(b)-f(a)}{g(b)-g(a)}=\frac{f'(\xi)}{g'(\xi)}. \qquad ①$$

证明 首先,由条件知 $g(a)\neq g(b)$(否则与 $g'(x)\neq 0$ 相悖).因此,式①两端皆有意义.

其次,作辅助函数(参阅本章后记(二)4):令

$$\frac{f(b)-f(a)}{g(b)-g(a)}=A,$$

并以变量 x 代 b,(摆平)后作函数

$$F(x)=f(x)-f(a)-A[g(x)-g(a)].$$

显然 $F(a)=0=F(b)$,故由 Rolle 定理可知,存在 $\xi\in(a,b)$,使得 $0=F'(\xi)=f'(\xi)-Ag'(\xi)$,即

$$A=\frac{f'(\xi)}{g'(\xi)}.$$

例 1 设 $f(x)$ 在 $[a,b]$$(a>0)$ 上可微,则存在 $\xi\in(a,b)$,使得

$$2\xi[f(b)-f(a)]=(b^2-a^2)f'(\xi).$$

证明 将等式改写为

$$\frac{f(b)-f(a)}{b^2-a^2}=\frac{f'(\xi)}{2\xi}\quad(a\neq b),$$

可立即得出,取 $g(x)=x^2$.而由 $g'(x)=2x$,再用 Cauchy 中值公式,易知等式成立.

思考练习

1. 考察两个函数

$$f(x)=4x^3+6x^2-10x+2,\quad g(x)=3x^4+4x^3-5x^2+1,$$

试证明对任意的 $x\in(0,1)$,都有

$$\frac{f'(x)}{g'(x)}\neq\frac{f(1)-f(0)}{g(1)-g(0)}.$$

又问:这是否与 Cauchy 中值公式矛盾?

2. 设 $f(x)$,$g(x)$ 在 (a,∞) 上可微,且有 $|g'(x)|<f'(x)$,$x\in(a,\infty)$.若存在极限 $\lim\limits_{x\to+\infty}f(x)$,试证明存在极限 $\lim\limits_{x\to+\infty}g(x)$.

3. 设 $f\in C([0,\infty))$,且在 $(0,\infty)$ 上可微,若 $f(0)=0$,试证明对任意的 $x\in(0,\infty)$,都存在 $\xi\in(0,x)$,使得 $f(x)=(1+\xi)\ln(1+x)f'(\xi)$.

4. 设 $f(x)=x^2$,$g(x)=\sqrt{x}$,试求中值公式

$$\frac{f(4)-f(1)}{g(4)-g(1)}=\frac{f'(\xi)}{g'(\xi)},\quad 1<\xi<4$$

中的 ξ.

5. 试问在什么情况下,Cauchy 中值公式回归为 Lagrange 中值公式?

6. 设 $f\in C([a,b])$,且在 $(a,b)$$(a>0)$ 上可微,试证明存在 $\xi_i\in(a,b)$$(i=1,2,3)$,使

$$f'(\xi_1)=\frac{b+a}{2\xi_2}f'(\xi_2)=\frac{b^2+ba+a^2}{3\xi_3^2}f'(\xi_3).$$

5.2　L'Hospital[①] 法则——求"不定型"的极限

大家知道,在求两个函数比值的极限

$$\lim_{x\to x_0}\frac{f(x)}{g(x)}$$

时遇到的困难是:

(1) 当 $x\to x_0$ 时,$f(x)\to 0$,$g(x)\to 0$;

(2) 当 $x\to x_0$ 时,$f(x)\to\infty$,$g(x)\to\infty$.

例如,$f(x)=\sin x$,$g(x)=x$,就属于(1),它无法用函数极限的运算规则求出.在第 2 章中,我们是用特殊的手段阐明了 $\frac{\sin x}{x}\to 1\ (x\to 0)$. 现在我们用微分理论(Cauchy 中值公式)来介绍较一般的求解方法. 由于在(1),(2)两种情况下,极限或存在或不存在还尚未确定,故统称为不定型极限,且称(1)为"$\frac{0}{0}$"型,(2)为"$\frac{\infty}{\infty}$"型.

5.2.1　"$\frac{0}{0}$"不定型

定理 5.5　设 $f(x)$,$g(x)$在$[a,b]$上连续,在(a,b)上可微,$g'(x)\neq 0\ (a<x<b)$,且 $f(a)=0=g(a)$. 若存在极限 $\lim\limits_{x\to a+}\frac{f'(x)}{g'(x)}$,则当 $x\to a+$时,$\frac{f(x)}{g(x)}$的极限存在,且有

$$\lim_{x\to a+}\frac{f(x)}{g(x)}=\lim_{x\to a+}\frac{f'(x)}{g'(x)}.$$

证明　因为 $f(a)=0=g(a)$,所以我们有

$$\frac{f(x)}{g(x)}=\frac{f(x)-f(a)}{g(x)-f(a)},\quad x>a.$$

由于 Cauchy 中值定理的条件是满足的,故存在 $\xi\in(a,x)$,使得

$$\frac{f(x)}{g(x)}=\frac{f(x)-f(a)}{g(x)-g(a)}=\frac{f'(\xi)}{g'(\xi)}.$$

从而可得

$$\lim_{x\to a+}\frac{f(x)}{g(x)}=\lim_{x\to a+}\frac{f'(\xi)}{g'(\xi)}=\lim_{x\to a+}\frac{f'(x)}{g'(x)}$$

---

① 洛必达(1661～1704),法国数学家.

(类似地,对 $x \to b-$ 也有相应结论).

注 1 当 $f(x)$ 与 $g(x)$ 在 $x=a$ 处无定义时,只要有 $f(a+)=0=g(a+)$,则结论仍然成立. 实际上,只需补充 $f(a)=0, g(a)=0$,则 $f(x), g(x)$ 在 $[a,b]$ 上就连续了.

注 2 若又有 $f'(a+)=0, g'(a+)=0$,而 $f'(x)$ 与 $g'(x)$ 还在 (a,b) 上可微,则在下式右端极限存在时,仍有

$$\lim_{x\to a+}\frac{f(x)}{g(x)}\left(=\lim_{x\to a+}\frac{f'(x)}{g'(x)}\right)=\lim_{x\to a+}\frac{f''(x)}{g''(x)}.$$

注 3 若定理 5.5 中相应的条件改为 $\lim\limits_{x\to a+}\dfrac{f'(x)}{g'(x)}=+\infty$(或 $-\infty$),则也有结论 $\lim\limits_{x\to a+}\dfrac{f(x)}{g(x)}=+\infty$(或 $-\infty$).

推论 5.3 设 $f(x)$ 在 (a,∞) 上可微,且有 $f(x)\to 0, g(x)\to 0\ (x\to+\infty)$. 若存在极限 $\lim\limits_{x\to+\infty}\dfrac{f'(x)}{g'(x)}$,则

$$\lim_{x\to+\infty}\frac{f(x)}{g(x)}=\lim_{x\to+\infty}\frac{f'(x)}{g'(x)}$$

(对 $x\to-\infty$ 的情形,也有相应结论).

证明 作变量替换 $x=\dfrac{1}{t}$,则 $x\to+\infty$ 相当于 $t\to 0+$. 从而可知 $\lim\limits_{t\to 0+}f\left(\dfrac{1}{t}\right)=0$, $\lim\limits_{t\to 0+}g\left(\dfrac{1}{t}\right)=0$. 在 $(0,1]$ 上应用 L'Hospital 法则于 $\dfrac{f\left(\frac{1}{t}\right)}{g\left(\frac{1}{t}\right)}$,即得

$$\lim_{x\to+\infty}\frac{f(x)}{g(x)}=\lim_{t\to 0+}\frac{f\left(\frac{1}{t}\right)}{g\left(\frac{1}{t}\right)}=\lim_{t\to 0+}\frac{f'\left(\frac{1}{t}\right)\cdot\left(-\frac{1}{t^2}\right)}{g'\left(\frac{1}{t}\right)\cdot\left(-\frac{1}{t^2}\right)}$$

$$=\lim_{t\to 0+}\frac{f'\left(\frac{1}{t}\right)}{g'\left(\frac{1}{t}\right)}=\lim_{x\to+\infty}\frac{f'(x)}{g'(x)}.$$

例 1 求极限 $\lim\limits_{x\to 0}\dfrac{\tan x-\sin x}{x^3}$.

解 这是"$\dfrac{0}{0}$"不定型极限. 因为有

$$\frac{f'(x)}{g'(x)}=\frac{\sec^2 x-\cos x}{3x^2}=\frac{1-\cos^3 x}{3x^2\cos^2 x}$$

$$=\frac{1}{3}\frac{1-\cos x}{x^2}\cdot\frac{1+\cos x+\cos^2 x}{\cos^2 x},$$

所以得到$\lim\limits_{x\to 0}\frac{\tan x-\sin x}{x^3}=\frac{1}{2}$.

例 2　设 $f''(x_0)$存在,则

$$\lim_{h\to 0}\frac{f(x_0+h)+f(x_0-h)-2f(x_0)}{h^2}=f''(x_0).$$

证明　因为 $f(x)$在 $x=x_0$处连续,所以当 $h\to 0$ 时,上式极限为"$\frac{0}{0}$"型. 计算分子,分母对 h 的导数,得

$$\begin{aligned}&\frac{f'(x_0+h)-f'(x_0-h)}{2h}\\&=\frac{1}{2}\left[\frac{f'(x_0+h)-f'(x_0)}{h}+\frac{f'(x_0-h)-f'(x_0)}{-h}\right].\end{aligned}$$

由于 $f''(x_0)$存在,故当 $h\to 0$ 时,上式右端的极限为 $f''(x_0)$,即得所证.

例 3　(1) $\lim\limits_{x\to 0}\frac{x-\ln(1+x)}{x\ln(1+x)}=\frac{1}{2}$;

(2) 若 $a_1>0,a_{n+1}=\ln(1+a_n)(n=1,2,\cdots)$,则 $na_n\to 2(n\to\infty)$.

证明　(1) 运用 L′Hospital 法则易知

$$\lim_{x\to 0}\frac{x-\ln(1+x)}{x\ln(1+x)}=\lim_{x\to 0}\frac{1}{2+\ln(1+x)}=\frac{1}{2}.$$

(2) 易知 $a_{n+1}\leqslant a_n$以及 $a_n\to 0(n\to\infty)$. 由(1)我们有

$$\lim_{n\to\infty}\left(\frac{1}{a_{n+1}}-\frac{1}{a_n}\right)=\lim_{n\to\infty}\frac{a_n-\ln(1+a_n)}{a_n\ln(1+a_n)}=\frac{1}{2}.$$

从而可得

$$\lim_{n\to\infty}\frac{1}{n}\sum_{k=1}^{n-1}\left(\frac{1}{a_{k+1}}-\frac{1}{a_k}\right)=\frac{1}{2}.$$

但上式左端的和式等于$\left(\frac{1}{a_n}-\frac{1}{a_1}\right)$,由此又知

$$\lim_{n\to\infty}\frac{1}{n}\left(\frac{1}{a_n}-\frac{1}{a_1}\right)=\frac{1}{2},\qquad na_n\to 2\quad(n\to\infty).$$

5.2.2　"$\frac{\infty}{\infty}$"不定型

对于"$\frac{\infty}{\infty}$"型函数极限,这里将给出更一般的结果.

定理 5.6　设 $f(x),g(x)$在(a,b)上可微,且 $g'(x)\neq 0,a<x<b$,且有$\lim\limits_{x\to a+}g(x)=\pm\infty$. 若存在极限$\lim\limits_{x\to a+}\frac{f'(x)}{g'(x)}=A$,则

$$\lim_{x\to a+}\frac{f(x)}{g(x)}=\lim_{x\to a+}\frac{f'(x)}{g'(x)}=A.$$

证明 对任给 $\varepsilon>0$,存在 $\delta_1>0$,使得

$$\left|\frac{f'(x)}{g'(x)}-A\right|<\frac{\varepsilon}{3},\qquad a<x<a+\delta_1<b.$$

记 $x'=a+\delta_1$,则存在 $\xi\in(x,x')$,使得 $\frac{f(x)-f(x')}{g(x)-g(x')}=\frac{f'(\xi)}{g'(\xi)}$. 从而又有

$$\left|\frac{f(x)-f(x')}{g(x)-g(x')}-A\right|<\frac{\varepsilon}{2},\quad a<x<x'<b,$$

或可写成(不妨设 $g(x)\neq 0$)

$$\left|\frac{\frac{f(x)}{g(x)}-\frac{f(x')}{g(x)}}{1-\frac{g(x')}{g(x)}}-A\right|<\frac{\varepsilon}{3},\quad a<x<x'<b.$$

由此知

$$\left|\frac{f(x)}{g(x)}-A-\frac{f(x')-Ag(x')}{g(x)}\right|<\frac{\varepsilon}{3}\left|1-\frac{g(x')}{g(x)}\right|,$$

$$\left|\frac{f(x)}{g(x)}-A\right|<\left|1-\frac{g(x')}{g(x)}\right|\frac{\varepsilon}{3}+\left|\frac{f(x')-Ag(x')}{g(x)}\right|.$$

因为 $|g(x)|\to+\infty(x\to a+)$,所以存在 $\delta_2>0$,当 $a<x<a+\delta_2<b$ 时,使得

$$|g(x)|>\max\left\{2|g(x')|,\frac{2}{\varepsilon}|f(x')-Ag(x')|\right\}.$$

从而当 $a<x<a+\delta_2$ 时,有

$$\left|\frac{g(x')}{g(x)}\right|<\frac{1}{2},\qquad\left|\frac{g(x')-Ag(x')}{g(x)}\right|<\frac{\varepsilon}{2}.$$

最后,令 $\delta=\min\{\delta_1,\delta_2\}$,我们有

$$\left|\frac{f(x)}{g(x)}-A\right|<\frac{3}{2}\cdot\frac{\varepsilon}{3}+\frac{\varepsilon}{2}=\varepsilon,\quad a<x<a+\delta<b.$$

即得所证.

对于 $x\to b-$ 以及 $x\to\infty$ 的情形,也有类似的结果(读者还应参阅前面定理 5.5 后的注).

例 1 $\lim\limits_{x\to+\infty}\frac{e^x}{x^n}=+\infty.$

证明 我们有 $\lim\limits_{x\to+\infty}\frac{e^x}{x^n}=\lim\limits_{x\to+\infty}\frac{e^x}{nx^{n-1}}=\lim\limits_{x\to+\infty}\frac{e^x}{n(n-1)x^{n-2}}=\cdots=\lim\limits_{x\to+\infty}\frac{e^x}{n!}=+\infty.$

例 2　设 $f'(x)$在(a,∞)上存在且是有界函数,则 $\lim\limits_{x\to+\infty}\dfrac{f(x)}{x^2}=0$.

证明　由于 $f'(x)$是有界的,故有

$$\lim_{x\to+\infty}\frac{f(x)}{x^2}=\lim_{x\to+\infty}\frac{f'(x)}{2x}=0.$$

5.2.3　其他不定型

还有一些函数极限,也属于“不定型”,我们把它们记为“$0\cdot\infty$”型,“0^0”型,“∞^0”型,“1^∞”型,“$\infty-\infty$”型,求解的方法是将它们都化归为前述两种情形.

例如,当 $x\to x_0$时,$f(x)\to 0$,$g(x)\to\infty$,则$\lim\limits_{x\to a}[f(x)\cdot g(x)]$属于“$0\cdot\infty$”型.此时,作形式转换

$$f(x)g(x)=\frac{f(x)}{1/g(x)}=\frac{g(x)}{1/f(x)},$$

就可化为“$\dfrac{0}{0}$”或“$\dfrac{\infty}{\infty}$”型.

又如,当 $x\to x_0$时,$f(x)\to\infty$,$g(x)\to\infty$,则$\lim\limits_{x\to x_0}[f(x)-g(x)]$属于“$\infty-\infty$”型.此时,作形式转换

$$f(x)-g(x)=\left[\frac{1}{g(x)}-\frac{1}{f(x)}\right]\Big/\frac{1}{f(x)g(x)},$$

就可化为“$\dfrac{0}{0}$”型.

再如,当 $x\to x_0$时,$f(x)\to 0$,$g(x)\to 0$,则$\lim\limits_{x\to x_0}[f(x)]^{g(x)}$ $(f(x)>0)$属于“0^0”型.此时,作形式转换如下:令

$$y=f(x)^{g(x)},\qquad \ln y=g(x)\ln f(x),$$

就可为“$0\cdot\infty$”型.

例 1　求“$0\cdot\infty$”型极限$\lim\limits_{x\to 0+}x^n\ln x$.

解　我们有

$$\lim_{x\to 0+}x^n\ln x=\lim_{x\to 0+}\frac{\ln x}{x^{-n}}=\lim_{x\to 0+}\frac{1/x}{-n/x^{n+1}}=\lim_{x\to 0+}\left(-\frac{x^n}{n}\right)=0.$$

例 2　求“$\infty-\infty$”型极限$\lim\limits_{x\to 0+}\left(\dfrac{1}{x^2}-\dfrac{\cot x}{x}\right)$.

解　首先将函数式化为“$\dfrac{0}{0}$”型,即$\dfrac{1-x\cot x}{x^2}\overset{\text{def}}{=}\dfrac{f(x)}{g(x)}$.其次计算

$$\frac{f'(x)}{g'(x)}=\frac{-(\cot x-x\csc^2 x)}{2x}=\frac{x-\sin x\cos x}{2x\sin^2 x}$$

$$=\frac{x-\sin x\cos x}{2x\cdot x^2}\cdot\frac{x^2}{\sin^2 x}.$$

因为上式右端乘积的第一项仍为"$\frac{0}{0}$"型,所以再计算

$$\lim_{x\to 0}\frac{x-\sin x\cos x}{2x^3}=\lim_{x\to 0}\frac{1-\cos 2x}{6x^2}=\lim_{x\to 0}\frac{2\sin 2x}{12x}=\frac{1}{3}.$$

由此可知

$$\lim_{x\to 0}\left(\frac{1}{x^2}-\frac{\cot x}{x}\right)=\lim_{x\to 0}\frac{f'(x)}{g'(x)}=\frac{1}{3}\cdot 1=\frac{1}{3}.$$

例 3 求"1^∞"型极限 $I=\lim\limits_{x\to+\infty}\left(\frac{e^x+e^{-x}}{e^x-e^{-x}}\right)^{e^{2x}}$.

解 用替换 $t=e^{-2x}$,则 $x\to+\infty$ 转换为 $t\to 0$,故

$$I=\lim_{x\to+\infty}\left(\frac{1+e^{-2x}}{1-e^{-2x}}\right)^{e^{2x}}=\lim_{t\to 0}\left(\frac{1+t}{1-t}\right)^{1/t}=\lim_{t\to 0}\left(1+\frac{2t}{1-t}\right)^{1/t}=e^2.$$

例 4 设 $a_n>0(n\in\mathbf{N})$. 若 $a_n\to+\infty(n\to\infty)$,则 $I_n={a_n}^{1/a_n}\to 1$.

证明 $I_n=e^{\ln a_n/a_n}\to e^0=1(n\to\infty)$.

例 5 $\lim\limits_{n\to\infty}\tan^n\left(\frac{\pi}{4}+\frac{1}{n}\right)=e^2$.

证明 引进连续变量 $x\sim\frac{1}{n}$,$n\to\infty$ 相当于 $x\to 0+$. 取对数后问题转而考察

$$\lim_{x\to 0+}\frac{\ln\left[\tan\left(\frac{\pi}{4}+x\right)\right]}{x}\quad\left(\text{“}\frac{0}{0}\text{”型}\right).$$

应用 L'Hospital 法则,易知上述极限值为 2,即得所证.

思考练习

1. 试问下列运算成立吗?

(1) 设 $f'(1)=2, f(1)=1$,则

$$\lim_{x\to 1}\frac{f^2(x)-1}{x^2-1}=\lim_{x\to 1}\frac{2f(x)f'(x)}{2x}=\frac{2f'(1)}{2}=2.$$

(2) 设 $f(x)$在$(-1,1)$上可导,且$\lim\limits_{x\to 0}f'(x)=0$,试证明$\lim\limits_{x\to 0}\frac{f(x)}{x}=\lim\limits_{x\to 0}f'(x)=0$.

2. 设 $f'''(x_0)$存在,试求极限

$$\lim_{h\to 0}\frac{1}{h^3}[f(x_0+3h)-3f(x_0+2h)+3f(x_0+h)-f(x_0)].$$

3. 试求极限(1) $\lim\limits_{x\to+\infty} x\ln\dfrac{x+1}{x-1}$.　　(2) $\lim\limits_{x\to\infty}\left(\cos\dfrac{\theta}{n}\right)^n$.

4. 设 $f\in C^{(2)}((-1,1))$, $f(0)=0$,试求 $\lim\limits_{x\to0}\dfrac{\mathrm{d}}{\mathrm{d}x}\left(\dfrac{f(x)}{x}\right)$.

5. 设 $f(x)$在(a,∞)上可微,且有 $f'(x)\to1(x\to+\infty)$,试证明 $\lim\limits_{x\to+\infty}\dfrac{f(x)}{x}=1$.

6. 设 $a_1\in(0,\pi)$, $a_{n+1}=\sin a_n(n=1,2,\cdots)$,试证明 $\dfrac{1}{na_n^2}\to\dfrac{1}{3}(n\to\infty)$.(提示:参阅 5.2.1 小节例 3)

7. 设 $f''(x_0)$存在,$f'(x_0)\neq0$. 试证明

$$\lim_{x\to x_0}\left\{\frac{1}{f(x)-f(x_0)}-\frac{1}{f'(x_0)(x-x_0)}\right\}=\frac{-f''(x_0)}{2[f'(x_0)]^2}.$$

8. 若 $\lim\limits_{x\to+\infty}[f'(x)+f(x)]=0$,试证明 $\lim\limits_{x\to+\infty}f(x)=0$.

5.3　函数的极值,导函数的性质

5.3.1　函数的极值

1. 函数极值的概念、一阶导数判别法

大家知道,许多函数在定义域上具有最大(最小)值,如闭区间上的连续函数. 那么,有什么方法能求出最大(小)值呢? 下面指出,考察切线斜率,即用微分理论是重要途径之一.

定义 5.1　设 $f(x)$在$U(x_0)$上有定义,若

$$f(x)\leqslant f(x_0)\quad(f(x)\geqslant f(x_0)),\quad x\in U(x_0),$$

则称 $f(x)$在点 x_0处取到**极大(小)值**,其极大(小)值为 $f(x_0)$,x_0称为 $f(x)$**极大(小)值点**. 极大、极小值统称**极值**. 若上述不等式中“$\leqslant$”换成“$<$”(“$\geqslant$”换成“$>$”),则称 $f(x_0)$为**严格极大(小)值**.

注　极值概念属于局部性质,即对函数值的比较是在极值点附近进行的(也称局部极值). 因此,一个定义在$[a,b]$上的函数 $f(x)$,如图 5-3 所示,$x=x_1$, x_3是其极大值点,$x=x_2$, x_4是其极小值点,但 $f(b)$是函数在$[a,b]$上的最大值,$f(x_2)$是其最小值.

定理 5.7(极值存在的必要条件,Fermat①)　设 $f(x)$在 $U(x_0)$有定义,且 $f'(x_0)$存在. 若 x_0是 $f(x)$的极大值点或极小值点,则 $f'(x_0)=0$.

证明　若 x_0是 $f(x)$的极大值点,则根据 4.3.1 小节定理 4.1 可知

$$f'(x_0)=f'_-(x_0)\geqslant0\geqslant f'_+(x_0)=f'(x_0).$$

---

① 费马(1601～1665),法国数学家.

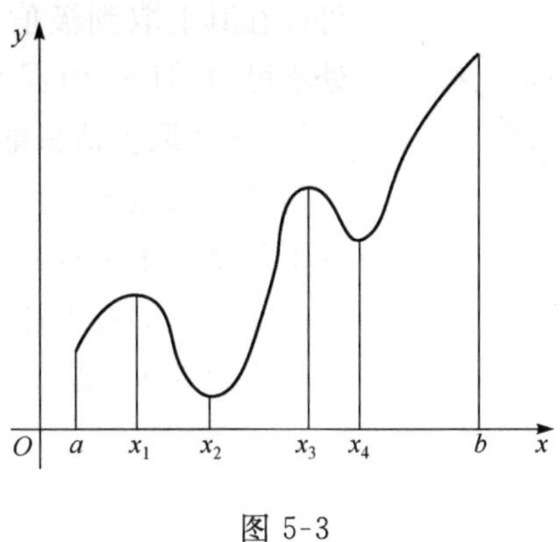

图 5-3

若 x_0 是 $f(x)$ 的极小值点,则有

$$f'(x_0)=f'_-(x_0)\leqslant 0\leqslant f'_+(x_0)=f'(x_0).$$

因此,不论哪种情形,均可得 $f'(x_0)=0$.

几何意义:如图 5-4 所示,当 x_0 是 $f(x)$ 的极大值点时,$y=f(x)$ 在 x_0 附近的图形可以比作一个山包,而点 $P(x,f(x_0))$ 就是它的顶峰.由于 $f'(x_0)$ 存在,故此顶峰不是尖顶,而是山包在此处较平坦,曲线在过此点的切线是水平的,切线斜率 $f'(x_0)=0$.当然,若 $f'(x_0)=0$,则并不能断定 x_0 是 $f(x)$ 的极值点.例如,函数 $f(x)=x^3$,易知 $f'(x)=3x^2$,从而有 $f'(0)=0$,即 $f(x)$ 在 $x=0$ 处的切线是水平的,但该点不是 $f(x)=x^3$ 的极值点(图 5-5).

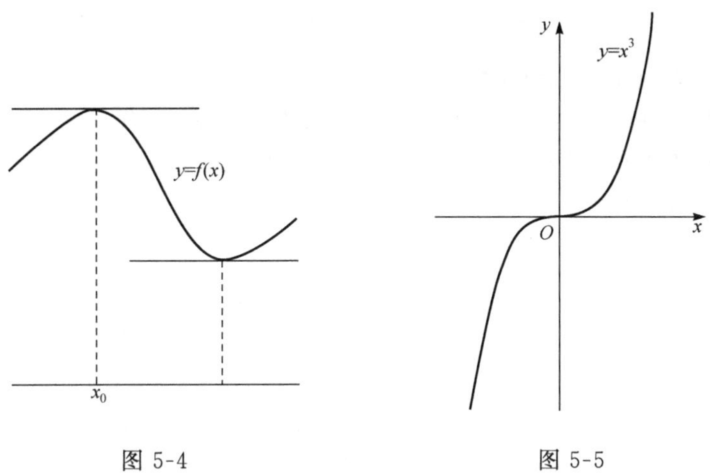

图 5-4　　图 5-5

对可微函数 $f(x)$,若 $f'(x_0)=0$,则称 x_0 为 $f'(x)$ 的**稳定点**(或**驻点**、**临界点**).因此,定理 5.7 表明,极值点必为稳定点.但还要指出的是:对不可微的点,函数也

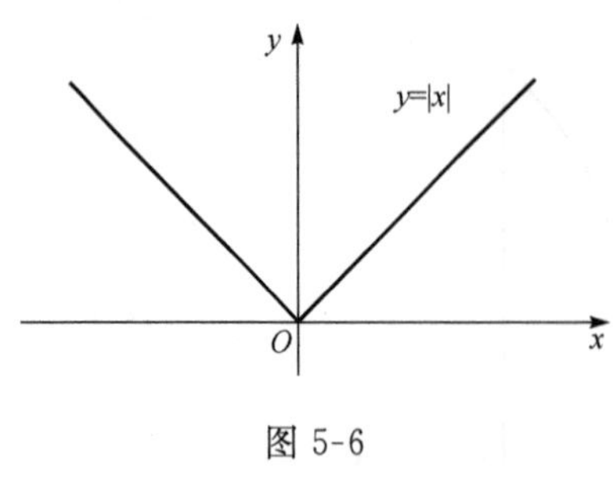

图 5-6

可以在其上取到极值,如 $y=|x|$,它在$x=0$处不可微,但 $x=0$ 是它的极小值点(图 5-6).这样,函数取极值只能在两种形式下发生:其一是在可微点上,此时其导数必为零;其二是在不可微点上发生. 至于如何判断一个点是极值点? 我们有下述结论.

定理 5.8　设 $f(x)$在 $U(x_0)$上连续,在 $U_0(x_0)$上可微.

(1) 对 $U_0(x_0)$中的点 x,若有

$$\begin{cases} f'(x)>0, & x<x_0, \\ f'(x)<0, & x>x_0, \end{cases}$$

则 $f(x_0)$是 $U(x_0)$上 $f(x)$的极大值.

(2) 对 $U_0(x_0)$中的点 x,若有

$$\begin{cases} f'(x)<0, & x<x_0, \\ f'(x)>0, & x>x_0, \end{cases}$$

则 $f(x_0)$是 $U(x_0)$上 $f(x)$的极小值.

证明　以(1)为例. 由题设知 $f(x)$在点 x_0的左侧区域上是严格递增的,在点 x_0的右侧区域上是严格递减的,从而知

$$\lim_{x\to x_0-} f(x)=\sup_{x<x_0} f(x)=f(x_0),$$

$$\lim_{x\to x_0+} f(x)=\sup_{x>x_0} f(x)=f(x_0).$$

这说明 $f(x)$在点 x_0处取到极大值.

注　如图 5-7 所示,上述充分条件说明,若在点 x_0处的左、右侧,$f'(x)$符号相反,则 $f(x)$在点 x_0处取到极值:左正右负为极大,左负右正为极小. 此外,定理 5.8 中只假定 $f(x)$在点 x_0处连续,并未要求 $f'(x_0)$存在.

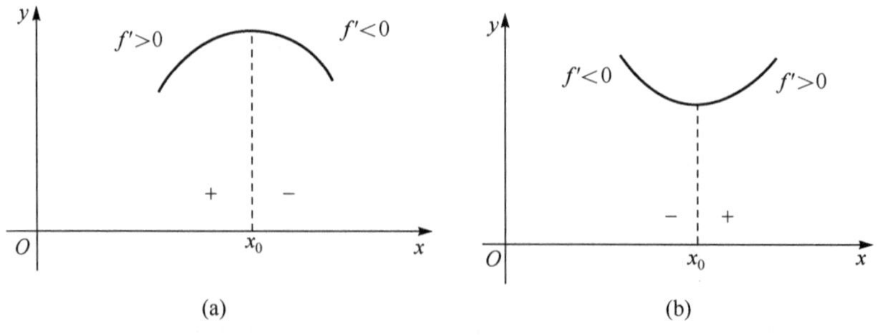

图 5-7

例 1 求 $f(x)=(x-1)\sqrt[3]{x^2}$ 在 $(-\infty,\infty)$ 上的极值.

解 首先,易知 $f\in C((-\infty,\infty))$. 其次,因为

$$f'(x)=\sqrt[3]{x^2}+\frac{2(x-1)}{3\sqrt[3]{x}}=\frac{5x-2}{3\sqrt[3]{x}},$$

所以得稳定点为 $x_1=\frac{2}{5}$,以及不可微点 $x_2=0$. 注意到

$$f'(x)<0\ \left(0<x<\frac{2}{5}\right),$$

$$f'(x)>0\ \left(\frac{2}{5}<x\right),$$

从而知 $x_1=\frac{2}{5}$ 为 $f(x)$ 的极小值点,极小值为

$$f\left(\frac{2}{5}\right)=\left(\frac{2}{5}-1\right)\sqrt[3]{\frac{4}{25}}=-\frac{3}{5}\sqrt[3]{\frac{4}{25}}.$$

又注意到

$$f'(x)>0\quad(x<0),\quad f'(x)<0\quad\left(0<x<\frac{2}{5}\right),$$

从而知 $x_2=0$ 为 $f(x)$ 的极大值点,极大值为 $f(0)=0$(图 5-8).

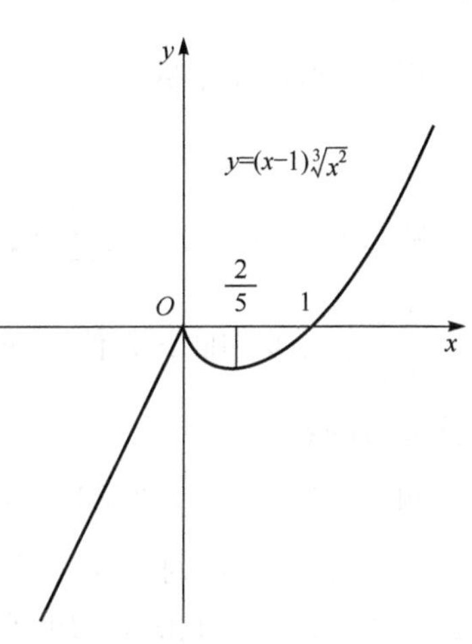

图 5-8

上面讲的是(局部)极值,如果要寻求 $f(x)$ 在 $[a,b]$(或 $[a,\infty)$, $(-\infty,b]$)上的最大(小)值,那么不仅要在 (a,b) 上比较各极大(小)值的大小,还要与端点值(或函数态势)比较大小,极值和最值是不同的概念.

例 2 某运输公司从 A 城送一批货物去 B 城,全程 130km. 规定运货卡车之平均车速 x 在 50～100km/h 内,且假定 1L 汽油价为 2 元,司机工酬 10 元/h,耗油量为 $(3+x^2/360)$L/h. 求每辆卡车的最经济全程运价以及此时的车速.(不计车的损耗)

解 取车速为自变量 $x(x>0)$,易知全程运价为 x 的函数,记为 $P(x)$,其中

$$(\text{油价})\,p_1(x)=\left(3+\frac{x^2}{360}\right)\left(\frac{130}{x}\right)\cdot 2(\text{元}),$$

$$(\text{工酬})\,p_2(x)=10\times\frac{130}{x}(\text{元}).$$

由此得 $P(x)=p_1(x)+p_2(x)=130\left[\frac{16}{x}+\frac{2x}{360}\right]$. 从

$$P'(x)=130\left[-\frac{16}{x^2}+\frac{2}{360}\right]=0$$

可知,$P(x)$的驻点只有一个,即 $x_0^2=2880$ 或 $x_0=53.7(\mathrm{km/h})$.

此 x_0 值必为 $P(x)$的极小值点,这是因为易知此运输问题在车速无限制情况下无最大值解,不论是车速接近于零(运时增加,工酬增高),还是车速增大(油价增高),均使 $P(x)$值增大. 比较 $x=50$ 和 $x=100$ 时的 $P(x)$值,可知在本运输问题的各种条件假设下,每辆车的车速约为 54km/h,全程运价是最经济的,$P(x_0)=77.5$(元).

例 3　给定 n 个数:$a_1,a_2,\cdots,a_n$,求 x 值使得 $f(x)=\sum\limits_{i=1}^{n}(x-a_i)^2$ 达到最小值.

解　因为 $f'(x)=2\sum\limits_{i=1}^{n}(x-a_i)=2\left(nx-\sum\limits_{i=1}^{n}a_i\right)$,所以 $f'(x)=0$ 的解为 $x=\dfrac{1}{n}\sum\limits_{i=1}^{n}a_i$. 易知此 x 是使 $f(x)$ 取到最小值的点(本例说明取平均值在计算测量目标值时的意义).

例 4　求数列$\sqrt{1},\sqrt[2]{2},\sqrt[3]{3},\cdots,\sqrt[n]{n},\cdots$中的最大值项.

解　首先,将数列的各项视为函数 $f(x)=x^{\frac{1}{x}},x\in[1,\infty)$的特定值列. 其次,用微分学理论研究此函数的极值. 因为

$$f'(x)=x^{\frac{1}{x}}\frac{1-\ln x}{x^2},$$

所以 $f'(x)=0$ 有唯一解 $x=\mathrm{e}$.

在$[1,\mathrm{e})$上,易知 $f'(x)>0$,在(e,∞)上易知 $f'(x)<0$,从而得最大值 $f(\mathrm{e})$. 返回数列,易知最大值项或为$\sqrt[2]{2}$或为$\sqrt[3]{3}$. 但我们有 $2^3<3^2$,由此知$\sqrt[2]{2}<\sqrt[3]{3}$,即第三项$\sqrt[3]{3}$为最大值项.

例 5　设 $f(x)$在$[0,a]$上可微,且 $f(0)=0$,则对任意的 $b>0$,存在 ξ:$0\leqslant\xi\leqslant a$,使得

$$bf(\xi)=(a-\xi)f'(\xi).$$

证明　作辅助函数 $F(x)=(a-x)^b f(x)(x\in[0,a])$,且记 $F(x)$的最大、小值为 M,m. 已知 $m\leqslant F(0)=a^b f(0)=0\leqslant M$. 不妨假设 $m<M$.

若 $M>0$,则存在 ξ:$0\leqslant\xi\leqslant a$,$F(\xi)=M$. 由 $F(0)=F(a)=0<M$ 知,$\xi\in(0,a)$. 从而又知 $F'(\xi)=0$,即

$$\begin{aligned}0&=-b\,(a-\xi)^{b-1}f(\xi)+(a-\xi)^b f'(\xi)\\&=(a-\xi)^{b-1}[(a-\xi)f'(\xi)-bf(\xi)].\end{aligned}$$

由此即得 $bf(\xi)=(a-\xi)f'(\xi)$.

对 $m<0$ 可类似地证明.

例 6 设 $f(x)=x^n(1-x)$,$n\in\mathbf{N}^*$,则

$$f(x)<1/n\mathrm{e}\quad(0\leqslant x\leqslant 1).$$

证明 显然,$f(0)=f(1)=0$. 由 $f'(x)=x^{n-1}[n-(n+1)x]$可知,$x_0=n/(n+1)$是 $f(x)$的唯一稳定点,而且 $f'(x)$的符号对点 x_0是左正右负,x_0是 $f(x)$的极大值点,其极大值为

$$f\left(\frac{n}{n+1}\right)=\left(\frac{n}{n+1}\right)^n\left(1-\frac{n}{n+1}\right)=\left(\frac{n}{n+1}\right)^{n+1}\cdot\frac{1}{n}$$
$$=\frac{1}{n}\left(1+\frac{1}{n}\right)^{-(n+1)}.$$

最后,由于当 $n\to+\infty$时,$\left(1+\frac{1}{n}\right)^{n+1}$是递减趋于 e 的,得证.

例 7 设 λ 是函数 $f(x)=\frac{ax^2+bx+c}{\alpha x^2+\beta x+\gamma}$的极值,试证明方程 $ax^2+bx+c-\lambda(\alpha x^2+\beta x+\gamma)=0$ 有重根.

证明 因为 λ 是 $f(x)$的极值,所以在极值点 $x=x_0$处有 $f'(x_0)=0$,$\lambda=f(x_0)$,即

$$0=f'(x_0)=\frac{(2ax_0+b)(\alpha x_0^2+\beta x_0+\gamma)-(2\alpha x_0+\beta)(ax_0^2+bx_0+c)}{(\alpha x_0^2+\beta x_0+\gamma)^2}.$$

由此可知

$$(2ax_0+b)(\alpha x_0^2+\beta x_0+\gamma)-(2\alpha x_0+\beta)(ax_0^2+bx_0+c)=0,$$
$$\frac{2ax_0+b}{2\alpha x_0+\beta}=\frac{ax_0^2+bx_0+c}{\alpha x_0^2+\beta x+\gamma}.$$

上式的值就是 λ. 因此

$$\begin{cases}ax_0^2+bx_0+c-\lambda(\alpha x_0^2+\beta x_0+\gamma)=0,\\ 2ax_0+b-\lambda(2\alpha x_0+\beta)=0.\end{cases}$$

注意到后一方程的左端是前一方程左端的导数,可知 $x=x_0$是方程 $ax^2+bx+c-\lambda(\alpha x^2+\beta x+\gamma)=0$ 的重根.

2. 二阶导数判别法

上面主要介绍的是利用一阶导数给出函数取极值的必要条件,以及判定极大(小)值的充分条件. 在函数有二阶导数的情形,可以给出下述充分条件.

定理 5.9 设 $f(x)$在 x_0处二次可导,且 $f'(x_0)=0$.

(1) 若 $f''(x_0)<0$,则 x_0是 $f(x)$的极大值点;

(2) 若 $f''(x_0)>0$,则 x_0是 $f(x)$的极小值点(图 5-9).

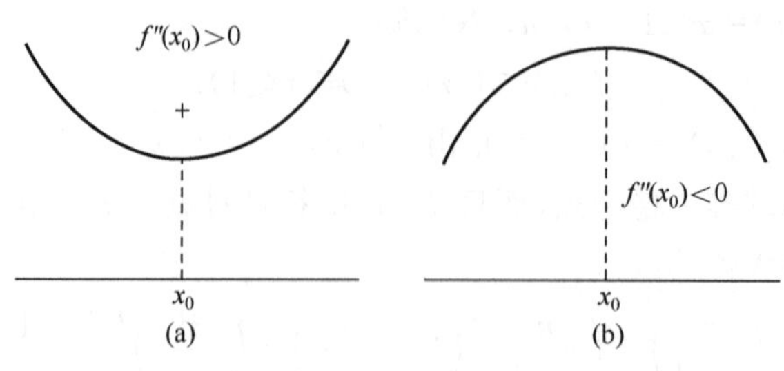

图 5-9

证明　以(1)为例. 因为 $f'(x_0)=0$,所以有

$$\lim_{x\to x_0}\frac{f'(x)}{x-x_0}=\lim_{x\to x_0}\frac{f'(x)-f'(x_0)}{x-x_0}=f''(x_0)<0.$$

由此可知,存在 $\delta>0$,当 $x\in U(x_0)$且 $0<|x-x_0|<\delta$ 时,有

$$\frac{f'(x)}{x-x_0}<0.$$

这说明 $f'(x)$在点 x_0的附近的符号是左正右负,故 $f(x)$在 x_0处取到极大值.

注　利用导数判定极值法可以概括为:一阶导数看左右,二阶导数看一点. 当然,若 $f''(x_0)=0$,则不能判定 $f(x)$在 x_0处是否达到极值,此时仍可用一阶导数试判.

例 8　在给定底边和面积的一切三角形中,求出周长最小的三角形.

解　取给定的底边 AB 为 x 轴,并设线段$\overline{AB}$的中点为原点(图 5-10). 假定三角形的顶点是 C,高为 h,C 的坐标是(x,h),则$\triangle ABC$ 的两边 AC 和 BC 之和为(底边长为 $2a$)

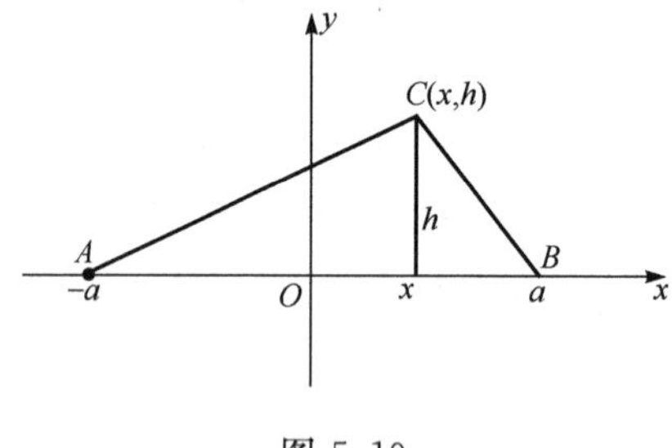

图 5-10

$$f(x)=\sqrt{(x+a)^2+h^2}+\sqrt{(x-a)^2+h^2}.$$

求导可得

$$f'(x)=\frac{x+a}{\sqrt{(x+a)^2+h^2}}+\frac{x-a}{\sqrt{(x-a)^2+h^2}},$$

$$f''(x)=\frac{h^2}{\sqrt{[(x+a)^2+h^2]^3}}+\frac{h^2}{\sqrt{[(x-a)^2+h^2]^3}}.$$

由此易知 $f'(0)=0,f''(x)>0$. 这说明 $x=0$ 是最小值点,其最小值是等腰三角形.

例 9 试在直线上求出一点,使得此点与两个已知的固定点(位于直线的同一侧)的距离之和为最小.

解 记固定点为 A,B,直线上动点为 P(取定直线为 x 轴),如图 5-11 所示,可知距离为

$$f(x)=\sqrt{x^2+h_1^2}+\sqrt{(x-a)^2+h_2^2}.$$

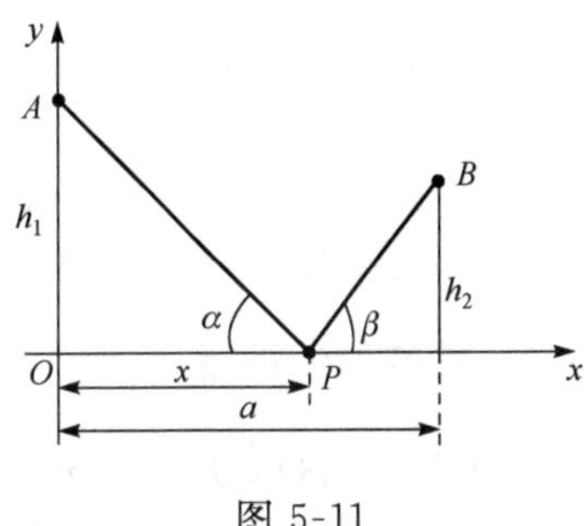

图 5-11

由此知

$$f'(x)=\frac{x}{\sqrt{x^2+h_1^2}}+\frac{x-a}{\sqrt{(x-a)^2+h_2^2}},$$

$$f''(x)=\frac{h_1^2}{\sqrt{(x^2+h_1^2)^3}}+\frac{h_2^2}{\sqrt{[(x-a)^2+h_2^2]^3}}.$$

从 $f'(x)=0$ 解 $x=x_0$ 满足方程

$$\frac{x_0}{\sqrt{x_0^2+h_1^2}}=\frac{a-x_0}{\sqrt{(x_0-a)^2+h_2^2}} \quad 或 \quad \cos\alpha=\cos\beta.$$

这说明两条直线 PA 以及 PB 与给定直线所构成的角必须相等. 又由 $f''(x)>0$ 可知,$x=x_0$ 确为最小值点.

注 例 9 的解与光学中的反射定律有着密切联系,即光学中的最短时间原理:光线从点 A 到点 B 的路径在给定条件下需时是最短的——反射角与入射角相等.

思考练习

1. 设 $f\in C([a,b])$. (1)若 $x_0\in(a,b)$ 是 $f(x)$ 的唯一极值点,试证明 $f(x_0)$ 是 $[a,b]$ 上的最值. (2)设 $x_1,x_2\in(a,b)$ 是 $f(x)$ 的极大(小)值点,试证明在 (x_1,x_2) 内 $f(x)$ 必有一个极小(大)值点.

2. 设 $x=0$ 是 $f(x),g(x)$ 的极值点,试问 $x=0$ 是 $f(x)+g(x),f(x)\cdot g(x)$ 的极值点吗?

3. 设 $f\in C([a,b])$,且在 $x_0\in(a,b)$ 处取到极值 $f(x_0)$,试问 $f^2(x_0)$ 是 $f^2(x)$ 的极值吗? 若是极值,试问何时为极大值? 何时为极小值?

4. 设 $f\in C([a,b])$,且在 $x=x_0\in(a,b)$ 处 $f^2(x)$ 取到极值 $f^2(x_0)$,试问何时 $f(x)$ 在 $x=x_0$ 处取到极值? 何时取到极大值? 何时取到极小值?

5. 设 $f(x)$ 在 $U(x_0)$ 上定义,若存在 $\lim\limits_{x\to x_0}\dfrac{f(x)-f(x_0)}{(x-x_0)^2}=-1$,试证明 $x=x_0$ 是 $f(x)$ 的极大值点.

6. 设 $f(x)$ 在 (a,b) 上定义,$R(f)\subset(c,d)$,$g(x)$ 在 (c,d) 上递增,试证明 $f(x)$ 与 $g[f(x)]$ 在 (a,b) 上有相同的极值点.

7. 设定义在 $(-a,a)$ 上的偶函数 $f(x)$ 满足:$f''(0)\neq0$,试证明 $x=0$ 是 $f(x)$ 的极值点.

8. 设 $f\in C([a,b])$,且在 (a,b) 上二次可导,若 $f(a)=f(b)=0$,且满足 $f''(x)=e^x f(x)$,$x\in(a,b)$,试证明 $f(x)\equiv 0, x\in[a,b]$.(提示:讨论极值 $f(x_0), x_0\in(a,b)$)

9. 试求一个次数最低的多项式,它在 $x=0$ 处取极小值,又在 $x=1$ 处取极大值.

10. 设 $f(x),g(x)$ 在 $[a,b]$ 上定义,$f(x)$ 在 $[a,b]$ 上二次可导,且有 $f''(x)+f'(x)g(x)-f(x)=0, x\in(a,b)$. 若 $f(a)=f(b)=0$,试证明 $f(x)\equiv 0$.(提示:讨论极值 $f(x_0), x_0\in(a,b)$)

11. 设 $A>0, f(x)=3x^2+Ax^{-3}(x>0)$. 试问 A 取何值可使 $f(x)\geqslant 20$.(提示:将原式化开且转向研究 $20x^3-3x^5\leqslant A$,从而考察 $g(x)=20x^3-3x^5$)

12. 试求数列 $a_n=\dfrac{(1+n)^3}{(1-n)^3}(n=2,3,\cdots)$ 中的最小值项.

13. 设 $y=y(x)$ 由方程 $2y^3-2y^2+2xy-x^2=1$ 所确定,试求 $y=y(x)$ 的稳定点,且判别此点是否是 $y=y(x)$ 的极值点?

14. 设 $f,g\in C((a,b))$,且 $f(x)\neq g(x), g(x)\neq 0(x\in(a,b))$,若函数 $[f(x)+g(x)]/[f(x)-g(x)]$ 在 $\xi: a<\xi<b$ 处取到极值,试证明 ξ 是 $f(x)/g(x)$ 的极小值点.

5.3.2 导函数的性质

大家知道,区间 I 上 $f(x)$ 的导函数是由 I 上的连续函数 $f(x)$ 导出来的,因此其性质必受到某种与连续性态有关的限定.

定理 5.10(导函数在一点的极限特性) 设 $f(x)$ 在 $U(x_0)$ 上连续,且在 $x\neq x_0$ 处可导. 若有 $\lim\limits_{x\to x_0} f'(x)=A$,则 $f'(x_0)$ 存在且等于 A.

证明 对任意的 $x\in(x_0-\delta,x_0)\cup(x_0,x_0+\delta)$,根据 Lagrange 中值公式,有

$$\frac{f(x)-f(x_0)}{x-x_0}=f'(x_0+\theta(x-x_0)),\quad 0<\theta<1.$$

因为 $f'(x)\to A(x\to x_0)$,所以有 $\lim\limits_{x\to x_0} f'(x_0+\theta(x-x_0))=A$. 这说明 $f'(x_0)$ 存在,且

$$f'(x_0)=\lim_{x\to x_0}\frac{f(x)-f(x_0)}{x-x_0}=A.$$

定理 5.10 可知,对于在区间 I 上的可微函数 $f(x)$,其导函数 $f'(x)$ 不能有第一类间断点. 此外,下述结果还表明,虽然导函数不一定连续,但必有中间值性质.

定理 5.11(导函数的介值性,Darboux①) 设 $f(x)$ 在区间 $[a,b]$ 上可微,则 $f'(x)$ 可取到位于 $f'(a)$ 与 $f'(b)$ 之间的一切值.

证明 不妨假定 $f'(a)>f'(b)$,且曲线 $y=f(x)$ 如图 5-12 所示. 对任意的 k:$f'(a)>k>f'(b)$,作过点 $(a,f(a))$ 且斜率为 k 的直线

$$l(x): y=f(a)+k(x-a).$$

从而问题转化为:求证存在点 $x_0\in(a,b)$,使得过点 $(x_0,f(x_0))$ 的切线与 $l(x)$ 平行. 这样,根据证明微分中值定理的经验,可知需要考察线段 PC 或 PD 的极大值.

---

① 达布(1842~1917),法国数学家.

为此,作函数

$$F(x)=f(x)-[f(a)+k(x-a)],$$

易知 $F(x)$ 在 $[a,b]$ 上连续,在 (a,b) 上可微,且有

$$F'(x)=f'(x)-k.$$

注意到假设,可得 $F'(a)>0>F'(b)$. 这说明点 a 与 b 均非 $F(x)$ 的最大值点,设最大值在点 $x_0\in(a,b)$ 上取到. 我们有

$$F'(x_0)=0, \quad 即\ f'(x_0)=k.$$

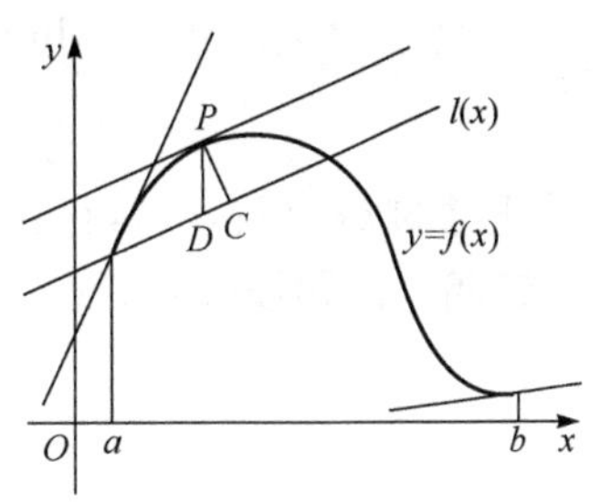

图 5-12

注 定理 5.10 反映出导函数在一点存在极限的特征. 定理 5.11 说明,导函数虽然可以是不连续的,但它必具有中间值性质.

例 1 设在 $U(0)$ 上定义函数

$$f(x)=\begin{cases}(1+x)^{1/x}, & x\neq 0,\\ \mathrm{e}, & x=0,\end{cases}$$

则 $f'\in C(U(0))$.

证明 只需指出 $f'(x)$ 在 $x=0$ 处连续即可. 注意到 $f(x)$ 在 $x=0$ 处连续,以及

$$\lim_{x\to 0}\frac{x-(1+x)\ln(1+x)}{x^2(1+x)}=-\lim_{x\to 0}\frac{\ln(1+x)}{2x+3x^2}=-\frac{1}{2},$$

我们有

$$\lim_{x\to 0}f'(x)=\lim_{x\to 0}(1+x)^{1/x}\left[\frac{x-(1+x)\ln(1+x)}{x^2(1+x)}\right]=-\frac{\mathrm{e}}{2}.$$

这说明 $f'(0)=-\dfrac{\mathrm{e}}{2}$ 且 $f'(x)$ 在 $x=0$ 处连续.

例 2 设 $f(x)$ 在 $(-\infty,\infty)$ 上二次可微. 若 $f(x)$ 是有界函数,则存在点 $x_0\in(-\infty,\infty)$,使得 $f''(x_0)=0$.

证明 (1) 若存在 $x_1<x_2\in(-\infty,\infty)$,使得 $f''(x_1)\cdot f''(x_2)\leqslant 0$,则根据 Darboux 定理可知,存在 $x_0\in[x_1,x_2]$,使得 $f''(x_0)=0$.

(2) 现在假定 $f''(x)>0$, $-\infty<x<\infty$,从而 $f'(x)$ 是严格递增函数. 此时,不妨设在点 $x=x_1$,使得 $f'(x_1)>0$,则当 $x>x_1$ 时,有

$$\begin{aligned}f(x)&=f(x_1)+f'(x_1+\theta(x-x_1))(x-x_1) \quad (0<\theta<1)\\ &>f(x_1)+f'(x_1)(x-x_1).\end{aligned}$$

令 $x\to+\infty$,可得 $f(x)\to+\infty$,这与题设 $f(x)$ 有界矛盾. 从而可知在 $(-\infty,\infty)$ 上不可能都是 $f''(x)>0$ ($f'(x_1)<0$ 时类似可证).

对于 $f''(x)<0$, $x\in(-\infty,\infty)$,也可类似地讨论. 这说明只有(1)的情形成立.

例 3　设 $f(x)$ 在 $(-\infty,\infty)$ 上可微,且存在常数 $k_1,b_1,k_2,b_2\,(k_1<k_2)$,使得

$$\lim_{x\to-\infty}[f(x)-(k_1x+b_1)]=0,$$
$$\lim_{x\to+\infty}[f(x)-(k_2x+b_2)]=0,$$

则对任意的 $k\in(k_1,k_2)$,存在 ξ,使得 $f'(\xi)=k$.

证明　由题设知

$$\lim_{x\to-\infty}\frac{f(x)}{x}=k_1,\qquad \lim_{x\to+\infty}\frac{f(x)}{x}=k_2.$$

从而可得

$$\lim_{x\to-\infty}\frac{f(x)-f(0)}{x}=k_1,\qquad \lim_{x\to+\infty}\frac{f(x)-f(0)}{x}=k_2.$$

因此,对 $k_1<k<k_2$,存在 $x_1<0,x_2>0$,使得

$$\frac{f(x_1)-f(0)}{x_1}<k,\qquad \frac{f(x_2)-f(0)}{x_2}>k.$$

这就是说(Lagrange 中值公式),存在 $x_1<\xi_1<0,0<\xi_2<x_2$,使得 $f'(\xi_1)<k$, $f'(\xi_2)>k$. 从而由 Darboux 定理可知,存在 $\xi\in(\xi_1,\xi_2)$,使得 $f'(\xi)=k$.

另一方面,导函数的性质当然也会约束原函数的性质.

例 4　设 $f(x)$ 在 (a,b) 上可微,且 $f'(x)$ 在 (a,b) 上有界,则 $f(x)$ 在 (a,b) 上满足 Lipl 条件.

证明　设 $|f'(x)|\leqslant M,x\in(a,b)$,则根据 Lagrange 中值定理,对任意的 $x\in(a,b),y\in(a,b)$ 有

$$f(x)-f(y)=f'(x+\theta(x-y))(x-y),\quad 0<\theta<1,$$
$$|f(x)-f(y)|\leqslant M|x-y|.$$

注意:对 $f(x)=x^2|x|$,不存在 $f'''(0)$.

思 考 练 习

试证明下列命题:

1. 设 $f\in C([a,b])$,且 $f'(x)$ 在 (a,b) 上存在,若 $f'(x)\neq0,x\in(a,b)$,则 $f(x)$ 在 $[a,b]$ 上严格单调.

2. 设 $f(x)$ 在 $[a,b]$ 上可微,且 $f'(x)$ 在 $[a,b]$ 上单调,则 $f'(x)$ 在 $[a,b]$ 上连续.

3. 设 $f\in C(U(x_0))$,且在 $U_0(x_0)$ 上可微,若存在 $\lim\limits_{x\to x_0+}f'(x)$ 和 $\lim\limits_{x\to x_0-}f'(x)$,但两者不相等,则 $f(x)$ 在 $x=x_0$ 处不可微.

4. 设 $f(x)$ 在 $[a,b]$ 上二次可导,且有

$$f(a)=f(b)=0,\qquad f'(a)f'(b)>0,$$

则存在 $x_0\in(a,b)$,使得 $f''(x_0)=0$.

5. 设 $f(x)$ 在 (a,b) 上可微,$x_i\in(a,b)\,(i=1,2,\cdots,n)$,以及

$$\sum_{i=1}^{n}\lambda_i = 1, \quad \lambda_i > 0\ (i = 1,2,\cdots,n),$$

则存在 $\xi\in(a,b)$,使得

$$\sum_{i=1}^{n}\lambda_i f'(x_i) = f'(\xi).$$

6. 设 $f(x)$在(a,b)上可微,且 $x_i, y_i\in(a,b)$ $(n=1,2,\cdots,n)$,则存在 $\xi\in(a,b)$,使得

$$\sum_{i=1}^{n}[f(y_i)-f(x_i)] = f'(\xi)\sum_{i=1}^{n}(y_i - x_i).$$

7. 设 $f(x)$在$(1,\infty)$上二次可导,$f(1+)=0$,$f(+\infty)=0$,则存在 $\xi\in(1,\infty)$,使得 $f''(\xi)=0$.

8. 设 $f(x)$在$(1,\infty)$上可微,且 $f'(x)$在$(1,\infty)$上单调. 若存在 $\lim\limits_{x\to+\infty}f(x)$,则 $\lim\limits_{x\to+\infty}f'(x)=0$.

9. 设 $f(x)$在(a,∞)上可微,且 $\lim\limits_{x\to+\infty}f'(x)=B$,则对任意的实数 A,有

$$\lim_{x\to+\infty}[f(x+A)-f(x)]=AB.$$

10. 设 $f\in C([0,3])$,$f(x)$在$(0,3)$上可导. 若有

$$f(0)+f(1)+f(2)=3, \quad f'(3)=1,$$

试证明存在 ξ:$0<\xi<3$,使得 $f'(\xi)=0$.

5.4 判别函数的凹凸性,求曲线的拐点,曲线作图

5.4.1 判别函数的凹凸性

凸函数的概念已经在 1.3 节中给出,同时还讨论了它的一些初等性质. 不过,在那里并没有指出判定函数凸性的简捷方法. 下面,我们将对可微①函数介绍其凸性的判定法,它已获得广泛的应用(注意,这里所说的凸是指下凸).

定理 5.12 设 $f(x)$在$[a,b]$上连续,在(a,b)上可微,则 $f(x)$在$[a,b]$上为(下)凸函数的充分必要条件是:$f'(x)$在(a,b)上递增(严格凸相应于严格递增)(图 5-13).

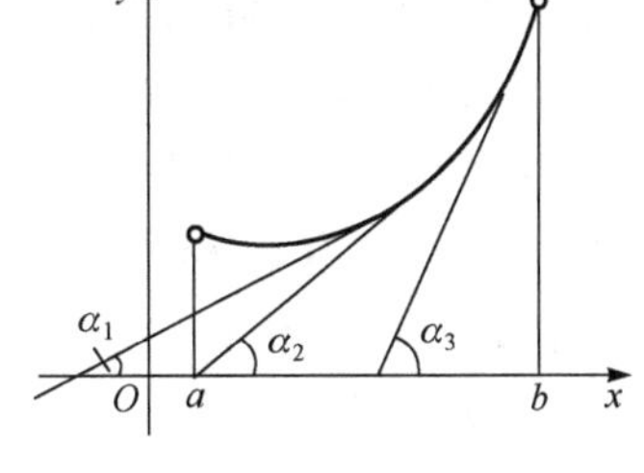

图 5-13

证明 必要性:设 x_1, x_2 是(a,b)中任意两点. 根据(下)凸函数的割线递增性(见 1.3 节)可知,当 $a<x'<x_1<x_2<x''<b$ 时,

$$\frac{f(x_1)-f(x')}{x_1-x'}\leqslant\frac{f(x_2)-f(x_1)}{x_2-x_1}\leqslant\frac{f(x'')-f(x_2)}{x''-x_2}.$$

因此,若令 $x'\to x_1$,$x''\to x_2$,可得

$$f'(x_1)\leqslant f'(x_2).$$

① 对于(a,b)上的凸函数 $f(x)$,已知它是连续的(见 3.4.3 小节),且有 $f'_-(x)\leqslant f'_+(x)$(请读者思考),但不一定在每一点可微.

充分性:只需指出割线斜率的递增性. 为此,任取$[a,b]$中三点 $x_1<x_2<x_3$. 由 Lagrange 中值公式可知,存在 ξ_1,ξ_2:$x_1<\xi_1<x_2<\xi_2<x_3$,使得(注意导函数递增)

$$\frac{f(x_2)-f(x_1)}{x_2-x_1}=f'(\xi_1)\leqslant f'(\xi_2)=\frac{f(x_3)-f(x_2)}{x_3-x_2},$$

即得所证.

严格凸的情形证明略.

定理 5.13　设 $f(x)$在$[a,b]$上连续,在(a,b)上可微,则 $f(x)$在$[a,b]$上是(下)凸的充分必要条件是:对任意的 $x_0\in(a,b)$,有

$$f(x)\geqslant f(x_0)+f'(x_0)(x-x_0),\quad x\in[a,b] \qquad ①$$

(相当于曲线 $y=f(x)$位于任一点切线的上方).

证明　必要性:若 $f(x)$是凸的,则由定理 5.12 知 $f'(x)$递增. 设 $x_0\in(a,b)$,当 $x\in[a,b]$且 $x>x_0$ 时,根据 Lagrange 中值公式,存在 ξ',使得

$$f(x)=f(x_0)+f'(\xi')(x-x_0),\quad x_0<\xi'<x.$$

但 $f'(x_0)\leqslant f'(\xi')$且 $x-x_0>0$,故得

$$f(x)\geqslant f(x_0)+f'(x_0)(x-x_0).$$

注意到在 $x=x_0$ 时,式①自然成立,证毕. 对 $x<x_0$ 可作类似讨论.

充分性:假定式①成立,设 x_1,x_2 是(a,b)中任意两点,且 $x_1<x_2$,则

$$\begin{cases} f(x_2)\geqslant f(x_1)+f'(x_1)(x_2-x_1), \\ f(x_1)\geqslant f(x_2)+f'(x_2)(x_1-x_2). \end{cases}$$

因为 $x_2-x_1>0,x_1-x_2<0$,所以有

$$f'(x_1)\leqslant\frac{f(x_2)-f(x_1)}{x_2-x_1}\leqslant f'(x_2).$$

这说明 $f'(x)$在(a,b)上递增,由定理 5.12 知 $f(x)$是$[a,b]$上的凸函数.

注　在函数严格凸的情形,相应于其图形严格地(除切点处相重)位于切线上方. 此外,对于上凸函数,上列各结论中的递增、上方均需改为递减、下方.

上列定理介绍了用一阶导数来考察可微函数的凸性的方法,如果函数是二次可导的,那么还有下述结论.

定理 5.14　设 $f(x)$在$[a,b]$上连续,在(a,b)上二次可导,则

(1) $f(x)$是$[a,b]$上的(下)凸函数的充分必要条件是

$$f''(x)\geqslant 0,\quad x\in(a,b).$$

(2) $f(x)$在$[a,b]$上是严格凸函数的充分必要条件是:在(a,b)上 $f''(x)\geqslant 0$,且不在(a,b)中任一子区间上有 $f''(x)\equiv 0$.

证明留作思考.

注　若 $f(x)$是$[a,b]$上的(下)凸函数,则$-f(x)$是$[a,b]$上的上凸函数. 因此,在上凸函数的情形,上述结论中的不等号应反向.

例 1 对于$[0,\infty)$上的函数 $f(x)=x^p\ (0<p<1)$,因为 $f''(x)=p(p-1)\cdot x^{p-2}\leqslant 0$,所以 $f(x)$是上凸的. 从而对 $a\geqslant 0,b\geqslant 0$,我们有

$$2^{1-p}(a+b)^p\geqslant a^p+b^p.$$

例 2 设 $0<x_i<\pi(i=1,2,\cdots,n)$,则

$$\frac{\sin x_1}{x_1}\cdot\frac{\sin x_2}{x_2}\cdot\cdots\cdot\frac{\sin x_n}{x_n}\leqslant\left(\frac{\sin\bar{x}}{\bar{x}}\right)^n,\quad \bar{x}=\frac{x_1+\cdots+x_n}{n}.$$

证明 将目标不等式取对数,可得

$$\frac{1}{n}\sum_{i=1}^{n}\ln\frac{\sin x_i}{x_i}\leqslant\ln\frac{\sin\bar{x}}{\bar{x}}.$$

为阐明此不等式,令人联想到凸函数的性质(见第 1 章的后记),作函数 $f(x)=\ln\frac{\sin x}{x}$,$0<x<\pi$ 后,问题转化为求证

$$\frac{f(x_1)+\cdots+f(x_n)}{n}\leqslant f\left(\frac{x_1+\cdots+x_n}{n}\right).$$

因此,只需指出 $f(x)$是上凸函数. 而我们有

$$f''(x)=\frac{\sin^2x-x^2}{x^2\sin^2x}<0,\quad 0<x<\pi.$$

即得所证.

例 3 设 $y=f(x)$在$[0,\infty)$上二次可导,且 $f''(x)>0$. 若在 $x\to+\infty$时,曲线 $y=f(x)$以直线 $y=ax+b$ 为渐近线,则此曲线是严格的从上方无限地接近该渐近线的.

证明 (由于 $f(x)$是下凸函数,故在几何上看,这一结论是极易理解的)作函数 $g(x)=f(x)-ax-b$,则

$$g''(x)=f''(x)>0,\qquad x>0.$$

这说明 $g(x)$是严格下凸函数,故对任一点 $x'>0$,有

$$g(x)>g(x')+g'(x')(x-x')\quad (x>0).$$

依题设有 $g(x)\to 0(x\to+\infty)$,由此知 $g'(x')\leqslant 0(x'>0)$,这说明 $g(x)$递减.

(1) 若存在 $x_0>0$,使得 $g(x_0)<0$,则有 $g(x)\leqslant g(x_0)<0,x>x_0$. 这与 $g(x)\to 0(x\to+\infty)$相悖. 这说明 $g(x)\geqslant 0,x>0$.

(2) 若存在 $x_0>0$,使得 $g(x_0)=0$,则有 $g(x)=0,x>x_0$. 这与 $g''(x_0)>0$ 相悖.

综合以上结论,我们有 $g(x)>0$ 或 $f(x)>ax+b$.

思 考 练 习

1. 设 $f(x)=ax^2+bx+c$,试证明当 $a>0(a<0)$时 $f(x)$是严格(下)凸(上凸)函数.

2. 设 $f(x)$在$U(x_0)$上可微,且 $f'(x_0)=0$. 若 $f(x)$是(下)凸(上凸)函数,试证明 $x=x_0$ 是 $f(x)$的极小(大)值点.

3. 设 $f(x)$是$(0,\infty)$上的可微上凸函数,且 $f(x)\to A(x\to+\infty)$,试证明 $f'(x)\to 0(x\to+\infty)$.

4. 设 $f(x)$在$(-\infty,\infty)$上二次可导,且有 $f(x)\leqslant 0$ 以及 $f''(x)\geqslant 0(-\infty<x<\infty)$,试证明 $f(x)\equiv C$(常数).(提示:指出 $f'(x_0)=0$:由下凸知 $f(x)\geqslant f(x_0)+f'(x_0)(x-x_0)$. 若有 $f'(x_0)>0$,则当 $x>x_0-f(x_0)/f'(x_0)$时 $f(x)>0$)

5. 设 $f(x)$在(a,b)上四次可导. 若在 $x_0\in(a,b)$处有 $f^{(2)}(x_0)=f^{(3)}(x_0)=0,f^{(4)}(x)>0(a<x<b)$,试证明 $f(x)$是(下)凸函数.

6. 设定义在$[a,b]$上的$\{f_n(x)\}$与 $f(x)$满足

(1) $\lim\limits_{n\to\infty}f_n(x)=f(x)(a\leqslant x\leqslant b)$;

(2) $f_n(x)(n=1,2,\cdots)$,以及 $f(x)$在 $x_0\in(a,b)$处可导,$f_n'(x_0)\to A(n\to\infty)$.

若 $f(x)$与$f_n(x)(n=1,2,\cdots)$皆是(下)凸函数,试证明 $f'(x_0)=A$.(提示:若 $f'(x_0)<A_1<A$,则由$f_n'(x_0)>A_1\ (n>N)$以及凸性可知 $f_n(x)-f_n(x_0)\geqslant A_1(x-x_0)\ (x_0<x<b,n>N)$,从而得出 $f'(x_0)\geqslant A_1$,矛盾)

7. 设 $f(x)$在$(-\infty,\infty)$上二次可导,且在$(0,\infty)$上有 $f'(x)>0,f''(x)<0$. 若 $f(x)$是奇函数. 试证明在$(-\infty,0)$上 $f'(x)<0,f''(x)>0$.

8. 设 $f(x)$是(a,b)上的有界且上凸的函数,试证明 $f(x)$在(a,b)上一致连续.

5.4.2　求曲线的拐点

函数的几何图形是一条曲线. 为了更准确地描述它的形状,曲线的"拐弯"处——拐点必须把握住,因为曲线经过此点时其弯曲就转向了.

定义 5.2　设 $f(x)$在$U(x_0)$上连续,若曲线 $y=f(x)$在点$(x_0,f(x_0))$的左侧是严格(下)凸的,右侧是严格上凸的;或左侧是严格上凸的,右侧是严格(下)凸的,则称$(x_0,f(x_0))$为曲线 $y=f(x)$的**拐点**①,或简称为点 $x=x_0$ 是 $f(x)$的拐点.

由图 5-14 可以看出,如果曲线在拐点处的切线存在,那么切线把曲线切成两部分:在拐点的一侧,曲线在切线的下方;在另一侧,曲线在切线的上方.

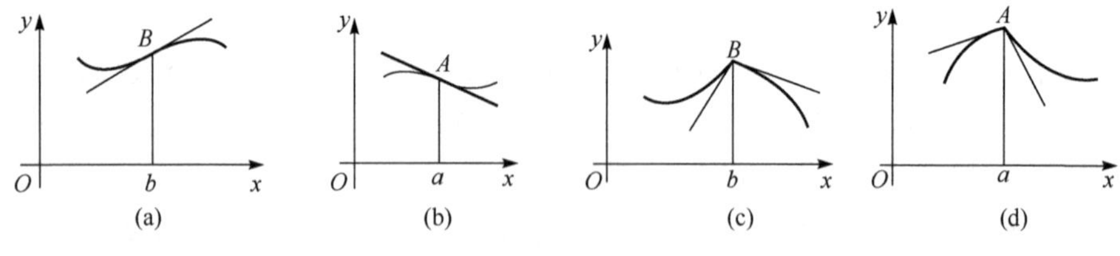

图 5-14

定理 5.15　设 $f''(x_0)$存在,若点 x_0 是曲线 $y=f(x)$的拐点,则 $f''(x_0)=0$.

---

① 拐点(point of inflection)的定义有多种,这里采用的定义并未假定函数在该点是可微的.

证明 根据拐点的定义,不妨讨论在点 x_0 左侧 $f(x)$严格(下)凸,在右侧严格上凸的情形.此时,易知 $f'(x)$在点 x_0 左(右)侧严格递增(减).由此可知,不论 $x<x_0$ 或 $x>x_0$,有 $f'(x)<f'(x_0)$.

显然有 $\frac{f'(x)-f'(x_0)}{x-x_0}\begin{cases}>0, & x<x_0,\\ <0, & x>x_0.\end{cases}$因此,可得

$$f''(x_0)=\lim_{x\to x_0-}\frac{f'(x)-f'(x_0)}{x-x_0}\geqslant 0,$$

$$f''(x_0)=\lim_{x\to x_0+}\frac{f'(x)-f'(x_0)}{x-x_0}\leqslant 0.$$

这说明 $f''(x_0)=0$.

注 在定理 5.15 的假定下,$f''(x_0)=0$ 是 x_0 为曲线 $y=f(x)$的拐点的必要条件,不是充分条件.例如,对 $f(x)=x^4$,有 $f''(0)=0$,易知 $x_0=0$ 不是它的拐点.不过,我们有下述充分条件.

定理 5.16 设 $f(x)$在 $U(x_0)$上连续,且在 $U_0(x_0)$上二次可导,则在出现下述两种情形之一时,x_0 为曲线 $y=f(x)$的拐点:

(1) $f''(x)\begin{cases}>0, & x<x_0,\\ <0, & x>x_0;\end{cases}$

(2) $f''(x)\begin{cases}<0, & x<x_0,\\ >0, & x>x_0.\end{cases}$

证明 以(1)为例,因为在点 x_0 的左侧 $f''(x)>0$,在右侧 $f''(x)<0$,所以 $f'(x)$在点 x_0 的左侧严格递增,在右侧严格递减.从而可知,$f(x)$在点 x_0 的左侧是严格(下)凸,在右侧是严格上凸.这说明点 x_0 是 $f(x)$的拐点.

注 定理 5.16 并未假定 $f''(x_0)$存在,定理的结论也可说成:$f''(x)(x-x_0)$在 $x\neq x_0$ 时不变号.

例 1 讨论曲线 $f(x)=\mathrm{e}^{-x^2}$①的拐点.

解(1) 因为我们有 $f'(x)=-2x\mathrm{e}^{-x^2}$,$f''(x)=2\mathrm{e}^{-x^2}(2x^2-1)$,所以得

$$f''\left(-\frac{1}{\sqrt{2}}\right)=0,\qquad f''\left(\frac{1}{\sqrt{2}}\right)=0.$$

(2) 由(1)得

$$f''(x)\begin{cases}>0, & x<-\dfrac{1}{\sqrt{2}},\\ <0, & -\dfrac{1}{\sqrt{2}}<x<\dfrac{1}{\sqrt{2}},\\ >0, & x>\dfrac{1}{\sqrt{2}}.\end{cases}$$

---

① 亦称 Gauss(高斯,1777～1855 年,德国数学家)曲线.

由此可知,$f(x)$有两个拐点:$x_1=-\frac{1}{\sqrt{2}}$,$x_2=\frac{1}{\sqrt{2}}$(图 5-15).

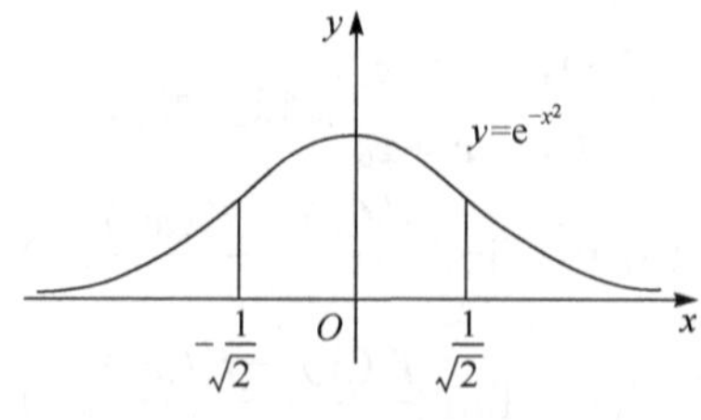

图 5-15

例 2　讨论 $f(x)=(x-1)^{\frac{1}{3}}$ 的拐点.

解　(1) 因为我们有

$$f'(x)=\frac{1}{3}(x-1)^{-\frac{2}{3}},\quad f''(x)=-\frac{2}{9}(x-1)^{-\frac{5}{3}},$$

所以对任意 $x\neq 1$,$f''(x)\neq 0$;而在 $x=1$ 处,$f(x)$的二阶导数不存在($f''_{\mp}(1)=\pm\infty$).

(2) 由(1)得

$$f''(x)\begin{cases}>0, & x<1, \quad (f(x)\text{严格下凸})\\ <0, & x>1, \quad (f(x)\text{严格上凸})\end{cases}$$

由此可知,$x=1$ 是 $f(x)$的拐点(图 5-16).

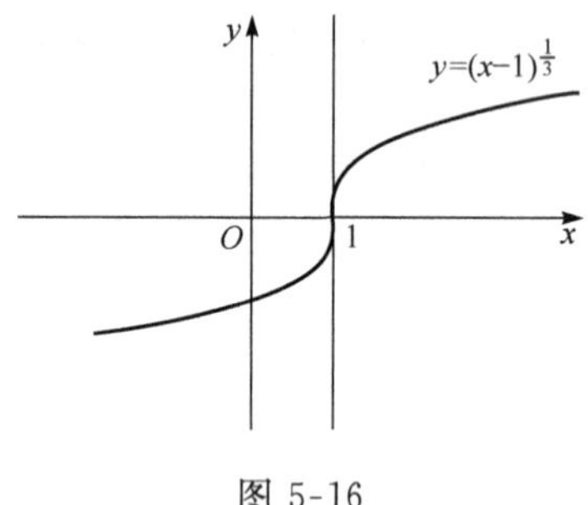

图 5-16

思 考 练 习

1. 试给出 a,b 的值,使点(1,3)成为曲线 $y=ax^3+bx^2$ 的拐点.

2. 试给出 a,b,c 的值,使 $y=x^3+ax^2+bx+c$ 存在带水平切线的拐点.

3. 试问:非线性奇次多项式至少有一个拐点,正系数偶次多项式没有拐点,对吗?

4. 设 $f(x)$在$(-\infty,\infty)$上三次可导,且有 $f'(0)=0$,$(1-x)f'''(x)+x[f'(x)]^2=1-e^{-x}$ $(-\infty<x<\infty)$,试证明 $x=0$ 是 $f(x)$的拐点.

5. 试问拐点能是极值点吗?

5.4.3 曲线作图法

在前面的学习中，我们已经认识到，函数的图形对函数的研究起着辅助的作用.那么如何能作出比较准确的函数图形呢？在过去，一般均用描点法，即对已知函数 $y=f(x)$ 的定义域中取一组点 $x_1,x_2,\cdots,x_n$，再在坐标平面上描出一组点 $(x_1,f(x_1)),(x_2,f(x_2)),\cdots,(x_n,f(x_n))$，然后把后者用曲线(或直线)连起来.显见，单纯用这种方法是不够的，其主要原因是把握不住上述连线的形状和态势.现在，我们有了微分学知识，就极大地提高了可微函数的作图技巧.当然，在作图时仍需辅以描点法，特别是在一些关键点上，这里主要指的是函数的极值点，以及与 x 轴、y 轴的交点，还有函数图形中的上凸曲线段与(下)凸曲线段的交接点.此外，为把握曲线的态势，考察其渐近线也是十分重要的，虽然这与微分没有直接关系.现在，将画图前的一些准备步骤概略陈述如下.

1) 考察 $f(x)$ 自身：

(1) 确定定义域，讨论其大范围特征(奇偶、对称与周期性).

(2) 寻求 $f(x)$ 的零点、不连续点以及渐近线.

2) 考察 $f'(x)$ 与 $f''(x)$：

(1) 寻求稳定点($f'(x)=0$)以及导数不存在的点；判定 $f'(x)$ 的符号，用以确定 $f(x)$ 的增减区间与极值点(同时计算极值)；

(2) 寻求 $f''(x)$ 的零点以及二阶导数不存在的点，判定 $f''(x)$ 的符号，用以确定 $f(x)$ 图形的凸性区域与拐点.

3) 列表、画图.

例 1 作曲线 $f(x)=\dfrac{1}{x^2}-\dfrac{1}{x}$ 的图形.

(1) $f(x)=\dfrac{1-x}{x^2}$ 在 $x=0$ 处无定义，且有

$$\lim_{x\to 0}f(x)=\lim_{x\to 0}\frac{1-x}{x^2}=+\infty,\qquad \lim_{x\to\pm\infty}f(x)=0,$$

即直线 $x=0$ 是垂直渐近线，直线 $y=0$ 是水平渐近线，$f(1)=0$.

(2) $f'(x)=\dfrac{x-2}{x^3}$，$f''(x)=\dfrac{6-2x}{x^4}$.

$$f'(x)\begin{cases}>0, & x<0,\\ <0, & 0<x<2,\\ =0, & x=2,\\ >0, & x>2.\end{cases}\qquad f''(x)\begin{cases}>0, & x<0,\\ >0, & 0<x<3,\\ =0, & x=3,\\ <0, & x>3.\end{cases}$$

(3) 列表、画图(图 5-17).

	$(-\infty,0)$	$(0,1)$	1	$(1,2)$	2	$(2,3)$	3	$(3,\infty)$
$f'(x)$	$+$	$-$	$-$	$-$	0	$+$	$+$	$+$
$f''(x)$	$+$	$+$	$+$	$+$	$+$	$+$	0	$-$
$f(x)$	↗	↘	0	↘	$-\frac{1}{4}$	↗	$-\frac{2}{9}$	↗

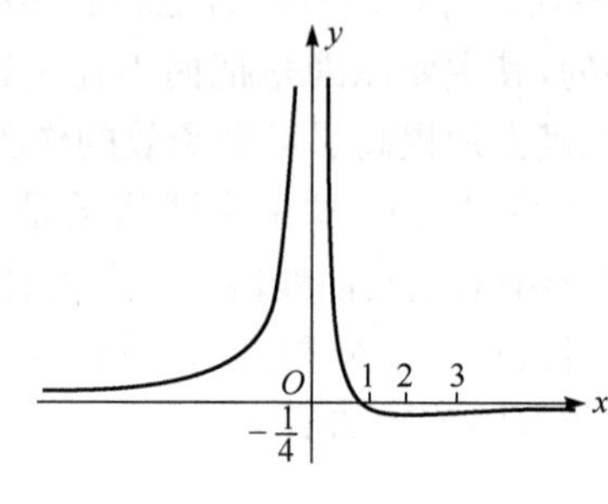

图 5-17

例 2(参数式函数)　作由方程

$$\begin{cases}x=a\cos^3 t,\\ y=a\sin^3 t\end{cases}\quad (a>0)\quad 或\quad x^{\frac{2}{3}}+y^{\frac{2}{3}}=a^{\frac{2}{3}}$$

给出的曲线图形(星形线).

解　(1) 考察函数本身,可知它有周期性,周期为 2π. 从而只需讨论 t 从 0 变到 2π 即可. 此时,x,y 取值为$[-a,a]$,且有

$$\begin{cases}t=0,\\ x=a,\\ y=0.\end{cases}\qquad \begin{cases}t=\dfrac{\pi}{2},\\ x=0,\\ y=a.\end{cases}\qquad \begin{cases}t=\pi,\\ x=-a,\\ y=0.\end{cases}\qquad \begin{cases}t=\dfrac{3\pi}{2},\\ x=0,\\ y=-a.\end{cases}$$

曲线无渐近线.

(2) 对一阶导数,因为

$$\begin{cases}\dfrac{\mathrm{d}x}{\mathrm{d}t}=-3a\cos^2 t\sin t,\\ \dfrac{\mathrm{d}y}{\mathrm{d}t}=3a\sin^2 t\cos t,\end{cases}\qquad \frac{\mathrm{d}y}{\mathrm{d}x}=-\tan t,$$

所以在 $t=0,\pi,2\pi$ 时,$\dfrac{\mathrm{d}y}{\mathrm{d}x}=0$,且有

$$\lim_{t\to\frac{\pi}{2}}\frac{\mathrm{d}y}{\mathrm{d}x}=\infty,\qquad \lim_{t\to\frac{3\pi}{2}}\frac{\mathrm{d}y}{\mathrm{d}x}=\infty.$$

$$\frac{\mathrm{d}y}{\mathrm{d}x}\begin{cases}<0, & 0<t<\dfrac{\pi}{2},\\ >0, & \dfrac{\pi}{2}<t<\pi,\end{cases}\qquad \frac{\mathrm{d}y}{\mathrm{d}x}\begin{cases}<0, & \pi<t<\dfrac{3\pi}{2},\\ >0, & \dfrac{3\pi}{2}<t<2\pi.\end{cases}$$

对二阶导数,因为$\dfrac{\mathrm{d}^2y}{\mathrm{d}x^2}=\dfrac{1}{3a\cos^4 t\sin t}$,所以

$$\frac{\mathrm{d}^2y}{\mathrm{d}x^2}\begin{cases}>0, & 0<t<\pi,\\ <0, & \pi<t<2\pi.\end{cases}$$

(3) 列表、画图(图 5-18).

	0	$\left(0,\frac{\pi}{2}\right)$	$\frac{\pi}{2}$	$\left(\frac{\pi}{2},\pi\right)$	π	$\left(\pi,\frac{3\pi}{2}\right)$	$\frac{3\pi}{2}$	$\left(\frac{3\pi}{2},2\pi\right)$
$\frac{\mathrm{d}y}{\mathrm{d}x}$	0	−	∞	+	0	−	∞	+
$\frac{\mathrm{d}^2y}{\mathrm{d}x^2}$		+		+		−		−
x	a	$(a,0)$	0	$(0,-a)$	$-a$	$(-a,0)$	0	$(0,a)$
y	0	↘	a	↗	0	↘	$-a$	↗

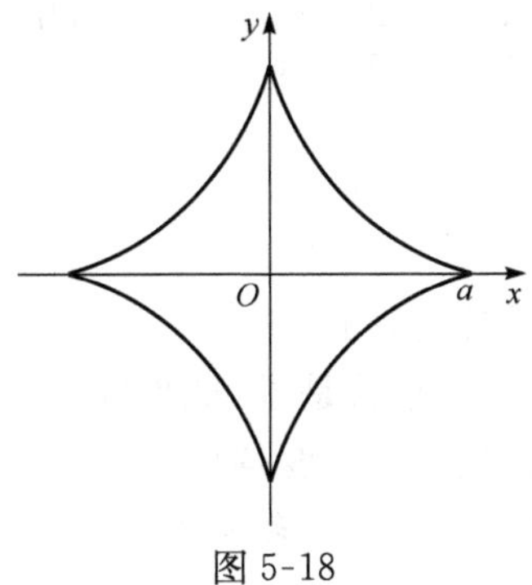

图 5-18

5.5 Taylor 公 式

我们知道,多项式(函数)只需通过加法和乘法运算就可以算出它的数值. 因此,用多项式来近似表达其他函数,早已为人们所重视,并获得了广泛的应用. Taylor① 公式正是这一研究课题的最著名的成果,它(以及第二册还要介绍的 Taylor 级数)被称为经典微分学的"皇冠".

---

① 泰勒(1685~1731),英国数学家.

5.5.1　Peano 余项的 Taylor 公式及其应用

1.　Peano[①] 余项的 Taylor 公式

用多项式近似表达函数,我们并非完全陌生. 例如,设 $f(x)$在 $U(x_0)$上定义.

(1) 若 $f(x)$在点 x_0 处连续,则有

$$f(x)=f(x_0)+o(1)\quad (x\to x_0),$$

即在点 x_0 附近的 x 上的值 $f(x)$,可近似地用零次多项式(常数) $f(x_0)$表达.

(2) 若 $f'(x_0)$存在,则有

$$f(x)=f(x_0)+f'(x_0)(x-x_0)+o(x-x_0)\quad (x\to x_0),$$

即在点 x_0 附近的 x 上的值 $f(x)$,可近似地用一次多项式 $f(x_0)+f'(x_0)(x-x_0)$代替.

(3) 若 $f''(x_0)$存在,则由 L'Hospital 法则可知

$$\begin{aligned}&\lim_{x\to x_0}\frac{f(x)-f(x_0)-f'(x_0)(x-x_0)}{(x-x_0)^2}\\&=\lim_{x\to x_0}\frac{f'(x)-f'(x_0)}{2(x-x_0)}\\&=\frac{1}{2}\lim_{x\to x_0}\frac{f'(x)-f'(x_0)}{x-x_0}=\frac{1}{2}f''(x_0).\end{aligned}$$

从而得

$$f(x)=f(x_0)+f'(x_0)(x-x_0)+\frac{f''(x_0)}{2}(x-x_0)^2+o((x-x_0)^2)\quad (x\to x_0).$$

这里的 $f(x)$已可用二次多项式近似了.

按规律,还可继续推广下去. 也就是说,如果在点 x_0 处可微次数越高,就可用更高次多项式来近似代替,并且近似程度越高.

其实,这也是不难想象的,因为对于多项式

$$P(x)=a_0+a_1(x-x_0)+a_2(x-x_0)^2,$$

易知

$$a_0=P(x_0),\quad a_1=P'(x_0),\quad a_2=\frac{P^{(2)}(x_0)}{2!}.$$

这就是说,若用 $P(x)$来近似 $f(x)$,应导出

$$f(x_0)=P(x_0),\quad f'(x_0)=P'(x_0),\quad f''(x_0)=\frac{P^{(2)}(x_0)}{2!}.$$

我们曾经说过,当两个函数在点 x_0 处有相同值时,称它们为有零阶(次)切触;

---

① 佩亚诺(1858～1932),意大利数学家.

若一阶导数值相等，称为有一阶切触，表示该两个函数曲线相切；若二阶导数值也相等，称为有二阶切触，表示切线斜率的变化率也相同，它们之间的接触更加密切或贴近.其近似程度也越高.依次还可类推……(图 5-19).

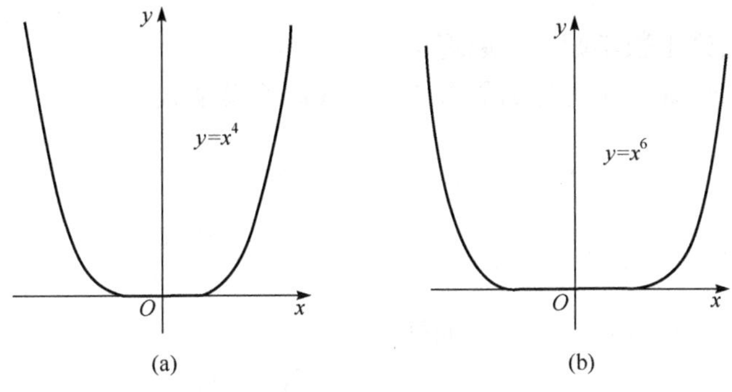

(a) (b)

图 5-19

定理 5.17(Peano 余项的 Taylor 公式) 设 $f(x)$在点 x_0 处 n 次可导，则有

$$f(x)=f(x_0)+f'(x_0)(x-x_0)+\frac{f''(x_0)}{2!}(x-x_0)^2+\cdots+\frac{f^{(n)}(x_0)}{n!}(x-x_0)^n+o((x-x_0)^n)\quad(x\to x_0),$$

证明 采用数学归纳法.前面已经指出，公式对 $n=1,2$ 是成立的.现在假定 $n=k$时公式成立，并设 $f^{(k+1)}(x_0)$存在.此时，函数 $f'(x)$在点 x_0 处是 k 次可导的，根据归纳法假定可知

$$f'(x)=f'(x_0)+f''(x_0)(x-x_0)+\cdots+\frac{f^{(k+1)}(x_0)}{k!}(x-x_0)^k+o((x-x_0)^k)\quad(x\to x_0),$$

即

$$\lim_{x\to x_0}\frac{f'(x)-\left[f'(x_0)+f''(x_0)(x-x_0)+\cdots+\frac{f^{(k+1)}(x_0)}{k!}(x-x_0)^k\right]}{(x-x_0)^k}=0.$$

因此，由 L'Hospital 法则得到

$$\lim_{x\to x_0}\frac{\left\{f(x)-\left[f(x_0)+f'(x_0)(x-x_0)+\cdots+\frac{f^{(k+1)}(x_0)}{(k+1)!}(x-x_0)^{k+1}\right]\right\}}{(x-x_0)^{k+1}}$$

$$=\lim_{x\to x_0}\frac{\left\{f'(x)-\left[f'(x_0)+f''(x_0)(x-x_0)+\cdots+\frac{f^{(k+1)}(x_0)}{k!}(x-x_0)^k\right]\right\}}{(k+1)(x-x_0)^k}$$

$$=0.$$

这就是说,

$$f(x)=f(x_0)+f'(x_0)(x-x_0)+\cdots$$
$$+\frac{f^{(k+1)}(x_0)}{(k+1)!}(x-x_0)^{k+1}+o((x-x_0)^{k+1})\quad(x\to x_0).$$

从而,定理的结论由数学归纳法原理得证.

对于在点 x_0 处 n 次可导的函数 $f(x)$,我们称多项式

$$P_n(x)=P_n(x_0,x)=\sum_{k=0}^{n}\frac{f^{(k)}(x_0)}{k!}(x-x_0)^k$$
$$=f(x_0)+f'(x_0)(x-x_0)+\cdots+\frac{f^{(n)}(x_0)}{n!}(x-x_0)^n$$

为 $f(x)$在点 x_0 的 **Taylor 多项式**,而称

$$R_n(x)=R_n(x_0,x)=f(x)-\sum_{k=0}^{n}\frac{f^{(k)}(x_0)}{k!}(x-x_0)^k$$

为该 Taylor 公式的**余项(误差)**(图 5-20),并统称

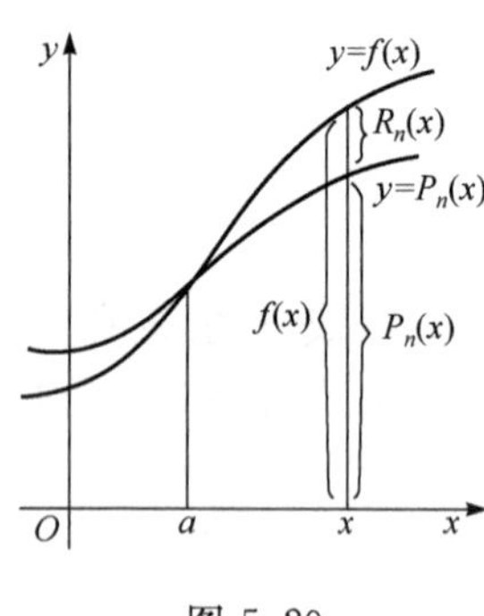

图 5-20

$$f(x)=\sum_{k=0}^{n}\frac{f^{(k)}(x_0)}{k!}(x-x_0)^k+R_n(x_0,x)$$

为 $f(x)$在 x_0 处的 **Taylor 公式**,俗称为 $f(x)$在点 x_0 附近的有限展式. 定理 5.17 指出:

$$R_n(x_0,x)=o((x-x_0)^n)\quad(x\to x_0),$$

我们称此为 Peano 型余项.

此外,若记 $x-x_0=h$,则定理 5.17 的结论又可写为

$$f(x_0+h)=\sum_{k=0}^{n}\frac{f^{(k)}(x_0)}{k!}h^k+o(h^n)\quad(h\to 0).$$

Peano 余项的 Taylor 公式的一个特殊情形是 $x_0=0$ 的情形,此时有

$$f(x)=\sum_{k=0}^{n}\frac{f^{(k)}(0)}{k!}x^k+o(x^n)\quad(x\to 0),$$

也称为 **Maclaurin**[①] **公式**,并被经常采用. 基本初等函数在 $x=0$ 的 Taylor 公式举例如下.

例 1　指数函数 $f(x)=\mathrm{e}^x$.

解　因为有 $(\mathrm{e}^x)^{(n)}=\mathrm{e}^x(n=1,2,\cdots)$,所以得

$$\mathrm{e}^x=1+\frac{x}{1!}+\frac{x^2}{2!}+\cdots+\frac{x^n}{n!}+o(x^n)\quad(x\to 0).$$

---

① 麦克劳林(1698～1746),苏格兰数学家.

例 2 三角函数 $f(x)=\sin x$.

解 因为有

$$f^{(k)}(x)=\sin\left(x+\frac{k\pi}{2}\right)\quad(k=0,1,2,\cdots),\quad f(0)=0,$$

$$\begin{cases} f^{(2n)}(0)=\sin n\pi=0, & n=0,1,2,\cdots, \\ f^{(2n-1)}(0)=\sin\left(n\pi-\dfrac{\pi}{2}\right)=(-1)^{n-1}, & n=1,2,\cdots, \end{cases}$$

所以得

$$\sin x=x-\frac{x^3}{3!}+\frac{x^5}{5!}-\cdots+(-1)^{n-1}\frac{x^{2n-1}}{(2n-1)!}+o(x^{2n})\quad(x\to 0).\text{(图 5-21)}$$

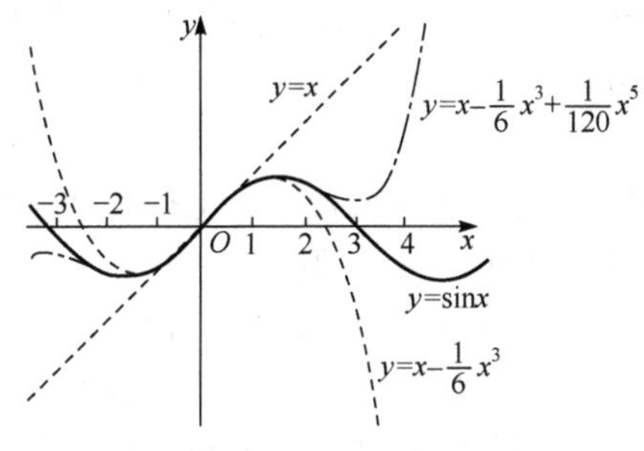

图 5-21

类似地有

$$\cos x=1-\frac{x^2}{2!}+\frac{x^4}{4!}-\cdots+(-1)^n\frac{x^{2n}}{(2n)!}+o(x^{2n+1})\quad(x\to 0).$$

例 3 幂函数 x^α(α 不是非负整数). 考察它在 $x_0=1$ 附近的有限展式,相当于 $f(x)=(1+x)^\alpha$ 在 $x=0$ 处的有限展式. 因为

$$f^{(k)}(x)=\alpha(\alpha-1)\cdots(\alpha-k+1)(1+x)^{\alpha-k}\quad(k=1,2,\cdots),$$

$$f(0)=1,\quad f^{(k)}(0)=\alpha(\alpha-1)\cdots(\alpha-k+1)\quad(k=1,2,\cdots),$$

所以得

$$(1+x)^\alpha=1+\alpha x+\frac{\alpha(\alpha-1)}{2!}x^2+\cdots$$
$$+\frac{\alpha(\alpha-1)\cdots(\alpha-n+1)}{n!}x^n+o(x^n)\quad(x\to 0).$$

例 4 展对数函数 $\ln x$. 为此,也考虑在 $x_0=1$ 附近的有限展式,从而相当于 $f(x)=\ln(1+x)$在 $x_0=0$ 处的有限展式. 因为

$$f^{(k)}(x)=\frac{(-1)^{k-1}(k-1)!}{(1+x)^k}\quad(k=1,2,\cdots),$$

$$f(0)=0,\quad f^{(k)}(0)=(-1)^{k-1}(k-1)!\quad (k=1,2,\cdots),$$

所以得

$$\ln(1+x)=x-\frac{x^2}{2}+\frac{x^3}{3}-\cdots+(-1)^{n-1}\frac{x^n}{n}+o(x^n)\quad (x\to 0).$$

2. Peano 余项的 Taylor 公式的性质

Peano 余项的 Taylor 公式有下列性质,为寻求函数的 Taylor 公式提供了方便.

1)(唯一性)设 $f(x)$在$U(x_0)$上有定义,且有多项式

$$P(x)=a_0+a_1(x-x_0)+a_2(x-x_0)^2+\cdots+a_n(x-x_0)^n;$$
$$Q(x)=b_0+b_1(x-x_0)+b_2(x-x_0)^2+\cdots+b_n(x-x_0)^n.$$

如果 $f(x)=P(x)+o((x-x_0)^n)=Q(x)+o((x-x_0)^n)\ (x\to x_0)$,那么 $P(x)\equiv Q(x)$.

证明　在 $P(x)+o((x-x_0)^n)=Q(x)+o((x-x_0)^n)$中令 $x\to x_0$,得 $a_0=b_0$. 再在此式中消去常数项,并除以$(x-x_0)$,则

$$\begin{aligned}&a_1+a_2(x-x_0)+\cdots+a_n(x-x_0)^{n-1}+o((x-x_0)^{n-1})\\&=b_1+b_2(x-x_0)+\cdots+b_n(x-x_0)^{n-1}+o((x-x_0)^{n-1})\quad (x\to x_0).\end{aligned}$$

又令 $x\to x_0$,即得 $a_1=b_1$. 依次类推,可得 $a_k=b_k(k=1,2,\cdots,n)$.

此性质说明,若在$U(x_0)$上有展式

$$f(x)=\sum_{k=0}^{n}a_k(x-x_0)^k+o((x-x_0)^n)\quad (x\to x_0),$$

则 $a_k=\dfrac{f^{(k)}(x_0)}{k!}(k=1,2,\cdots,n)$,即 $\sum\limits_{k=0}^{n}a_k(x-x_0)^k$ 就是 $f(x)$在点 $x=x_0$ 处的 Taylor 多项式. 这为我们寻求函数的 Taylor 公式提供了便利. 实际上,它说明,在$U(x_0)$上用多项式逼近 $f(x)$,且达到精度 $o((x-x_0)^n)(x\to x_0)$时,$f(x)$的 Taylor 多项式是唯一可能的.

2) 设 $f(x)$,$g(x)$在$U(x_0)$上有定义,而且

$$f(x)=\sum_{k=0}^{n}a_k(x-x_0)^k+o((x-x_0)^n)\quad (x\to x_0),$$

$$g(x)=\sum_{k=0}^{n}b_k(x-x_0)^k+o((x-x_0)^n)\quad (x\to x_0),$$

则

$$f(x)+g(x)=\sum_{k=0}^{n}(a_k+b_k)(x-x_0)^k+o((x-x_0)^n)\quad (x\to x_0);$$

$$f(x)\cdot g(x)=\sum_{k=0}^{n}c_k(x-x_0)^k+o((x-x_0)^n)\quad (x\to x_0);$$

$$c_k = \sum_{i=0}^{k} a_i b_{k-i};$$

$$f(cx) = \sum_{k=0}^{n} c^k a_k (x-x_0)^k + o((x-x_0)^n) \quad (x \to x_0).$$

例 5　$\ln\dfrac{3+x}{2-x}$的 Maclaurin 公式.

解　因为有 $\ln\dfrac{3+x}{2-x}=\ln\dfrac{3}{2}+\ln\left(1+\dfrac{x}{3}\right)-\ln\left(1-\dfrac{x}{2}\right)$,所以得

$$\ln\frac{3+x}{2-x} = \ln\frac{3}{2} + \sum_{k=1}^{n} \frac{1}{k}\left(\frac{1}{2^k} + \frac{(-1)^{k-1}}{3^k}\right)x^k + o(x^n) \quad (x \to 0).$$

例 6　在 $x_0=0$ 展开 $e^x\ln(1+x)$到 x^4 项.

解　我们有

$$\begin{aligned}
&e^x\ln(1+x)\\
&=\left(1+x+\frac{x^2}{2!}+\frac{x^3}{3!}+o(x^3)\right)\left(x-\frac{x^2}{2}+\frac{x^3}{3}-\frac{x^4}{4}+o(x^4)\right)\\
&=x+\left(-\frac{1}{2}+1\right)x^2+\left(\frac{1}{3}-\frac{1}{2}+\frac{1}{2}\right)x^3+\left(-\frac{1}{4}+\frac{1}{3}-\frac{1}{4}+\frac{1}{6}\right)x^4+o(x^4)\\
&=x+\frac{1}{2}x^2+\frac{1}{3}x^3+o(x^4) \quad (x\to 0).
\end{aligned}$$

3) 设 $f(x)$在以原点为心的对称区间上有定义,且在 $x_0=0$ 处任意次可导,我们有如下结论.

若 $f(x)$是偶函数,则

$$f(x) = \sum_{k=0}^{n} \frac{f^{(2k)}(0)}{(2k)!}x^{2k} + o(x^{2k+1}) \quad (x \to 0);$$

若 $f(x)$是奇函数,则

$$f(x) = \sum_{k=0}^{n} \frac{f^{(2k+1)}(0)}{(2k+1)!}x^{2k+1} + o(x^{2n+2}) \quad (x \to 0).$$

注　对于商函数 $h(x)=\dfrac{f(x)}{g(x)}$,$b_0=g(x_0)\neq 0$,可以采用待定系数法,即假设有

$$f(x) = \sum_{k=0}^{n} a_k (x-x_0)^k + o((x-x_0)^n) \quad (x \to x_0);$$

$$g(x) = \sum_{k=0}^{n} b_k (x-x_0)^k + o((x-x_0)^n) \quad (x \to x_0),$$

则令

$$h(x) = \sum_{k=0}^{n} c_k (x-x_0)^k + o((x-x_0)^n) \quad (x \to x_0),$$

可得

$$\left(\sum_{k=0}^{n} c_k (x-x_0)^k + o\big((x-x_0)^n\big)\right)\left(\sum_{k=0}^{n} b_k (x-x_0)^k + o\big((x-x_0)^n\big)\right)$$

$$= \sum_{k=0}^{n} a_k (x-x_0)^k + o\big((x-x_0)^n\big) \quad (x\to x_0).$$

从中比较其同类项系数可求出 $c_k(k=1,2,\cdots,n)$.

例 7 在 $x_0=0$ 处展开 $\tan x$ 到 x^5 项.

解 因为 $\tan x$ 是奇函数,且有 $\tan x=x+o(x)(x\to 0)$,所以不妨设

$$\tan x = x + a_3x^3 + a_5x^5 + o(x^6) \quad (x\to 0).$$

再根据公式 $\sin x=\tan x\cdot\cos x$,可知$(x\to 0)$

$$x-\frac{x^3}{3!}+\frac{x^5}{5!}+o(x^6)=(x+a_3x^3+a_5x^5+o(x^6))\left(1-\frac{x^2}{2!}+\frac{x^4}{4!}+o(x^5)\right),$$

比较两端 x^3 及 x^5 项的系数,可得

$$-\frac{1}{6}=-\frac{1}{2}+a_3,\quad \frac{1}{5!}=\frac{1}{4!}-\frac{a_3}{2!}+a_5,$$

即 $a_3=\frac{1}{3}$,$a_5=\frac{2}{15}$. 因此,展式为

$$\tan x = x+\frac{x^3}{3}+\frac{2}{15}x^5+o(x^6) \quad (x\to 0).$$

4) 复合函数 $f[g(x)]$的展式. 设

$$g(x)=\sum_{k=0}^{n} b_k (x-x_0)^k + o((x-x_0)^n) \quad (x\to x_0);$$

$$f(u)=\sum_{k=0}^{n} a_k (u-u_0)^k + o((u-u_0)^n) \quad (u\to u_0),$$

其中 $u_0=g(x_0)$,则为了寻求展式

$$f[g(x)]=\sum_{k=0}^{n} c_k (x-x_0)^k + o((x-x_0)^n) \quad (x\to x_0),$$

只需将 $f(u)$的展式中的 u 代以 $g(x)$的展式即可. 特别是在 $g(x)=Ax^m(m\in\mathbf{N}^*)$时,有

$$f[g(x)]=f[Ax^m]=\sum_{k=0}^{n} A^k a_k x^{mk} + o(x^{mn}) \quad (x\to 0).$$

例 8 在 $x_0=0$ 处展开 $e^{x\cos x}$到 x^3 项.

解 因为当 $x\to 0$ 时有

$$u = x\cos x = x-\frac{x^3}{2!}+o(x^4),\qquad u^2=x^2+o(x^3),$$

$$u^3=x^3+o(x^3),\qquad e^u=\sum_{k=0}^{3}\frac{u^k}{k!}+o(u^3),$$

所以得到

$$\begin{aligned}e^{x\cos x}&=1+x-\frac{x^3}{2!}+o(x^4)+\frac{1}{2!}(x^2+o(x^3))+\frac{1}{3!}(x^3+o(x^3))+o(x^3)\\&=1+x+\frac{1}{2}x^2-\frac{1}{3}x^3+o(x^3)\quad(x\to 0).\end{aligned}$$

5) 若已知 $f(x)$的导函数 $f'(x)$有展式：

$$f'(x)=\sum_{k=0}^{n}b_k(x-x_0)^k+o((x-x_0)^n)\quad(x\to x_0),$$

$$b_k=\frac{f^{(k+1)}(x_0)}{k!}\quad(k=0,1,2,\cdots,n).$$

此时，由 $f^{(n+1)}(x_0)$存在，可知 $f(x)$也有展式：

$$\begin{aligned}f(x)&=\sum_{k=0}^{n+1}a_k(x-x_0)^k+o((x-x_0)^{n+1})\\&=f(x_0)+\sum_{k=0}^{n}a_{k+1}(x-x_0)^{k+1}+o((x-x_0)^{n+1})\quad(x\to x_0),\end{aligned}$$

其中

$$a_{k+1}=\frac{f^{(k+1)}(x_0)}{(k+1)!}=\frac{f^{(k+1)}(x_0)}{k!}\frac{1}{k+1}=\frac{b_k}{k+1}\quad(k=0,1,2,\cdots,n).$$

因此，有

$$f(x)=f(x_0)+\sum_{k=0}^{n}\frac{b_k}{k+1}(x-x_0)^{k+1}+o((x-x_0)^{n+1})\quad(x\to x_0).$$

例 9 反正切函数 $\arctan x$ 的 Maclaurin 公式.

解 因为有

$$\begin{aligned}(\arctan x)'&=\frac{1}{1+x^2}=(1+x^2)^{-1}\\&=\sum_{k=0}^{n}(-1)^k x^{2k}+o(x^{2n+1})\quad(x\to 0).\end{aligned}$$

所以得到

$$\arctan x=\sum_{k=0}^{n}(-1)^k\frac{x^{2k+1}}{2k+1}+o(x^{2n+2})\quad(x\to 0).$$

例 10 反正弦函数 $\arcsin x$ 的 Maclaurin 公式.

解 因为有

$$\begin{aligned}(\arcsin x)'&=(1-x^2)^{-\frac{1}{2}}\\&=1+\sum_{k=1}^{n}\frac{(2k-1)!!}{2^k k!}x^{2k}+o(x^{2n+1})\quad(x\to 0),\end{aligned}$$

所以得到

$$\arcsin x = x + \sum_{k=1}^{n} \frac{(2k-1)!!}{2^k k!(2k+1)} x^{2k+1} + o(x^{2n+2}) \quad (x \to 0).$$

3. 应用举例

在求“$\frac{0}{0}$”型(或“$\frac{\infty}{\infty}$”型)的函数极限时,其本质是在比较分子与分母趋于 0(或 ∞)的快慢. 而 Peano 余项的 Taylor 公式指出,它们的快慢均可用幂函数统一表出. 这就给比较带来极大方便,且在许多情形(数量结构较复杂)中要比用 L'Hospital法则来得利索.

设 $f(x)=ax^n+o(x^n)(a\neq 0,x\to 0)$,$g(x)=bx^m+o(x^m)(b\neq 0,x\to 0)$,则

$$\lim_{x\to 0}\frac{f(x)}{g(x)}=\begin{cases}\frac{a}{b}, & m=n,\\ 0, & m<n,\\ \infty, & m>n.\end{cases}$$

例 11　求 $\lim\limits_{x\to 0}\dfrac{\sqrt{1+2\tan x}-e^x+x^2}{\arcsin x-\sin x}$.

解　因为当 $x\to 0$ 时,我们有

$$\arcsin x-\sin x=\frac{x^3}{3}+o(x^3);$$

$$\sqrt{1+2\tan x}-e^x+x^2=\frac{2x^3}{3}+o(x^3),$$

所以其极限值为 2.

注　对 $x\to\infty$ 和 $x\to x_0\neq 0$ 的情形,可先作替换 $x=\frac{1}{t}$ 和 $x-x_0=t$,转化为 $t\to 0$ 的情形.

例 12　求极限 $\lim\limits_{x\to+\infty} x^{\frac{7}{4}}(\sqrt[4]{x+1}+\sqrt[4]{x-1}-2\sqrt[4]{x})$.

解　利用替换 $t=\frac{1}{x}$,知

$$\begin{aligned}&\lim_{x\to+\infty} x^{\frac{7}{4}}(\sqrt[4]{x+1}+\sqrt[4]{x-1}-2\sqrt[4]{x})\\ =&\lim_{t\to 0+}\frac{(1+t)^{\frac{1}{4}}+(1-t)^{\frac{1}{4}}-2}{t^2}\\ =&\lim_{t\to 0+}\frac{1+\frac{t}{4}-\frac{3}{32}t^2+o(t^2)+\left(1-\frac{t}{4}-\frac{3}{32}t^2+o(t^2)\right)-2}{t^2}\\ =&-\frac{3}{16}.\end{aligned}$$

注 设 $f(x)=1+ax^n+o(x^n)\ (a\neq 0, x\to 0)$，$g(x)=\dfrac{1}{bx^n+o(x^n)}\ (b\neq 0, x\to 0)$，则

$$\lim_{x\to 0}\frac{ax^n+o(x^n)}{bx^n+o(x^n)}=\frac{a}{b},\qquad \lim_{x\to 0}f(x)^{g(x)}=e^{\frac{a}{b}}.$$

例 13 求极限 $\lim\limits_{x\to 0}[\cos(xe^x)-\ln(1-x)-x]^{\cot x^3}$.

解 因为 $\cot x^3=\dfrac{1}{\tan x^3}$，所以 $\cot x^3=\dfrac{1}{x^3+o(x^3)}\ (x\to 0)$. 此外，当 $x\to 0$ 时，又有

$$xe^x=x+x^2+o(x^2),\quad \cos x=1-\frac{x^2}{2}+o(x^3),$$

$$-\ln(1-x)=x+\frac{x^2}{2}+\frac{x^3}{3}+o(x^3),$$

$$\cos(xe^x)-\ln(1-x)-x=1-\frac{2}{3}x^3+o(x^3).$$

因此，我们有

$$\begin{aligned}&\lim_{x\to 0}[\cos(xe^x)-\ln(1-x)-x]^{\cot x^3}\\ =&\lim_{x\to 0}\left(1-\frac{2}{3}x^3+o(x^3)\right)^{\frac{1}{x^3+o(x^3)}}=e^{-\frac{2}{3}}.\end{aligned}$$

例 14 求极限

$$\lim_{x\to 2}\left(\sqrt{3-x}+\ln\frac{x}{2}\right)^{\frac{1}{\sin^2(x-2)}}.$$

解 令 $x-2=t$，则 $t\to 0$，且有

$$\sqrt{3-x}=\sqrt{1-t},\quad \ln\frac{x}{2}=\ln\left(1+\frac{t}{2}\right),\quad \sin^2(x-2)=\sin^2 t.$$

易知

$$\left(\sqrt{1-t}+\ln\left(1+\frac{t}{2}\right)\right)^{\frac{1}{\sin^2 t}}=\left(1-\frac{t^2}{4}+o(t^2)\right)^{\frac{1}{t^2+o(t^2)}}\ (t\to 0).$$

从而可得其极限值为 $e^{-\frac{1}{4}}$.

注意到函数的可导与可微的统一性，致使 Peano 余项的 Taylor 展式在求函数的导数时也可发挥作用.

例 15 设 $f(x)=\left(e^x-1-x-\dfrac{x^2}{2}\right)^{\frac{1}{3}}$，试求 $f'(0)$.

解 用 $e^x=1+x+\dfrac{x^2}{2}+\dfrac{x^3}{6}+o(x^3)\ (x\to 0)$，可知

$$f(x)=\left[\frac{x^3}{6}+o(x^3)\right]^{\frac{1}{3}}=\left[\frac{x^3}{6}(1+o(1))\right]^{\frac{1}{3}}$$

$$=\frac{1}{\sqrt[3]{6}}x[1+o(1)]^{\frac{1}{3}}=\frac{x}{\sqrt[3]{6}}+o(x)\quad(x\to 0).$$

注意到 $f(0)=0$,由上式知 $f(x)$ 在 $x=0$ 处可微,且 $f'(0)=\frac{1}{\sqrt[3]{6}}$.

思考练习

1. 试展开 $f(x)=2^{x^3-3x^2+3x}$ 在 $x=1$ 处的 Taylor 公式至 $o((x-1)^{3n})$ 项.(提示:令 $x=1+t$,在 $t=0$ 处展开,再代回)

2. 若在 $x\to x_0$ 时,有$\left(a_k=\frac{f^{(k)}(x_0)}{k!}(k=1,2,\cdots,n)\right)$

$$f(x)=\sum_{k=0}^{n}a_k\,(x-x_0)^k+o((x-x_0)^n)\quad(x\to 0).$$

试证明当 $x\to x_0$ 时,有

$$f'(x)=\sum_{k=1}^{n}ka_k\,(x-x_0)^{k-1}+o((x-x_0)^{n-1})\quad(x\to 0).$$

3. 试求函数 $f(x)=\begin{cases}x^6\sin\left(\frac{1}{x}\right), & x\neq 0,\\ 0, & x=0\end{cases}$ 的带 Peano 余项的 Maclaurin 公式.

4. 一个静止质量为 m_0 的物体以速度 v 运动,按相对论公式,其动能为

$$K=m_0c^2\left(\frac{1}{\sqrt{1-\frac{v^2}{c^2}}}-1\right)\quad(c\text{ 为光速}),$$

试证明当比值 $\frac{v}{c}\to 0$ 时,有 $K\sim\frac{1}{2}m_0v^2$.

5. 设 $P(x)$ 是 n 次多项式,若存在 $x_0\in(-\infty,\infty)$,使得

$$P(x_0)=P'(x_0)=\cdots=P^{(k-1)}(x_0)=0,\quad P^{(k)}(x_0)\neq 0\quad(1\leqslant k\leqslant n),$$

试证明 x_0 是 $P(x)$ 的 k 重根.

6. 设 $f(x)$ 在 $(-\infty,\infty)$ 上二次可微. 若有

$$f(x)\leqslant\frac{f(x+h)+f(x-h)}{2},\quad x\in(-\infty,\infty),\quad h>0,$$

试证明 $f''(x)\geqslant 0, x\in(-\infty,\infty)$.(提示:写出 $f(x+h)$,$f(x-h)$ 的 Taylor 公式)

7. 设 $f'(0)$ 存在,且 $f(0)=0$. 试求 $\lim\limits_{x\to 0+}x^{f(x)}$.

8. 已知当 $x\to 0$ 时,函数 $e^x-\frac{1+ax}{1+bx}$ 与 x^3 是同阶无穷小,试求 a,b 的值.

9. 试证明 $\lim\limits_{x\to+\infty}[x-x^2\ln(1+1/x)]=1/2$.

10. 设 $y=f(x)$ 由方程 $x^3+y^3+xy-1=0$ 所确定,试求 $f(x)$ 在 $x=0$ 处 Peano 余项 Taylor 公式到 x^2 项.

11. 试求$\lim\limits_{x\to 0}\left(\frac{\arctan x}{x}\right)^{\frac{1}{x^2}}$.

12. 求$\lim\limits_{n\to\infty}\left(1+\frac{1}{n}\right)^{n^2}\mathrm{e}^{-n}$.

13. 设 $x_n=\arctan x_{n-1}(n=2,3,\cdots)$,试求$\lim\limits_{n\to\infty}\frac{1}{nx_n^2}$.

14. 设 $f(x)=\frac{1+ax^k+o(x^k)}{1+a_1x^k+o(x^k)}, g(x)=\frac{1}{bx^k+o(x^k)}(x\to 0)$,其中 $a\neq 0, a_1\neq 0, b\neq 0$,试证明

$$\lim_{x\to 0}f(x)^{g(x)}=\mathrm{e}^{\frac{a-a_1}{b}}.$$

15. 设 $f'(0)=0, f''(x)+[f'(x)]^2=x(-\infty<x<\infty)$,试证明 $x=0$ 是曲线 $y=f(x)$的拐点.(提示:$f(x)$是任意次可导的)

5.5.2 Lagrange 余项的 Taylor 公式及其应用

1. Lagrange 余项的 Taylor 公式

在 Taylor 公式中,Peano 余项给出

$$R_n(x)=R_n(x_0,x)=o((x-x_0)^n)\quad(x\to x_0).$$

这只是一种动态估计,即当 x 趋于 x_0 时,$f(x)$与其 Taylor 多项式的误差趋于零.它并不能告诉我们误差大小与 x 接近x_0 的程度的相互具体制约关系,这对用多项式估算 $f(x)$还是不够的.为了解决这一问题,就是要改写余项 $R_n(x_0,x)$的形式.下面介绍的 Lagrange 型余项是 $f(x)$的 Taylor 展式的一个精确表达式,实际上它是 Lagrange 中值公式

$$f(x)=f(x_0)+f'(\xi)(x-x_0)$$

进一步的推广,例如,当 $f(x)$在$U(x_0)$上二次可导时,则上式可推进为

$$f(x)=f(x_0)+f'(x_0)(x-x_0)+f''(\xi)\frac{(x-x_0)^2}{2!},$$

其中 $\xi=x_0+\theta(x-x_0), 0<\theta<1$.

定理 5.18(Lagrange 型余项的 Taylor 公式①) 设 $f(x)$在$[x_0,x_0+h]$ $(h>0)$上有定义(类似地可讨论$[x_0-h,x_0]$和$U(x_0)$的情形).

(1) 设 $f(x)$在$[x_0,x_0+h]$上 n 次连续可微;

(2) 在(x_0,x_0+h)上 $f^{(n+1)}(x)$存在,

则对任意的 $x\in[x_0,x_0+h]$,存在 $\xi\in(x_0,x)$,使得

$$f(x)=f(x_0)+\frac{f'(x_0)}{1!}(x-x_0)+\frac{f''(x_0)}{2!}(x-x_0)^2+\cdots$$

① 发表于 Théorie des fonctions. 2nd ed. 1813.

$$+\frac{f^{(n)}(x_0)}{n!}(x-x_0)+R_n(x_0,x),$$

其中 $R_n(x_0,x)=\frac{f^{(n+1)}(\xi)}{(n+1)!}(x-x_0)^{n+1}$.

证明　凭经验判断,所要证明的公式属于微分中值性质的.引进常数 A(参阅本章后记(二)4),使得

$$R_n(x_0,x)=\frac{A}{(n+1)!}(x-x_0)^{(n+1)},$$

并引进新变量 t 代替 x_0,作辅助函数

$$F(t)=f(x)-f(t)-\frac{f'(t)}{1!}(x-t)-\frac{f''(t)}{2!}(x-t)^2-\cdots$$

$$-\frac{f^{(n)}(t)}{n!}(x-t)^n-\frac{A}{(n+1)!}(x-t)^{n+1}.$$

易知 $F(x)=0=F(x_0)$,从而存在 $\xi\in(x_0,x)$,使得 $F'(\xi)=0$.但我们有

$$F'(\xi)=-f'(\xi)-[f''(\xi)(x-\xi)-f'(\xi)]$$

$$-\left[\frac{f'''(\xi)}{2!}(x-\xi)^2-f''(\xi)(x-\xi)\right]-\cdots$$

$$-\frac{f^{(n+1)}(\xi)}{n!}(x-\xi)^n+\frac{f^{(n)}(\xi)}{(n-1)!}(x-\xi)^{n-1}+\frac{A}{n!}(x-\xi)^n.$$

由此知 $A=f^{(n+1)}(\xi)$.

上述中值公式表明:用 Taylor 多项式逼近 $f(x)$时,其误差 $R_n(x_0,x)$是由 $f(x)$的$(n+1)$阶导数决定的.

此外,类似于 Lagrange 中值公式的做法,还可将点 ξ 记为

$$\xi=x_0+\theta(x-x_0),\quad 0<\theta=\frac{\xi-x_0}{x-x_0}<1,$$

而 Taylor 公式中的 Lagrange 型余项也记为

$$R_n(x_0,x)=\frac{f^{(n+1)}(x_0+\theta(x-x_0))}{(n+1)!}(x-x_0)^{n+1}.$$

这一表示法的优点是,明示 ξ 与 x_0 及 x 有关.下列各例是 $x_0=0$ 的情形,仍记 $R_n(0,x)=R_n(x)$.

例 1　指数函数 e^x, $-\infty<x<\infty$:

$$e^x=1+x+\frac{x^2}{2!}+\cdots+\frac{x^n}{n!}+\frac{e^{\theta x}}{(n+1)!}x^{n+1}.$$

例 2　对数函数 $\ln(1+x)$, $|x|<1$:

$$\ln(1+x)=x-\frac{x^2}{2}+\cdots+(-1)^{n-1}\frac{x^n}{n}+(-1)^n\frac{x^{n+1}}{(n+1)(1+\theta x)^{n+1}}.$$

例 3 正弦函数 $\sin x, -\infty<x<\infty$：

$$\sin x=x-\frac{x^3}{3!}+\cdots+(-1)^{n-1}\frac{x^{2n-1}}{(2n-1)!}+R_{2n}(x),$$

$$R_{2n}(x)=\frac{\sin\left(\theta x+(2n+1)\frac{\pi}{2}\right)}{(2n+1)!}x^{2n+1}=(-1)^n\frac{\cos\theta x}{(2n+1)!}x^{2n+1}.$$

2. 应用举例

1）函数极值的高阶判别

我们曾经介绍过用二阶导数判别函数极值的方法. 然而在 $f'(x_0)=0$, $f''(x_0)=0$的情形，点 x_0 可能是 $f(x)$的极值点，也可能不是. 此时，通过 Taylor 公式还可以用更高阶的导数来作出判别.

定理 5.19 设 $f(x)$在$U(x_0)$上是 n 次连续可微的，$f^{(n+1)}(x_0)$存在，且有

$$f'(x_0)=f''(x_0)=\cdots=f^{(n)}(x_0)=0,\quad f^{(n+1)}(x_0)\neq 0.$$

若 n 是奇数(即 $n+1$ 是偶数)，则

$$\begin{cases}\text{当 } f^{(n+1)}(x_0)<0 \text{ 时}, & f(x_0)\text{是极大值},\\ \text{当 } f^{(n+1)}(x_0)>0 \text{ 时}, & f(x_0)\text{是极小值}.\end{cases}$$

若 n 是偶数(即 $n+1$ 是奇数)，则 $f(x_0)$即非极大值也非极小值.

证明略.

2）函数值的精细近似计算

为了把握函数用其 Taylor 多项式近似的程度，需估计误差 $R_n(x_0,x)$的范围. 显然，关键在于对 $f^{(n+1)}(\xi)$值的估计. 如果存在 $M_n>0$，使得对 $n=0,1,2,\cdots$，有

$$|f^{(n+1)}(x)|\leqslant M_n,\quad x\in[x_0-\eta,x_0+\eta],\ \eta>0,$$

那么可得估计

$$|R_n(x_0,x)|\leqslant\frac{M_n}{(n+1)!}|x-x_0|^{n+1},\quad x\in[x_0-\eta,x_0+\eta].$$

从而，当我们期望近似值的误差不超过 ε 时，只需在不等式

$$\frac{M_n}{(n+1)!}|x-x_0|^{n+1}<\varepsilon$$

中解出 n 是多少，就知道 Taylor 多项式应计算多少项即可.

例 4 e 的近似值.

此时，在 Taylor 公式中，取 $x_0=0, x=1$，因为我们有$(0<\theta<1)$

$$|R_n(1)|=\left|\frac{e^\theta}{(n+1)!}\right|<\frac{e}{(n+1)!}<\frac{3}{(n+1)!}.$$

取 $n=8$，则有$|R_8(1)|<\frac{3}{9!}<10^{-5}$. 由此可算得

$$\mathrm{e}\approx 1+1+\frac{1}{2!}+\frac{1}{3!}+\cdots+\frac{1}{8!}\approx 2.71828.$$

而误差不超过 0.00001.

注意,由于对固定的 x,有 $\frac{x^{n+1}}{(n+1)!}\to 0(n\to\infty)$. 故只要 n 取得充分大,就可以算出 e^x 的近似值,而其误差可小于预先指定的任意值.

3) 一类极限式的求法

定理 5.20　设 $f\in C^{(2)}([-a,a])$ 且 $f(0)=0$,则

$$\lim_{n\to\infty}\sum_{k=1}^{n} f\left(\frac{k}{n^2}\right)=\frac{f'(0)}{2}.$$

证明　由题设不妨假定 $|f''(x)|\leqslant M(-a\leqslant x\leqslant a)$,根据 Taylor 公式可知 $\left(0<\xi_{n,k}<\frac{k}{n^2}\right)$

$$f\left(\frac{k}{n^2}\right)=f'(0)\frac{k}{n^2}+f''(\xi_{n,k})\left(\frac{k}{n^2}\right)^2\Big/2!.$$

从而有

$$\sum_{k=1}^{n} f\left(\frac{k}{n^2}\right)=\sum_{k=1}^{n} f'(0)\frac{k}{n^2}+\sum_{k=1}^{n} f''(\xi_{n,k})\frac{k^2}{n^4}\Big/2.$$

注意到 $(n\to\infty)$

$$\sum_{k=1}^{n} f'(0)\frac{k}{n^2}=f'(0)\sum_{k=1}^{n}\frac{k}{n^2}=f'(0)\frac{n(n+1)}{2n^2}\to\frac{f'(0)}{2},$$

$$\left|\sum_{k=1}^{n}\frac{1}{2}f''(\xi_{n,k})\frac{k^2}{n^4}\right|\leqslant M\frac{n(n+1)(2n+1)}{n^4}\to 0,$$

即可得证.

例 5　$\lim\limits_{n\to\infty}\sum\limits_{k=1}^{n}(a^{k/n^2}-1)=\frac{\ln a}{2}(a>1)$.

证明　视 $f(x)=a^x-1$ 即可.

例 6　$\lim\limits_{n\to\infty} n\sin(2\pi \mathrm{e} n!)=2\pi$.

证明　应用 Taylor 公式,我们有 $(0<\theta<1)$

$$\begin{aligned}2\pi\mathrm{e}n! &= 2\pi n!\left(1+1+\frac{1}{2!}+\cdots+\frac{1}{(n+1)!}+\frac{\mathrm{e}^\theta}{(n+2)!}\right)\\ &= N_n\cdot 2\pi+\frac{2\pi}{n+1}+O\left(\frac{1}{n^2}\right)\quad(n\to\infty),\end{aligned}$$

$$n\sin(2\pi\mathrm{e}n!)=n\sin\left(\frac{2\pi}{n+1}+O\left(\frac{1}{n^2}\right)\right)$$

$$=n\left(\frac{2\pi}{n+1}+o\left(\frac{1}{n}\right)\right)=2\pi\frac{n}{n+1}+o(1)\quad(n\to\infty).$$

由此即得所证.

4）导数的估算

Lagrange 余项的 Taylor 公式把函数值与导数值结合成一个等式，从而可以互相估算. 在这里，问题的关键是如何建立起 Taylor 公式，即确定展开的主体以及在哪一点展开. 自然，这需根据目标以及提供的条件来定. 不过，展点也还可采用具有某种特性的点（如极值点、中点、端点等）.

例 7 设 $f(x)$ 在 $[0,1]$ 上二次可导，且有 $f(0)=f(1)$，$|f''(x)|\leqslant M(0\leqslant x\leqslant 1)$，则 $|f'(x)|\leqslant\frac{M}{2}(0\leqslant x\leqslant 1)$.

证明 由于结论涉及任意点 x 上的导数值，故应在点 x 上展开 Taylor 公式. 又为了利用 $f(0)=f(1)$，0 和 1 点当然就成为展开目标了. 由

$$\begin{cases}f(1)=f(x)+f'(x)(1-x)+\dfrac{f''(\xi_1)(1-x)^2}{2},\\ f(0)=f(x)+f'(x)(-x)+\dfrac{f''(\xi_2)x^2}{2}\end{cases}$$

可知（两式相减）

$$f'(x)=\frac{f''(\xi_2)x^2-f''(\xi_1)(1-x)^2}{2}.$$

从而易得 $|f'(x)|\leqslant\frac{M}{2}(0\leqslant x\leqslant 1)$.

例 8 设 $f(x)$ 在 $[a,b]$ 上二次可导，且有

$$|f''(x)|\leqslant M(a\leqslant x\leqslant b),\quad f(x)\leqslant f(x_0)\ (a<x,x_0<b),$$

则 $|f'(a)|+|f'(b)|\leqslant M(b-a)$.

证明 题设条件 $f(x)\leqslant f(x_0)(a<x,x_0<b)$ 不好直接应用，故转化为 $f'(x_0)=0$（x_0 为 $f(x)$ 的极大值点）. 此时，题设条件中不再提供 $f(x)$ 本身的信息，从而展开目标就成为导函数本身了，而展点自然是 x_0. 由

$$\begin{cases}f'(a)=f'(x_0)+f''(\xi_1)(a-x_0),\\ f'(b)=f'(x_0)+f''(\xi_2)(b-x_0),\end{cases}$$

可知（取绝对值相加）

$$|f'(a)|+|f'(b)|\leqslant M(x_0-a+b-x_0)=M(b-a).$$

例 9 设 $f(x)$ 在 $[a,b]$ 上二次可导，且有 $f'(a)=f'(b)=0$，则存在 $\xi\in(a,b)$，使得

$$|f''(\xi)|\geqslant\frac{4|f(b)-f(a)|}{(b-a)^2}.$$

证明　首先,把结论换写成

$$|f(b)-f(a)|\leqslant|f''(\xi)|\left(\frac{b-a}{2}\right)^2,$$

就可启发我们应用 Taylor 公式,其中的$\left(\frac{b-a}{2}\right)^2$视为$(\Delta x)^2$.

其次,为了引用 $f'(a)=f'(b)=0$,自然 a,b 就是展点. 这样,目标必须是 $f\left(\frac{a+b}{2}\right)\left(a,b\text{ 与}\frac{a+b}{2}\text{的差分是}\frac{b-a}{2}\right)$. 由

$$\begin{cases}f\left(\dfrac{a+b}{2}\right)=f(a)+\dfrac{f''(\xi_1)}{2}\left(\dfrac{b-a}{2}\right)^2,\\ f\left(\dfrac{a+b}{2}\right)=f(b)+\dfrac{f''(\xi_2)}{2}\left(\dfrac{b-a}{2}\right)^2,\end{cases}$$

可知(两式相等)

$$f(b)-f(a)=\frac{f''(\xi_1)-f''(\xi_2)}{2}\left(\frac{b-a}{4}\right)^2.$$

由此即得所证.

例 10　设 $f(x)$在$[0,\infty)$上三次可导,且有

$$\lim_{x\to+\infty}f(x)=A,\quad \lim_{x\to+\infty}f'''(x)=0,$$

则 $\lim\limits_{x\to+\infty}f'(x)=0,\lim\limits_{x\to+\infty}f''(x)=0$.

证明　考虑 $f(x+1),f(x-1)$在点 x 的 Lagrange 余项的 Taylor 公式:

$$\begin{cases}f(x+1)=f(x)+f'(x)+\dfrac{1}{2}f''(x)+\dfrac{1}{6}f'''(\xi_1), & x<\xi_1<x+1;\\ f(x-1)=f(x)-f'(x)+\dfrac{1}{2}f''(x)-\dfrac{1}{6}f'''(\xi_2), & x-1<\xi_2<x.\end{cases}$$

两式相加,得

$$f''(x)=f(x+1)+f(x-1)-2f(x)+\frac{1}{6}[f'''(\xi_2)-f'''(\xi_1)],$$

两式相减,得

$$2f'(x)=f(x+1)-f(x-1)-\frac{1}{6}[f'''(\xi_2)+f'''(\xi_1)].$$

从而知 $\lim\limits_{x\to+\infty}f''(x)=2A-2A+0=0$; $\lim\limits_{x\to+\infty}f'(x)=0$.

例 11　一辆汽车从 A 地起开到达终点 B 处,费时间 T,开过距离为 l,则途中必有某时刻 t_0,此时的加速度大于等于 $4l/T^2$.

证明　记距离是时间的函数为 $S(t)$,则依题设易知,$S(0)=S'(0)=0,S(T)=l$,$S'(T)=0$. 由此知存在 t_0:$0<t_0<T$,使得

$$S\left(\frac{T}{2}\right)=\frac{S''(t_0)}{2}\frac{T^2}{4}\geqslant\frac{l}{2},$$

$$S\left(\frac{T}{2}\right)=l+\frac{S''(t_0)}{2}\frac{T^2}{4}<\frac{l}{2}.$$

证毕.

思考练习

试证明下列命题：

1. 设 $f(x)$ 在 $[0,\infty)$ 上二次可导，且 $f(0)>0$，$f'(0)<0$. 若 $f''(0)\leqslant 0$，$x\in[0,\infty)$，则 $f(x)=0$ 在 $(0,\infty)$ 上有唯一解.

2. 设定义在 $[0,1]$ 上的函数 $f(x)$ 满足

$$|f(x)|\leqslant A,\quad |f''(x)|\leqslant B,$$

则对 $x\in[0,1]$，有 $|f'(x)|\leqslant 2A+\frac{B}{2}$.

3. 设 $f(x)$ 在 $(-\infty,\infty)$ 上三次可导，且有

$$f(x)>0,\quad f'(x)>0,\quad f''(x)>0,\quad f'''(x)>0,\quad x\in(0,\infty),$$

则存在 $k>0$，$x_0>0$，使得 $f(x)>kx^2$，$x\in(x_0,\infty)$.

4. 设 $f(x)$ 在 $[-1,1]$ 上三次连续可微，试给出 a,b,c 的值，使得 $af(-h)+bf(0)+cf(h)=f'(0)h+O(h^3)$，$|h|>1$.

5. 设 $f\in C^{(3)}([-1,1])$，且 $f(-1)=0$，$f(1)=1$，$f'(0)=0$，则存在 $\xi\in(-1,1)$，使得 $f'''(\xi)=3$.（提示：注意，$f'''(x)$ 是连续的，故由等式 $f'''(\xi_1)+f'''(\xi_2)=6>0$ 可知，$f'''(x)$ 的最大值必须大于等于 3，最小值小于等于 3）

后　记

(一) 关于方程的根

如果方程 $f'(x)=0$ 的根的个数不易获得，那么还可用下述方法来判定方程 $f(x)=0$ 的根的上限.

命题 5.2 设 $f(x)$ 在 (a,b) 上可微，在 $[a,b]$ 上连续，且 $f(a)=f(b)=0$，则存在 $\xi\in(a,b)$ 使得 $f(\xi)-f'(\xi)=0$.

证明 作 $F(x)=\mathrm{e}^{-x}f(x)$. 显然，$F(x)$ 在 (a,b) 上可微，在 $[a,b]$ 上连续，且有 $F(a)=F(b)=0$. 从而根据 Rolle 定理知，存在 $\xi\in(a,b)$，使得 $F'(\xi)=0$，

$$\mathrm{e}^{-\xi}f'(\xi)-\mathrm{e}^{-\xi}f(\xi)=0,\qquad f(\xi)-f'(\xi)=0.$$

应用此命题于 $f(x)=\mathrm{e}^x-x^n$，可以证明 $f(x)=0$ 至多有三个不同实根. 实际上，因为 $f(x)-f'(x)=x^{n-1}(n-x)$，所以 $f(x)-f'(x)=0$ 只有两个不同实根，即得所证.

此外，若 $f(x)$ 在 $[a,b]$ 上有 $n+1$ 阶导数，且 $f^{(k)}(a)=f^{(k)}(b)=0(k=1,2,\cdots,n)$，则存在 $\xi\in(a,b)$，使得 $f^{(n+1)}(\xi)=f(\xi)$（考察辅助函数 $F(x)=\sum_{k=0}^{n}f^{(k)}(x)$）.

(二) 与 Lagrange 中值公式相关的一些内容

1. (1) 设 $f(x)$在$(-\infty,\infty)$上可微. 在 Lagrange 公式

$$f(y)-f(x)=f'(x+\theta(y-x))=f'((1-\theta)x+\theta y),\quad 0<\theta<1\quad (x,y\in(-\infty,\infty))$$

中,θ与x,y有关. 如果θ与x,y无关,那么 $f(x)$只是一次或二次函数了.

事实上,记$\alpha=\theta,\beta=1-\theta$,若此$\alpha,\beta$对一切$x,y$均有

$$\frac{f(y)-f(x)}{y-x}=f'(\alpha y+\beta x),$$

则取$x=z+\alpha h,y=z-\beta h$,就有(注意$\alpha+\beta=1$)

$$f(z+\alpha h)-f(z-\beta h)=hf'(z).$$

由此易知 $f\in C^{(\infty)}((-\infty,\infty))$,并在上式两端对$h$求二次导数,可得

$$\alpha^2 f''(z+\alpha h)=\beta^2 f''(z-\beta h).$$

这说明对任意的x,y,有$\alpha^2 f''(x)=\beta^2 f''(y)$.

(1) $\alpha^2\neq\beta^2$ 时,必有 $f''(x)=0$. 此时有 $f(x)=c_2x+c_1$.

(2) $\alpha^2=\beta^2$ 时,必有 $\alpha=\beta=\dfrac{1}{2}$. 此时有 $f''(x)=c_3$,即

$$f(x)=c_3x^2+c_2x+c_1.$$

(3) 一般说来,Lagrange 中值公式

$$f(x+\Delta x)-f(x)=f'(\xi)\Delta x$$

中的ξ与x以及Δx有关,但其性态是不明确的. 例如,对 $f(x)=x\sin(\ln x)$,$f(0)=0$ 的微分中值公式

$$f(x)-f(0)=xf'(\xi),\quad 0<\xi<x$$

中,在$(0,x)$上,ξ不是x的连续函数.

下述推理是错误的:对于函数 $f(x)=x^2\sin(1/x)$,$f(0)=0$ 的微分中值公式 $f(x)-f(0)=f'(\xi)x(0<\xi<x)$为

$$x^2\sin\frac{1}{x}=\left(2\xi\sin\frac{1}{\xi}-\cos\frac{1}{\xi}\right)x,\quad x\sin\frac{1}{x}-2\xi\sin\frac{1}{\xi}=-\cos\frac{1}{\xi}.$$

令 $x\to 0$(随之 $\xi\to 0$),可知$\lim\limits_{x\to 0}\cos\dfrac{1}{x}=0$.

(3) 在 Lagrange 中值公式

$$f(y)-f(x)=f'(x+\theta(y-x))(y-x)$$

中的θ,在一定条件下其极限状况是可知的. 例如,若 $f''(x)$在$x=0$处连续,且 $f''(0)\neq 0$,则对

$$f(h)-f(0)=f'(\theta h)h,\quad 0<\theta<1$$

中的$\theta=\theta(h)$,有$\lim\limits_{h\to 0}\theta=1/2$.

实际上,由f的二次可微性,又有 $f'(\theta h)-f'(0)=f''(\theta_1\theta h)\theta h,0<\theta_1<1$. 从而可得

$$f(h)=f(0)+h[f'(0)+\theta hf''(\theta_1\theta h)].$$

将它与 Taylor 公式 $f(h)=f(0)+hf'(0)+\dfrac{h^2}{2}f''(\theta_2h)$,$0<\theta_2<1$ 作比较,我们有

$$\theta=\frac{1}{2}\frac{f''(\theta_2h)}{f''(\theta_1\theta h)}\to\frac{1}{2}\quad(h\to 0).$$

对于特定的函数,点 ξ 可明确表出.

例 1　设 $f(x)=px^2+qx+r(p\neq 0)$,考察区间$[a,b]$,则由

$$\frac{f(b)-f(a)}{b-a}=p(a+b)+q,\quad f'(x)=2px+q,$$

可知当 $\xi=(a+b)/2$ 时,恰有$\dfrac{f(b)-f(a)}{b-a}=f'(\xi)$.

2. (1) 我们知道,Lagrange 中值定理的逆一般是不成立的.在增加条件时,我们有下面的例题.

例 2　设 $f(x)$在(a,b)上二次可导,且 $\xi\in(a,b)$.若 $f''(\xi)>0$,则存在(a,b)内两点 x_1,x_2,使得 $f(x_2)-f(x_1)=f'(\xi)(x_2-x_1)$.

证明　① 当 $f'(\xi)=0$ 时,因为 $x=\xi$ 是 $f(x)$的极小值点,所以根据 $f(x)$的连续性,必有 $x_1<\xi<x_2$,使$f(x_2)-f(x_1)=0$.即得所证.

② 当 $f'(\xi)\neq 0$ 时,作函数 $F(x)=f(x)-f'(\xi)x$,则 $F'(\xi)=0$.且由 $F''(\xi)=f''(\xi)>0$ 可知(根据①对 $F(x)$),存在 $x_1<\xi<x_2$,使得

$$\frac{F(x_2)-F(x_1)}{x_2-x_1}=F'(\xi)=0.$$

注意到上式左端就是$\dfrac{f(x_2)-f(x_1)}{x_2-x_1}-f'(\xi)(=0)$,即得所证.

(2) 引入非零因子作辅助函数在求证不等式时也是有用的.

例 3　设 $f(x)$在$[a,b]$上可导,且存在常数 A,使得 $f(a)<A,f(x)+f'(x)<A(a<x<b)$,则 $f(x)<A(a<x<b)$.

证明　为使某导函数能呈现形式 $f(x)+f'(x)-A$,我们考察函数 $F(x)=e^xf(x)-Ae^x$,易知

$$F'(x)=e^x[f(x)+f'(x)-A]<0\quad(a<x<b).$$

因此,$F(x)$是严格递减的,注意到 $F(a)<0$,可得 $F(x)<0(a<x<b)$,从而有 $f(x)<A(a<x<b)$.

3. 在 $x\to\infty$时,$f(x)$与 $f'(x)$的极限一般不能互相蕴含.

(1) $f(x)=\dfrac{\sin x^2}{x}$,$\lim\limits_{x\to+\infty}f(x)=0$,但我们有

$$f'(x)=\frac{2x^2\cos x^2-\sin x^2}{x^2}=2\cos x^2-\frac{\sin x^2}{x^2},$$

且当 $x\to+\infty$时 $f'(x)$不存在极限.

(2) $f(x)=\sin(\ln x)$,当 $x\to+\infty$时 $f(x)$不存在极限,但我们有

$$\lim_{x\to+\infty}f'(x)=\lim_{x\to+\infty}\frac{\cos(\ln x)}{x}=0.$$

(3) 即使 $f(x)$是$(-\infty,\infty)$上的单调有界且可微的函数,当 $x\to+\infty$时,$f'(x)$也不一定趋于 0.例如,作 $f(x)$如下:

$$f(n)=1-2^{-n}\quad(n=1,2,\cdots),$$

且 $f(x)$在$[n,n+1]$上单调,又满足$(n=1,2,\cdots)$

$$f\left(n+\frac{1}{2}\right)=\frac{f(n)+f(n+1)}{2},$$

$$f'(n)=f'(n+1)=0,\quad f'\left(n+\frac{1}{2}\right)=1,\quad f(-x)=f(x).$$

(4) 设 $f(x)$在$[a,\infty)$上可导,且 $f'(x)$是单调函数. 若存在极限 $\lim\limits_{x\to+\infty}f(x)$,则 $f'(+\infty)=0$(注意 $f(n+1)-f(n)=f'(\xi_n)(n<\xi_n<n+1)$).

(5) 设 $f(x)$在(a,∞)上可导. 若 $x\to+\infty$时,$f'(x)\to A>0$,则 $f(x)\to+\infty(x\to+\infty)$. 实际上,这只需注意 $f(x)=f(z)+f'(\xi)(x-z)$.

(6) 设 $f(x)$在(a,∞)上可导. 若 $x\to+\infty$时,$f(x)+f'(x)\to l$,则 $f(x)\to l$, $f'(x)\to 0\ (x\to+\infty)$.

(7) 设 $f(x)$在$[a,\infty)$上可微.

① 若 $f'(x)\to0(x\to+\infty)$,则$\dfrac{f(x)}{x}\to0(x\to+\infty)$;

② 若$\dfrac{f(x)}{x}\to0(x\to+\infty)$,则 $\lim\limits_{x\to+\infty}|f'(x)|=0$.

证明　① 存在 $X>a$,当 $x>X$ 有 $|f'(x)|<\dfrac{\varepsilon}{2}$. 从而又有 $x_n>X$(存在 n_0, $x_n>x_{n_0}>X$)且 $x_n\to+\infty$, $|f'(x_n)|<\dfrac{\varepsilon}{2}$. 因此可得($x_{n_0}<\xi_n<x_n$)

$$\left|\frac{f(x_n)-f(x_{n_0})}{x_n-x_{n_0}}\right|=|f'(\xi_n)|<\frac{\varepsilon}{2},$$

$$\frac{f(x_{n_0})}{x_n}-\left(1-\frac{x_{n_0}}{x_n}\right)\frac{\varepsilon}{2}<\frac{f(x_n)}{x_n}<\frac{f(x_{n_0})}{x_n}+\left(1-\frac{x_{n_0}}{x_n}\right)\frac{\varepsilon}{2},$$

即$-\varepsilon<\dfrac{f(x_n)}{x_n}<\varepsilon(x_n>x_{n_0})$.

② 反证法. 假定 $\lim\limits_{x\to+\infty}|f'(x)|=l\neq0$,则存在 X,当 $x>X$ 时有 $|f'(x)|\geqslant l-\varepsilon>0$. 从而对 $x>x_1>X$,又有($x_1<\xi<x$)

$$\left|\frac{f(x)-f(x_1)}{x-x_1}\right|=|f'(\xi)|\geqslant l-\varepsilon.$$

$$\lim_{x\to+\infty}\left|\frac{f(x)}{x}\right|=\lim_{x\to+\infty}\left|\frac{f(x)-f(x_1)}{x-x_1}\right|\geqslant l-\varepsilon.$$

这与题设矛盾.

4. 再论辅助函数的设计方法.

各种微分中值公式的证明,关键在于作出恰当的辅助函数. 然而,这一工作在中值关系式中的数量结构复杂时,是不易或不能再从几何观点来引发的,而必须加以分析化. 例如,求证 $\varphi(\xi)=0$, $\xi\in I$,其中 $\varphi(x)$定义在区间 I 上,且满足一定条件.

为证上式,我们的方法是寻求函数 $\Phi(x)$,使得 $\Phi'(x)=\varphi(x)$(此时,也称 $\Phi(x)$为 $\varphi(x)$的原函数),将问题转化为求证 $\Phi'(\xi)=0$,从而纳入微分中值公式的格局.

但是,寻求原函数是一个很大的课题. 进一步的学习将会知道,原函数存在有充分条件,也可以说出些必要条件,但没有充分必要条件. 此外,即使知道一个函数有原函数存在,也不一定能用简单的运算形式表达出来. 还有一种办法就是引进非零因子 $h(x)$,作辅助函数 $\Phi(x)=$

$h(x)\varphi(x)$，如上述(一)中的命题 5.2，那里的 $h(x)=\mathrm{e}^{-x}$.

当然，也还可以从另一角度来考察微分中值公式. 如在 Lagrange 中值公式中，为证明存在 $\xi\in(a,b)$，使得 $f(b)-f(a)=f'(\xi)(b-a)$，曾以几何角度作出辅助函数为

$$F(x)=f(x)-f(a)-\frac{f(b)-f(a)}{b-a}. \qquad ①$$

实际上，对于区间$[a,b]$而言，式①中的$\frac{f(b)-f(a)}{b-a}$只是一个常数，不妨记为 A. 从而该辅助函数也可以写成

$$F(x)=f(x)-f(a)-A(x-a). \qquad ②$$

同样可以推出 $F'(\xi)=0(F(a)=0=F(b))$.

$$f'(\xi)=A=\frac{f(b)-f(a)}{b-a}.$$

如此说来，为作辅助函数①，可不必运用几何观点，而只需直接令 $f'(\xi)=A\left(\text{实际上就是记}\frac{f(b)-f(a)}{b-a}=A\right)$，并用 x 替换 b，再将 $f(x)-f(a)=A(x-a)$ 写成标准形式 $f(x)-f(a)-A(x-a)=0$，就可设计出式②中的辅助函数 $F(x)$ 了. 这里把 b 用 x 替换的做法，其实正是微积分研究问题的根本方法，即从运动变化中来考察定量的思想的反映. 在这里，我们将以举例的方式介绍几种求作辅助函数的方法供参考.

例 4　设 $f(x)$在$[0,1]$上二次可导，且 $f'(0)=0$，则存在 $\xi\in(0,1)$，使得

$$f'(\xi)-(\xi-1)^2f''(\xi)=0. \qquad ③$$

证明　由于式③左端 $f'(\xi)$前没有乘积因子，而 $f''(\xi)$前却有，这显然不易成为其他函数的导数形式. 注意到$-\frac{1}{(x-1)^2}$的原函数是$\frac{1}{x-1}$，因此，将其调整为

$$\frac{f'(\xi)}{(\xi-1)^2}-f''(\xi)=0 \quad 或 \quad f''(\xi)-\frac{f'(\xi)}{(\xi-1)^2}=0.$$

命题 5.2 的证明经验提示我们，可作辅助函数 $F(x)=\mathrm{e}^{\frac{1}{x-1}}f'(x)(0\leqslant x\leqslant 1)$. 不过，这一辅助函数在 $x=1$ 无定义，但因为 $\lim\limits_{x\to1-}f'(x)=f'(1)$，$\lim\limits_{x\to1-}\mathrm{e}^{\frac{1}{x-1}}=0$，所以只要令 $F(1)=0$，就得到在$[0,1]$上连续且在$(0,1)$上可微的函数 $F(x)$了. 又由题设知 $F(0)=\mathrm{e}^{-1}f'(0)=0=F(1)$，故根据 Rolle 定理，存在 $\xi\in(0,1)$，使得

$$0=F'(\xi)=\mathrm{e}^{\frac{1}{\xi-1}}\left[f''(\xi)-\frac{1}{(\xi-1)^2}f'(\xi)\right],$$

即得所证.

例 5　设 $f(x)$在$[a,b]$上连续，且在(a,b)上二次可导，则对 $x\in(a,b)$，存在 $\xi\in(a,b)$，使得

$$\frac{f(x)-f(a)}{x-a}-\frac{f(b)-f(a)}{b-a}=\frac{1}{2}(x-b)f''(\xi). \qquad ④$$

证明　视式④中的 $f''(\xi)$为常数 A，即

$$\left[\frac{f(x)-f(a)}{x-a}-\frac{f(b)-f(a)}{b-a}\right]\Big/\frac{x-b}{2}=A,$$

并将上式改写成(为使所作辅助函数有三个零点)

$$\frac{f(x)-f(a)}{x-a}-\frac{f(b)-f(a)}{b-a}-\frac{x-b}{2}A=0,$$

$$[f(x)-f(a)](b-a)-[f(b)-f(a)](x-a)-\frac{A}{2}(b-a)(x-a)(x-b)=0.$$

现在,作辅助函数(引进变量,以 t 换 b)

$$F(t)=[f(x)-f(a)](t-a)-[f(t)-f(a)](x-a)-\frac{A}{2}(t-a)(x-a)(x-t).$$

易知 $F(b)=0=F(a)=F(x)$,根据 Rolle 定理,存在 $\xi_1\in(a,x)$,$\xi_2\in(x,b)$,使得 $F'(\xi_1)=0$,$F'(\xi_2)=0$. 从而再根据 Rolle 定理又知,存在 $\xi\in(\xi_1,\xi_2)$,使得 $F''(\xi)=0$. 因为我们有

$$F'(t)=f(x)-f(a)-f'(t)(x-a)-\frac{A}{2}[(x-a)(x-t)-(t-a)(x-a)],$$

$$F''(t)=-f''(t)(x-a)-\frac{A}{2}[-(x-a)-(x-a)]=(x-a)[A-f''(t)],$$

所以由 $F''(\xi)=0$ 可推出 $A=f''(\xi)$,即得所证.

例 6　设 $h>0$,$f(x)$在$[a-h,a+h]$上连续,在$(a-h,a+h)$上可导,则有

(1) $\dfrac{f(a+h)-f(a-h)}{h}=f'(a+\theta h)+f'(a-\theta h)(0<\theta<1)$;

(2) $\dfrac{f(a+h)-2f(a)+f(a-h)}{h}=f'(a+\lambda h)-f'(a-\lambda h)(0<\lambda<1)$.

证明　以(1)为例,令$\dfrac{f(a+h)-f(a-h)}{h}=A$,并考察函数 $F(x)=f(a+x)-f(a-x)-Ax$ $(|x|<h)$,则由 $F(0)=0=F(h)$ 可知,存在 $0<\theta<1$,使得 $F'(\theta h)=0$,即$f'(a+\theta h)+f'(a-\theta h)-A=0$.

上面所举的例子都是涉及中值的等式,对于不等式或估值问题,用辅助函数法也不失为一种手段.

例 7　设 $f(x)$在$[0,1]$上有两个零点. 若有 $|f''(x)|\leqslant 1(0\leqslant x\leqslant 1)$,则 $|f(x)|\leqslant\dfrac{1}{2}(0\leqslant x\leqslant 1)$.

证明　为了应用二阶导函数的估值,我们期望作出一个具有三个零点的函数,如

$$F(x)=f(x)-f(x_0)\frac{(x-x_1)(x-x_2)}{(x_0-x_1)(x_0-x_2)},$$

其中 x_1,x_2 是 $f(x)$(也是 $F(x)$)的两个零点,x_0 是异于 x_1,x_2 的$[0,1]$中的任一点($F(x)$的零点). 从而存在 $\xi\in(0,1)$,使得$F''(\xi)=0$,即

$$f''(\xi)-f(x_0)\frac{2}{(x_0-x_1)(x_0-x_2)}=0.$$

由此可知$|f(x_0)|=|f''(\xi)|\dfrac{|(x_0-x_1)(x_0-x_2)|}{2}\leqslant\dfrac{1}{2}$. 由于 x_0(与 x_1,x_2 不同)是任意取的. 即得所证.

5. 判别函数单调性的补充.

命题 5.3　设 $f\in C([a,b])$，$\{x_n\}\subset(a,b)$. 若 $f(x)$在(a,b)中除$\{x_n\}$外的点 x 上均可微，且 $f'(x)>0$，则 $f(x)$是严格递增的.

证明　若不然，则不妨假定 $f(a)>f(b)$，并记 $A=\{x_n\}$. 由 $f(x)$的连续性可知，存在 $t\bar{\in} f(A)$，使得 $f(a)>t>f(b)$. 作点集

$$E=\{x\in[a,b]:f(x)=t\},\quad \sup E=c.$$

又由 $f(x)$的连续性可知 $f(c)=t$，当然 $c<b$. 从而对 $x\in(c,b)$，有 $f(x)<t=f(c)$. 因为 $c\bar{\in} A$. 所以$\dfrac{f(x)-f(c)}{x-c}<0$. 由此得 $f'(c)\leqslant 0$，矛盾.

注　函数

$$f(x)=\begin{cases}x+x^2\sin\dfrac{2}{x}, & x\neq 0,\\ 0, & x=0\end{cases}$$

是过点 $x=0$ 跃增的，但在任意的$(-\delta,\delta)$上均不递增.

(三) Cauchy 中值公式

(三个函数的情形)设 $f(x),g(x),h(x)$在$[a,b]$上连续，在(a,b)上可微，则存在 $\xi\in(a,b)$，使得行列式

$$\begin{vmatrix}f(a) & g(a) & h(a)\\ f(b) & g(b) & h(b)\\ f'(\xi) & g'(\xi) & h'(\xi)\end{vmatrix}=0.$$

为此，只需作函数

$$F(x)=\begin{vmatrix}f(a) & g(a) & h(a)\\ f(b) & g(b) & h(b)\\ f(x) & g(x) & h(x)\end{vmatrix}.$$

显然，$F(a)=0=F(b)$，且有

$$F'(x)=\begin{vmatrix}f(a) & g(a) & h(a)\\ f(b) & g(b) & h(b)\\ f'(x) & g'(x) & h'(x)\end{vmatrix}.$$

从而由 Rolle 定理即得所证.

当 $h(x)=1$ 时，就是 Cauchy 中值公式；当 $h(x)=1$ 时，$g(x)=x$ 时，就是 Lagrange 中值公式.

(四) 关于 L'Hospital 法则

1. 在计算不定型"$\dfrac{0}{0}$"和"$\dfrac{\infty}{\infty}$"的 L'Hospital 法则中，当 $x\to 0$ 或∞时，$\dfrac{f'(x)}{g'(x)}$的极限不存在，并不能说明$\dfrac{f(x)}{g(x)}$的极限也不存在. 例如，对 $f(x)=x^2\sin\dfrac{1}{x}$，$g(x)=x$，我们有

$$\lim_{x\to 0}\frac{f(x)}{g(x)}=\lim_{x\to 0}\frac{x^2\sin\dfrac{1}{x}}{x}=0.$$

但是$\dfrac{f'(x)}{g'(x)}=2x\sin\dfrac{1}{x}-\cos\dfrac{1}{x}$,它在 $x\to0$ 时极限不存在.

2. L'Hospital 法则的逆一般是不成立的,下面例子指出,在某些附设其他条件的情况下,逆向也成立.

命题 5.4　设 $f(x)$在$[a,\infty)$上可导,且$\dfrac{f(x)}{x^p}\to1(x\to+\infty)$. 若 $f'(x)$递增,则$\dfrac{f'(x)}{px^{p-1}}\to1(x\to+\infty)$.

证明　由题设知,对 $h>0,x-h>0$ 有

$$\frac{f(x)-f(x-h)}{h}\leqslant f'(x)\leqslant\frac{f(x+h)-f(x)}{h}.$$

令 $h=\delta x(\delta>0)$,又可得

$$\frac{f(x)-f(x-\delta x)}{\delta x^p}\leqslant\frac{f'(x)}{x^{p-1}}\leqslant\frac{f(x+\delta x)-f(x)}{\delta x^p}.$$

将上式右端不等式写成

$$\frac{f'(x)}{x^{p-1}}\leqslant\frac{f(x+\delta x)}{(x+\delta x)^p}\frac{(1+\delta)^p}{\delta}-\frac{1}{\delta}\frac{f(x)}{x^p},$$

从而有$(x\to+\infty)$ $\overline{\lim\limits_{x\to+\infty}}\dfrac{f'(x)}{x^{p-1}}\leqslant\dfrac{(1+\delta)^p}{\delta}-\dfrac{1}{\delta}$.

类似地,考察左端不等式,也可导致

$$\frac{1}{\delta}-\frac{(1-\delta)^p}{\delta}\leqslant\underline{\lim_{x\to+\infty}}\frac{f'(x)}{x^{p-1}}.$$

注意到

$$\lim_{\delta\to0+}\left(\frac{1}{\delta}-\frac{(1-\delta)^p}{\delta}\right)=\lim_{\delta\to0+}\left(\frac{(1+\delta)^p}{\delta}-\frac{1}{\delta}\right)=p,$$

即得所证.

L'Hospital 法则还可在极限课题的深层次台面上发挥作用.

例 8　设 $f(x)$在 $U(0)$上二次连续可微,且 $f'(x)\to1(x\to0)$. 现在定义数列如下:$a_1\neq0$ 且 $a_1\in U(0)$,$\lim\limits_{n\to\infty}a_n=0$,$a_{n+1}=f(a_n)(n=1,2,\cdots)$,则$\dfrac{1}{na_n}\to-\dfrac{f''(0)}{2}(n\to\infty)$.

证明　依题设易知(应用 L'Hospital 法则)

$$\lim_{x\to0}\left(\frac{1}{f(x)}-\frac{1}{x}\right)=-\frac{f''(0)}{2}.$$

由此可得$\left(\dfrac{1}{a_{n+1}}-\dfrac{1}{a_n}\right)\to-\dfrac{f''(0)}{2}(n\to\infty)$.

从而我们有

$$\begin{aligned}-\frac{f''(0)}{2}&=\lim_{n\to\infty}\frac{1}{n}\sum_{k=1}^{n}\left(\frac{1}{a_{k+1}}-\frac{1}{a_k}\right)\\&=\lim_{n\to\infty}\left(\frac{1}{na_{n+1}}-\frac{1}{na_1}\right)=\lim_{n\to\infty}\frac{1}{(n+1)a_{n+1}}.\end{aligned}$$

(五) 关于导函数的连续性

Darboux 定理指出，$f'(x)$具有介值性，虽然 $f'(x)$不一定连续. 下例给出了 $f'(x)$是连续的充分必要条件.

命题 5.5 设 $f(x)$在$[a,b]$上可微，则 $f'(x)$在$[a,b]$上连续的充分必要条件是：对任给 $\varepsilon>0$，存在 $\delta>0$，使得对一切 $x\in[a,b]$，都有

$$\left|\frac{f(x+h)-f(x)}{h}-f'(x)\right|<\varepsilon,\quad 0<|h|<\delta.$$

证明 必要性：根据 $f'(x)$在$[a,b]$上的一致连续性可知，对任给 $\varepsilon>0$，存在 $\delta>0$，使得

$$|f'(x_1)-f'(x_2)|<\varepsilon,\quad x_1,x_2\in[a,b]\text{ 且 }|x_1-x_2|<\delta.$$

由此并应用微分中值公式，对$[a,b]$中的任一点 x，当 $0<|h|<\delta$，有(注意 $|\xi-x|<|h|<\delta$)

$$\left|\frac{f(x+h)-f(x)}{h}-f'(x)\right|=|f'(\xi)-f'(x)|<\varepsilon\quad(\xi\text{ 位于 }x\text{ 与 }x+h\text{ 之间}).$$

充分性：对任一点 $x\in[a,b]$，以及 $0<|h|<\delta$，只要 $x+h\in[a,b]$，由题设可知

$$\begin{aligned}&|f'(x+h)-f'(x)|\\ \leqslant&\left|f'(x+h)-\frac{f(x+h)-f(x)}{h}\right|+\left|\frac{f(x+h)-f(x)}{h}-f'(x)\right|\\ <&\left|f'(x+h)-\frac{f(x+h-h)-f(x+h)}{-h}\right|+\varepsilon<2\varepsilon.\end{aligned}$$

(六) 函数的凹凸性

1. 凸

定义 5.3 若 $f(x)$在点 $x=x_0$ 处满足(存在 $\delta>0$)

$$f(x)\geqslant(\leqslant)f(x_0)+f'(x_0)(x-x_0),\quad x\in U_\delta(x_0),$$

则称 $f(x)$在 $x=x_0$ 处是凸(上凸)的.

命题 5.6 设 $f(x)$在(a,b)上可微，则 $f(x)$至少在一点 $x_0\in(a,b)$上是(下)凸或上凸的.

证明 作 $g(x)=f(x)+\dfrac{f(a)-f(b)}{b-a}(x-a)$，由 $g(b)=f(a)=g(a)$可知，$g(x)$在(a,b)中某一点 x_0 处取到极大或极小值. 不妨设为 $g(x_0)\leqslant g(x)$，$x\in U(x_0)$. 从而有

$$0=g'(x_0)=f'(x_0)+\frac{f(a)-f(b)}{b-a}.$$

根据

$$f(x_0)+\frac{f(a)-f(b)}{b-a}(x_0-a)\leqslant f(x)+\frac{f(a)-f(b)}{b-a}(x-a),\quad x\in U(x_0)$$

即得 $f(x)\geqslant f(x_0)+f'(x_0)(x-x_0)$，$x\in U(x_0)$.

2. 对数凸.

定义 5.4 设 $f(x)$是定义在区间 I 上的正值函数. 若 $g(x)=\ln f(x)$在 I 上是(下)凸函数，则称 $f(x)$在 I 上是**对数凸**的.

关于对数凸函数，下述性质成立：

(1) 若 $f(x)$在 I 上对数凸，则 $f(x)$在 I 上是凸函数.

(2) 若 $f_1(x)$，$f_2(x)$在 I 上对数凸，则 $f_1(x)\cdot f_2(x)$在 I 上对数凸.

(3) 设 $f(x)$是$[a,b]$上的正值函数，且在(a,b)上二次可导，则 $f(x)$在$[a,b]$上对数凸的充分必要条件是

$$f(x)f''(x)-[f'(x)]^2\geqslant 0\quad (a<x<b).$$

(4) 设 $f_1(x),f_2(x)$是$[a,b]$上的正值连续函数,且在(a,b)上二次可导.若$f_1(x),f_2(x)$在$[a,b]$都是对数凸的,则 $f_1(x)+f_2(x)$在$[a,b]$上是对数凸的.

例 9　$f(x)=\mathrm{e}^{-x}$和 $g(x)=x^2$ 都是凸函数,但 $f[g(x)]=\mathrm{e}^{-x^2}$ 不是凸函数.

例 10　$f(x)=1+|x|$是凸函数,但是 $\ln f(x)$不是凸函数.

命题 5.7　设 $f\in C^{(1)}([a,b])$,则对$[a,b]$中任意的 x,y,均存在唯一的$\xi\in(x,y)$,使得$f(y)-f(x)=f'(\xi)(y-x)$,当且仅当 $f(x)$在$[a,b]$上是严格(下)凸或上凸的函数(注意条件与 $f'(x)$严格单调等价).

(七) 曲线的拐点

定理 5.16 有时也称为拐点第一充分条件,下述结果也可称为拐点的第二充分条件.

命题 5.8　设 $f(x)$在点 $x=x_0$ 处三次可微,且 $f''(x_0)=0$.若 $f'''(x_0)\neq 0$,则$x=x_0$是 $y=f(x)$的拐点.

证明　由 $f''(x_0)=0$,故可得 Taylor 公式

$$f(x)=f(x_0)+f'(x_0)(x-x_0)+\frac{f'''(x_0)}{3!}(x-x_0)^3+o((x-x_0)^3)\quad (x\to x_0).$$

从而可知在充分小的邻域$U(x_0)$内,在 $x>x_0$ 与 $x<x_0$ 处,差 $f(x)-f(x_0)-f'(x_0)(x-x_0)$变号,即得所证.

上述充分条件还可进一步推广到更高阶导数的情形:

设 $f''(x_0)=f'''(x_0)=\cdots=f^{(n-1)}(x_0)=0,f^{(n)}(x_0)\neq 0$,若 n 是奇数,则 $x=x_0$ 是 $f(x)$的拐点;若 n 是偶数,则 $x=x_0$ 不是 $f(x)$的拐点.

例 11　$x=0$ 是曲线 $f(x)=\dfrac{x^3}{2}-\tan x+\sin x$ 的拐点.

证明　因为有 Taylor 公式

$$\sin x=x-\frac{x^3}{3!}+\frac{x^5}{5!}+o(x^6),\quad \tan x=x+\frac{x^3}{3!}+\frac{2}{15!}x^5+o(x^6)\quad (x\to 0),$$

所以 $f(x)=c_5x^5+o(x^6),c_5\neq 0$,从而可得 $f''(0)=f'''(0)=f^{(4)}(0)=0,f^{(5)}(0)\neq 0$.即得所证.

第 6 章　微分的逆运算——不定积分

给定一个函数,求它的导数或微分,这是微分学考虑的问题.现在,给定一个函数 $f(x)$(或 $f(x)\mathrm{d}x$),$(?)'=f(x)$(或 $\mathrm{d}(?)=f(x)\mathrm{d}x$)? 这也是一个非常实际的问题.因为在许多科学技术的数学模型中,描述事物变化规律的函数是通过它的变化率,以导函数或微分形式出现在某种关系中的.实际上,提出反问题,是导致产生新概念的一种卓有成效的数学方法.

例如,一个国家的人口总量 y 是时间 t 的函数 $y(t)$,记其在充分小的时间间隔 $\mathrm{d}t$ 内人口的改变量为 $\Delta y\sim\mathrm{d}y$①,认定人口出生数、死亡数与 $y(t)$,$\mathrm{d}t$ 成正比,各记为 $k_1y(t)\mathrm{d}t$ 与 $k_2y(t)\mathrm{d}t$.我们有关系式

$$\mathrm{d}y=(k_1-k_2)y(t)\mathrm{d}t \quad 或 \quad \frac{\mathrm{d}y}{\mathrm{d}t}=(k_1-k_2)y(t).$$

又如,火箭在飞行过程中,依靠不断喷放高速气流获得推动力,同时火箭本身的质量也随之减少.记在时刻 t 的火箭质量为 $m(t)$,速度为 $v(t)$,w 是相对于火箭的喷气速度.认定在极短的时间间隔 $\mathrm{d}t$ 内,火箭向后喷出的气体质量为 $\mathrm{d}m$,则由动量守恒原理(不考虑外力)可知,火箭增加的动量应等于喷气的动量,但符号相反:

$$m(t)\mathrm{d}v(t)=-w\mathrm{d}m(t) \quad 或 \quad \frac{\mathrm{d}v}{\mathrm{d}m}=-\frac{w}{m}.$$

从上述两例可以看出,为了获得火箭速度 $v(t)$ 与人口函数 $y(t)$,我们必须从其导数或微分所满足的某种关系式中解出来.也就是说通过所谓"反导数"运算求出原来的函数.

注　在 Newton-Leibniz 时代,这种"反导数"运算是作为求积分问题的方法而导入的.这就是第 7 章(第二册)中所介绍的求定积分的 Newton-Leibniz 公式.在那里,我们将体会到,为什么称微分的逆运算为积分.

6.1　原函数与不定积分

6.1.1　原函数与不定积分的概念

定义6.1　设 $f(x)$是在区间 I 上有定义的函数.若存在一个在 I 上可微的函

---

① 为了考察在 Δt 充分小的精确情形,在这里用微分量 $\mathrm{d}y$ 近似代替改变量 Δy.这一数学上的(抽象)转换正是在实际课题中运用微积分理论的思想方法.参阅本书第二册 7.8.5 小节.

数 $F(x)$,使得

$$F'(x)=f(x),\ x\in I;\qquad \mathrm{d}F(x)=f(x)\mathrm{d}x,\ x\in I,$$

则称 $F(x)$是 $f(x)$(在 I 上的)一个**原函数**[①].

例 1　因为我们有$(\sin x)'=\cos x, x\in(-\infty,\infty)$,所以 $\sin x$ 是 $\cos x$ 在$(-\infty,\infty)$上的一个原函数.

注意到一个常数函数的导函数是零,因此 x^2 在$(-\infty,\infty)$上的原函数有$\frac{x^3}{3}+1,\frac{x^3}{3}-5$等.这说明,一个函数的原函数可以有无穷多个,即若 $F(x)$是 $f(x)$的一个原函数,则 $F(x)+C$ 也是 $f(x)$的原函数,其中 C 是任意常数.不仅如此,实际上,$f(x)$的任意两个原函数之间也仅相差一个常数:设 $F_1(x),F_2(x)$皆为 $f(x)$在区间 I 上的原函数,则作函数

$$\varphi(x)=F_1(x)-F_2(x),\quad x\in I.$$

易知 $\varphi'(x)=F_1'(x)-F_2'(x)=f(x)-f(x)=0$.由此知

$$\varphi(x)=C\quad\text{或}\quad F_1(x)=F_2(x)+C,\quad x\in I.$$

这里的常数 C 是什么,要依 F_1 及 F_2 而定,如果知道它们在点 x_0 处的值,那么 $C=F_1(x_0)-F_2(x_0)$.

总之,虽然一个函数在有原函数时会有无穷多个,但这众多原函数又可由任一个原函数产生出来.也就是说,若已知 $F(x)$是 $f(x)$的某个原函数,则其全部原函数可写为

$$F(x)+C\quad(C\text{是任意常数}).$$

定义 6.2　设 $f(x)$在区间 I 上有原函数存在,则记原函数的一般表达式为

$$\int f(x)\mathrm{d}x,\quad x\in I,$$

并称它为 $f(x)$在 I 上的**不定积分**,表达式中的 $f(x)$称为**被积函数**,称 x 为积分变量,称 $f(x)\mathrm{d}x$ 为被积表达式.

由此并联系到前面的讨论可知,如果 $F(x)$是 $f(x)$在区间 I 上的一个原函数,那么

$$\int f(x)\mathrm{d}x=F(x)+C,\quad x\in I.$$

这里 C 表示任意常数,并称为积分常数.因此,不定积分并不只是一个函数,而是表示一族函数,即原函数的全体,且有性质:

$$\frac{\mathrm{d}}{\mathrm{d}x}\int f(x)\mathrm{d}x=f(x),\quad x\in I.$$

---

① primitive 或称为反导数:antiderivative.

例 2 设 $f(x)$在区间 I 上可微,则

$$\int[f(x)+f'(x)]e^x dx = f(x)e^x + C, \quad x \in I.$$

证明 只需注意$[f(x)e^x]'=[f(x)+f'(x)]e^x$.

注 由于原函数的全体可从一个原函数加任意常数来获得,而这一常数在表达任意性时又可用不同的方式,故同一个函数的不定积分,可能出现形式上不同的结果,但只要经过恒等变换,就可知道它们是完全相同的.

例 3 $F(x)=\sin^2 x=1-\cos^2 x=\frac{1}{2}-\frac{1}{2}\cos 2x, F'(x)=\sin 2x=f(x)$,我们有

$$\int f(x)dx = \int \sin 2x dx = \begin{cases} \sin^2 x + C; \\ -\frac{1}{2}\cos 2x + C; \\ -\cos^2 x + C. \end{cases}$$

注 设 $F(x)$是 $f(x)$的一个原函数,则从微分式 $dF(x)=f(x)dx$ 看不定积分符号,形式地有

$$\int dF(x) = \int f(x)dx = F(x) + C;$$

$$d\int f(x)dx = d(F(x)+C) = f(x)dx.$$

因此,把不定积分看作反微分运算,在符号上体现出极其简明的优越性:"$\int$ 与 d 相抵消". 这样,积分号下出现符号 dx 也就是自然的了. 下面我们将看到,灵活运用这一符号在不定积分的计算中所扮演的重要角色.

例 4 求 $f(x)=|x|$在$(-\infty,\infty)$上的不定积分.

解 因为在$[0,\infty)$上,$f(x)=x$,易知 $F(x)=\frac{x^2}{2}$是它在$[0,\infty)$上的一个原函数,所以有

$$\int |x| dx = \frac{x^2}{2} + C_1 = \frac{x|x|}{2} + C_1, \quad x \in [0,\infty)$$

(其中在 $x=0$ 处,是指 $F'_+(0)=f(0)=0$). 又因为在$(-\infty,0]$上,$f(x)=-x$,易知 $F(x)=-\frac{x^2}{2}$是它在$(-\infty,0]$的一个原函数,所以有

$$\int |x| dx = -\frac{x^2}{2} + C_2 = \frac{x|x|}{2} + C_2, \quad x \in (-\infty,0].$$

由于 $F(x)=\frac{x|x|}{2}$在 $x=0$ 处连续且 $F(0)=0, F'_+(0)=F'_-(0)=f(0)$. 故任意常数 $C_1=C_2$,从而得到

$$\int |x|\,\mathrm{d}x=\frac{x|x|}{2}+C,\quad x\in(-\infty,\infty).$$

原函数与导函数之间的关系,从几何上看是曲线与其上的切线斜率之间的关系.设已知曲线 $y=F(x)$,在点 x 上曲线的切线只有一条,其斜率是唯一确定的,即导函数 $F'(x)=f(x)$是唯一的.如果已知某曲线上各点处的切线斜率,反求原曲线,情况就不同了.此时当我们找到了一条原曲线 $y=F(x)$,$F'(x)=f(x)$时,那么将曲线 $y=F(x)$在坐标平面上沿 y 轴平移距离 C 后,所得曲线 $y=F(x)+C$ 上各点处的斜率并未改变(其中 C 可以是任意常数).也就是说,在相应于点 x 上,曲线 $y=F(x)$与 $y=F(x)+C$ 的切线都是平行的.因此,原函数全体,即不定积分在坐标平面上是表示一族"平行"曲线(图 6-1).为了确定常数 C,必须指明原函数在某一定点的值,或原函数曲线通过某一定点.

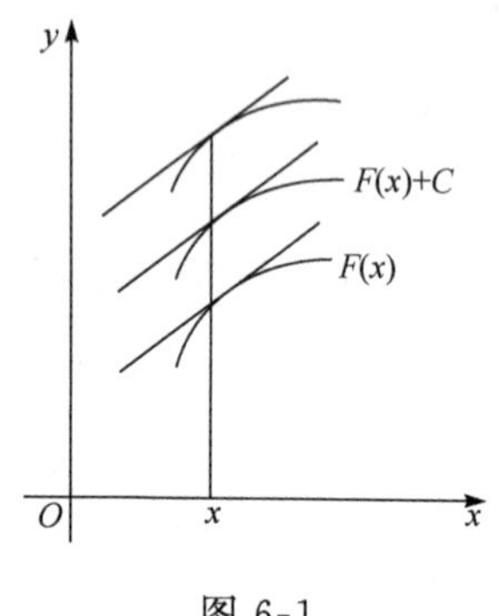

图 6-1

从导函数的固有特征可知,不是任何一个函数都有原函数存在的.例如,符号函数

$$\operatorname{sgn}x=\begin{cases}1, & x>0,\\ 0, & x=0,\\ -1, & x<0\end{cases}$$

在点 $x=0$ 处有第一类间断,它在$(-\infty,\infty)$上不存在原函数.

例 5　试论 $\int \mathrm{e}^{-|x|}\,\mathrm{d}x$.

解　分段解出,我们有(连续函数有原函数)

$$\int \mathrm{e}^{-|x|}\,\mathrm{d}x=\begin{cases}-\mathrm{e}^{-x}+C_1, & x\geqslant 0,\\ \mathrm{e}^{x}+C_2, & x\leqslant 0.\end{cases}$$

注意到被积函数 $x=0$ 处连续,故知

$$-1+C_1=1+C_2,\quad C_1=C_2+2.$$

注　在第 7 章(第二册)里将指出,连续函数必有原函数存在.因此,初等函数在其定义区间上都存在原函数.

思 考 练 习

1. 设 $f(x)$在$[a,b]$上递增.若 $f(x)$在$[a,b]$上有原函数,试证明 $f\in C([a,b])$.

2. 试问什么函数 $f(x)$满足下列条件?

(i) 若 $F(x)$是 $f(x)$的原函数,$G(x)$是 $1/f(x)$的原函数,则 $F(x)G(x)=1$.

(ii) $f(0)=1$.

3. 试求不定积分 $\int 3x|x|\,\mathrm{d}x$.(提示:考察 $x^2|x|$)

4. 设 $f'(\ln x)=\begin{cases}1, & 0<x\leqslant 1,\\ x, & x>1,\end{cases}$ $f(0)=0$,试求 $f(x)$.

5. 设 $f''(x)=af(x)$,$g''(x)=bg(x)$,$a\neq b$,试证明 $\int f(x)g(x)\mathrm{d}x=\dfrac{f'(x)g(x)-f(x)g'(x)}{a-b}+C$.

6. 设 $\int g(x)\mathrm{d}x=G(x)+C$,$\int g(x)f(x)\mathrm{d}x=2x+C$,且 $f(x)>0$,试求不定积分 $\int\left(\dfrac{1}{f(x)}\right)\mathrm{d}x$.

7. 设 $f(x)$定义在(a,b)上,$a<c<b$,且有 $F_1'(x)=f(x)(a<x<c)$;$F_2'(x)=f(x)(c<x<b)$;$\lim\limits_{x\to c-}F_1(x)=A$,$\lim\limits_{x\to c+}F_2(x)=B$.若 $f(x)$在 $x=c$ 处连续,试证明 $f(x)$在(a,b)上存在原函数.(提示:$F(x)=F_1(x)(a<x<c)$;$F(c)=A$;$F(x)=F_2(x)-B+A(c<x<b)$)

6.1.2 部分初等函数的积分表

求函数的不定积分称为积分法,积分法要比微分法困难.大家知道,在导数的定义里,本身就包含着求导的方法.与此不同,原函数的定义仅仅表明了它的特征,只能用来验证 $F(x)$是不是 $f(x)$的原函数,并未指出如何从 $f(x)$求出 $F(x)$的途径.因此,目前我们只能从具体的导函数关系以及求导运算一般规律中来诱导.例如,从导数公式($a\neq 0$)

$$\left(\frac{1}{2a}\ln\left|\frac{x-a}{x+a}\right|\right)'=\frac{1}{2a}(\ln|x-a|-\ln|x+a|)'$$

$$=\frac{1}{2a}\left(\frac{1}{x-a}-\frac{1}{x+a}\right)=\frac{1}{x^2-a^2},$$

立即可知

$$\int\frac{\mathrm{d}x}{x^2-a^2}=\frac{1}{2a}\ln\left|\frac{x-a}{x+a}\right|+C,\quad a\neq 0.$$

以此类推,我们可以列出下述积分表(表 6-1).

表 6-1 部分初等函数积分表

$\int x^\alpha\mathrm{d}x=\dfrac{x^{\alpha+1}}{\alpha+1}+C,\alpha\neq-1$	$\int\dfrac{1}{x}\mathrm{d}x=\ln\lvert x\rvert+C$
$\int \mathrm{e}^x\mathrm{d}x=\mathrm{e}^x+C$	$\int a^x\mathrm{d}x=\dfrac{a^x}{\ln a}+C,a>0,a\neq 1$
$\int\cos x\mathrm{d}x=\sin x+C$	$\int\sin x\mathrm{d}x=-\cos x+C$
$\int\tan x\mathrm{d}x=-\ln\lvert\cos x\rvert+C$	$\int\cot x\mathrm{d}x=\ln\lvert\sin x\rvert+C$

续表

$\int \sec^2 x\mathrm{d}x = \tan x + C$	$\int \csc^2 x\mathrm{d}x = -\cot x + C$
$\int \frac{\mathrm{d}x}{\sqrt{a^2 - x^2}} = \arcsin \frac{x}{a} + C$	$\int \frac{\mathrm{d}x}{x^2 + a^2} = \frac{1}{a}\arctan \frac{x}{a} + C$
$\int \frac{\mathrm{d}x}{x^2 - a^2} = \frac{1}{2a}\ln\left\|\frac{x-a}{x+a}\right\| + C$	$\int \frac{\mathrm{d}x}{\sqrt{x^2 \pm a^2}} = \ln\left\|x + \sqrt{x^2 \pm a^2}\right\| + C$
$\int \sinh x\mathrm{d}x = \cosh x + C$	$\int \cosh x\mathrm{d}x = \sinh x + C$

这里列出了被积函数为基本初等函数以及常用的不定积分公式，它们说明基本初等函数的原函数是初等函数. 熟记这些公式，将在计算、化简不定积分时起到定向归类的作用.

例 1　设 $f(x)$在区间 I 上具有可微的反函数 $f^{-1}(x)$，且满足 $\int f(x)\mathrm{d}x = F(x) + C, x \in I$，则

$$\int f^{-1}(x)\mathrm{d}x = x \cdot f^{-1}(x) - F[f^{-1}(x)] + C, \quad x \in I.$$

证明　记上式右端为 $G(x)$，则

$$\begin{aligned} G'(x) &= f^{-1}(x) + x\frac{\mathrm{d}}{\mathrm{d}x}f^{-1}(x) - F'[f^{-1}(x)] \cdot \frac{\mathrm{d}}{\mathrm{d}x}f^{-1}(x) \\ &= f^{-1}(x) + x\frac{\mathrm{d}}{\mathrm{d}x}f^{-1}(x) - f[f^{-1}(x)] \cdot \frac{\mathrm{d}}{\mathrm{d}x}f^{-1}(x) \\ &= f^{-1}(x) + x\frac{\mathrm{d}}{\mathrm{d}x}f^{-1}(x) - x \cdot \frac{\mathrm{d}}{\mathrm{d}x}f^{-1}(x) = f^{-1}(x). \end{aligned}$$

特别地，因为有 $\int \cot x\mathrm{d}x = \ln|\sin x| + C, x \in I$，所以

$$\begin{aligned} \int \operatorname{arccot} x\mathrm{d}x &= x \cdot \operatorname{arccot} x - \ln \frac{1}{\sqrt{1+x^2}} + C \\ &= x\operatorname{arccot} x + \frac{1}{2}\ln(1+x^2) + C. \end{aligned}$$

作为本节的结束，再举几个应用例子.

例 2(函数方程)　设 $f(x)$是$(-\infty,\infty)$上的函数，且满足

$$f(x+y) = f(x) + f(y) + 2xy, \quad x, y \in (-\infty, \infty), \qquad ①$$

若 $f'(0)$存在，求 $f(x)$.

解　取 $x=y=0$，可得 $f(0)=2f(0)$，即 $f(0)=0$.

将式①改写为

$$\frac{f(x+y)-f(x)}{y}=\frac{f(x)}{y}+2x,\quad y\neq 0.$$

从而得

$$f'(x)=\lim_{y\to 0}\frac{f(x+y)-f(x)}{y}$$
$$=\lim_{y\to 0}\frac{f(y)-f(0)}{y}+2x=2x+f'(0).$$

由此知

$$\int f'(x)\mathrm{d}x=\int[2x+f'(0)]\mathrm{d}x=x^2+f'(0)\cdot x+C,$$

即 $f(x)$的一般表达式为 $f(x)=x^2+f'(0)x+C$.

因为当 $x=0$ 时,$f(0)=0$,所以有 $C=0$. 可知 $f(x)=x^2+f'(0)x$.

* **例 3**(微分中值) 设 $f(x)$在$[a,b]$上连续,在(a,b)上可微,且 $f(a)=f(b)=0$,则对在$[a,b]$上任一连续函数 $\varphi(x)$,有 $\xi\in(a,b)$,使得 $f'(\xi)+\varphi(\xi)f(\xi)=0$.

证明 因为 $\varphi(x)$连续,所以存在原函数,用符号 $\int\varphi(x)\mathrm{d}x$ 记之,则作

$$F(x)=\mathrm{e}^{\int\varphi(x)\mathrm{d}x}\cdot f(x).$$

依题易知:$F\in C([a,b])$且在(a,b)上可微,又有 $F(a)=F(b)=0$,从而根据 Rolle 定理,一定存在 $\xi\in(a,b)$,使得

$$F'(\xi)=\mathrm{e}^{\int\varphi(x)\mathrm{d}x}[f'(\xi)+\varphi(\xi)f(\xi)]=0.$$

由此立即推出 $f'(\xi)+\varphi(\xi)f(\xi)=0$.

思 考 练 习

1. 试举例说明间断函数可能存在原函数.
2. 试求$(-\infty,\infty)$上 $\mathrm{e}^{|x|}$ 以及 $\max(1,x^2)$的原函数.
3. 设 $f:(0,\infty)\mapsto(0,\infty)$有原函数 $F(x)$,且有

$$2xF(x)=f(x),\quad x\in(0,\infty).$$

试求 $f(x)$.

4. 试求满足函数方程

$$f(xy)=f(x)+f(y),\quad x,y>0$$

的可微函数 $f(x)$.

6.2 积分法法则

6.2.1 不定积分运算的线性性质

根据求导运算的规律,如四则运算、复合运算公式等,我们就可以相应地得出

求不定积分的方法. 本节先介绍最简单的线性性质,其余的放在下面几节中讨论.

相应于求导运算的可加性关系

$$(F_1(x)+F_2(x))'=F_1'(x)+F_2'(x),$$

可得下述结论.

定理 6.1　设 $f_1(x)$, $f_2(x)$ 在区间 I 上均有原函数存在,则 $f_1(x)+f_2(x)$ 在 I 上也存在原函数,且有

$$\int[f_1(x)+f_2(x)]\mathrm{d}x=\int f_1(x)\mathrm{d}x+\int f_2(x)\mathrm{d}x,\quad x\in I.$$

证明　设 $F_1(x)$, $F_2(x)$ 各为 $f_1(x)$, $f_2(x)$ 的原函数,则由微分法则

$$[F_1(x)+F_2(x)]'=F_1'(x)+F_2'(x)=f_1(x)+f_2(x),\quad x\in I.$$

由此知 $F_1(x)+F_2(x)$ 是 $f_1(x)+f_2(x)$ 在 I 上的原函数,且有

$$\begin{aligned}\int[f_1(x)+f_2(x)]\mathrm{d}x&=F_1(x)+F_2(x)+C\\&=F_1(x)+F_2(x)+C_1+C_2\\&=\int f_1(x)\mathrm{d}x+\int f_2(x)\mathrm{d}x,\quad x\in I.\end{aligned}$$

注意,任意常数也可写为两个任意常数的和.

相应于求导运算的数乘关系

$$[kF(x)]'=kF'(x)=kf(x),$$

可得下述结论.

定理 6.2　设 $f(x)$ 在区间 I 上有原函数存在, $k\in(-\infty,\infty)$,则 $kf(x)$ 也存在原函数,且 $k\neq0$ 时有

$$\int kf(x)\mathrm{d}x=k\int f(x)\mathrm{d}x,\quad x\in I.$$

证明　设 $F(x)$ 是 $f(x)$ 在区间 I 上的一个原函数,即

$$F'(x)=f(x),\quad x\in I.$$

由此可知 $[kF(x)]'=kF'(x)=kf(x)$. 这说明 $kF(x)$ 是 $kf(x)$ 的一个原函数,且有

$$\int kf(x)\mathrm{d}x=kF(x)+C_1,\quad x\in I.$$

又由 $\int f(x)\mathrm{d}x=F(x)+C_2$ 可知

$$k\int f(x)\mathrm{d}x=k[F(x)+C_2]=kF(x)+kC_2=\int kf(x)\mathrm{d}x,\quad x\in I$$

(因为 $k\neq0$,所以 kC_2 仍为任意常数). 当 $k=0$ 时,上述不定积分的数乘公式还成立吗?

例 1　求 $f(x)=\dfrac{1}{x^2(x^2+4)}$ 的不定积分.

解 $$\int \frac{1}{x^2(x^2+4)}\mathrm{d}x = \frac{1}{4}\int \frac{x^2+4-x^2}{x^2(x^2+4)}\mathrm{d}x = \frac{1}{4}\int \frac{\mathrm{d}x}{x^2} - \frac{1}{4}\int \frac{\mathrm{d}x}{x^2+4} = -\frac{1}{4x} - \frac{1}{8}\arctan\frac{x}{2} + C,\quad x \neq 0.$$

例 2 求 $f(x)=\tan^2 x\left(x\in\left(-\frac{\pi}{2},\frac{\pi}{2}\right)\right)$的不定积分.

解 $$\int \tan^2 x\mathrm{d}x = \int\left[\frac{1}{\cos^2 x}-1\right]\mathrm{d}x = \tan x - x + C \quad \left(x\in\left(-\frac{\pi}{2},\frac{\pi}{2}\right)\right).$$

例 3 求 $x|x|$的不定积分.

解 $$\int x|x|\mathrm{d}x = \operatorname{sgn}x\int x^2\mathrm{d}x = \operatorname{sgn}x\cdot\frac{x^3}{3} = \frac{x^2|x|}{3}+C.$$

例 4 求 $\int \frac{x^5}{x+1}\mathrm{d}x$.

解 注意 $x^5+1=(x+1)(x^4-x^3+x^2-x+1)$，以及

$$\frac{x^5}{x+1}=\frac{x^5+1}{x+1}-\frac{1}{x+1}.$$

例 5 求 $S_n(x)=\sum\limits_{k=1}^{n}\frac{1}{2^k}\tan\frac{x}{2^k}$.

解 注意到不定积分运算的线性性质，以及

$$\frac{\mathrm{d}}{\mathrm{d}x}\int S_n(x)\mathrm{d}x = S_n(x);\qquad \frac{\mathrm{d}}{\mathrm{d}x}\left(-\ln\left|\cos\frac{x}{2^k}\right|\right)=\frac{1}{2^k}\tan\frac{x}{2^k},$$

我们有

$$\begin{aligned}\int S_n(x)\mathrm{d}x &= \sum_{k=1}^{n}\int\frac{1}{2^k}\tan\frac{x}{2^k}\mathrm{d}x = \sum_{k=1}^{n}\left(-\ln\left|\cos\frac{x}{2^k}\right|+C_k\right)\\ &=-\sum_{k=1}^{n}\ln\left|\cos\frac{x}{2^k}\right|+\sum_{k=1}^{n}C_k\\ &=-\ln\left|\cos\frac{x}{2}\cos\frac{x}{2^2}\cdots\cos\frac{x}{2^n}\right|+\sum_{k=1}^{n}C_k\\ &=-\ln\left|\frac{\sin x}{2^n\sin\frac{x}{2^n}}\right|+\sum_{k=1}^{n}C_k\\ &=\ln 2^n+\ln\left|\sin\frac{x}{2^n}\right|-\ln|\sin x|+\sum_{k=1}^{n}C_k.\end{aligned}$$

$$S_n(x)=\frac{\mathrm{d}}{\mathrm{d}x}\left(\ln\left|\sin\frac{x}{2^n}\right|-\ln|\sin x|\right)=\frac{1}{2^n}\cot\frac{x}{2^n}-\cot x.$$

思考练习

1. 设 $F(x)$是 $f(x)$在区间 I 上的一个原函数,试证明

(1) $g(x)=xf(x)$也有原函数.

(2) 当 $F(x)>0$ 时,$g(x)=\dfrac{f(x)}{F(x)}$也有原函数.

2. 试求下列不定积分:

(1) $\int \cos^2\left(\dfrac{x}{2}\right)\mathrm{d}x$;　(2) $\int 3^x \cdot 5^{2x}\,\mathrm{d}x$;　(3) $\int \dfrac{\mathrm{d}x}{3x-5}$;

(4) $\int \dfrac{\mathrm{d}x}{\sqrt{7x^2-8}}$;　(5) $\int \dfrac{\mathrm{d}x}{\sqrt{x^2+13}}$.

3. 试证明等式

$$\sum_{k=1}^{n-1} kx^{k-1} = \frac{(n-1)x^n - nx^{n-1}+1}{(x-1)^2}.$$

6.2.2 换元积分法

大家知道,导数与微分只是变量变化率的两种角度的描述,它们是统一的. 微分比之导数的一大优点是一阶微分形式的不变性,它在复合函数的微分法上呈现出表达上的简洁性,这正是 Leibniz 所用的不定积分符号下带有 $\mathrm{d}x$ 记法的科学性. 因此,在不定积分 $\int f(x)\mathrm{d}x$ 中的 $f(x)\mathrm{d}x$ 可设计为某一函数的微分时,不论它是否是复合而成的函数,都可用求导公式直接返回到它的原函数.

定理 6.3(第一积分换元法)　若 $f(u)$在区间 J 上有原函数 $F(u)$:

$$\int f(u)\mathrm{d}u = F(u) + C,$$

则 $F(\varphi(x))$是 $f(\varphi(x))\varphi'(x)$在区间 I 上的原函数:

$$\int f(\varphi(x))\varphi'(x)\mathrm{d}x = F(\varphi(x)) + C,\quad x \in I, \tag{①}$$

其中 $u=\varphi(x)$是 I 上的可微函数,且 $R(\varphi)\subset J$.

证明　由题设知,$F(\varphi(x))$在 I 上可微,且有

$$(F(\varphi(x)))'=F'(\varphi(x))\varphi'(x)=f(\varphi(x))\varphi'(x),\quad x\in I.$$

由此即知式①成立.

公式①称为**第一换元积分公式**,为求 $\int f[\varphi(x)]\varphi'(x)\mathrm{d}x$,就用 u 去替换 $\varphi(x)$,并视积分号下的 $\varphi'(x)\mathrm{d}x$ 为 $\mathrm{d}u$,则问题可转化为求不定积分$\int f(u)\mathrm{d}u$. 因此,在具体应用这一公式时,允许作下列演算:

$$\int f[\varphi(x)]\varphi'(x)\mathrm{d}x = \int f[\varphi(x)]\mathrm{d}\varphi(x) \xlongequal{\varphi(x)=u} \int f(u)\mathrm{d}u$$

$$= F(u) + C \xlongequal{u=\varphi(x)} F[\varphi(x)] + C, \quad x \in I.$$

因此,关键在于将被积函数凑成 $f[\varphi(x)]\varphi'(x)\mathrm{d}x$ 的形式,俗称凑微分法. 顺便指出:有了这一换元积分法,原先不定积分中纯符号 $\mathrm{d}x$,现在可以当作 x 的微分来对待了,这说明恰当运用数学符号的重要性. 在下面的不定积分表达式中,若未明示存在区域,则暗指定义区域.

例 1 $\int (3x+2)^5 \mathrm{d}x = \frac{1}{3}\int (3x+2)^5 \mathrm{d}(3x+2)$

$$\xlongequal{u=3x+2} \frac{1}{3}\int u^5 \mathrm{d}u$$

$$= \frac{1}{18}u^6 + C = \frac{1}{18}(3x+2)^6 + C.$$

例 2 $\int \sin^2 x \cos^3 x \mathrm{d}x = \int \sin^2 x(1-\sin^2 x)\cos x \mathrm{d}x$

$$= \int \sin^2 x \mathrm{d}\sin x - \int \sin^4 x \mathrm{d}\sin x$$

$$= \frac{\sin^3 x}{3} - \frac{\sin^5 x}{5} + C.$$

例 3 求不定积分 $I = \int \sin mx \cos nx \mathrm{d}x, m \neq n$.

解 应用三角公式 $\sin mx \cos nx = \frac{1}{2}[\sin(m+n)x + \sin(m-n)x]$,可将不定积分分为两个部分:

$$I = \frac{1}{2}\int \sin(m+n)x \mathrm{d}x + \frac{1}{2}\int \sin(m-n)x \mathrm{d}x.$$

从而由变量替换直接得出

$$I = -\frac{1}{2}\left\{\frac{\cos(m+n)x}{m+n} + \frac{\cos(m-n)x}{m-n}\right\} + C.$$

例 4 $\int \frac{\mathrm{d}x}{1-\sin x} = \int \frac{\mathrm{d}x}{\cos^2\frac{x}{2} + \sin^2\frac{x}{2} - 2\cos\frac{x}{2}\sin\frac{x}{2}}$

$$= \int \frac{\mathrm{d}x}{\left(\cos\frac{x}{2} - \sin\frac{x}{2}\right)^2}$$

$$= \int \frac{\mathrm{d}x}{\cos^2\frac{x}{2}\left(1-\tan\frac{x}{2}\right)^2}$$

$$= 2\int \frac{\mathrm{d}\tan\frac{x}{2}}{\left(1-\tan\frac{x}{2}\right)^2} = \frac{2}{1-\tan\frac{x}{2}} + C.$$

例 5　求 $I=\int \frac{\mathrm{d}x}{ax^2+bx+c}(a\neq 0)$.

解　首先,转换被积函数分母的形式:

$ax^2+bx+c=a\left[\left(x+\frac{b}{2a}\right)^2\pm l^2\right]$,　$\pm l^2=\frac{c}{a}-\frac{b^2}{4a^2}$ (符号取决于右端).

其次,我们有

$$I=\frac{1}{a}\int \frac{\mathrm{d}x}{\left(x+\frac{b}{2a}\right)^2\pm l^2}.$$

再用替换 $x+\frac{b}{2a}=u,\mathrm{d}x=\mathrm{d}u$,可得

$$I=\frac{1}{a}\int \frac{\mathrm{d}u}{u^2\pm l^2}=\begin{cases}\frac{1}{a}\left\{\frac{1}{l}\arctan\frac{u}{l}\right\}+C,\\ \frac{1}{a}\left\{\frac{1}{2l}\ln\left|\frac{u-l}{u+l}\right|\right\}+C.\end{cases}$$

再将其中 u,l 用原值代回.

定理 6.4(第二积分换元法)　设 $G(t)$是 $f(\varphi(t))\varphi'(t)$在区间 I 上的原函数:

$$\int f(\varphi(t))\varphi'(t)\mathrm{d}t=G(t)+C,$$

则 $G(\varphi^{-1}(x))$是 $f(x)$在区间 J 上的原函数:

$$\int f(x)\mathrm{d}x=G(\varphi^{-1}(x))+C,\quad x\in J, \tag{②}$$

其中,$f(x)$在区间 J 上有定义,$x=\varphi(t)$在 I 上连续且在 I 内部可微,$R(\varphi)=J$ 且 $\varphi'(t)\neq 0$.

证明　由题设知,$\varphi(t)$存在反函数 $\varphi^{-1}(x)$,且有

$$(\varphi^{-1}(x))'=\frac{1}{\varphi'(\varphi^{-1}(x))},\quad (\varphi^{-1}(x))'\varphi'(\varphi^{-1}(x))=1.$$

从而,根据 $G(t)$是 $f(\varphi(x))\varphi'(x)$的原函数,可得

$$\begin{aligned}(G(\varphi^{-1}(x))'&=G'(\varphi^{-1}(x))(\varphi^{-1}(x))'\\ &=f(x)\varphi'(\varphi^{-1}(x))(\varphi^{-1}(x))'=f(x).\end{aligned}$$

由此即知式②成立.

公式②称为**第二换元积分公式**,为求 $\int f(x)\mathrm{d}x$,就用 $\varphi(t)$ 去替换 x,并视 $\mathrm{d}x$ 为

微分$\varphi'(t)\mathrm{d}t$,从而将$\int f(x)\mathrm{d}x$化成不定积分$\int f[\varphi(t)]\varphi'(t)\mathrm{d}t$来计算. 因此,在具体演算时，可采用如下形式写出：

$$\int f(x)\mathrm{d}x \xlongequal{x=\varphi(t)} \int f[\varphi(t)]\varphi'(t)\mathrm{d}t = G(t)+C$$

$$\xlongequal{t=\varphi^{-1}(x)} G[\varphi^{-1}(x)]+C.$$

例 6 $\int \frac{\sin\sqrt{x}}{\sqrt{x}}\mathrm{d}x \xlongequal[t>0]{x=t^2} \int \frac{\sin t}{t}2t\mathrm{d}t = 2\int \sin t\mathrm{d}t = -2\cos\sqrt{x}+C.$

注 在这里,消去根号是换元的目标.

例 7 $\int x(1-x)^n\mathrm{d}x \xlongequal{x=1-t} -\int(1-t)t^n\mathrm{d}t$

$$= -\frac{t^{n+1}}{n+1}+\frac{t^{n+2}}{n+2}+C$$

$$= -\frac{(1-x)^{n+1}}{n+1}+\frac{(1-x)^{n+2}}{n+2}+C.$$

例 8 求不定积分 $I=\int \frac{\mathrm{d}x}{x\sqrt{4-x^2}}$.

解 (1) 令 $x=2\sin\theta$,则

$$I=\int \frac{2\cos\theta\mathrm{d}\theta}{2\sin\theta\cdot 2\cos\theta} = \frac{1}{2}\int\frac{\mathrm{d}\theta}{\sin\theta} = \frac{1}{2}\int\frac{\mathrm{d}\theta}{2\sin\frac{\theta}{2}\cos\frac{\theta}{2}}$$

$$= \frac{1}{2}\int\frac{\mathrm{d}\theta}{2\tan\frac{\theta}{2}\cos^2\frac{\theta}{2}} = \frac{1}{2}\int\frac{\mathrm{d}\tan\frac{\theta}{2}}{\tan\frac{\theta}{2}}$$

$$= \frac{1}{2}\ln\left|\tan\frac{\theta}{2}\right|+C = \frac{1}{2}\ln\left|\tan\left(\frac{1}{2}\arcsin\frac{x}{2}\right)\right|+C.$$

(2) 令 $\sqrt{4-x^2}=t$,则

$$I=-\int\frac{1}{\sqrt{4-t^2}\cdot t}\frac{t\mathrm{d}t}{\sqrt{4-t^2}} = \int\frac{\mathrm{d}t}{t^2-4}$$

$$= \frac{1}{4}\ln\left|\frac{t-2}{t+2}\right|+C = \frac{1}{4}\ln\left|\frac{\sqrt{4-x^2}-2}{\sqrt{4-x^2}+2}\right|+C.$$

* **例 9** 求解满足公式

$$f(x+y)=\frac{f(x)+f(y)}{1-f(x)f(y)},\quad x,y\in(-\infty,\infty)$$

的可微函数 $f(x)$.

解　令 $y=0$,则有

$$f(x)=\frac{f(x)+f(0)}{1-f(x)f(0)}.$$

或写为 $f(0)(1+f^2(x))=0$,即 $f(0)=0$. 从而在等式

$$\frac{f(x+\Delta x)-f(x)}{\Delta x}=\frac{f(\Delta x)}{\Delta x}\frac{1+f^2(x)}{1-f(x)f(\Delta x)}$$

中令 $\Delta x\to 0$,可知 $f'(x)=f'(0)(1+f^2(x))$. 记 $y=f(x)$,上式可写为

$$\frac{\mathrm{d}y}{1+y^2}=f'(0)\mathrm{d}x,$$

由此得 $\arctan y=f'(0)x+C$,即 $f(x)=\tan(f'(0)x+C)$. 由 $f(0)=0$,又得 $C=0$. 最后,我们有

$$f(x)=\tan(f'(0)x),\quad x\in(-\infty,\infty).$$

例 10　设非负函数 $F(x)$ 是 $f(x)$ 在 $[0,\infty)$ 上的一个原函数,且 $F(0)=1$. 若有 $f(x)F(x)=\sin^2 x, x\in[0,\infty)$,求 $F(x)$.

解　由题设知 $F'(x)=f(x)$,因此我们有

$$F'(x)F(x)=f(x)F(x)=\sin^2 x,\quad x\in(0,\infty).$$

在上式两端求不定积分,可得

$$\int F(x)F'(x)\mathrm{d}x=\int \sin^2 x\mathrm{d}x,\quad \frac{F^2(x)}{2}=\frac{x}{2}-\frac{\sin 2x}{4}+C,$$

因为 $F(0)=1$,所以 $C=\frac{1}{2}$. 从而可知

$$F(x)=\sqrt{x+1-\frac{\sin 2x}{2}},\quad x\in[0,\infty).$$

注　换元法是积分法最常用的基本方法,即便是在采用其他积分方法时,也往往要用变量替换作为其积分过程中的一个环节. 积分法的成败与选择适当的变量替换有很大关系. 一般说来,“哪里不‘顺’,就换哪里”.

作为本节的结束,我们来解本章引言中所举的两个例子,也算是不定积分的一个应用吧!

(1) 将人口函数 $y(t)$ 满足的关系式 $\frac{\mathrm{d}y}{\mathrm{d}t}=(k_1-k_2)y$ 换写成 $\frac{\mathrm{d}y}{y}=(k_1-k_2)\mathrm{d}t$. 由此知(两边作不定积分,常数只需写一个) $\ln y(t)=(k_1-k_2)t+C$,即 $y(t)=A\mathrm{e}^{(k_1-k_2)t}, A=\mathrm{e}^C$.

(2) 根据火箭运行方程 $\mathrm{d}v=-w\frac{\mathrm{d}m}{m}$ 可解得火箭飞行速度为

$$v(t)=-w\ln m(t)+C.$$

记火箭起飞($v=0$)的质量为 m_0，易知 $C=w\ln m_0$. 从而得 $v(t)=w\ln\dfrac{m_0}{m(t)}$.

多级火箭浅议：设在时刻 $t=t_k$ 时燃料用完，而火箭速度为 v_k，质量为 m_k. 我们有 $v_k=w\ln b$，$b=\dfrac{m_0}{m_k}$. 这里，b 称为质量比.

现在，如果我们希望把 v_k 的值增加 n 倍，达到 $v_k'=w'\ln b'$，那么由

$$v_k'=nv_k=nw\ln b$$

可知，若 $b=b'$，则 $w'=nw$；若 $w'=w$，则 $b'=b^n$. 比较两者，显然提高喷气速度比增大质量比有效. 虽然如此，但由于实现前者受到技术上及燃料质量的限制，相当困难. 而采用 $b'=b^n$，注意到载重比的问题，故考虑用多级火箭推动方案，其中每级火箭使用完后自动脱落，从而分散了质量比.

若记第 j 级火箭启动前与脱落后的火箭系统之质量比为 b_j，则在 n 级火箭的助推下(设每级火箭喷气速度相同)，其最终速度为

$$\begin{aligned}v_{末}&=v_1+v_2+\cdots+v_n\\&=w\ln b_1+w\ln b_2+\cdots+w\ln b_n=w\ln b_1\cdots b_n.\end{aligned}$$

特别地，当 $b_1=b_2=\cdots=b_n$ 时，可得 $v_{末}=nw\ln b$. 这说明，增加一级火箭来代替喷气速度的增加，有异曲同工之效.

思考练习

1. 判断下述推导的误区："因为有 $\int\dfrac{\mathrm{d}x}{x-1}=\ln|x-1|+C=\ln|1-x|+C=\int\dfrac{\mathrm{d}x}{1-x}=-\int\dfrac{\mathrm{d}x}{x-1}$，所以 $\int\dfrac{\mathrm{d}x}{x-1}=0$."

2. 设 $F'(x)=f(x)\ (-\infty<x<\infty)$.

(i) 若 $f(x)$ 是周期函数，试问 $F(x)$ 是周期函数吗？

(ii) 若 $f(x)$ 是奇函数，试问 $F(x)$ 是偶函数吗？

(iii) 若 $f(x)$ 是偶函数，试问 $F(x)$ 是奇函数吗？

3. 试求下列不定积分：

(1) $\int\dfrac{2x+1}{x^2+x+5}\mathrm{d}x$； (2) $\int\dfrac{\ln x}{x}\mathrm{d}x$；

(3) $\int x\sqrt{x^2+2}\,\mathrm{d}x$； (4) $\int\dfrac{1}{x^2}\cos\dfrac{1}{x}\mathrm{d}x$；

(5) $\int\dfrac{\mathrm{d}x}{\sin 2x\cdot\cos x}$； (6) $\int\dfrac{\mathrm{d}x}{x(x^n+1)}$；

(7) $\int\dfrac{1+x}{x(1+xe^x)}\mathrm{d}x$；(提示：令 $1+xe^x=t$) (8) $\int\dfrac{\mathrm{d}x}{2\sqrt{x}-\sqrt[3]{x}+\sqrt[4]{x}}$；

(9) $\int(|1+x|-|1-x|)\mathrm{d}x$； (10) $\int\dfrac{\mathrm{d}x}{\sin x}$. $\left(提示：\dfrac{1}{\sin x}=\dfrac{\sin x}{1-\cos^2 x}\right)$

4. 设 $f\in C((-\infty,\infty))$，且 $f(x)>0$. 若有 $\int f^3(x)\mathrm{d}x=\left[\int f(x)\mathrm{d}x\right]^3$，试求 $f(x)$.

5. 设 $f(x)=e^{x^2}$，试求定义在 (a,b) 上的函数 $g(x)$ $(g(x)\neq 0)$，使得 $[f(x)g(x)]'=f'(x)\cdot g'(x)$. $\left(提示：\dfrac{g'(x)}{g(x)}=-\dfrac{\dfrac{f'(x)}{f(x)}}{1-f(x)f'(x)}\right)$

6.2.3　分部积分法

在许多不定积分中，其被积函数是两个属于不同类的函数的乘积，此时如何求出它的原函数？问题在于，当每个函数都有原函数时，其乘积不一定有原函数. 例如，(只需知道这一事实) 函数

$$f(x)=\begin{cases}\cos\dfrac{1}{x}, & x\neq 0,\\ 0, & x=0.\end{cases}$$

用第二册中所述的定积分理论，可以证明它的原函数 $F(x)$ 是

$$F(x)=\int_0^x\cos\frac{1}{t}\mathrm{d}t\quad (F'(0)=0).$$

但 $f^2(x)$ 就没有原函数.

那么，在这种情形下何时有原函数存在(并且可以用初等函数表出)呢？在这里，我们仅介绍一种特定情形，称为分部积分法，其本质是分别求原函数的方法，它正是函数乘积求导公式的反映. 虽然它要求的条件较强，但仍有着广泛的应用.

相应于函数乘积的求导公式 $[u(x)v(x)]'=u'(x)v(x)+u(x)v'(x)$，可以得到下述分部积分法则.

定理 6.5(分部积分法)　设 $u(x)$，$v(x)$ 在区间 I 上可微. 若 $v(x)u'(x)$ 在 I 上有原函数(例如，$u'(x)$ 在 I 上连续)，则 $u(x)v'(x)$ 在 I 上也有原函数，而且

$$\int u(x)v'(x)\mathrm{d}x=u(x)v(x)-\int v(x)u'(x)\mathrm{d}x, \tag{①}$$

或写成

$$\int u(x)\mathrm{d}v(x)=u(x)v(x)-\int v(x)\mathrm{d}u(x).$$

证明　由乘积求导公式可知

$$u(x)v'(x)=[u(x)v(x)]'-v(x)u'(x),\quad x\in I.$$

而上式右端的原函数存在，故左端的原函数也存在，且有

$$\begin{aligned}\int u(x)v'(x)\mathrm{d}x&=\int [u(x)v(x)]'\mathrm{d}x-\int v(x)u'(x)\mathrm{d}x\\&=u(x)v(x)-\int v(x)u'(x)\mathrm{d}x,\end{aligned}$$

即式①成立.

例 1　$\displaystyle\int x\cos x\mathrm{d}x=\int x\,(\sin x)'\mathrm{d}x=x\sin x-\int\sin x\mathrm{d}x$

$$= x\sin x + \cos x + C.$$

例 2 $\int \ln x \mathrm{d}x = \int \ln x \cdot 1 \mathrm{d}x = x\ln x - \int x \mathrm{d}\ln x = x\ln x - x + C.$

例 3
$$\int x^2 \mathrm{e}^x \mathrm{d}x = \int x^2 \mathrm{d}\mathrm{e}^x = x^2\mathrm{e}^x - 2\int x\mathrm{e}^x \mathrm{d}x$$
$$= x^2\mathrm{e}^x - 2\left[x\mathrm{e}^x - \int \mathrm{e}^x \mathrm{d}x\right] = x^2\mathrm{e}^x - 2x\mathrm{e}^x + 2\mathrm{e}^x + C.$$

例 4
$$\int \tan^3 x \mathrm{d}x = \int \tan x \cdot \tan^2 x \mathrm{d}x = \int \tan x(\sec^2 x - 1)\mathrm{d}x$$
$$= \int \tan x \mathrm{d}\tan x - \int \tan x \mathrm{d}x = \frac{1}{2}\tan^2 x + \ln\cos x + C.$$

例 5 求不定积分 $I = \int (2x + 3x^2)\arctan x \mathrm{d}x.$

解 根据分部积分法,我们有

$$I = \int \arctan x \mathrm{d}(x^2 + x^3)$$
$$= (x^2 + x^3)\arctan x - \int \frac{(x^2 + x^3)}{1 + x^2}\mathrm{d}x.$$

又因为

$$\int \frac{x^2 + x^3}{1 + x^2}\mathrm{d}x = \int \left(x + 1 - \frac{x}{x^2 + 1} - \frac{1}{x^2 + 1}\right)\mathrm{d}x$$
$$= \frac{x^2}{2} + x - \frac{1}{2}\ln(x^2 + 1) - \arctan x + C,$$

所以

$$I = (x^3 + x^2 + 1)\arctan x + \frac{1}{2}\ln(x^2 + 1) - \frac{x^2}{2} - x + C.$$

例 6 求不定积分 $I = \int \mathrm{e}^{ax}\cos bx \mathrm{d}x, a \neq 0.$

解 根据分部积分法,我们有

$$I = \frac{1}{a}\int \cos bx \mathrm{d}\mathrm{e}^{ax} = \frac{\mathrm{e}^{ax}\cos bx}{a} + \frac{b}{a}\int \mathrm{e}^{ax}\sin bx \mathrm{d}x$$
$$= \frac{\mathrm{e}^{ax}\cos bx}{a} + \frac{b}{a^2}\int \sin bx \mathrm{d}\mathrm{e}^{ax}$$
$$= \frac{\mathrm{e}^{ax}\cos bx}{a} + \frac{b}{a^2}\left[\mathrm{e}^{ax}\sin bx - b\int \mathrm{e}^{ax}\cos bx \mathrm{d}x\right]$$
$$= \frac{\mathrm{e}^{ax}\cos bx}{a} + \frac{b\mathrm{e}^{ax}\sin bx}{a^2} - \frac{b^2}{a^2}I.$$

从而可知

$$I=\frac{e^{ax}(a\cos bx+b\sin bx)}{a^2+b^2}+C.$$

例 7　求下列不定积分

$$I=\int xe^{ax}\cos bx\,dx,\quad J=\int xe^{ax}\sin(bx)\,dx\quad (a\neq 0).$$

解　根据分部积分法,可知

$$\begin{aligned}I&=\frac{e^{ax}x\cos bx}{a}-\frac{1}{a}\int e^{ax}(\cos bx-bx\sin bx)\,dx\\&=\frac{xe^{ax}\cos bx}{a}-\frac{e^{ax}(a\cos bx+b\sin bx)}{a(a^2+b^2)}+\frac{b}{a}J.\end{aligned}$$

从而我们有

$$aI-bJ=xe^{ax}\cos bx-\frac{e^{ax}(a\cos bx+b\sin bx)}{a^2+b^2}.$$

类似地可以得到

$$bI+aJ=xe^{ax}\sin bx-\frac{e^{ax}(a\sin bx-b\cos bx)}{a^2+b^2}.$$

由上述两式不难解出

$$I=\frac{xe^{ax}(a\cos bx+b\sin bx)}{a^2+b^2}-\frac{e^{ax}[(a^2-b^2)\cos bx+2ab\sin bx]}{(a^2+b^2)^2};$$

$$J=\frac{xe^{ax}(a\sin bx-b\cos bx)}{a^2+b^2}-\frac{e^{ax}[(a^2-b^2)\sin bx-2ab\cos bx]}{(a^2+b^2)^2}.$$

注　分部积分法主要用于被积函数是两个不同类型函数乘积的不定积分,此时,先求其中一部分 $v'(x)$ 的积分 $v(x)$,然后将$\int u(x)v'(x)\,dx$ 化归为求解$\int v(x)u'(x)\,dx$. 因此,使用这一方法是否有效,取决于选择好谁是 u,v,且使 $v(x)u'(x)$ 的原函数容易求出. 在这里我们介绍一种优先选 u 的一般顺序:

对数函数 → 反三角函数 → 代数函数 → 三角函数 → 指数函数.

举例说明,如果被积函数是对数函数 f 与代数函数 g 的乘积,那么取 f 为 u,$g\,dx$ 为 dv. 此时,在$\int v\,du$ 中,对数的特征将在微分后消失. 因此,在$\int v\,du$ 的被积函数是代数函数,有希望比$\int u\,dv$ 更易计算.

思 考 练 习

1. 当 $v_1(x)=v(x)+C$ 时,由分部积分公式可知

$$\int u(x)v'(x)\,dx=\int u(x)v_1'(x)\,dx$$

$$= u(x)v_1(x) - \int v_1(x)u'(x)\mathrm{d}x,$$

试问这与式①是否有矛盾?

2. 试判别下述推理之误区:因为

$$\int \cot x\mathrm{d}x = \int \frac{\mathrm{d}\sin x}{\sin x} = 1 - \int \sin x\mathrm{d}\frac{1}{\sin x}$$
$$= 1 + \int \frac{\sin x\cos x}{\sin^2 x}\mathrm{d}x = 1 + \int \cot x\mathrm{d}x,$$

所以 0=1.

3. 设$(1+\sin x)\ln x$是$f(x)$在区间I上的一个原函数,试求$\int xf'(x)\mathrm{d}x$.

4. 试证明$\int \mathrm{e}^{-x^2}x^n\mathrm{d}x$在$n$是正的奇整数时是初等函数.

5. 试求下列不定积分:

(1) $\int x\cdot\sin^2 x\mathrm{d}x$;

(2) $\int x^2\sqrt{a^2+x^2}\mathrm{d}x$;

(3) $\int \ln^2 x\mathrm{d}x$;

(4) $\int \frac{\arcsin x}{x^2}\mathrm{d}x$;

(5) $\int x^3\mathrm{e}^{-x^2}\mathrm{d}x$;

(6) $\int \frac{\mathrm{d}x}{(a^2+x^2)^2}$;

(7) $I=\int \sin(\ln x)\mathrm{d}x, J=\int \cos(\ln x)\mathrm{d}x$;

(8) $\int \cos x\cdot\ln(1+\sin^2 x)\mathrm{d}x$;

(9) $\int \frac{\arctan\mathrm{e}^x}{\mathrm{e}^x}\mathrm{d}x$;

(10) $\int (\arccos x)^2\mathrm{d}x$;

(11) $\int \frac{x\ln(x+\sqrt{1+x^2})}{\sqrt{1+x^2}}\mathrm{d}x$;

(12) 设$\lambda\neq 0$,$\int \frac{\mathrm{e}^{\lambda\cdot\arctan x}}{(1+x^2)^{3/2}}\mathrm{d}x$.(提示:作替换$\arctan x=t$)

6. 应用微积分理论解答下列问题:

(1) 设曲线$y=f(x)$过点(1,2),且其上之点(x,y)处的切线与y轴交于$\left(0,\frac{y}{2}\right)$处,试求$f(x)$.

(2) 设卫生球的挥发量与其(球)表面积大小成正比.若该卫生球经过一年时间挥发后,球半径减至一半,试问该卫生球何时挥发完?

(3) 根据冷却原理,物体的温度在周围介质中冷却,其速度与(此物体与介质的)温差成正比.现设介质温度为20℃,且已知某物体在20min内从100℃降至60℃,求此物体的冷却过程函数$T(t)$.

(4) 试证明其曲率为常数的曲线是圆.

6.2.4 递推公式

在许多不定积分中,被积函数不仅是自变量的函数,而且还依赖于正整数指标

n. 此时,经过一次变量替换或分部积分,往往不能直接得出具体的原函数,而是另一个类似的表达式,其中指标 n 的值减少了. 这就启示我们,只要再作相应的推演,逐步地可使 n 降到最低值,从而全部求出该不定积分. 这种方法称为递推法,所得公式称为递推公式.

例 1　求不定积分 $I_n=\int \tan^n x\,\mathrm{d}x, n>1$.

解　我们有

$$I_n=\int \tan^{n-2}x\tan^2 x\mathrm{d}x=\int \tan^{n-2}x(\sec^2 x-1)\mathrm{d}x$$

$$=\int \tan^{n-2}x\sec^2 x\mathrm{d}x-\int \tan^{n-2}x\mathrm{d}x=\frac{\tan^{n-1}x}{n-1}-I_{n-2}.$$

例 2　求不定积分 $I_n=\int \cos^n x\,\mathrm{d}x, n>1$.

解　我们有

$$I_n=\int \cos^{n-1}x\cdot\cos x\mathrm{d}x=\int \cos^{n-1}x\mathrm{d}(\sin x)$$

$$=\cos^{n-1}x\sin x+(n-1)\int \cos^{n-2}x\cdot\sin^2 x\mathrm{d}x$$

$$=\cos^{n-1}x\sin x+(n-1)\int \cos^{n-2}x(1-\cos^2)\mathrm{d}x$$

$$=\cos^{n-1}x\sin x+(n-1)I_{n-2}-(n-1)I_n.$$

从而可得

$$I_n=\frac{1}{n}\cos^{n-1}x\sin x+\frac{n-1}{n}I_{n-2}.$$

例 3　求不定积分 $I_{m,n}=\int \sin^m x\cdot\cos nx\,\mathrm{d}x, m\neq n$.

解　我们有

$$I_{m,n}=\int \frac{\sin^m x}{n}\mathrm{d}(\sin nx)$$

$$=\sin^m x\,\frac{\sin nx}{n}-\frac{m}{n}\int \sin nx\cdot\sin^{m-1}x\cdot\cos x\mathrm{d}x.$$

上式右端的积分为

$$\int \sin nx\cdot\sin^{m-1}x\cdot\cos x\mathrm{d}x=-\int \frac{\sin^{m-1}n\cos x}{n}\mathrm{d}(\cos nx)$$

$$=-\frac{\cos nx}{n}\sin^{m-1}x\cos x+\frac{1}{n}\int \cos nx[(m-1)\sin^{m-2}x\cos^2 x-\sin^{m-1}x\sin x]\mathrm{d}x$$

$$=-\frac{\cos nx}{n}\sin^{m-1}x\cos x+\frac{1}{n}\int\cos nx[(m-1)\sin^{m-2}x-m\sin^m x]dx$$

$$=-\frac{\cos nx}{n}\sin^{m-1}x\cos x+\frac{m-1}{n}I_{m-2,n}-\frac{m}{n}I_{m,n}.$$

由此可知

$$I_{m,n}=\sin^m x\,\frac{\sin nx}{n}+\frac{m}{n^2}\cos nx\cdot\sin^{m-1}x\cos x-\frac{m(m-1)}{n^2}I_{m-2,n}+\frac{m^2}{n^2}I_{m,n}.$$

最后得到递推公式

$$(n^2-m^2)I_{m,n}=\sin^{m-1}x(m\cos nx\cos x+n\sin nx\sin x)-m(m-1)I_{m-2,n}.$$

用类似的方法,我们可以得到下述公式表(表 6-2).

表 6-2 积分递推公式表

$I_n=\int\sin^n x\,dx$	$I_n=-\frac{1}{n}\sin^{n-1}x\cos x+\frac{n-1}{n}I_{n-2}$
$I_n=\int\cos^n x\,dx$	$I_n=\frac{1}{n}\cos^{n-1}x\sin x+\frac{n-1}{n}I_{n-2}$
$I_n=\int\tan^n x\,dx$	$I_n=\frac{1}{n-1}\tan^{n-1}x-I_{n-2}$
$I_n=\int\cot^n x\,dx$	$I_n=-\frac{1}{n-1}\cot^{n-1}x-I_{n-2}$
$I_n=\int\sec^n x\,dx$	$I_n=\frac{1}{n-1}\sec^{n-2}x\tan x+\frac{n-2}{n-1}I_{n-2}$
$I_n=\int\csc^n x\,dx$	$I_n=-\frac{1}{n-1}\csc^{n-2}x\cot x+\frac{n-2}{n-1}I_{n-2}$
$I_n=\int\frac{dx}{(x^2+a^2)^n}$	$I_n=\frac{1}{a^2}\left\{\frac{x}{(2n-2)(x^2+a^2)^{n-1}}+\frac{2n-3}{2n-2}I_{n-1}\right\}$

6.3 原函数是初等函数的几类函数积分法

前面曾经提到,有的函数不一定有原函数.在本节末段将指出,即使是函数存在原函数的情形,其原函数也不一定能用初等函数表达出来.因此,阐明其不定积分能用初等函数表出的那些函数类是一项很重要的任务.为此,在这里将分别对某些代数函数(有理函数与无理函数)与超越函数进行讨论.

6.3.1　有理分式(部分分式法①)

有理函数的不定积分问题，只需考察有理真分式：

$$f(x)=\frac{a_0x^n+a_1x^{n-1}+\cdots+a_{n-1}x+a_n}{b_0x^m+b_1x^{m-1}+\cdots+b_{m-1}x+b_m}\quad (a_0,b_0\neq 0,n<m).$$

不难证明，它总可分解为形如下列四种最简真分式的组合(见本章后记)：

$$\frac{A}{x-a};\quad \frac{A}{(x-a)^k}\ (k\geqslant 2);$$

$$\frac{Ax+B}{x^2+px+q};\quad \frac{Ax+B}{(x^2+px+q)^k}\quad (p^2-4q<0;k\geqslant 2).$$

因此，有理分式的不定积分就化归为计算上述四种类型真分式的不定积分：

(1) $\displaystyle\int\frac{A}{x-a}\mathrm{d}x=A\ln|x-a|+C$;

(2) $\displaystyle\int\frac{A}{(x-a)^k}\mathrm{d}x=A\int(x-a)^{-k}\mathrm{d}x=A\frac{(x-a)^{1-k}}{1-k}+C,\quad k\geqslant 2$;

(3)
$$\begin{aligned}\int\frac{Ax+B}{(x^2+px+q)}\mathrm{d}x&=\int\frac{\frac{A}{2}(2x+p)+\left(B-\frac{Ap}{2}\right)}{x^2+px+q}\mathrm{d}x\\&=\frac{A}{2}\int\frac{2x+p}{x^2+px+q}\mathrm{d}x+\left(B-\frac{Ap}{2}\right)\int\frac{\mathrm{d}x}{x^2+px+q}\mathrm{d}x\\&=\frac{A}{2}\ln|x^2+px+q|+\left(B-\frac{Ap}{2}\right)\int\frac{\mathrm{d}x}{\left(x+\frac{p}{2}\right)^2+\left(q-\frac{p^2}{4}\right)}\\&=\frac{A}{2}\ln|x^2+px+q|+\frac{2B-Ap}{\sqrt{4q-p^2}}\arctan\frac{2x+p}{\sqrt{4q-p^2}}+C;\end{aligned}$$

(4)
$$\begin{aligned}\int\frac{Ax+B}{(x^2+px+q)^k}\mathrm{d}x&=\int\frac{\frac{A}{2}(2x+p)+\left(B-\frac{Ap}{2}\right)}{(x^2+px+q)^k}\mathrm{d}x\\&=\frac{A}{2}\int\frac{2x+p}{(x^2+px+q)^k}\mathrm{d}x+\left(B-\frac{Ap}{2}\right)\int\frac{\mathrm{d}x}{(x^2+px+q)^k}\\&=\frac{A}{2}I_k+\left(B-\frac{Ap}{2}\right)J_k,\quad k\geqslant 2.\end{aligned}$$

---

① 1702 年，Bernoulli 用公式

$$\frac{a^2}{a^2-x^2}=\frac{a}{2}\left(\frac{1}{a+x}+\frac{1}{a-x}\right),$$

求出积分，引发了部分分式法的开展.

对 I_k,用替换 $x^2+px+q=t,\mathrm{d}t=(2x+p)\mathrm{d}x$,则可得

$$I_k=\int\frac{\mathrm{d}t}{t^k}=\frac{t^{1-k}}{1-k}+C=\frac{1}{(1-k)(x^2+px+q)^{k-1}}+C.$$

注意到 $q-\frac{p^2}{4}>0$,故可对 J_k 用替换 $x+\frac{p}{2}=t,\mathrm{d}t=\mathrm{d}x,q-\frac{p^2}{4}=l^2$,则可得

$$J_k=\int\frac{\mathrm{d}x}{\left[\left(x+\frac{p}{2}\right)^2+\left(q-\frac{p^2}{4}\right)\right]^k}=\int\frac{\mathrm{d}t}{(t^2+l^2)^k}.$$

作分解

$$\begin{aligned}J_k&=\int\frac{\mathrm{d}t}{(t^2+l^2)^k}=\frac{1}{l^2}\int\frac{(t^2+l^2)-t^2}{(t^2+l^2)^k}\mathrm{d}t\\&=\frac{1}{l^2}\int\frac{\mathrm{d}t}{(t^2+l^2)^{k-1}}-\frac{1}{l^2}\int\frac{t^2}{(t^2+l^2)^k}\mathrm{d}t.\end{aligned}\qquad ①$$

式①的最后一项不定积分又可分解为

$$\int\frac{t^2\mathrm{d}t}{(t^2+l^2)^k}=\frac{1}{2}\int t\frac{\mathrm{d}(t^2+l^2)}{(t^2+l^2)^k}=-\frac{1}{2(k-1)}\int t\mathrm{d}\left(\frac{1}{(t^2+l^2)^{k-1}}\right),$$

根据分部积分公式知

$$\int\frac{t^2\mathrm{d}t}{(t^2+l^2)^k}=-\frac{1}{2(k-1)}\left[t\frac{1}{(t^2+l^2)^{k-1}}-\int\frac{\mathrm{d}t}{(t^2+l^2)^{k-1}}\right].$$

代入式①,得到

$$\begin{aligned}J_k&=\int\frac{\mathrm{d}t}{(t^2+l^2)^k}\\&=\frac{1}{l^2}\int\frac{\mathrm{d}t}{(t^2+l^2)^{k-1}}+\frac{1}{l^2}\frac{1}{2(k-1)}\left[\frac{t}{(t^2+l^2)^{k-1}}-\int\frac{\mathrm{d}t}{(t^2+l^2)^{k-1}}\right]\\&=\frac{t}{2l^2(k-1)(t^2+l^2)^{k-1}}+\frac{2k-3}{2l^2(k-1)}\int\frac{\mathrm{d}t}{(t^2+l^2)^{k-1}}.\end{aligned}$$

上式右端的不定积分与 J_k 型类似,只不过这里的方幂已下降为 $k-1$,可记为 J_{k-1}. 这就是说,不定积分 J_k 可用 J_{k-1} 来表出. 因此,继续上述计算过程,最后将化归为下述不定积分:

$$\int\frac{\mathrm{d}t}{t^2+l^2}=\frac{1}{l}\arctan\frac{t}{l}+C.$$

至于最后表达式中的 t 与 l,再用 x 以及 A,B,p 与 q 代入即可.

例 1 求不定积分 $I=\int\frac{2x^4+5x^2-2}{2x^3-x-1}\mathrm{d}x.$

解 首先,将被积函数化出真分式来:$\frac{2x^4+5x^2-2}{2x^3-x-1}=x+\frac{6x^2+x-2}{2x^3-x-1}$. 其次,因为有

$$2x^3-x-1=(x-1)(2x^2+2x+1),$$

所以真分式的待定系数式分解为

$$\frac{6x^2+x-2}{2x^3-x-1}=\frac{A}{x-1}+\frac{Bx+C}{2x^2+2x+1}.$$

由通分得

$$6x^2+x-2=A(2x^2+2x+1)+(Bx+C)(x-1).$$

令 $x=1$. 得 $5=5A$,即 $A=1$. 再比较两端的同类项系数,又得

$$\begin{cases}6=2+B,\\-2=1-C,\end{cases}\quad\begin{cases}B=4,\\C=3.\end{cases}$$

从而有

$$\frac{2x^4+5x^2-2}{2x^3-x-1}=x+\frac{1}{x-1}+\frac{4x+3}{2x^2+2x+1}.$$

最后,求出不定积分为

$$I=\frac{x^2}{2}+\ln|x-1|+\ln|2x^2+2x+1|+\arctan(2x+1)+C.$$

例 2 求不定积分 $I=\int\frac{x^4+1}{x^5+x^4-x^3-x^2}\mathrm{d}x$.

解 因为我们有

$$\begin{aligned}x^5+x^4-x^3-x^2&=x^2(x^3+x^2-x-1)\\&=x^2(x+1)(x^2-1)\\&=x^2(x+1)^2(x-1),\end{aligned}$$

所以被积函数应分解为

$$\frac{x^4+1}{x^2(x+1)^2(x-1)}=\frac{A}{x}+\frac{B}{x^2}+\frac{C}{x-1}+\frac{D}{x+1}+\frac{E}{(x+1)^2}.$$

易知 $A=1,B=-1,C=\frac{1}{2},D=-\frac{1}{2},E=-1$,从而有

$$I=\ln|x|+\frac{1}{x}+\frac{1}{2}\ln|x-1|-\frac{1}{2}\ln|x+1|+\frac{1}{x+1}+C.$$

例 3 求不定积分 $I=\int\frac{\mathrm{d}x}{x(x^3+1)^2}$.

解 令 $x^3=t,3x^2\mathrm{d}x=\mathrm{d}t$,则

$$I=\int\frac{x^2\mathrm{d}x}{x^3(x^3+1)^2}=\frac{1}{3}\int\frac{\mathrm{d}t}{t(t+1)^2}$$

$$= \frac{1}{3}\left\{\int \frac{\mathrm{d}t}{t} - \int \frac{\mathrm{d}t}{t+1} - \int \frac{\mathrm{d}t}{(t+1)^2}\right\}$$

$$= \frac{1}{3}\ln\left|\frac{t}{t+1}\right| + \frac{1}{3}\,\frac{1}{t+1} + C$$

$$= \frac{1}{3}\ln\left|\frac{x^3}{1+x^3}\right| + \frac{1}{3}\,\frac{1}{1+x^3} + C.$$

例 4 求不定积分 $I = \int \frac{\mathrm{d}x}{x^4+1}$.

解 注意到 $x^4+1=(x^2+\sqrt{2}x+1)(x^2-\sqrt{2}x+1)$，我们有部分分式表示

$$\frac{1}{x^4+1} = \frac{Ax+B}{x^2+\sqrt{2}x+1} + \frac{Cx+D}{x^2-\sqrt{2}x+1}.$$

不难求出 $A=\frac{1}{2\sqrt{2}}, B=\frac{1}{2}, C=-\frac{1}{2\sqrt{2}}, D=\frac{1}{2}$，从而可知

$$\frac{1}{x^4+1} = \frac{1}{2\sqrt{2}}\frac{x+\sqrt{2}}{x^2+\sqrt{2}x+1} - \frac{1}{2\sqrt{2}}\frac{x+\sqrt{2}}{x^2-\sqrt{2}x+1}.$$

最后可得

$$I = \frac{1}{4\sqrt{2}}\ln|x^2+\sqrt{2}x+1| + \frac{1}{4\sqrt{2}}\ln|x^2-\sqrt{2}x+1|$$

$$+ \frac{1}{2\sqrt{2}}\arctan(\sqrt{2}x+1) + \frac{1}{2\sqrt{2}}\arctan(\sqrt{2}x-1) + C.$$

小结 根据以上讨论可知，任一有理函数的不定积分均可用初等函数表达出来，实际上它就是由下述三类函数组成：

(1) 有理函数；(2) 对数函数；(3) 反正切函数.

思 考 练 习

1\. 试证明 $\int \frac{\mathrm{d}x}{(x-\alpha)(x-\beta)} = \frac{1}{(\alpha-\beta)}\ln\left|\frac{x-\alpha}{x-\beta}\right| \ (\alpha \neq \beta)$.

2\. 设 $f(x)$ 是 $n-1$ 次多项式，且 $g(x)=(x-\alpha_1)(x-\alpha_2)\cdots(x-\alpha_n)$，$\alpha_i \neq \alpha_j\ (i \neq j)$，试证明

$$\frac{f(x)}{g(x)} = \sum_{k=1}^{n} \frac{f(\alpha_k)}{g'(\alpha_k)(x-\alpha_k)}.$$

3\. 试求下列不定积分：

(1) $\int \frac{x\mathrm{d}x}{(x+1)(x+2)(x+3)}$；　　(2) $\int \frac{x\mathrm{d}x}{(x+1)(x+2)^2}$；

(3) $\int \frac{x^2\mathrm{d}x}{x^4+x^2-2}$；　　(4) $\int \frac{x^5+x^4-8}{x^3-4x}\mathrm{d}x$；

(5) $\int \frac{\mathrm{d}x}{x^3+1}$； (6) $\int \frac{\mathrm{d}x}{(x^3-1)^2}$.

4. 试问在什么条件下，下列不定积分必为有理函数？

(1) $\int \frac{P_n(x)}{(x-a)^{n+1}}\mathrm{d}x$，其中 $P_n(x)$ 是 n 次多项式.

(2) $\int \frac{ax^2+bx+c}{x^5-2x^4+x^3}\mathrm{d}x$.

(3) $\int \frac{a_1x^2+b_1x+c_1}{(ax^2+bx+c)^2}\mathrm{d}x(a\neq 0, b^2\neq 4ac)$.

$\left(\text{提示：(1) } P_n^{(n)}(a)=0.\text{ (2)}a+2b+3c=0.\text{ (3)}ac_1+a_1c=\frac{bb_1}{2}\right)$

5. 已知 $f(x)=\frac{x^2+ax+b}{(1+x^2)(1+x)^2}$ 的原函数不包括对数函数，试求 a,b 的值.

6.3.2 无理函数的有理组合

不是任意无理函数的不定积分均可用初等函数来表示的. 因此在这里，我们将介绍某些特定的无理函数类，通过变量替换可把它们化归有理函数的积分.

为此，用 $R(y_1,y_2,\cdots,y_n)$ 表示对 $y_1,y_2,\cdots,y_n$ 只进行有理运算而组合成的函数(类)，例如，

$$\frac{x^2+\sqrt{x}}{1+\sqrt{1+x^3}}\text{属于 }R(x,\sqrt{x},\sqrt{1+x^3}),$$

它对 $y_1=x, y_2=\sqrt{x}, y_3=\sqrt{1+x^3}$ 是有理函数. 我们的目的是要把其中的无理运算化掉，使之成为单变量的有理函数.

1. $R(x,x^{\frac{m}{n}},\cdots,x^{\frac{r}{s}})(m,n,r,s\in\mathbf{N}^*)$ 的不定积分

记 $\frac{m}{n},\cdots,\frac{r}{s}$ 的公分母为 k，并令 $x=t^k$，$\mathrm{d}x=kt^{k-1}\mathrm{d}t$，则 $R(x,x^{\frac{m}{n}},\cdots,x^{\frac{r}{s}})$ 中每个 x 的分数次幂均化为 t 的整数幂，而本身就化为 t 的有理函数.

例 1 求不定积分 $I=\int \frac{x+\sqrt[3]{x^2}+\sqrt[6]{x}}{x(1+\sqrt[3]{x})}\mathrm{d}x$.

解 令 $x=t^6$，则

$$I=6\int \frac{t^6+t^4+t}{t^6(1+t^2)}t^5\mathrm{d}t=6\int \frac{t^5+t^3+1}{1+t^2}\mathrm{d}t$$

$$=6\int t^3\mathrm{d}t+6\int \frac{\mathrm{d}t}{t^2+1}=\frac{3}{2}\sqrt[3]{x^2}+6\arctan\sqrt[6]{x}+C.$$

2. $R\left[x,\left(\frac{ax+b}{cx+d}\right)^{\frac{m}{n}},\cdots,\left(\frac{ax+b}{cx+d}\right)^{\frac{r}{s}}\right]$$(m,n,r,s\in\mathbf{N}^*)$的不定积分

与前述情形类似，只需求出$\frac{m}{n},\cdots,\frac{r}{s}$的公分母，记为$k$，并令$\frac{ax+b}{cx+d}=t^k$即可.

例 2 求不定积分 $I=\int\sqrt[3]{\frac{2-x}{2+x}}\frac{\mathrm{d}x}{(2-x)^2}$.

解 令$\frac{2-x}{2+x}=t^3$，则

$$x=2\frac{1-t^3}{1+t^3},\quad \mathrm{d}x=-12\frac{t^2\,\mathrm{d}t}{(1+t^3)^2},\quad \frac{1}{2-x}=\frac{1+t^3}{4t^3},$$

从而得到

$$I=-12\int\frac{(t^3+1)^2t^3\,\mathrm{d}t}{16t^6\ (t^3+1)^2}=-\frac{3}{4}\int\frac{\mathrm{d}t}{t^3}=\frac{3}{8}\sqrt[3]{\left(\frac{2+x}{2-x}\right)^2}+C.$$

3. $R(x,\sqrt{ax^2+bx+c})$的不定积分

现在我们已经有了经验，对于$R(x,\sqrt{ax^2+bx+c})$的不定积分，关键是要化去根式$\sqrt{ax^2+bx+c}$. 而所用的变量替换称为 **Euler 替换**.

Euler 第一替换 若$a>0$，则令$\sqrt{ax^2+bx+c}=\pm\sqrt{a}x+t$.

为了确定起见，不妨在$\sqrt{a}$前取正号，从而得$ax^2+bx+c=ax^2+2\sqrt{a}xt+t^2$. 此时，$x$为$t$的有理函数：

$$x=\frac{t^2-c}{b-2\sqrt{a}t},$$

$$\sqrt{ax^2+bx+c}=\sqrt{a}x+t=\sqrt{a}\frac{t^2-c}{b-2\sqrt{a}t}+t.$$

这就使原式化为t的有理函数了.

Euler 第二替换 若$c>0$，则令$\sqrt{ax^2+bx+c}=xt+\sqrt{c}$，我们有

$$ax^2+bx+c=x^2t^2+2xt\sqrt{c}+c,\quad x=\frac{2\sqrt{c}t-b}{a-t^2}.$$

这就可使原式化为t的有理函数.

注 Euler 第一、二替换可相互转化，只需令$x=\frac{1}{z}$，就有

$$\sqrt{ax^2+bx+c}=\frac{1}{|z|}\sqrt{a+bz+cz^2}.$$

Euler 第三替换 在ax^2+bx+c有两个实根的情形：

$$ax^2+bx+c=a(x-\alpha)(x-\beta),$$

可作替换 $\sqrt{ax^2+bx+c}=(x-\alpha)t$. 此时有

$$a(x-\alpha)(x-\beta)=(x-\alpha)^2t^2,$$

$$a(x-\beta)=(x-\alpha)t^2,\quad x=\frac{a\beta-\alpha t^2}{a-t^2}.$$

这就可使原式化为 t 的有理函数了.

注　在 Euler 第三替换中,不论 $a>0$ 或 $a<0$ 均有效.

例 3　求不定积分 $I=\int\frac{1-\sqrt{1+x+x^2}}{x\sqrt{1+x+x^2}}\mathrm{d}x$.

解　用 Euler 第二替换. 令 $\sqrt{1+x+x^2}=tx+1$,则得 $1+x+x^2=t^2x^2+2tx+1$. 由此知

$$x=\frac{2t-1}{1-t^2},\quad \mathrm{d}x=2\frac{1-t+t^2}{(1-t^2)^2}\mathrm{d}t,$$

$$\sqrt{1+x+x^2}=\frac{1-t+t^2}{1-t^2},\quad t=\frac{\sqrt{1+x+x^2}-1}{x}.$$

因此,我们有

$$\begin{aligned}I&=\int\frac{-2t\mathrm{d}t}{1-t^2}=\ln|1-t^2|+C\\&=\ln\left|1-\left(\frac{\sqrt{1+x+x^2}-1}{x}\right)^2\right|+C.\end{aligned}$$

例 4　求不定积分 $I=\int\frac{\mathrm{d}x}{\sqrt{x^2+3x-4}}$.

解　因为 $x^2+3x-4=(x+4)(x-1)$,所以可令 $\sqrt{x^2+3x-4}=(x+4)t$. 我们有

$$(x+4)(x-1)=(x+4)^2t^2,\quad x-1=(x+4)t^2,$$

$$x=\frac{1+4t^2}{1-t^2},\quad \mathrm{d}x=\frac{10t}{(1-t^2)^2}\mathrm{d}t,\quad \sqrt{x^2+3x-4}=\frac{5t}{1-t^2}.$$

由此可得

$$\begin{aligned}I&=\int\frac{10t(1-t^2)}{(1-t^2)^2 5t}\mathrm{d}t=\int\frac{2\mathrm{d}t}{1-t^2}\\&=\ln\left|\frac{1+t}{1-t}\right|+C=\ln\left|\frac{\sqrt{x+4}+\sqrt{x-1}}{\sqrt{x+4}-\sqrt{x-1}}\right|+C.\end{aligned}$$

注　对于化 $R(x,\sqrt{ax^2+bx+c})$ 为有理函数的积分,Euler 第一、三替换是足够的:若 $b^2-4ac>0$,则 ax^2+bx+c 有两个实根,可用 Euler 第三替换. 若 $b^2-4ac\leqslant 0$,则有

$$ax^2+bx+c=\frac{1}{4a}[(2ax+b)^2+(4ac-b^2)].$$

这说明 ax^2+bx+c 的符号与 a 的符号相同. 由于 $\sqrt{ax^2+bx+c}$ 是实值，故 ax^2+bx+c 必须是正值，即 $a>0$，从而可用 Euler 第一替换.

上面所举的两个例子，都是应用 Euler 替换的较简单情形. 一般而言，Euler 替换将会带来繁重的计算. 因此，针对下述几种形式，可作适当调整：

(1) $I=\int\frac{P_n(x)\mathrm{d}x}{\sqrt{ax^2+bx+c}}$，$P_n(x)$ 为多项式；

(2) $I=\int\frac{\mathrm{d}x}{(x-\alpha)^k\sqrt{ax^2+bx+c}}$；

(3) $I=\int\frac{(Mx+N)\mathrm{d}x}{(x^2+px+q)^m\sqrt{ax^2+bx+c}}$，$p^2-4q<0$.

第(1)种形式：可化为

$$I=Q(x)\sqrt{ax^2+bx+c}+\lambda\int\frac{\mathrm{d}x}{\sqrt{ax^2+bx+c}},$$

其中 $Q(x)$ 是不高于 $n-1$ 次的多项式，λ 是常数.

实际上，对两端求导并乘以 $\sqrt{ax^2+bx+c}$，可得多项式的恒等式，由此就求出 λ 及 $Q(x)$ 的系数.

例 5 求不定积分 $I=\int\frac{12x^3+16x^2+9x+2}{\sqrt{4x^2+4x+2}}\mathrm{d}x$.

解 写出

$$I=(Ax^2+Bx+C)\sqrt{4x^2+4x+2}+\lambda\int\frac{\mathrm{d}x}{\sqrt{4x^2+4x+2}}.$$

对两端求导，我们有

$$\frac{12x^3+16x^2+9x+2}{\sqrt{4x^2+4x+2}}=(2Ax+B)\sqrt{4x^2+4x+2}$$
$$+(Ax^2+Bx+C)\frac{4x+2}{\sqrt{4x^2+4x+2}}+\frac{\lambda}{\sqrt{4x^2+4x+2}}.$$

在两端均乘以 $\sqrt{4x^2+4x+2}$. 可知

$$12x^3+16x^2+9x+2=(2Ax+B)(4x^2+4x+2)$$
$$+(Ax^2+Bx+C)(4x+2)+\lambda.$$

比较两端 x 同幂次的系数，就得到 $A=1,B=\frac{3}{4},C=\frac{1}{8},\lambda=\frac{1}{4}$. 最后求出

$$I=\left(x^2+\frac{3}{4}x+\frac{1}{8}\right)\sqrt{4x^2+4x+2}+\frac{1}{4}\int\frac{\mathrm{d}x}{\sqrt{4x^2+4x+2}}.$$

对右端后一积分,作替换 $t=2x+1$,经计算可得

$$\int\frac{\mathrm{d}x}{\sqrt{4x^2+4x+2}}=\frac{1}{2}\ln(2x+1+\sqrt{4x^2+4x+2})+C.$$

第(2)种形式:用替换 $t=\dfrac{1}{x-\alpha}$,可将其化为第(1)种形式.

第(3)种形式:当二次三项式 ax^2+bx+c 与 x^2+px+q 相同或只差一个常数因子时,I 均化为如下形式:

$$\int\frac{(2x+p)\mathrm{d}x}{(x^2+px+q)^{(2m+1)/2}},\quad\int\frac{\mathrm{d}x}{(x^2+px+q)^{(2m+1)/2}}.$$

而这些不定积分可用替换

$$u=x^2+px+q,\quad t=(\sqrt{x^2+px+q})'=\frac{2x+p}{2\sqrt{x^2+px+q}}$$

积出.

一般地讲,若 $p\neq\dfrac{b}{a}$,可采用替换 $x=\dfrac{\alpha t+\beta}{t+1}$,其中 α,β 的选取规则为:使二次三项式 x^2+px+q 与 ax^2+bx+c 在替换后消失 t 的一次项,而得到形式

$$\int\frac{P(t)\mathrm{d}t}{(t^2+\lambda)^m\sqrt{st^2+r}},$$

这里的 $P(t)$ 是 $2m-1$ 次多项式,$\lambda>0$.

再分解有理真分式 $\dfrac{P(t)}{(t^2+\lambda)^m}$,使之形成两类不定积分

$$\int\frac{t\mathrm{d}t}{(t^2+\lambda)^k\sqrt{st^2+r}},\quad\int\frac{\mathrm{d}t}{(t^2+\lambda)^k\sqrt{st^2+r}}.$$

对此,可用替换 $u^2=st^2+r,v=(\sqrt{st^2+r})'=\dfrac{st}{\sqrt{st^2+r}}$进行积分.

例 6 求不定积分 $I=\displaystyle\int\frac{\mathrm{d}x}{(x^2+2)\sqrt{2x^2-2x+5}}$.

解 作替换 $x=\dfrac{\alpha t+\beta}{t+1}$,则(让 t 的一次项消失,再定 α,β)

$$x^2+2=\frac{(\alpha t+\beta)^2+2(t+1)^2}{(t+1)^2}=\frac{(\alpha^2+2)t^2+\beta^2+2}{(t+1)^2},$$

$$2x^2-2x+5=\frac{(2\alpha^2-2\alpha+5)t^2+2\beta^2-2\beta+5}{(t+1)^2},$$

其中,利用方程组

$$\begin{cases}2\alpha\beta+4=0,\\4\alpha\beta-2\alpha-2\beta+10=0,\end{cases}$$

可解出两组解

$$\begin{cases}\alpha=2,\\ \beta=-1,\end{cases}\quad \begin{cases}\alpha=-1,\\ \beta=2.\end{cases}$$

例如,取 $\alpha=-1,\beta=2$,那么就有

$$x=\frac{2-t}{1+t},\quad t=\frac{2-x}{1+x},\quad \mathrm{d}x=\frac{-3\mathrm{d}t}{(1+t)^2},$$

$$x^2+2=\frac{3t^2+6}{(t+1)^2},\quad 2x^2-2x+5=\frac{9t^2+9}{(t+1)^2}.$$

从而可知

$$I=-\frac{1}{3}\int\frac{|t+1|\,\mathrm{d}t}{(t^2+2)\sqrt{t^2+1}}.$$

在 $t+1>0$,即 $t>-1$ 的区域,我们有

$$I=-\frac{1}{3}\int\frac{t\mathrm{d}t}{(t^2+2)\sqrt{t^2+1}}-\frac{1}{3}\int\frac{\mathrm{d}t}{(t^2+2)\sqrt{t^2+1}}.$$

在上式第一个积分中再用替换 $u^2=t^2+1$,第二个积分再用替换 $v=\dfrac{t}{\sqrt{t^2+1}}$,可得

$$\begin{aligned}I&=-\frac{1}{3}\int\frac{\mathrm{d}u}{u^2+1}-\frac{1}{3}\int\frac{\mathrm{d}v}{2-v^2}\\&=-\frac{1}{3}\arctan u-\frac{1}{6\sqrt{2}}\ln\frac{\sqrt{2}+v}{\sqrt{2}-v}+C\\&=-\frac{1}{3}\arctan\frac{\sqrt{2x^2-2x+5}}{x+1}\\&\quad-\frac{1}{6\sqrt{2}}\ln\frac{\sqrt{2(2x^2-2x+5)}+2-x}{\sqrt{2(2x^2-2x+5)}-2+x}+C.\end{aligned}$$

在 $x<-1$ 的区域,可类似地操作.

最后还要指出的是,对于不定积分

$$\int R(x,\sqrt{ax^2+bx+c})\mathrm{d}x$$

的计算,应用三角函数或双曲函数变换有时也是很方便的. 为此,需先从二次三项式 ax^2+bx+c 分离出完全平方项,使之变为形式

$$\int R(t,\sqrt{p^2-t^2})\mathrm{d}t,\quad \int R(t,\sqrt{t^2-p^2})\mathrm{d}t,\quad \int R(t,\sqrt{t^2+p^2})\mathrm{d}t,$$

然后,再用替换

$$t=p\sin u \text{ 或 } t=p\cos u\text{(第一个积分式)},$$

$$t=p\sinh u \text{ 或 } t=\frac{p}{\cos u}\text{(第二个积分式)},$$

$$t = p\sinh u \quad 或 \quad t = p\tan u \quad (第三个积分式).$$

例 7 求不定积分$\displaystyle\int \frac{\mathrm{d}x}{(2x+1)^2\sqrt{4x^2+4x+5}}$.

解 先把积分写成

$$I = \int \frac{\mathrm{d}x}{(2x+1)^2\sqrt{(2x+1)^2+4}}.$$

用替换 $t=2x+1$,可得 $I = \dfrac{1}{2}\displaystyle\int \frac{\mathrm{d}t}{t^2\sqrt{t^2+4}}$. 再用替换 $t=2\sinh u$,注意到

$$1+\sinh^2 u = \cosh^2 u, \qquad (\sinh u)' = \cosh u,$$

我们有

$$I = \frac{1}{8}\int \frac{\mathrm{d}u}{\sinh^2 u} = -\frac{1}{8}\coth u + C = -\frac{\sqrt{1+\sinh^2 u}}{8\sinh u} + C$$

$$= -\frac{\sqrt{t^2+4}}{8t} + C = \frac{-\sqrt{4x^2+4x+5}}{8(2x+1)} + C.$$

例 8 求不定积分$\displaystyle\int \frac{\mathrm{d}x}{(x-a)\sqrt{(x-a)(x-b)}}(a \neq b)$.

解 令 $x-a=\dfrac{1}{t}$, $\mathrm{d}x=-\dfrac{\mathrm{d}t}{t^2}$,则

$$I = \int \frac{\sqrt{t}}{\dfrac{1}{t}\sqrt{\dfrac{1}{t}+a-b}}\left(-\frac{\mathrm{d}t}{t^2}\right) = -\int \frac{\mathrm{d}t}{\sqrt{1+(a-b)t}}$$

$$= -\frac{2}{a-b}\sqrt{1+(a-b)t} + C = -\frac{2}{a-b}\sqrt{\frac{x-b}{x-a}} + C.$$

注 一般地,对不定积分

$$I = \int \frac{\mathrm{d}x}{(\alpha x+\beta)^n\sqrt{ax^2+bx+c}}$$

可用替换 $\alpha x+\beta=\dfrac{1}{t}$,即 $x=\dfrac{1-\beta t}{\alpha t}$,使得

$$I = \int \frac{t^k}{\sqrt{At^2+Bt+C}}\mathrm{d}t.$$

4. $x^m(ax^n+b)^p$ 的不定积分

这里的 m,n,p 都是有理数,且 $a\neq 0, b\neq 0, n\neq 0, p\neq 0$. 此时,称

$$I = \int x^m(ax^n+b)^p\mathrm{d}x$$

为二项式微分型的不定积分，且当 m,n,p 之一不是整数时，I 就是无理函数的(有理组合)积分.

作变量替换：$x^n=t, x=t^{\frac{1}{n}}, \mathrm{d}x=\frac{1}{n}t^{\frac{1}{n}-1}\mathrm{d}t$，可得

$$I=\frac{1}{n}\int t^{\frac{m+1}{n}-1}(at+b)^p\mathrm{d}t.$$

(1) 若 p 是整数，则不定积分 I 可化为 $\int R(t,t^{\frac{r}{s}})\mathrm{d}t$ 型，在第 1 段中已讨论过.

(2) 若 $\frac{m+1}{n}-1\left(\text{或}\frac{m+1}{n}\right)$ 是整数，而 p 不是整数，则不定积分 I 可化为 $\int R(t,at+b^{\frac{r}{s}})\mathrm{d}t$ 型，在第 2 段中已讨论过.

(3) 若 $\frac{m+1}{n}+p$ 是整数，则转换形式为

$$I=\int t^{\frac{m+1}{n}+p-1}\left(\frac{at+b}{t}\right)^p\mathrm{d}t,$$

可知不定积分 I 可化为 $\int R\left(t,\left(\frac{at+b}{ct+d}\right)^{\frac{r}{s}}\right)\mathrm{d}t$ 型，在第 2 段中已经讨论过.

综合以上所述，在下列三种情形之一：

$$p\text{ 是整数},\quad \frac{m+1}{n}\text{是整数},\quad \frac{m+1}{n}+p\text{ 是整数},$$

二项式微分型可以有理函数化，从而其不定积分就能用初等函数来表达. 事实上，这也是所有可能的情形(Чебышев[①] 证明).

例 9 求 $\int\frac{\mathrm{d}x}{\sqrt[4]{1+x^4}}$.

解 因为 $m=0,n=4,p=-\frac{1}{4}$，所以 $\frac{m+1}{n}+p=\frac{1}{4}-\frac{1}{4}=0$. 从而，用替换 $1+x^{-4}=t^4$，可得

$$t=(1+x^{-4})^{\frac{1}{4}},\quad x=(t^4-1)^{-\frac{1}{4}}.$$

因此，我们有

$$\begin{aligned}\int\frac{\mathrm{d}x}{\sqrt[4]{1+x^4}}&=-\int\frac{t^2\mathrm{d}t}{t^4-1}=-\frac{1}{2}\left(\int\frac{\mathrm{d}t}{t^2-1}+\int\frac{\mathrm{d}t}{t^2+1}\right)\\&=\frac{1}{4}\ln\left|\frac{1+t}{1-t}\right|-\frac{1}{2}\arctan t+C\end{aligned}$$

① 切比雪夫(1821～1894)，俄国数学家.

$$=\frac{1}{4}\ln\frac{\sqrt[4]{1+x^4}+x}{\sqrt[4]{1+x^4}-x}-\frac{1}{2}\arctan\frac{\sqrt[4]{1+x^4}}{x}+C.$$

例 10 求不定积分 $I=\int\frac{\sqrt{x+1}}{\sqrt{x-1}}\frac{\mathrm{d}x}{x}$.

解 令 $\frac{\sqrt{x+1}}{\sqrt{x-1}}=t$, $\mathrm{d}x=\left(-\frac{4t}{(t^2-1)^2}\right)\mathrm{d}t$,则

$$\begin{aligned}I&=-4\int\frac{t^2\mathrm{d}t}{(t^2+1)(t^2-1)}\\&=\int\left(\frac{1}{(t+1)}-\frac{1}{(t-1)}-\frac{2}{(t^2+1)}\right)\mathrm{d}t\\&=\ln|t+1|-\ln|t-1|-2\arctan t+C\\&=\ln\left(\sqrt{\frac{x+1}{x-1}}+1\right)-\ln\left|\sqrt{\frac{x+1}{x-1}}-1\right|-2\arctan\sqrt{\frac{x+1}{x-1}}+C.\end{aligned}$$

* **例 11** 设 $y(x-y)^2=x$ 含 $y=y(x)$,求不定积分 $I=\int\frac{\mathrm{d}x}{x-3y}$.

解 令 $x-y=t$,则

$$x=\frac{t^3}{t^2-1},\quad y=\frac{t}{t^2-1},\quad \mathrm{d}x=\frac{t^2(t^2-3)}{(t^2-1)^2}\mathrm{d}t.$$

由此知

$$\begin{aligned}I&=\int\frac{t\mathrm{d}t}{t^2-1}=\frac{1}{2}\ln|t^2-1|+C\\&=\frac{1}{2}\ln|(x-y)^2-1|+C.\end{aligned}$$

注 1 不定积分 $\int\sqrt{x+\frac{1}{x}}\mathrm{d}x$ 不能用初等函数表出(也称不是初等可积的).

注 2 $R(x,\sqrt{P_n(x)})$ 的不定积分.

这里,$P_n(x)$ 是次数 $n>2$ 的多项式.此时,一般说来,不定积分

$$\int R(x,\sqrt{P_n(x)})\mathrm{d}x$$

是不能表示成初等函数的,其中,当 $n=3,4$ 时,称为椭圆积分①;当 $n>4$ 时,称为超椭圆积分.它们在求椭圆弧长的计算中出现.椭圆积分理论发展迅速,出现复变量椭圆函数论,成为一种新的算法,在许多物理应用中都会出现,其中的杰出工作者有 Abel,Jacobi 等.

椭圆积分总可用初等函数与标准椭圆积分

---

① 此时,若该不定积分是初等函数,则称为伪椭圆积分.法国数学家 Liouville 在 1833 年首先证明椭圆积分不能由初等函数表示.

$$\int \frac{\mathrm{d}x}{\sqrt{(1-x^2)(1-k^2x^2)}}, \quad \int \frac{x^2\mathrm{d}x}{\sqrt{(1-x^2)(1-k^2x^2)}},$$

$$\int \frac{\mathrm{d}x}{(1+hx^2)\sqrt{(1-x^2)(1-k^2x^2)}}$$

来表示，而通过变量替换 $x=\sin\varphi$，又可将上述积分表为下述积分的线性组合：

$$\int \frac{\mathrm{d}\varphi}{\sqrt{1-k^2\sin^2\varphi}}, \quad \int \sqrt{1-k^2\sin^2\varphi}\,\mathrm{d}\varphi,$$

$$\int \frac{\mathrm{d}\varphi}{(1+h\sin^2\varphi)\sqrt{1-k^2\sin^2\varphi}}, \quad k\in(0,1).$$

注 3 在一些初看起来形式很不同的积分中，只要经过简单的替换后，也可化成椭圆积分.

(i) $I=\int \frac{\mathrm{d}x}{\sqrt{\cos\alpha-\sin x}}$. 令 $u=\cos\frac{x}{2}$，则

$$I=-\sqrt{2}k\int \frac{\mathrm{d}u}{\sqrt{(1-u^2)(1-k^2u^2)}}, \quad k=\frac{1}{\cos\left(\frac{\alpha}{2}\right)}.$$

(ii) $I=\int \frac{\mathrm{d}x}{\sqrt{\cos 2x}}$. 令 $u=\sin x$，则

$$I=\int \frac{\mathrm{d}u}{\sqrt{(1-u^2)(1-2u^2)}}.$$

(iii) $I=\int \frac{\mathrm{d}x}{\sqrt{1-k^2\sin^2 x}}$. 令 $u=\sin x$，则

$$I=\int \frac{\mathrm{d}u}{\sqrt{(1-u^2)(1-k^2u^2)}}.$$

5. $R(\cos x,\sin x)$的不定积分

我们在这里讨论的超越函数的不定积分，是指 $\int R(\cos x,\sin x)\mathrm{d}x$. 对此，用变量替换①

$$t=\tan\frac{x}{2}, \quad x\in(-\pi,\pi)$$

一定能把它化为 t 的有理函数的不定积分. 此时，我们有

$$\sin x=\frac{2\sin\frac{x}{2}\cos\frac{x}{2}}{\sin^2\frac{x}{2}+\cos^2\frac{x}{2}}=\frac{2\tan\frac{x}{2}}{1+\tan^2\frac{x}{2}}=\frac{2t}{1+t^2};$$

① 也称此为万能三角函数替换.

$$\cos x=\frac{\cos^2\dfrac{x}{2}-\sin^2\dfrac{x}{2}}{\cos^2\dfrac{x}{2}+\sin^2\dfrac{x}{2}}=\frac{1-\tan^2\dfrac{x}{2}}{1+\tan^2\dfrac{x}{2}}=\frac{1-t^2}{1+t^2};$$

$$x=2\arctan t,\qquad \mathrm{d}x=\frac{2\mathrm{d}t}{1+t^2}.$$

从而可得

$$\int R(\cos x,\sin x)\,\mathrm{d}x=\int R\left(\frac{1-t^2}{1+t^2},\frac{2t}{1+t^2}\right)\frac{2\mathrm{d}t}{1+t^2}.$$

注意到有理函数的有理函数仍为有理函数,故上式右端是 t 的有理函数的不定积分(变换的几何意义见注).

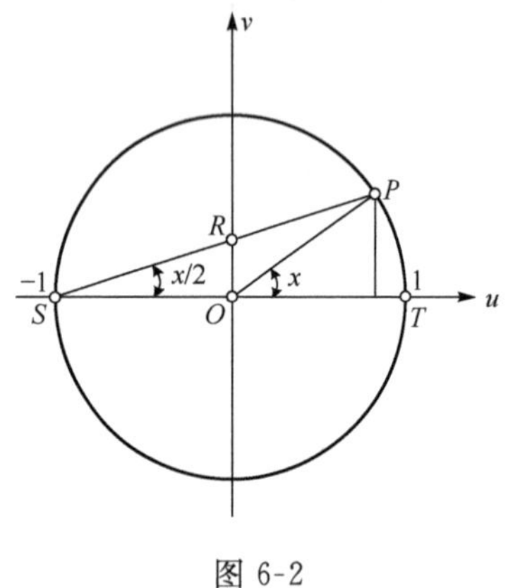

图 6-2

注　几何意义,如图 6-2 所示,在 uv 平面上有一个圆:$u^2+v^2=1$,x 表示角$\angle TOP$,点 P 的坐标为 $u=\cos x$,$v=\sin x$,易知顶点在点$(u,v)=(-1,0)$处的角$\angle OSP$ 等于 $x/2$,且 t 的几何意义为 $t=\tan(x/2)=OR$,其中 R 是圆上的点 P 通过 S 在 v 轴上的"投影",如果点 P 从 S 出发沿正方向绕圆一周,也就是说,x 遍及由 $-\pi$ 到 π 的区间,那么量 t 遍及由 $-\infty$ 到 $+\infty$ 的整个值域,且正好经过一次(注意:点 S 本身对应着 $t=\pm\infty$),这里,我们将圆 $u^2+v^2=1$ 上的一般点(u,v)通过参数 t 的有理函数 $u=(1-t^2)/(1+t^2)$,$v=2t/(1+t^2)$ 来表示,故这些公式定义了一个有理映射,这个映射将 t 之一直线映射为 uv 平面上的圆.

例 1　求不定积分 $I=\displaystyle\int\frac{\mathrm{d}x}{3\sin x+4\cos x+5}$.

解　令 $t=\tan\dfrac{x}{2}$,并利用上述公式,可得

$$\begin{aligned}I&=2\int\frac{\mathrm{d}t}{6t+4(1-t^2)+5(1+t^2)}=2\int\frac{\mathrm{d}t}{t^2+6t+9}\\&=2\int(t+3)^{-2}\mathrm{d}t=-\frac{2}{t+3}+C=-\frac{2}{3+\tan\dfrac{x}{2}}+C.\end{aligned}$$

注 1　虽然用替换 $t=\tan\dfrac{x}{2}$ 对$\int R(\cos x,\sin x)\,\mathrm{d}x$ 的计算总是有效的,但不一定是最简便的. 因此,遇到下列情形,应灵活设计变量替换:

(1) 若有 $R(\cos x,-\sin x)=-R(\cos x,\sin x)$,则可用替换 $t=\cos x$,$x\in\left(-\dfrac{\pi}{2},\dfrac{\pi}{2}\right)$.

(2) 若有 $R(-\cos x,\sin x)=-R(\cos x,\sin x)$,则可用替换 $t=\sin x$,$x\in(0,\pi)$.

(3) 若有 $R(-\sin x,-\cos x)=-R(\sin x,\cos x)$，则可用替换 $t=\tan x, x\in\left(-\frac{\pi}{2},\frac{\pi}{2}\right)$.

注 2 对于不定积分

$$\int \sin^p x\cdot\cos^q x\,dx,\quad p,q\in\mathbf{Q},$$

可用替换 $t=\sin x$ 或 $t=\cos x$，总能将其化为二项式微分型之不定积分.

例 2 求不定积分 $I=\int \sin^m x\cos^n x\,dx$.

解 记 k 为正整数. 分下列几种情形：

(1) $m=2k+1$，则令 $\cos x=t$，可得 $I=-\int(1-t^2)^k t^n\,dt$；

(2) $n=2k+1$，则令 $\sin x=t$，可得 $I=\int t^m(1-t^2)^k\,dt$；

(3) $m+n=-2k$，则令 $\tan x=t$，可得 $I=\int t^m(1+t^2)^{k-1}\,dt$；

(4) $n=0, m=-2k-1$，则令 $\tan\frac{x}{2}=t$，可得

$$I=\int\frac{dx}{\sin^{2k+1}x}=\frac{1}{2^{2k}}\int\frac{(1+t^2)^{2k}}{t^{2k+1}}dt=\frac{1}{2^{2k}}\int\left(t+\frac{1}{t}\right)^{2k}\frac{dt}{t};$$

(5) $m+n=0$，则令 $\tan x=t$，可得

$$I=\int\tan^m x\,dx=\int\frac{t^m\,dt}{1+t^2}.$$

注 1 下列超越函数之不定积分是不能由初等函数表出的：

$$\int e^{-x^2}dx,\quad\int\frac{\sin x}{x}dx,\quad\int\frac{\cos x}{x}dx,\quad\int\frac{dx}{\ln x},\quad\int\frac{e^x}{x}dx,$$

$$\int\ln(\sin x)dx,\quad\int\sin(x^2)dx.$$

因此，它们构成了一些新函数，有时分别记为

$$\mathrm{Si}(x)=\int\frac{\sin x}{x}dx,\quad\mathrm{Si}(0)=0\text{(正弦积分)}.$$

$$\Phi_0(x)=\frac{1}{\sqrt{2\pi}}\int e^{-\frac{x^2}{2}}dx,\quad\Phi_0(0)=0\text{(概率积分)}.$$

$$\mathrm{Li}(x)=\int\frac{dx}{\ln x},\quad\mathrm{Li}(0+)=0\text{(对数积分)}.$$

(J. E. Ritt 在 *Integration in finite term*(Columbia Univ. Press, New York, 1948)中指出，不定积分

$$\int e^{-x^2}dx,\quad\int\frac{\sin x}{x}dx,\quad\int\sin(x^2)dx$$

不能用初等函数表出.)

注 2 D. Richardson 在 *Some indecidable problems involving elementaryfunction of a real* *variable*(J. Symbolic logic,33(1968):514-520)中指出,不存在一种算法可判决:对给定初等函数是初等可积的.

注 3 在 17、18 世纪,许多数学家曾全神贯注地寻找能够用明显地被积出来(表为初等函数)的各种初等函数,还发明了许多巧妙的方法,推进了人们对反导数运算的认识. 后来,当大家认识到不是所有的初等函数都可被显式积出来时,上述目的就淡化了. 实际上,初等函数优越之处在于其性质很容易认识和易算其值(或近似值),但我们不能因此而限制积分学的目标就止于此. 当一个函数的积分不能通过已知的函数来表示时,我们不妨就把这一积分作为一个新的"高等"函数引进来(实际上,这只是换一个名称而已),这一新函数的研究价值取决于它在理论和实用中的地位和作用. 前面提到过的椭圆函数正是这方面的范例.

思 考 练 习

1. 设有不定积分 $I=\int R(x,\sqrt[n]{(x-a)^p(x-b)^q})\mathrm{d}x$,其中 p,q 是整数,若 $\dfrac{p+q}{n}$ 是整数,试证明 I 是初等函数.

2. 试求下列不定积分:

(1) $\displaystyle\int\frac{\mathrm{d}x}{x\sqrt{x^3-1}}$;

(2) $\displaystyle\int\sqrt{\frac{1-2x}{1+2x}}\mathrm{d}x$;

(3) $\displaystyle\int\frac{\mathrm{d}x}{x^2\sqrt{4x^2-3x-1}}$;

(4) $\displaystyle\int\frac{\sqrt{x-1}-\sqrt{x+1}}{\sqrt{x-1}+\sqrt{x+1}}\mathrm{d}x$;

(5) $\displaystyle\int\frac{\mathrm{d}x}{(x-2)\sqrt{x^2-4x+3}}$;

(6) $\displaystyle\int\frac{\mathrm{d}x}{1+\sqrt{x}+\sqrt{1+x}}$.

3. 试求下列不定积分:

(1) $\displaystyle\int\frac{\sin x}{1+\sin x+\cos x}\mathrm{d}x$;

(2) $\displaystyle\int\frac{1+\sin x}{\sin x(1+\cos x)}\mathrm{d}x$;

(3) $\displaystyle\int\frac{x+\sin x}{1+\cos x}\mathrm{d}x$;

(4) $\displaystyle\int\frac{\sin x}{\sqrt{1+\sin x}}\mathrm{d}x$;

(5) $\displaystyle\int\frac{\mathrm{d}x}{\sin^3x+3\sin x}$.

4. 试求 α,β,γ 的值,使得下述公式成立:

$$\int\frac{a_1\cos x+b_1\sin x+c_1}{a\cos x+b\sin x+c}\mathrm{d}x=\alpha x+\ln|a\cos x+b\sin x+c|+\gamma\int\frac{\mathrm{d}x}{a\cos x+b\sin x+c}\quad(a^2+b^2\neq0).$$

后 记

(一) 有理分式的分解

多项式在有实根的情况下,可以分解为实因式的乘积. 据此,又可将有理分式化为最简真分式之和. 它为研究其性质提供了极大的方便.

例 1 我们有

$$\frac{x^4+3}{x^4+2x^3+2x^2+2x+1}=1-\frac{2x^3+2x^2+2x-2}{(x+1)^2(x^2+1)}$$
$$=1+\frac{2}{(x+1)^2}-\frac{2x}{x^2+1}.$$

一般情形,对于有理函数

$$\frac{P(x)}{Q(x)}=\frac{a_0x^n+a_1x^{n-1}+\cdots+a_{n-1}x+a_n}{b_0x^m+b_1x^{m-1}+\cdots+b_{m-1}x+b_m},\quad a_0\neq 0,\quad b_0\neq 0.$$

首先,如果 $n\geqslant m$,即$\frac{P(x)}{Q(x)}$是假分式,那么,用长除法可将其化归为

$$\frac{P(x)}{Q(x)}=R(x)+\frac{S(x)}{T(x)},$$

其中,$R(x)$是一个多项式,$\frac{S(x)}{T(x)}$是有理真分式.因此.下面不妨讨论假定 $n<m$ 的情形.

其次,假定分式是既约分式,即分子 $P(x)$与分母 $Q(x)$没有公因式.我们的第一个结论如下.

定理 6.6 设 $x=x_0$是 $Q(x)$的 k 重根,即

$$Q(x)=(x-x_0)^kQ_1(x),\quad Q_1(x_0)\neq 0,$$

$Q_1(x)$是多项式,则有分解

$$\frac{P(x)}{Q(x)}=\frac{A}{(x-x_0)^k}+\frac{P_1(x)}{(x-x_0)^{k-1}Q_1(x)},\qquad ①$$

其中,A 是常数,$P_1(x)$是多项式,且其次数小于$(x-x_0)^{k-1}Q_1(x)$的次数.

证明 首先,注意到对任意常数 A,总有恒等式

$$\frac{P(x)}{Q(x)}=\frac{A}{(x-x_0)^k}+\frac{P(x)-AQ_1(x)}{(x-x_0)^kQ_1(x)}.\qquad ②$$

其次,比较①式可以看出,如果 $P(x)-A\cdot Q_1(x)$有因式$(x-x_0)$,那么式②就化为式①.即要求 $P(x_0)-AQ_1(x_0)=0$.

由题设知 $P(x_0)\neq 0$,且 $Q_1(x_0)\neq 0$.故只需令 $A=\frac{P(x_0)}{Q_1(x_0)}$,即可满足要求.此时,我们有

$$P(x)-AQ_1(x)=(x-x_0)P_1(x),$$

其中 $P_1(x)$是多项式,其次数小于$(x-x_0)^{k-1}Q_1(x)$的次数.在式②右端第二项中消去一个$(x-x_0)$,即得①.

推论 6.1 若 $x=x_0$是 $Q(x)$的 k 重根,则有

$$\frac{P(x)}{Q(x)}=\frac{A}{(x-x_0)^k}+\frac{A_1}{(x-x_0)^{k-1}}+\cdots+\frac{A_{k-1}}{(x-x_0)}+\frac{P_k(x)}{Q_1(x)},$$

其中,$P_k(x)/Q_1(x)$是既约真分式.

证明 只需运用同样推理于①式中的$\frac{P_1(x)}{(x-x_0)^{k-1}Q_1(x)}$,然后再继续这样做下去即可,不再详述.

对于分母 $Q(x)$ 具有复根的情形. 由于复根必定是(共轭地)成双出现的,故在分解实因式时,相当于 $Q(x)$ 中有因 x^2+px+q. 如果此复根是 k 重根时,那么其因式为 $(x^2+px+q)^k$. 因此,我们有下述结论.

定理 6.7　若 $Q(x)=(x^2+px+q)^kQ_1(x)(p^2-4q<0)$,而且 $Q_1(x)$ 不能被 x^2+px+q 除尽,则有

$$\frac{P(x)}{Q(x)}=\frac{Ax+B}{(x^2+px+q)^k}+\frac{P_1(x)}{(x^2+px+q)^{k-1}Q_1(x)}, \tag{③}$$

其中 $P_1(x)$ 是一个多项式,其次数小于多项式 $(x^2+px+q)^{k-1}Q_1(x)$ 的次数.

证明　首先,注意到对于任意的 A 与 B,总有恒等式:

$$\begin{aligned}\frac{P(x)}{Q(x)}&=\frac{P(x)}{(x^2+px+q)^kQ_1(x)}\\&=\frac{Ax+B}{(x^2+px+q)^k}+\frac{P(x)-(Ax+B)Q_1(x)}{(x^2+px+q)^kQ_1(x)}.\end{aligned} \tag{④}$$

其次,比较式③可以看出,如果多项式 $P(x)-(Ax+B)Q_1(x)$ 有因式 x^2+px+q,那么式④就化为式③. 为此,假定多项式 x^2+px+q 的复根是 $\alpha\pm \mathrm{i}\beta$,从而只需要要求方程 $P(x)-(Ax+B)Q_1(x)=0$ 也具有复根 $\alpha\pm \mathrm{i}\beta$,即可,即要求

$$P(\alpha+\mathrm{i}\beta)-[A(\alpha+\mathrm{i}\beta)+B]Q_1(\alpha+\mathrm{i}\beta)=0,$$

或

$$A(\alpha+\mathrm{i}\beta)+B=\frac{P(\alpha+\mathrm{i}\beta)}{Q_1(\alpha+\mathrm{i}\beta)}.$$

因为 $\dfrac{P(\alpha+\mathrm{i}\beta)}{Q_1(\alpha+\mathrm{i}\beta)}$ 是一个复数,可以写成 $K+\mathrm{i}L$,K 与 L 是实数,即

$$A(\alpha+\mathrm{i}\beta)+B=K+\mathrm{i}L,$$

也就是 $A\alpha+B=K$,$A\beta=L$,或

$$A=\frac{L}{\beta},\qquad B=\frac{K\beta-L\alpha}{\beta}.$$

易知当 A 与 B 取上述之值时,多项式 $P(x)-(Ax+B)Q_1(x)$ 就有根 $\alpha+\mathrm{i}\beta$,随之也有根 $\alpha-\mathrm{i}\beta$. 由此知

$$P(x)-(Ax+B)Q_1(x)=(x^2+px+q)Q_1(x).$$

代入式④,并消去 x^2+px+q 即得所证.

推论 6.2　在上述定理条件下,我们有

$$\frac{P(x)}{Q(x)}=\frac{Ax+B}{(x^2+px+q)^k}+\frac{A_1x+B_1}{(x^2+px+q)^{k-1}}+\cdots+\frac{A_{k-1}x+B_{k-1}}{(x^2+px+q)}+\frac{P_k(x)}{Q_1(x)},$$

其中 $P_k(x)/Q_1(x)$ 为既约真分式.

综合上述结果,当 $Q(x)=(x-x_0)^m(x^2+px+q)^k$ 时,有分解

$$\begin{aligned}\frac{P(x)}{Q(x)}=&\frac{A}{(x-x_0)^m}+\frac{A_1}{(x-x_0)^{m-1}}+\cdots+\frac{A_{m-1}}{x-x_0}\\&+\frac{Bx+C}{(x^2+px+q)^k}+\frac{B_1x+C_1}{(x^2+px+q)^{k-1}}+\cdots+\frac{B_{k-1}x+C_{k-1}}{(x^2+px+q)}.\end{aligned} \tag{⑤}$$

在这一分解式中，关于系数 A,B,C 以及 A_i,B_i,C_i 的求法，也可用下述之待定系数法：因为式⑤是恒等式（即对一切有定义的实数 x 皆成立），所以可以用右端的公分母乘⑤式的两端，使之成为多项式的恒等式. 而根据同类项（x 的幂相同）的系数必相同的原理，可得到一个方程组，由此即可解出这些系数.

例 2 设 $P(x)=x^2+2$，$Q(x)=(x+1)^3(x-2)$，则

$$\frac{x^2+2}{(x+1)^3(x-2)}=\frac{A}{(x-2)}+\frac{B}{(x+1)^3}+\frac{B_1}{(x+1)^2}+\frac{B_2}{x+1}.$$

以公分母 $(x+1)^3(x-2)$ 乘上式两端得

$$x^2+2=A(x+1)^3+B(x-2)+B_1(x+1)(x-2)+B_2(x+1)^2(x-2), \quad ⑥$$

或

$$x^2+2=(A+B_2)x^3+(3A+B_1)x^2+(B-B_1-3B_2+3A)x+(-2B-2B_1-2B_2+A).$$

比较同类项系数可知

$$\begin{cases}A+B_2=0,\\3A+B_1=1,\\B-B_1-3B_2+3A=0,\\-2B-2B_1-2B_2+A=2.\end{cases}$$

解之得 $A=\frac{2}{9}$，$B=-1$，$B_1=\frac{1}{3}$，$B_2=-\frac{2}{9}$.

此外，也可在式⑥中取一些特定值来求出这些系数. 例如，取 $x=-1$，则得 $3=-3B$，即 $B=-1$；取 $x=2$，则 $6=27A$，$A=\frac{2}{9}$ 等.

（二）多项式的分解

大家都学过将一个多项式分解为因式的乘积及其应用，如

$$x^3-5x^2+8x-4=(x-2)^2(x-1).$$

现在，我们将一般的理论简介如下，以供参考.

定理 6.8（剩余） 设 $P(x)$ 是一个多项式，以 $x-x_0$ 除 $P(x)$，则其余项为 $P(x_0)$.

实际上，假定余项为 R，则有

$$P(x)=(x-x_0)P_1(x)+R,$$

其中 $P_1(x)$ 的次数比 $P(x)$ 的次数低一次. 易知当 $x=x_0$ 时，有 $P(x_0)=R$.

关于代数方程是否有根的问题，我们有下述**代数基本定理**（证明见高等代数等课程）：

“每个代数方程至少有一个根，实根或复根.”

由此立即可得下述关于多项式的因式分解的结果：

定理 6.9 每一个 n 次多项式可分解为形如 $(x-x_0)$ 的 n 个一次多项式的乘积.

证明 设 n 次多项式为 $P(x)=a_0x^n+a_1x^{n-1}+\cdots+a_n$，由代数基本定理知 $P(x)$ 至少有一个根，记为 x_1，则根据剩余定理，我们有（注意 $P(x_1)=0$）$P(x)=(x-x_1)P_1(x)$，其中 $P_1(x)$ 是 $n-1$ 次多项式. 同理，$P_1(x)$ 有一个根，记为 x_2，则

$$P_1(x)=(x-x_2)P_2(x),$$

其中 $P_2(x)$ 是 $n-2$ 次多项式，类似的推理可知

$$P_2(x)=(x-x_3)P_3(x),$$

$$\cdots\cdots$$

$$P_{n-1}(x)=(x-x_n)P_n.$$

这里 P_n 是零次多项式，即是一个常数. 此常数可在比较项 x^n 的系数中确定为 $P_n=a_0$. 最后得

$$P(x)=a_0(x-x_1)(x-x_2)\cdots(x-x_n).$$

显然，$x_i(i=1,2,\cdots,n)$ 是多项式 $P(x)$ 的全部根.

定理 6.10 设 $P(x)$ 与 $Q(x)$ 是两个 n 次多项式. 若它们在变量 x 的 $n+1$ 个不同的点 x_0，$x_1,x_2,\cdots,x_n$ 上的值相等，则

$$P(x)\equiv Q(x),\quad x\in(-\infty,\infty).$$

证明 记 $P(x)$ 与 $Q(x)$ 的差为 $R(x)=P(x)-Q(x)$. 显然，$R(x)$ 是次数不超过 n 的多项式，且有

$$R(x_i)=0,\quad i=1,2,\cdots,n.$$

因此可写成 $R(x)=a_0(x-x_1)(x-x_2)\cdots(x-x_n)$.

但由题设又知 $R(x_0)=0$，这只有 $a_0=0$ 才有可能. 故 $R(x)\equiv 0$，$x\in(-\infty,\infty)$，即得所证.

推论 6.3 若有

$$P(x)=a_0x^n+a_1x^{n-1}+\cdots+a_{n-1}x+a_n\equiv 0,\quad x\in(-\infty,\infty),$$

则 $a_0=a_1=a_2=\cdots=a_n=0$.

推论 6.4 设 $P(x)$，$Q(x)$ 是两个多项式，若有

$$P(x)\equiv Q(x),\quad x\in(-\infty,\infty),$$

则 $P(x)$ 与 $Q(x)$ 的同类项系数皆相等.

如果一个 n 次多项式 $P(x)$ 的分解式为

$$P(x)=A(x-x_1)(x-x_2)\cdots(x-x_n),$$

且其中的某个线性因式是相同的，那么可合并写出，如

$$P(x)=A(x-x_1)^{k_1}(x-x_2)^{k_2}\cdots(x-x_m)^{k_m},$$

其中 $k_1+k_2+\cdots+k_m=n$. 此时，称 x_1 为 $P(x)$ 的 k_1 重根，x_2 为 $P(x)$ 的 k_2 重根等.

定理 6.11 若多项式 $P(x)$ 有复根 $\alpha+\mathrm{i}\beta$，则必有复根 $\alpha-\mathrm{i}\beta$. 此时，$P(x)$ 有形如 x^2+px+q $(p^2-4q<0)$ 的因式.

证明 将 $\alpha+\mathrm{i}\beta$ 代入 $P(x)$，并分实部 K 与虚部 L 写出，可得

$$P(\alpha+\mathrm{i}\beta)=K+\mathrm{i}L=0.$$

由此可知 $K=0=L$. 现在，若将 $\alpha-\mathrm{i}\beta$ 代入 $P(x)$，又可得

$$P(\alpha-\mathrm{i}\beta)=K-\mathrm{i}L=0.$$

从而可知 $\alpha-\mathrm{i}\beta$ 也是 $P(x)$ 的复根(称为共轭复根). 此时，$P(x)$ 有因式 $[x-(\alpha+\mathrm{i}\beta)]$ 与 $[x-(\alpha-\mathrm{i}\beta)]$，但由 $[x-(\alpha+\mathrm{i}\beta)][x-(\alpha-\mathrm{i}\beta)]=(x-\alpha)^2+\beta^2$ 可知 $P(x)$ 有形如 $x^2+px+q(p^2-4q<0)$ 的因式.